Damascynclito Medeiros

Química Básica

Geral, Orgânica e Introdução à Bioquímica

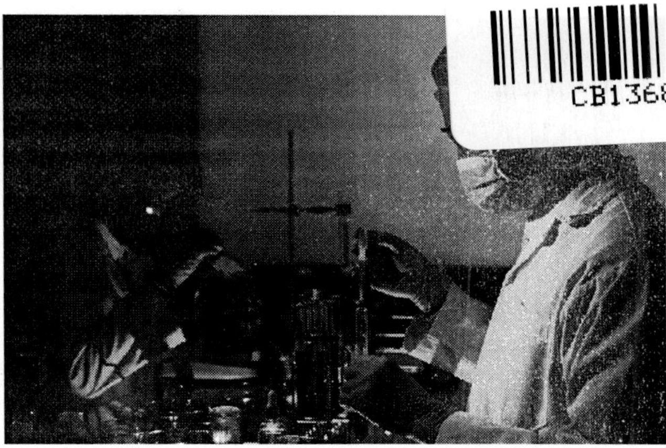

EDITORA CIÊNCIA MODERNA

Química Básica - Geral, Orgânica e Introdução à Bioquímica

Editor: Paulo André P. Marques
Produção Editorial: Dilene Sandes Pessanha
Capa: Daniel Jara
Diagramação: Daniel Jara
Copidesque: Equipe Ciência Moderna

FICHA CATALOGRÁFICA

MENEZES, Damascynclito Medeiros Moreira de.

Química Básica - Geral, Orgânica e Introdução à Bioquímica

Rio de Janeiro: Editora Ciência Moderna Ltda., 2023.

1. Química
I — Título

ISBN: 978-65-5842-309-6 CDD 540

Editora Ciência Moderna Ltda.
R. Alice Figueiredo, 46 – Riachuelo
Rio de Janeiro, RJ – Brasil CEP: 20.950-150
Tel: (21) 2201-6662/ Fax: (21) 2201-6896
E-MAIL: LCM@LCM.COM.BR
WWW.LCM.COM.BR **09/23**

PREFÁCIO

Este é um curso básico de Química destinado a alunos de cursos de graduação das áreas de ciências naturais (Química, Física, Biologia, Biomédica, etc.) e afins.

Os fundamentos da Química estão expostos em linguagem clara e concisa com capítulos elaborados a guisa de aulas com o intuito de proporcionar ao leitor o autoaprendizado.

No curso da obra procuraremos mostrar o desenvolvimento da Química como a ciência natural afim com a Física e a Biologia, que tem como finalidade a descrição e a explicação da matéria – a nível molecular – e dos processos de transformações que dão sustentação à vida e tudo que com ela se relaciona, como meio ambiente, saúde e setores da indústria.

O Autor
Dezembro de 2016

À Helen

SUMÁRIO

1 – QUÍMICA GERAL

1.1. Um pouco da História

Historicamente, a Química é a filha culta da Alquimia – ciência oculta, e o seu nome deriva desta: do grego, khymeia, significa mistura de substâncias líquidas, que por sua vez, tem raiz na palavra egípcia, kêm ou chemi[1], que significa "oculto" ou "obscuro". Do século VIII em diante foi-lhe acrescentada Al, pelos árabes, quando da divulgação dela à Europa, ficando Alkhyméia, entendida como a ciência das manipulações das substâncias, e abrangia a manipulação de poções de ervas para a cura de doenças (a parte médica, depois chamada de iatroquímica), licores para fabricação de elixir da longevidade (a parte mística); manipulação de metais (a parte metalúrgica) com o fito de criar a pedra filosofal, com a qual se pretendia fazer a transmutação de metais não nobres em metais nobres, como o ouro e a prata; e por fim,os alquimistas chegaram a aspirar à criação de humanoides, pela magia alquímica.

A Química é uma ciência bastante nova e se desenvolveu em bases experimentais. Foi a partir da segunda metade do século XVII, que ela apareceu pela primeira vez como ciência autônoma, devida as contribuições de Boyle, Robert (1627–1691), físico e químico inglês, que usou o método experimental [proclamado por Bacon, Francis (1561-1626), filósofo, escritor e político inglês], aplicando-o ao estudo dos gases. Boyle publica em 1661, a obra O Químico Cético (The Sceptical Chemist), na qual anuncia a 1ª lei dos gases ideais: sob temperatura constante, o volume de um gás aprisionado é inversamente proporcional a pressão que se exerce sobre ele. Esta lei passou a ser chamada de lei de Boyle. Por essa época a Química fundamentava o estudo

---

[1] Zózimo, alquimista grego (250- ?), nascido em Panópolis (atual Akhmim), Egito, por volta de 300 dC, reuniu todo o conhecimento da alquimia até a sua época, numa enciclopédia de 28 volumes, onde alude que a alquimia foi uma invenção de sacerdotes egípcios com o fito de prover a mumificação de cadáver de faraó, para preservar o seu Ka, e assim assegurar a sobrevivência dele no além-túmulo. A alquimia resurgiu na idade média, na Europa (França, Espanha, Itália, Inglaterra, Áustria), como um modismo empenhado produzir ouro e prata, a partir de metais não nobres, assim como de oferecer uma farmacologia, a base de ervas, para produzir o elixir da longa vida. Todos esses esforços só não foram em vão, porque muitas substâncias foram descobertas e postas a serviço da humanidade. Acrescentemos aqui PARACELSO, pseudônimo de Theophrastus Bombastus vom Hohenheim (1493-1541), médico e alquimista suíço, propões que afinalidade da Alquimia não era a "pedra filosofal" mas o preparo de medicamentos para cura de doenças, que veio a ser chamado de Iatroquímica,ramo da Alquimia.

da matéria no conceito de elemento químico, o que nos leva a explicar a origem do termo.

Elemento, stöikheion, do grego, e significa o que se observa (na natureza); o termo aparece na filosofia natural com Tales de Mileto (624–546), filósofo grego, quando este fez a pergunta perturbadora que ecoou através dos séculos: de que são feitas todas as coisas? Ele próprio respondeu: acredito que todas as coisas são formadas de um elemento primordial, que atribuo ao elemento água. A importância da pergunta de Tales motivou a todos os seus sucessores a empenharem-se em dar a resposta condizente. E assim tivemos, o elemento primordial, terra com Xenófanes (570–480) aC, o elemento primordial, ar com Anaxímenes (570–500) aC, e o elemento primordial, fogo com Heráclito (540–4473) aC. Mas Anaxágoras (500–428) aC, vislumbrando a diversidade das coisas achou que não existia um único elemento primordial ou quatro informadores da matéria, mas uma infinidade deles, e propôs que cada coisa tinha a sua semente, homeomeria, do grego. Empédocles (490–430) aC, retoma a propostas dos seus antecessores e defende que a matéria é composta dos quatro elementos: água, terra, ar e fogo, que são constatados na Natureza.. Mais tarde Aristóteles (384–322) aC acrescenta o 5º elemento: o éter, como o esteio do espaço, que preenche o vazio de todas as coisas. Contudo a proposta mais frutífera da questão coube a Demócrito (470 –380) aC, que argumentou: se uma porção de matéria pura for sucessivamente fracionada, essa divisão não seria levada ao infinito, mas terá um limite ínfimo, numa porção mínima, irredutível, que será o elemento primordial informador das coisas, que ele chamou de átomo (a-tomo, do grego, não divisível). O átomo pela sua pequenez não seria visível aos olhos humanos, mas seria imutável, indestrutível e perene, porque a matéria dele formada, é eterna.

No século XVIII, Lavoisier, Antoine Laurent (1743–1794), químico francês, consolidou a Química como a ciência natural que tem por finalidade o estudo da composição da matéria e de suas transformações, nos chamados fenômenos químicos. Lavoisier aprimorou a aplicação do método experimental aos fenômenos químicos, efetuando medições precisas com a balança de laboratório e delineou os fundamentos dela, na sua obra Química: Métodos da Nomenclatura Química, de 1787, na qual retoma o conceito de elemento dos filósofos gregos, e acrescenta-lhe o adjetivo químico, ficando elemento químico, significando a substância pura. E em 1789, publica o Tratado Elementar de Química, e nomeia os elementos químicos conhecidos da sua época, registra algumas descobertas[2] e anuncia a lei da conservação da massa: "Na Natureza nada se cria, nada se perde, tudo se transforma". Se a substância A combina-se com a substância B (reagentes) e produz a substância AB, então a lei de Lavoisier formula-se simbolicamente por $A + B \rightarrow AB$.

Com Lavoisier a Química é separada definitivamente, da Alquimia e da Medicina. Pelas suas contribuições neste terreno ele foi consagrado o pai da Química Moderna e também chamado de o Newton da Química. O estudo da Química dessa época, já comportava uma divisão em Química do reino mineral ou Inorgânica e Química do reino animal e vegetal ou Orgânica[3] .

A Química, até fins do século XVIII, ainda estava influenciada por conceitos herdados da filosofia da natureza (physis) dos filósofos gregos, que postulavam que tudo que existe – cosmos ou universo – é formado de matéria e esta existe no espaço e sofre transformações no curso do tempo. Então, definia-se a matéria como tudo o que ocupa lugar no espaço e manifesta-se nos estados sólido, liquido, gasoso (e plasmático). Mas a matéria possuía dois aspectos relevantes: o quantitativo, que foi chamado de massa, porção da matéria que o químico pesava na balança, e o qualitativo, que é a substância. E esta, por sua vez, podia ser pura ou simples e composta. A substância simples é a formada do mesmo elemento químico puro e a substância composta, pela combinação de elementos puros distintos.

Como já aludimos, Demócrito prognosticou algo muito avançado para o seu tempo, e a sua teoria atômica foi esquecida por 20 séculos até ser posta novamente em evidência por Dalton, John (1766–1844), físico e químico inglês. Dalton, que concebeu os átomos de Demócrito como diminutas partículas esféricas, dotados de massa, mas desprovidos de estrutura interna, por isso, indivisível e imutável, contudo cercada de uma atmosfera de calor, fig. 1.1(a, b). Dalton aplicou a teoria atômica ao estudo dos gases e calculou pela primeira vez os pesos atômicos dos gases que estudava, elaborando uma

---

[2] que o salitre forma a pólvora, que o ar é formado basicamente de oxigênio e nitrogênio (também chamado de azoto), que o hidrogênio entra na composição da água.

[3] Termo devido ao químico sueco Bergman, Torben Olaf (1735-1784).
Dentro do contexto atômico daltoniano, já se podia redefinir a matéria, em última análise, como constituída de átomos, conceito este que vai ser ampliado no curso das descobertas científicas do século XX, em diante; e a molécula, como a menor porção da matéria que mantém as propriedades químicas desta.

lista deles, que divulgou no seu tratado New System of Chemical Philosophy, a 1ª parte publicada em 1808 e a 2ª parte em 1810.

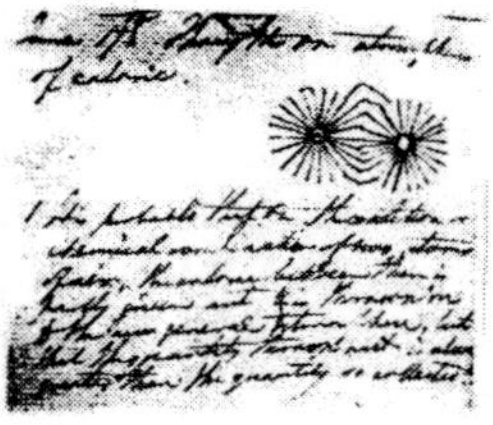

Figura 1.1(a) – Manuscrito de Dalton em que concebe a molécula de água como dois átomos (bolas rígidas cercadas de vapor de calor)

Figura 1.1(b) – Representação Simbólica da molécula da água no A New System of Chemical Philosophy.

Dalton, identificou o elemento químico de Lavoisier, com o seu átomo químico, e conceitua a substância simples como a formada de mesmos tipos de átomos; e substância composta, como a constituída de átomos de espécies diferentes. Para não gerar dúvidas conceituais, fica acordado que o termo elemento químico designará o gênero atômico (átomos de elemento químico), e o termo substância simples, a espécie química pura, decorrente. Contudo, Dalton fazia certa confusão em precisar o que era substância simples, que ele às vezes confundia com substância composta homogênea (por exemplo, achava que o açúcar era uma substância simples). A questão será elucidada pelo físico italiano, Avogadro, Amadeo (1776–1856), que cunhou o termo molécula (do latim, pequena massa) para designar a combinação de átomos da mesma espécie para formar a substância simples, e a combinação de átomos distintos, para compor as moléculas, formando a substância composta. Por exemplo, o elemento químico hidrogênio combina-se consigo mesmo, formando a molécula de hidrogênio, que é uma substância simples; já os elementos químicos hidrogênio e oxigênio combinam-se na proporção de 2:1, formando a molécula da d'água, que é uma substância composta.

1.2. Elementos Químicos

No início século XIX a Química já tinha elaborada uma nomeclatura dos elementos químicos conhecidos. Cada elemento químico tinha um nome do latim ou grego. Em 1813 Berzelius, Jöns Jacob (1779-1848), químico sueco, propôs a ideia de representar o elemento químico pela letra do seu nome, ou dela acrescida de 2ª letra, como símbolo representativo do elemento, por exemplo, carbono, C, prata Ag, etc., proposta esta que passou a ser adotada universalmente. Na Tabela 11, listamos os elementos químicos da época.

Tabela 1.1

Nome Português	Símbolo	Nome original
Antimônio	Sb	Stibium
Chumbo.	Pb	Plubum.
Cobre	Cu	Cuprum
Estanho	Sn	Stannum
Enxofre	S	Súlfur
Itérbio	Yb	Yterbium
Ítrio	Y	Ytrium
Mercúrio	Hg	Hydragyros
Ouro	Au	Aurum
Potássio	K	Kalium
Prata	Ag	Argentum
Sódio	Na	Natrium

A seguir daremos a tabela periódica completa dos Elementos Químicos, que atualmente são 118, dos quais 92 são elementos naturais, e os 26 restantes, são artificiais.

1.3. Tabela Periódica dos Elementos Químicos

O Primeiro Congresso de Química realizado, em 1860, reuniu 140 químicos da Europa, na cidade de Karlsrube, no reino de Baden, Alemanha, e teve como missão estabelecer dois objetivos importantes: (i) a determinação dos pesos atômicos dos elementos químicos, para organizá-los em tabela; (ii) estabelecer símbolos universais representativos das substâncias químicas e criar nomenclaturas para designá-las. Cannizzaro, Stanislao (1826-1910), químico italiano, participante, ressaltou a importância da hipótese de Avogadro para a determinação dos pesos atômicos dos elementos (que era relegado por grande maioria de químicos da época). Esse fato impressionou, particularmente, dois jovens químicos: Meyer, Julius Lotar (1830-1895), alemão, e Mendeleiev, Dimitri Ivanovich (1834-1907), russo. Ambos trabalhando independentemente, deram início as primeiras tabelas de pesos atômicos com 63 elementos químicos conhecidos. Meyer ordenou-os, pelos seus volumes atômicos; enquanto Mendeleiev, pelas suas valências. Um terceiro químico, Newlands, John Alexandre Reina (1838-1898), inglês, também elaborou uma tabela de pesos atômicos, mas só deu a conhecer depois da tabela publicada por Mendeleiev, que por fim prevaleceu e universalizou-se como tabela periódica dos elementos químicos, que passaremos a examinar. Mendeleiev ordenou os 63 elementos conhecidos até a sua época pelos pesos atômicos (atualmente massa atômica ou número de núcleons), colocando-os em filas horizontais (de 1 a 7); e segundo as valências dos mesmos, dispondo-os em colunas verticais (de 1 a 18). Verificou que elementos próximos têm propriedades físico-químicas semelhantes, e como a sequência não era completa, teve a ideia de deixar os lugares vagos ou a serem preenchidos, por elementos que ele acreditava que seriam descobertos no futuro.

A Tabela Periódica é dada no Apêndice [B], na disposição atual, é formada de um conjunto de quadrículas, contendo, cada uma delas, o nome e o símbolo do elemento químico, e as suas principais propriedades físico-químicas: número atômico, Z, massa atômica relativa, A, configuração eletrônica; nº de oxidação, ponto de fusão, de ebulição e densidade, que resume:

• Grupos ou Famílias
As colunas de 1 a 18 são denominadas de famílias químicas ou grupos químicos; as colunas de 3 a 12, são dos elementos de transição.

Cada grupo tem o mesmo número de elétron na última camada (valência), indicando que eles têm propriedades químicas semelhantes. A seguir, destacamos cada um deles.

Grupo 1/IA: Metais Alcalinos:Li, Na, K, Rb, Cs, Fr ;
Grupo 2/IIA: Metais Alcalino-terrosos: Be, Mg, Ca, Sr, Ba, Ra;
Grupos de 3 a 12 : Metais de transição;
Grupo 3: Metais de trasnsição interna: 57-71 La/Lu e 89-103 Ac/Lr ;
Grupo 13-16: Não Metais: H e C, N, O, P, S, Se;
Grupo 13-16: Outros Metais:Al, Ga, In, Sn,Tl, Pb, Bi, Nh, Fl, Mc, Lv;
Grupo:14-16: Semimetais/Metaloides: B, Si, Ge, As, Sb, Te, Po;
Grupo 17/VIIA: Halogênios: F, Cl, Br, I, At, Ts; (formadores de sal);
Grupo 18/VIIIA: Gases Nobres: He, Ne, Ar, Kr, Xe, Rn, Og;

• Filas ou Linhas
As filas de 1 a 7 são dos elementos que apresentam propriedade periódica, por isso, períodos ou séries; a quadrícula 57/71 é destacada numa fila separada com 14 elementos chamados de Lantanídeos ou Terras raras; e a quadrícula 89/103, também destacada, com os 14 elementos denominados de Actinídeos.

1.4. Massa Atômica (Ex-Peso Atômico)

Desde os primórdios, o químico sempre teve necessidade de efetuar pesagens de pequenas porções de massa ou de substâncias em balanças de laboratório, hábito este que incorporou à linguagem da química o termo peso, no lugar de massa. E ainda hoje existe a tendência de se dizer peso atômico, no lugar de massa atômica[4] .

A determinação das massas atômicos dos elementos era certamente o ponto de partida para o desenvolvimento da química experimental e teórica, daí a sua importância.

O primeiro passo para estabelecer as massas atômicos dos elementos era escolher um elemento que servisse de padrão, e com ele estabelecer as massas atômicas relativas dos demais elementos. Em 1815, Proust, William (1785-1850), médico e químico inglês, propôs o hidrogênio, por ser o mais leve, como como unidade e os demais elementos, teriam os seus pesos atômicos como múltiplos do peso dele, e assim foi por algum tempo.

Em 1866, Loschmidt, Johan Josef (1821-1895), físico austríaco, com base na teoria cinética dos gases, realizou duas façanhas inéditas: calculou que 1 cm^3 de qualquer gás aprisionado contém cerca de 2,686 774 $65x10^{19}$ moléculas ; e estimou o valor absoluto da massa de um átomo, em 10^{-27} kg , ordem de grandeza. Estes dois dados passaram a ser referências importantes às descobertas subsequentes.

No início do século XX, com a descoberta dos isótopos[5] (mesmo elemento com número de massa diferentes) e passou-se a adotar, a partir de 1930, o Oxigênio-16 como padrão, e com ele estabeleceu-se a unidade de massa

---

[4] Organizações Internacionais ligadas à metrologia da química e da física têm se empenhado em instituir normas e editar recomendações com o fito de tornar universal a linguagem da química e da física. As principais delas são a ISO (International Organization for Standartization), IUPAC (International Union of Pure and Appliend Pysics), o SI (Sistema Internacional de Unidades) e a CGPM (Conferência Geral de Pesos e Medidas). Apesar da campanha internacional à consagração do uso do SI, os químicos continuam usando o sistema CGS e outras unidades fora do SI, como litro ao invés de m^3 , atm, em lugar de Pa, etc..

[5] Isótopo (do grego, isso = mesmo e topos = lugar) e como veremos adiante, os isótopos são composições do mesmo elemento químico, com pesos atômicos ligeiramente diferentes (mesma carga nuclear e número de nêutrons diferentes). No caso do hidrogênio, que contém 1 próton nuclear, existem o deutério (com 1 próton e 1 nêutron) e o tírio ou tritério (com 1 próton e dois nêutrons), encontrados na natureza com abundâncias porcentuais respectivas: 99,985 %, 0,0149 % e 0,0001 % .

atômica, abreviada por u.m.a, como 1/16 do Oxigênio-16. Esse acordo vigorou até 1941, quando o Oxigênio foi substituído pelo Carbono-12, tomado como o novo elemento padrão, e os pesos atômicos (e moleculares) dos demais elementos foram recalculados com base nele.

Por via experimental, obteve-se a massa absoluta do átomo do Carbono-12, dada por $1{,}992\ 648\ 24 \times 10^{-26}$ kg . Este dado motivou a substituição da antiga unidade de massa atômica, u.m.a, pela:

• Constante unificada de massa atômica, símbolo, u , definida como 1/12 da massa do átomo neutro do nuclídio do Carbono-12 , no estado fundamental, de modo a se ter: $1u = 1{,}992\ 648\ 24 \times 10^{-26}\ kg/12 \cong 1{,}660\ 540\ 2 \times 10^{-27}$ kg ; e partir da qual, definiu-se:

• Massa atômica relativa de um elemento químico, símbolo, A_r , como a razão da massa atômica do elemento químico, m_E (u), pela constante unificada de massa atômica, ou seja, $A_r = m_E (u)/1\ u$, onde m_E (u) é dada pela composição das massas de seus isótopos.

Exemplo 1.1
O Oxigênio tem os isótopos estáveis 16, 17 e 18, anotam-se, ^{16}O, ^{17}O e ^{18}O, e abundâncias respectivas: 99,759 %, 0,037 % e 0,204 %. Achar a massa atômica dele e concluir a sua massa atômica relativa. Dados: as respectivas massas isotrópicas do Oxigênio: 15,994 915, 16,999 131 e 17,999 161.

$$m_O = 15{,}994\ 915u \times 0{,}997\ 59 + 16{,}999\ 131u \times 0{,}00037 + 17{,}999\ 161u \times 0{,}00204 \cong 15{,}999\ u.$$

Donde a massa atômica relativa do Oxigênio-16,

$$A_r\ (^{16}O) = 15{,}999\ u/1u = 15{,}999$$

1.5. Leis Ponderais da Química

Como já aludimos no início, a Química se desenvolveu através de experimentos de laboratórios, quando estabeleceu algumas leis ponderais que vamos rever, as quais foram formuladas como generalizações desses experimentos, sem o concurso da teoria atômica de Dalton.

[1] Lei de Proust ou Das Proporções Constantes.

Proust, Joseph Louis (1754-1826), farmacêutico e químico francês, foi um dos primeiros a calcular os pesos atômicos de algumas substâncias gasosas. Em 1797 estabeleceu que na formação de um composto químico as massas dos reagentes e dos produtos que formam, estão em proporções constantes, regra esta que passou a ser chamada de lei das Proporções Constantes ou Lei de Proust.

Exemplo 1.2

Sob condições de temperatura e pressão constantes, 10 g de hidrogênio reage com 80 g de oxigênio para formar 90 g de hidróxido de hidrogênio ou água; e 20 g de hidrogênio combina-se com 160 g de oxigênio para formar 180 g de água. Verificar a lei de Proust:

Pela lei de Lavoisier temos:

$$10\text{ g (H)} + 80\text{ g (O)} \rightarrow 90\text{ g (água)}$$

$$20\text{ g (H)} + 160\text{ g (O)} \rightarrow 180\text{ g (água)}$$

lei de Proust: relação dos reagentes:

$$\frac{10\text{ g (H)}}{80\text{ g (O)}} = \frac{1}{8}\ ; \quad \frac{20\text{ g (H)}}{160\text{ g (O)}} = \frac{1}{8}$$

Nesta relação dos reagentes, tem-se a proporção de 1:8 . Sabe-se que Dalton, repetiu a mesma experiência hidrogênio/oxigênio e encontrou a razão 1:6,: noutra experiência mais acurada, achou a razão 1:7, sendo ambas, incorretas por falha de precisão de medidas.

A lei de Proust estende-se na relação com os produtos:

$$\frac{10\text{ g (H)}}{20\text{ g (H)}} = \frac{80\text{ g (O)}}{160\text{ g (O)}} = \frac{90\text{g(água)}}{180\text{g(água)}} = \frac{1}{2}\ ;$$

[2] Lei de Dalton ou das Proporções Múltiplas

Em 1803, Dalton, ampliou a lei de Proust para situações em que um elemento químico fixo, pode combinar-se com outros, para formar compostos químicos distintos, e os 2os elementos estão em proporções múltiplas nos compostos, foi chamada de lei das proporções múltiplas, que é a afirmação de que um elemento químico fixo reage com outro(s) formando composto(s) químico(s) distinto(s), cuja massa do outro elemento participa do composto numa proporção de números inteiros simples.

Seja o caso do Carbono que combina-se com o Oxigênio e forma dois compostos: Monóxido de Carbono, CO , e Dióxido de Carbono, CO_2 .Esquematizando as reações:

$C + \frac{1}{2} O_2 \rightarrow CO$ (os elementos do produto estão na proporção 1:1)

$C + O_2 \rightarrow CO_2$ (os elementos do produto estão na proporção 1:2)

De modo que a fórmula molecular do composto já indica a lei das proporções múltiplas.

Exemplo 1.3

36 g de Carbono reagem com 48 g de Oxigênio para formar 84 g de Monóxido de Carbono, assim como 36 g de Carbono reagem com 96 g de Oxigênio para formar 132 g de Dióxido de Carbono. Estabelecer as proporções múltiplas e verificar a lei de Dalton.

Temos:

$$\frac{48\text{ g (O)}}{36\text{ g (C)}} = \frac{4}{3} \quad \text{e} \quad \frac{96\text{ g (O)}}{36\text{ g (C)}} = \frac{8}{3}$$

Verificando a lei de Dalton para o CO:
:

1 g de C requer 4/3 de O

36 g de C requerá x de O

Donde,

$$x = \frac{36g \times 4/3}{1g} = 48 \text{ g (O)}$$

De igual modo para o CO_2, confirma-se os 96 g (O) .

[3] Lei dos Volumes de Gases

Em 1808, Gay-Lussac, Joseph Louis (1778-1850), químico e físico francês, repetindo uma experiência de Cavendish como gases de hidrogênio e oxigênio para produzir o vapor de água, verificou que:

2 volumes iguais de hidrogênio e 1 volume igual de oxigênio combinam-se para formar 1 volume igual de vapor de água.

Gay-Lussac, fez varias experiências semelhantes e generalizou-as com lei: sob condições de temperatura e pressão constantes, volumes iguais de duas substâncias gasosas se combinam, formando um composto gasoso de volume igual aos dos gases reagentes, e estão entre si, numa proporção de números inteiros simples.

Exemplo 1.4

1 litro de Nitrogênio reage com 3 litros de Hidrogênio e produz 2 litros de Amônia.

Indicar a formação da Amônia e a relação de proporcionalidade dos elementos

Temos:

$$1N_2 + 3 H_2 \rightarrow 2 N H_2$$

E a proporção 1:3:2.

Dalton discordou da lei proposta por Gay Lussac (que não era atomista) porque acreditava que ela era inconsistente com o sua teoria atômica. Argumentou que átomos distintos tem tamanhos diferentes, e ao se combinarem, daria um volume maior do que os volumes juntos dos gases reagentes, que no exemplo dado, seria de 4 litros de amônia, no que estava equivocado, e Gay Lussac certo.

A lei Gay Lussac implicava em esclarecer duas questões, a saber:

(i) Como os átomos se combinam para formar a molécula ? (já que os átomos de Dalton eram entes mecânicos, cuja força gravítica ou de atração newtoniana, entre eles, era desprazível, e não tinham natureza elétrica, que só seria descoberta no final do século XIX). Esta questão foi resolvida, temporariamente, imaginando-se que os átomos possuíam algum tipo de gancho que fazia o enlace entre eles, para formar a molécula; na fig. 1.2, como era imaginada a molécula da água.

Figura. 1.2

(ii) Qual é a quantidade de átomos contidos num dado volume, sob condições de temperatura e pressão? Esta questão será esclarecida a seguir.

1.6. Contribuições de Avogadro

Avogadro, Lorenzo Amadeo Carlos (1776-1856), advogado e cientista italiano, que aceitava o atomismo de Dalton, em 1811, ignorando a questão das dimensões atômicas, e propôs que as partículas gasosas não podiam existir como átomos solitários, mas combinados, que chamou de molécula (do latim, pequena massa), e formulou a hipótese de que, sob condições de temperatura e pressão constantes, volumes iguais de todos os gases contêm o mesmo número de partículas (átomos ou moléculas, atualmente usa-se o termo ente químico). Esta hipótese, esclarecia porque a amônia formada (do Exemplo 1.4) ocupa 2 volumes.

[1] Número de Avogadro

As pesquisas experimentais para confirmar a hipótese de Avogadro levaram a descoberta de que:

(i) 1 cm^3 de qualquer gás aprisionado contém cerca de 2,686 774 65×10^{19} moléculas (Loschmidt) ou 2,686 774 65×10^{22} moléculas por litro, nas condições normais de temperatura e pressão (abrevia-se CNTP, que são a 0 ºC e 1 atm); e que, nestas condições:
(ii) o volume de 22,414 litros de qualquer gás contém cerca de 6,022 136 7×10^{23} moléculas [que decorre do cálculo de Loschmidt: 2,686 774 65×10^{22} moléculas/litro x 22,414 litros $\cong$ 6,022 136 7×10^{23} moléculas]. Esta quantidade

de moléculas, que expressa 602 sextrilhões de moléculas foi denominada de Número de Avogadro, símbolo N.

Nota: Os químicos não trabalham com massas absolutas de átomos ou moléculas, mas com porção de substâncias que contém uma grande quantidade deles. Então, buscou-se definir a quantidade de entes elementares (átomos, moléculas, prótons, íons, elétrons, etc.) contido em dada porção de matéria, para os gases, contidos em 22,414 litros.

Hofmann Willam Oswald (1853-1932), químico alemão, em 1865 propões o nome de mole para designar quantidade de uma substância; e em 1892, Ostwald, Wilhelm (1853-1932), físico-químico alemão, passou a utilizar o termo mole como peso em grama de uma substância, e o mole passou a ser dado em átomos-grama ou moléculas-grama.

[2] Mole

Com a eleição do átomo de carbono-12, para padrão de medida, a 14ª CGPM-1971, Resolução 3, adotou a definição:

Mole (abrevia-se por mol) é a quantidade de matéria de um sistema que contém tantos **entes** elementares (átomos, moléculas, íons, etc.) quanto são os contidos em 0,012 kg de Carbono-12.

Esta definição leva estabelecer o número de Avogadro, com o seguinte raciocínio: a massa de 1 átomo do carbono-12 é igual a $1{,}992\ 648\ 24\text{x}10^{-23}$ g ; então, o número de átomos contidos em 12 g de carbono-12, será,

$$\frac{12\ \text{g}}{1{,}992\ 648\ 24\text{x}10^{-23}\ \text{g}} \cong 6{,}022\ 136\ 7\text{x}10^{23}\ \text{(entes elementares)}$$

que se designa por N, e tem-se,

$$N = 6{,}022\ 136\ 7\text{x}10^{23} \quad \text{(entes)} \qquad (1.1a)$$

que é chamado de número de Avogadro (na verdade Avogadro não o estabeleceu, mas a sua hipótese conduziu a ele).

A definição do mole dada pela 14ª CGPM-1971, vigorou até 16 de novembro de 2018, quando a 26ª CGPM, para desvincula-lo do carbono-12 e da medida dele em kg, aprovou nova definição para o mole, que passa a ser a atual:

Mole é a porção de substância que contém exatamente $6{,}022\ 140\ 76\text{x}10^{23}$ (entes elementares).

a qual entrou em vigor em 20 de maio de 2019.

[3] Constante de Avogadro

Em consequência redefine-se o número de Avogadro, N = $6{,}022\ 140\ 76\text{x}10^{23}$ entes elementares, e a relação entre ele o mol, é chamada de Constante de Avogadro, designa-se por, N_A , e tem-se,

$$N_A = 6{,}022\ 140\ 76\text{x}10^{23}\ \text{entes/mol} \tag{1.1b}$$

E a constante unificada de massa atômica que era 1 u = 1/12 da massa do carbono 12, passa a ser unidade de massa atômica, u , dada por,

$$1\ \text{u} = 1{,}660\ 539\ 066\text{x}10^{-24}\ \text{g} \tag{1.1c}$$

Donde se segue que,

$$1\ \text{g} = 6{,}022\ 140\ 76\text{x}10^{23}\ \text{u} \tag{1.1d}$$

A massa atômica do Oxigênio, do Exemplo.1.1., segue-se que a massa atômica de 1 átomo de Oxigênio, $m(^{16}O) = 15{,}999$ u ; e a massa de $6{,}022\ 136\ 7\text{x}10^{23}$ de átomos de Oxigênio, será,

$$6{,}022\ 140\ 76\text{x}10^{23} \cdot 15{,}999\ \text{u} = 15{,}999 \cdot 6{,}022\ 140\ 76\text{x}10^{23}\ \text{u} = 15{,}999\ \text{g}$$

já que o número de Avogadro em u é igual a 1g; a massa da molécula do oxigênio, O_2, é então, 15,999 g x 2 ≅ 32,00 g .

E fica estabelecido que: a massa atômica de um elemento em u, é igual a massa do mesmo em g ou seja, $m_E(u) = m_E(g)$; e que 1 mol de qualquer substância contém N e tem massa em u ou g. Por exemplo: massa de 1 mol de ^{40}Na = 40 u = 40 g; 1 mol de ^{235}U = 235 u = 235 g. Se é substancia composta, a massa atômica é dada pela soma das massas atômicas dos componentes. Por exemplo, massa atômica da água, $m(_{H2O})$ = 2u + 16 u = 18 u = 18 g.

Importa incluir aqui mais três definições dadas pela CGPM:

(1) Massa molecular relativa (antigo peso molecular) de uma substância química, símbolo, M_r , é a relação da massa do elemento m_E pela constante unificada de massa atômica, $M_r = m_E/\mathbf{u}$.

(2) Massa Molar, símbolo, M , é a relação da massa da substância m(g) pela quantidade de matéria n (em mol), M = m/n. Para n = 1 mol, resulta numericamente que M = m, mas expressa em g/mol . Tabela 1.2 (Apêndice [B]).

(3) Volume molar, V_n , é a relação do volume da substância pela quantidade de matéria, $V_n = V/n$; para n = 1 mol, $V_n = V = 22{,}414\ \ell$, e contém 6,022 136 $7\text{x}10^{23}$ entes elementares.

(4) Notações do Elemento químico

Designando por **Z** o número atômico ou número de prótons do átomo, e por **A**, a massa atômica ou número de núcleons (prótons, p + nêutrons, n) do átomo (numericamente, $A = A_r$) um elemento químico **E**, é expresso pelo número **Z**, subscrito à esquerda do símbolo, $_ZE$ e a massa atômica, **A**, sobrescrito acima à esquerda, $^A\mathbf{E}$, anota-se o elemento químico como ^A_ZE. A quantidade de átomos, **v**, de uma molécula, **X** é indicada com o subscrito à direita, X_v .

Exemplificando com o elemento oxigênio, O, temos, $^{16}_8O$, e a molécula, O_2 .

Exemplo 1.5

Achar a massa de 5 mol de gás carbônico (CO_2).

A molécula do CO_2 tem a composição:

1 átomo de C, de massa atômica, $m(^{12}C) = 12$ u ; e
2 átomos de O, de massa atômica, $2m\ (^{16}O) = 2 \times 16\ u = 32$ u

donde a massa da molécula do CO_2:

$$m(CO_2) = 12\ u + 32\ u = 44\ u = 44\ g$$

Então, a massa molar do CO_2 é $M(CO_2) = 44$g/mol , ou seja, 1 mol de CO_2 tem 44g ; e 5 mols de CO_2 , terá,

$$5 \text{ mols x } (44\text{g/mol}) = 220 \text{ g}$$

Podemos generalizar: dada a fórmula molecular $A_a\ B_b$, faz-se a composição da sua massa molecular, M = a A + b B , em u , e desta, a massa molar em g/mol.

Tendo em conta que na fórmula molecular $A_a + B_b \rightarrow C_c$, cada termo representa 1 mol de moléculas, mas cada um tem massa molecular diferente, chamada de peso-fórmula.

Exemplo 1.6
Dada a fórmula molecular da Glicose é $C_6H_{12}O_6$, achar o número de moles que existem em 90 g de glicose.

Massa da Molécula da Glicose expressa em u:

$$m(C_6H_{12}O_6) = 6x12u + 12x1u + 6x16u = 180\ u = 180\ g$$

donde a Massa Molar,

$$M(C_6H_{12}O_6) = 180\ g/mol$$

180 g de glicose corresponde a 1 mol, então, 90 g de glicose, corresponderá a,

$$\frac{90\ g}{180 g/mol} = 0,5\ mol$$

que está de acordo com a definição, n = m/M = 90g/180g/mol = 0,5 mol..

1.7. Propriedades Internatômicas: Isotopia, Isobaria e Isotonia

Em 1818, Dempster, Arthur Jeffrey (1886-1950), físico canadense-americano, inventou o espectrômetro de massa, aperfeiçoada em 1819, por Aston, Francis William (1877-1945), físico inglês, técnica que permite medir a taxa massa/carga do átomo de um elemento e a sua abundância decorrente e descobriu propriedades dos átomos dos elementos que passamos a abordar.

[1] Isotopia

Com o espectrômetro da massa descobriu-se a existência de átomos de um mesmo elemento, Z , e número de massa (A = p + n) diferentes, por ter número de neutros distintos, propriedade esta chamada de isotopia (do grego, isso, igual, topos, lugar), e os átomos, denominados de isótopos do elemento. Por exemplo, o hidrogênio natural, prótio, tem 1 próton e 0 neutro, $^{1}{}_{1}H$, com abundância de 99.985 %, e isótopos $^{2}{}_{1}H$, com 1 neutro, chamado de deutério (deuterium), com abundância de 0,015% , e $^{3}{}_{1}H$, com 2 neutros, dito trítio (titrium). Outro exemplo: $^{16}{}_{8}O$ (com 8 n) e isótopos: $^{17}{}_{8}O$ (com 9 n) e $^{18}{}_{8}O$ (com 10 n).

[2] Isobaria

Isóbaros são átomos de elementos diferentes, mesmo número de massa atômica (A = p + n) e número de neutros diferentes. Por exemplo, $^{40}{}_{19}K$ (com 21 n) e $^{40}{}_{18}Ar$ (com 22 n).

[3] Isotonia

Isótonos são átomos de elementos diferentes que tem o mesmo número de nêutrons. Exemplo: $^{20}{}_{10}Ne$ e $^{19}{}_{9}F$, (ambos com 10 n).

Exemplo 1.7

Um elemento químico A tem número atômico 18 e é isótopo do elemento B, que tem 20 nêutrons, que é isóbaro do elemento C que tem16 nêutrons. Achar o número atômico de C.

Como A e B são isótopos, tem o mesmo número atômico 18, isto é, $_{18}A$ e $_{18}B$; e como B é isóbaro de C, que tem 16 nêutrons, eles tem a mesma massa atômica: 18 +16 = 38, ou seja: $^{38}{}_{18}B$ e ^{38}C . Então C terá número atômico: Z = 38−16 = 22 prótons, e temos: $^{38}{}_{18}B$ e $^{38}{}_{22}C$.

1.8. Estequiometria

O termo estequiometria (do grego, stoikheion elemento; metron, medida) foi introduzido na Química, em 1792, pelo químico alemão Richter, Jeremias Benjamin (1762-1807), num artigo sobre preparação de substâncias compostas, a partir das suas proporções gravimétricas e volumétricas. Portanto a Estequiometria trata tanto das fórmulas químicas de compostos, como das equações químicas que as representam.

[1] Fórmulas Químicas

Como se sabe a molécula é a menor porção de matéria que conserva as propriedades dela. Observe-se, contudo, que os átomos que compõe a molécula (salvo as moléculas monoatômicas) têm propriedades totalmente distintas dela. Por exemplo, o sódio, Na, é um metal branco-prateado, mole, que em contato com a pele provoca queimaduras; e o cloro, Cl , é um gás altamente venenoso. Porém combinados, forma o NaCl, que é o sal de cozinha, que é consumido sem causar mal à saúde.

As fórmulas químicas, antes do desenvolvimento da teoria atômica, eram obtidas de forma empírica e estabelecidas com o concurso das leis ponderais, vistas.

A fórmula química é a representação gráfica da composição qualitativa e quantitativa de um composto químico, com os símbolos dos elementos químicos que compõem o composto. Vejamos os tipos de fórmulas químicas.

[2] Fórmula Porcentual

No Exe.1.2, afirmou-se que 10g de hidrogênio reage com 80 g de oxigênio para formar 90 g de água.

Pela lei de Lavoisier, temos:

$$\underset{10\ g}{\text{Hidrogênio}} \quad + \quad \underset{80\ g}{\text{Oxigênio}} \quad \rightarrow \quad \underset{90\ g}{\text{Água}}$$

Pela lei de Proust, em termos porcentuais, temos,

$$\begin{array}{ccccc} 10\ g & + & 80\ g & \rightarrow & 90\ g \\ x & & y & & 100\ g \end{array}$$

ou seja,

$$\frac{10\ g}{x} = \frac{80\ g}{y} = \frac{90\ g}{100}$$

donde,

$$x = 100/9 \approx 11{,}11 \quad e \quad y = 800/9 \approx 88{,}89$$

Então a fórmula porcentual da água, é dada como,

$$H_{11,11\,\%}\ O_{88,89\%}$$

[3] Fórmula Mínima e Fórmula Molecular

A fórmula acima obtida pode ser convertida na fórmula mínima, mediante o seguinte raciocínio:

Em 90 g de água temos 10 g de Hidrogênio representa 100/9 % ; e 80 g de Oxigênio, 800/9 %.Sendo as massas molares: M(H) = 1 g/mol e M(O) = 16 g/mol.

Temos,

$$H: \frac{100/9 \text{ g}}{1 \text{ g/mol}} = 100/9 \text{ mol} \; ; \text{ e } \; O: \frac{800/9 \text{ g}}{16 \text{ g/mol}} = 50/9 \text{ mol}$$

Dividindo os resultados pelo menor deles, 50/9, temos:

$$H: \frac{100/9 \text{ mol}}{50/9 \text{ mol}} = 2 \quad \text{e} \quad O: \frac{50/9 \text{ mol}}{50/9 \text{ mol}} = 1$$

Donde, a fórmula mínima da água, H_2O_1, ou H_2O , que é também e a fórmula molecular, na qual subscrito 2 de H indica que 2 átomos formam a molécula de H ; e o subscrito 1 de O forma 1 átomo de O e pode ser omitido.

Dalton no seu New System of Chemical Pilosophy, Parte I, apresenta, de sua invenção, pequenos círculos caracterizados para simbolizar cada elemento, dos 20 elementos conhecidos na época (hidrogênio, nitrogênio, carbono, oxigênio, fósforo, enxofre, etc.), além de apresentar 17 compostos químicos (binários, ternários, etc. até septenários), usando combinações dos símbolos, representativos de átomos para representar a fórmula molecular. Dalton dá a fórmula química da água como HO, depois corrigida por Avogadro, para H_2O.

Exemplo 1.7
Dada a fórmula molecular do gás carbônico, CO_2, determinar a formula porcentual dele.

Temos, m (C O_2) = 1x12 u + 2x16 u = 44 u = 44 g , que corresponde a 100% ;então temos as proporções:

$$\frac{12 \text{ g}}{x} = \frac{32 \text{ g}}{y} = \frac{44 \text{ g}}{100}$$

Donde,

$$x = \frac{12 \text{x} 100}{44 \text{ g}} = 27{,}27 \text{ e } y = \frac{32 \text{ x } 100}{44 \text{ g}} = 72{,}73$$

E a fórmula porcentual: $C_{27,27\%}$ $O_{72,73\%}$.

Além das fórmulas vistas, foram propostas fórmulas estruturais que serão apresentadas no item 5.2.z

Mas as regras de combinação de elementos químicos para a formação de compostos químicos só seriam práticas com o conhecimento da teoria atômica do século XX. De modo que vamos retomar as descobertas da física

2– NATUREZA ELÉTRICA E MAGNÉTICA DA MATÉRIA

Um corpo físico é uma porção de matéria. A maioria dos corpos é inerte na sua aparência. Tales legou à posteridade duas experiências inéditas que levou a suspeição de que a matéria inerte possui tanto uma natureza elétrica como magnética. A natureza elétrica se manifestou quando ele atritou um bastão de âmbar (elétron, do grego) com um pedaço de pele de cabra, e constatou que o bastão atraía pequenos corpos leves; a natureza magnética, quando ele descobriu que uma pedra negra, de brilho metálico, chamada de magnetita atraía pequenos fragmentos de metais e que ela possuía polos, já que dois bastões de magnetitas podiam se atrair ou se repelir mutuamente pelos seus polos heterônimos ou homônimos, quando aproximados um do outro.

Passados cerca de 20 séculos, Coulomb, Charles Augustin (1736–1806), engenheiro militar francês, estudando o fenômeno elétrico, reúne os conhecimentos da natureza elétrica da matéria, conceituando "quantidade de eletricidade", que se podia produzir por fricção, que chamou de carga elétrica. Em seguida concluiu que cargas elétricas heterônimas se atraem e que cargas homônimas se repelem, segundo uma força elétrica que é proporcional ao produto das cargas elétricas e inversamente proporcional ao quadrado da distância que as separam, que passou à posteridade como lei de Coulomb..

2.1. Eletroquímica

A pesquisa da natureza elétrica da matéria prossegue com Volta, Alessandro Giusssepe Antonio Anastasio (1745–1827), físico italiano, que inaugura à eletroquímica, ao descobrir, num experimento com uma pilha discos de cobre e zinco, separados por rodelas de pano embebidas de ácido, inventa a pilha eletroquímica e a reação química dela decorrente, produziu uma corrente elétrica contínua,

A eletroquímica é continuada por Faraday, Michael (1791–1867), físico e químico inglês, que em 1832, usando a pilha de Volta fez passar uma corrente elétrica numa solução contendo um composto químico dissolvido, descobriu que ela produzia a quebra das moléculas da solução, que chamou-as de íons (andante, do grego). O fenômeno foi batizado de eletrólise: os íons positivos chamados de cátions, porque se dirigiam para o elétrodo negativo, enquanto os íons negativos, denominados de ânions se dirigiam para o elétrodo positivo da pilha. Faraday verificou que a massa M de íons , depositado num elétrodo, era proporcional a carga elétrica Q, ou seja, $M = k\ Q$ $k = 1/F$, e $F = N_A \cdot e$ = 96.485,308 99 C/mol, é a constante de Faraday. Ficava assim evidenciado que a eletricidade detém natureza granular, e não fluida, como pensava Benjamin Franklin. Na fig.2.1 damos o exemplo da eletrólise do cloreto de sódio, NaCl.

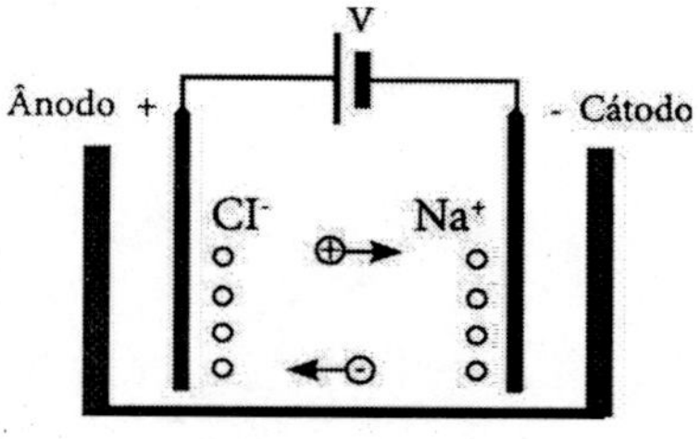

Figura 2.1

Arrhenius, Svante August (1859–1927), químico sueco, completa o trabalho de Faraday, comprovando que os íons resultam mesmo de cisão das moléculas em solução eletrolítica. A sua tese causou uma grande controvérsia no meio científico da época, porque era crença que o átomo indivisível e neutro pudesse ter parte de si arrancada e ficar eletrizado com carga positiva ou negativa.

2.2. Espectroscopia

Em 1859, Kirchhoff, Gustav Robert (1824-1887), físico alemão, junto com Bunsen, Robert (1811-1899), químico alemão, inventaram um aparelho que foi batizado de espectroscópio, fig.2.2, e com ele desenvolveram a técnica de análise espectroscópica, que consistia em analisar os espectros luz projetados num anteparo, que se apresenta contínuo, determinando-lhes os comprimentos de ondas. Num experimento histórico com sódio aquecido até a incandescência, para surpresa de ambos apareceram na tela espectros descontínuos, a guisa de linhas ou riscas amarelas e paralelas.

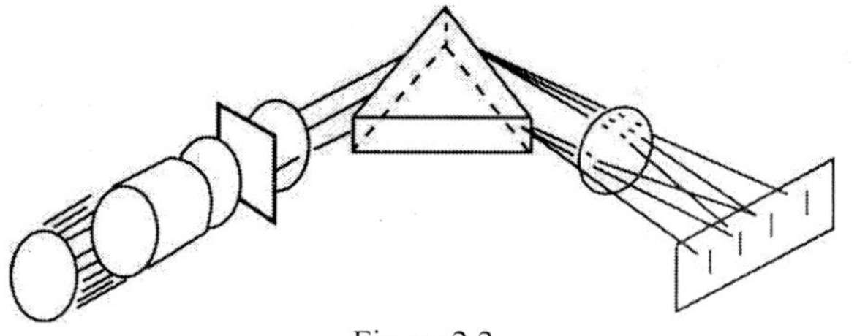

Figura 2.2

Com o advento da teoria atômica, as linhas espectrais produzidas por elementos aquecidos até a incandescência foram interpretadas como emissões de energias irradiadas de seus átomos excitados. Como cada elemento produz riscas coloridas próprias, foi possível desenvolver fórmulas para se calcular os comprimento de ondas emitidas e suas frequências.

Em 1885, Balmer, Johann Jacob (1825-1898), matemático e químico suíço, usando o hidrogênio gasoso aquecido, estabeleceu a fórmula empírica que dá o comprimento de onda, λ, do espectro, dada na expressão:

$$\lambda = 364{,}56 \frac{n^2}{n^2 - 4} \qquad (2.1)$$

Para n = 3, 4, 5, ... ∞ ; e λ em nm. Com (2.1) pode-se calcular uma sequência de comprimentos de ondas, chamada de série de Balmer. Por exemplo, para n = 3 , tem-se o maior comprimento de onda, 656,21 nm; e para n = ∞ , o menor, comprimento de onda, 364,56 nm.

Outras fórmulas foram estabelecidas e associadas aos nomes de seus descobridores: Rydberg (1890), Lyman (1906), Paschen (1908), Brackett (1922) e Pfund (1924).

2.3. Descargas Elétricas nos Gases

Mesmo sem ter uma base experimental firme, a teoria atômica passou a ser aceita pela grande maioria dos físicos e químicos de fins do século XIX. Em 1874, Stoney, George Jonstone (1826–1911), físico irlandês, propõe que a eletricidade da matéria estaria contida, em última análise, numa carga elétrica elementar que ele chamou de elétron, a qual seria parte integrante do átomo.

A busca da natureza elétrica da matéria prossegue com o estudo dos gases sob alto vácuo, com Crookes, William (1832–18919), físico inglês, que descobre os raios catódicos, detentores de carga elétrica negativa, que, posteriormente, seriam identificados como elétrons. Goldstein, Eugen (1850–1931), físico alemão, num experimento de 1886, com o cátodo perfurado, observa outra radiação que ele chamou de raios canais ou anódicos, de natureza elétricos positiva, depois identificados como íons positivos. No ano de 1896, o físico francês, Becquerel, Antoine Henri (1852–1908), descobre a radioatividade, substância instável que emitia três radiações características, que ele denominou-as de raios alfa, beta e gama, os quais seriam depois identificados com núcleo de hélio, elétron e energia radiante.

Em 1897, Thomson, Joseph John (1856–1940), físico inglês, postulou que os raios catódicos deviam ser partículas subatômicas que ele identifica como elétrons, símbolo "e^-" ou "e", em valor absoluto. E num experimento com raios catódicos, Thomson calculou pela primeira vez a relação e/m_e , que se tornou uma constante universal; e depois, a massa do elétron, m_e como sendo 1/1836 da massa do próton

3 – TEORIA ATÔMICA CLÁSSICA

As descobertas acima relatadas são contribuições da Física para a Química, e conduziram a concepções de modelos históricos do átomo. É o que veremos.

3.1. Átomo de Thomsom

Em 1897 Thomson descobre o elétron e em 1907, propõe que o átomo seja constituido de uma diminuta esfera rígida (reminiscência do atômico químico de Dalton) de diâmetro da ordem de 10^{-10} m (no que está correto), dotada de carga elétrica positiva, em cujo interior estão distribuídos os elétrons, de carga elétrica negativa, em quantidade suficiente para se ter a neutralidade do átomo e da matéria, fig.3.1.

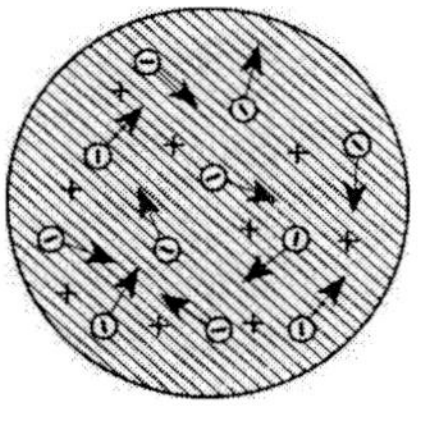

Figura 3.1

3.2. Átomo de Rutherford

Em 1911, o físico neozelandês, Rutherford, Ernest (1871–1937), que fora discípulo de Thomson, submeteu a teste o modelo do átomo deste, através de um experimento histórico: usou uma fonte radioativa para projetar partículas alfa sobre uma fina folha de ouro (de 04 μm e 5 μm), fig.3.2. Rutherford esperava que as partículas alfa (de carga elétrica positiva) sofressem pequenos desvios ao colidir com a folha de ouro, mas ao contrário, observou que elas passavam pela folha de ouro como se nada existisse a sua frente; contudo algumas partículas alfa eram ricocheteadas para trás ou sofria grande desvios, indicando que elas haviam encontrado um obstáculo dotado de carga elétrica positiva. Rutherford, no seu relatório final, descreve o átomo como constituído de um núcleo, onde estariam as cargas elétricas positivas, que chamou-as de prótons (os primeiros, do grego), e em torno dele deveria existir uma eletrosfera composta de elétrons, em igual quantidade a fim de neutralizar as cargas positivas do núcleo; que esses elétrons não deveriam estar parados, porque se assim fosse eles seriam atraídos pelo núcleo, segundo a lei de Coulomb, e fundir-se-iam com ele; mas deveriam estar girando em torno do núcleo atômico, já que este detém massa muito maior, fig.3.3.

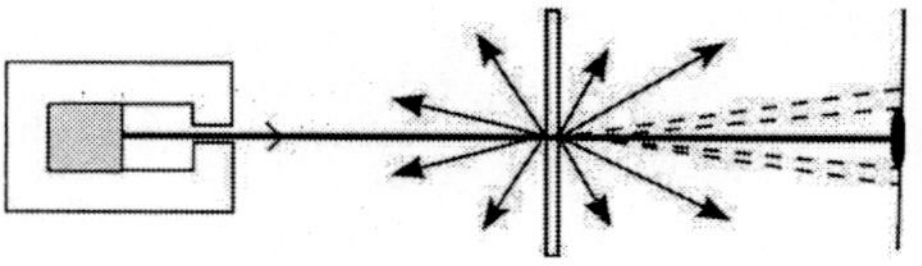

Figura 3.2

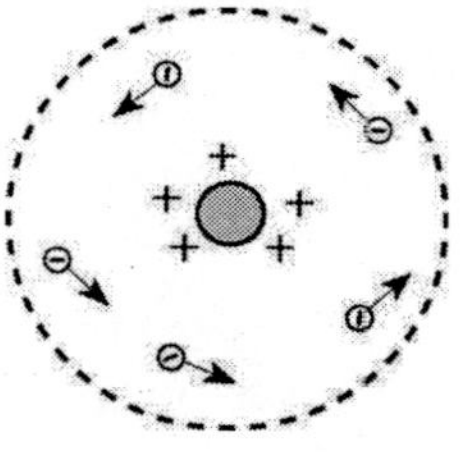

Figura 3.3

Curiosamente o modelo do átomo de Ruterford, coincidia com o modelo atômico concebido pelo físico francês, Perrin, Jean Baptiste (1871–1937), 10 anos antes, teoricamente: o átomo como um diminuto sistema solar, tendo o núcleo a guisa do sol, e os elétrons orbitando em torno dele, como diminutos planetas. Mas o aprofundamento da análise do modelo do átomo de Rutherford-Perrin, apresentou dois inconvenientes – o 1º deles, a instabilidade nuclear: como o núcleo é constituído de prótons, que detêm cargas elétricas positivas, ele não poderia manter-se estável porque os prótons se repulsionariam mutuamente, o que contraria ao fato físico: o núcleo é estável. Esse inconveniente só foi superado em 1932, quando o físico inglês, Chadwick, James (1891–1974), descobriu partículas sem carga elétricas, os nêutrons, no seio nuclear, cuja função é dar a coerção necessária dos prótons à estabilidade nuclear; o 2º inconveniente, a instabilidade das órbitas dos elétrons, que submetidos à aceleração centrípeta, eles deveriam emitir, continuamente, energia radiante, fazendo cada elétron aproximar-se do núcleo numa trajetória espiral, até fundir-se com ele. Este inconveniente foi logo superado em 1913 (vide item [5] abaixo), com a adoção das órbitas quantizadas, baseada na revolucionária teoria quântica de Planck, Max Karl Ernst (1858 –1847), físico alemão, que em 19 de outubro de 1900 anuncia que a energia, gerada a nível microscópico, é quantizada; que os osciladores atômicos ou moleculares emitem energia eletromagnética de forma discreta, "em pacotes", que ele chama de quanta, plural de quantum, energia esta que é função da frequência dos osciladores. Antes de Planck, acreditava-se que os corpos aquecidos produziam energia calorífica que se propagava como ondas contínuas. Em 14 de dezembro de 1900, Planck estabeleceu que um quantum de energia é dado pela expressão, $E = h\nu$, onde $h = 6{,}626\ 075\ 5 \times 10^{-34}$ J·s, é a constante de Planck, que é uma constante universal, e ν, a frequência da radiação eletromagnética. Usa-se por $\hbar = h/2\pi = 1.054\ 572\ 66 \times 10^{-34}$ J·s.

3.3. Atomicidade da Matéria

À luz da teoria atômica do início do século XX, ficou claro que a matéria é atômica, e na sua constituição última, é o átomo a sua menor porção, que tem a estrutura constituída de prótons, elétrons e nêutrons. A experimentação revelou que elétrons e prótons, além das suas cargas elétricas positivas e negativas, possuem massas respectivas, enquanto que o nêutron tem massa, mas de carga elétrica nula.

3.4. As Dimensões do Átomo

O átomo ocupa um volume ínfimo com diâmetro da ordem de 10^{-10} m; o núcleo, um volume 10.000 vezes menor, de diâmetro da ordem de 10^{-14} m, onde estão reunidos os prótons e nêutrons; o núcleo representa cerca de 99,95 %, da massa do átomo, enquanto os elétrons, os 0,05% da massa restante[1]. Os elétrons se distribuem em órbitas ou camadas, a partir das cercanias do núcleo atômico; essas camadas foram designadas pelas letras latinas, K, L, M, N, O, P e Q. O número de prótons no núcleo é igual ao número de elétrons orbitais, e é denotado pela letra Z, e postulou-se que $Z = 2n^2$, para n = 1, 2, 3 e 4, obtém-se o número máximo de elétrons de cada camada: para n = 1, tem-se 2 elétrons na camada K, para n = 2, tem-se 8 elétrons máximos na camada L, para n = 3, tem-se 18 elétrons máximos na camada M, para n = 4, tem-se 32 elétrons máximos na camada N; contudo, tem-se 32 elétrons máximos na camada O; 18 elétrons máximos na camada P; e apenas 2 elétrons máximos na camada Q. Na fig.3.4, exemplificamos com o átomo de sódio, Na.

---

[1] Uma imagem comparativa que se pode fazer do núcleo e da eletrosfera, é a de um estádio de futebol, cuja bola no centro do campo é o núcleo, e cuja 1ª fila de arquibancada é a primeira camada de elétrons.

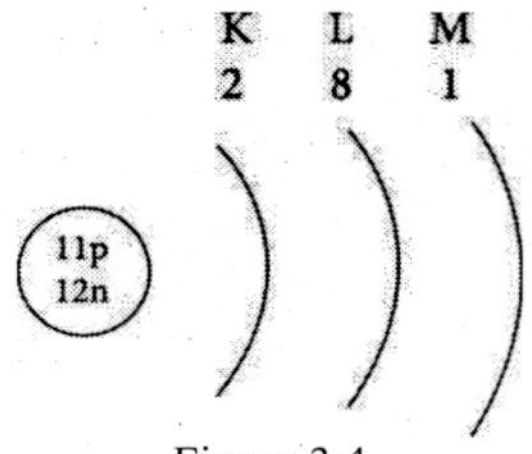

Figura 3.4

Prótons e nêutrons juntos são chamados de núcleons, e a soma deles, de número de núcleons (anteriormente chamado de peso atômico) e designa-se por A; representando-se por n o número de nêutrons, tem-se, $A = Z + n$, donde o número de nêutrons, $n = A - Z$.

Na Tabela 3 listamos os valores das cargas elétricas e das massas dos constituintes fundamentais do átomo, considerados constantes universais. ħ

3.5. Átomo de Rutherford–Bohr

Em 1913, o jovem físico dinamarquês, Bohr, Niels Henrik David (1885–1962), pupilo de Thomson e Ruterford, baseado na teoria quântica de Planck, para resolver a questão da instabilidade orbital, propôs as seguintes hipóteses: 1°) que as órbitas dos elétrons deveriam estar quantizadas, isto é, as órbitas detêm energias fixas, que as tornariam estacionárias; 2°) que a frequência, ν , da órbita do elétron, é distinta da frequência f da radiação eletromagnética que ele emite, quando excitado; 3°) que só são possíveis às órbitas cujo momento angular do elétron é um múltiplo inteiro da constante de Planck,

$$L = n\hbar \qquad (3.1a)$$

com n = 1, 2, 3, ... , chamado de número quântico principal e $\hbar = h/2\pi$. Por ser $L = r\, m_e\, v$, elevando ao quadrado e substituindo acima, encontramos,

$$r^2\, m_e^2\, v^2 = n^2\, \hbar^2 \qquad (3.1b)$$

No átomo de hidrogênio, a igualdade da força coulombiana entre o elétron e o núcleo, com a centrífuga sobre o elétron, tem-se, $K_o\, e^2/r^2 = m_e\, v^2/r$, onde, $K_o = 1/4\pi\varepsilon_o$, é a constante de Coulomb, e ε_o = 8,854 187 818x10^{-12} F/m , é a permissividade do meio; introduzindo a expressão precedente em (3.1b) , e tirando o valor do raio, obtemos,

$$r_{Bohr} = \frac{n^2 \hbar^2}{K_o\, m_e\, e^2} \qquad (3.2a)$$

Substituindo K_o e $\hbar$ em (3.2a), tem-se a forma alternativa,

$$r_{Bohr} = \left(\frac{\varepsilon_o\, h^2}{\pi\, m_e\, e^2}\right) n^2 \qquad (3.2b)$$

Com o 1º postulado, Bohr quantizou os raios orbitais dos elétrons no átomo, que tem valores permitidos com n = 1, 2, 3, ... Para n = 1 , tem-se a 1ª órbita de Bohr, nota-se por, a_o , e $a_o = \hbar^2/K_o\, m_e\, e^2 = \varepsilon_o\, h^2/\pi m_e\, e^2$, que introduzido na equação (3.2b), resulta,

$$r_{Bohr} = a_o\, n^2 \qquad (3.2c)$$

Substituindo os valores indicados em (3.2a, b), obtém-se, $a_o = 5{,}29\text{x}10^{-11}$ m = 52,9 pm; para n = 2, $r_2 = 4a_o$; n = 3, $r_3 = 9a_o$, ... ; em consequência não são permitidas as órbitas de raios: $2a_o$, $3a_o$, $5a_o$, etc., o que confirma a quantização delas.

Como 2º requisito, Bohr usou a energia total (cinética e potencial) do elétron do átomo de hidrogênio, dada por, $E = -K_o\, e^2/2r$ (negativa devida a convenção de que o potencial no infinito é zero), e introduzindo nela o raio de Bohr de (3.2a), obtemos,

$$E_n = -\frac{K_o^2\, m_e\, e^4}{2\hbar^2}\,\frac{1}{n^2} \qquad (3.3a)$$

que expressa a energia quantizada das órbitas dos elétrons, que colocamos o subscrito n para indicar a quantização. Alternativamente, substituindo nela o valor de $K_o = 1/4\pi\varepsilon_o$ e $\hbar$, obtemos,

$$E_n = -\frac{m_e\, e^4}{8\varepsilon_o^2\, h^2}\,\frac{1}{n^2} \qquad (3.3b)$$

que é a expressão alternativa da energia, encontrada por Bohr à quantização das órbitas dos elétrons usando a mecânica clássica e a hipótese de Plank. Com esses dois requisitos Bohr salvaguardou a estabilidade orbital do elétron do átomo do hidrogênio. Em (3.3b), para n = 1, substituindo os valores indicados, tem-se a energia do estado fundamental do átomo de hidrogênio, que é $E_1 = -3{,}6$ eV .

A quantização da energia foi uma descoberta de Planck , mas a aplicação dela ao sistema atômico foi uma façanha da intuição de Bohr , que se confirmou a posteriori.

Bohr publicou a sua tese nos anais da Philosophical Magazine, com o título: Sobre a Constituição de Átomos e Moléculas (dividida em três partes e tempos; 1ª parte, Introdução, em julho, a 2ª parte, Sistemas que contêm um só Núcleo, em setembro, e a 3ª parte, Sistemas que Contêm vários Núcleos, em novembro daquele ano.

O hidrogênio, submetido a um campo magnético, revelou na análise espectrográfica, a presença de uma estrutura fina, com desdobramentos de riscas espectrais não previstas pela teoria de Bohr, o que indicava que ela deveria ser revista, complementada ou ampliada.

A primeira ampliação à teoria atômica de Bohr veio da experimentação que concluiu que o átomo detinha, além das propriedades quantificadas introduzidas por Bohr (órbitas e energia quantizadas), mais duas propriedades intrínsecas, a saber: (i) que o elétron na sua translação em torno do núcleo atômico, por sua parte, produz um campo magnético próprio ou intrínseco que lhe confere uma orientação no espaço atômico; e (ii) que o elétron gira em torno de si mesmo (como um pião), e produz uma quantidade de movimento angular intrínseco, chamada de spin eletrônico ou apenas spin do elétron. Com o desenvolvimento da teoria atômica, essas quatro propriedades que caracterizam o estado do átomo, passaram a ser expressas, matematicamente, por quatro números quânticos, associados a vetores respectivos, que vamos descrevê-los.

3.6. Números Quânticos

Como vimos, Bohr introduziu o primeiro número quântico para impor a quantização das órbitas e das energias associadas a elas. Experimentos posteriores, que aludimos acima, levaram a necessidade de introduzir mais duas quantificações no átomo, resultando na adoção de mais números quânticos, posteriormente confirmados, pela Teoria Atômica Moderna, que vai ser chamada de Mecânica Quântica.

(1) Número Quântico Principal, n :

As camadas eletrônicas do átomo de Bohr, designadas por, K = 2, L = 8, M = 18, N = 32, O = 32, P = 18, Q = 2, por estarem quantizadas são associadas aos níveis de energias crescentes dos elétrons no átomo, para os valores, n = 1, 2, 3, 4, ... Na fig.3.5 estão indicados os níveis de energia do átomo de hidrogênio, conforme (3.3b).

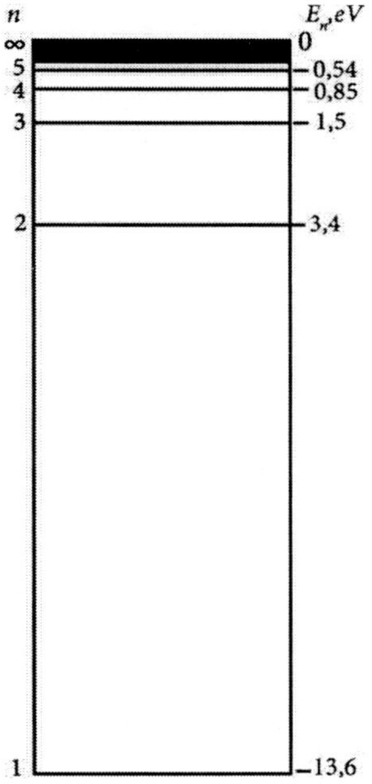

Figura 3.5

(2) Número Quântico Orbital, ℓ:

O elétron gravitando em torno do núcleo tem um momento angular, **L** , vetor, de módulo, $L = [\ell(\ell+1)]^{1/2}\ \hbar$, $\ell = 0, 1, 2, \ldots (n-1)$, é o número quântico orbital, que indica a subcamada que contém elétron, limitado pelo número quântico principal, n ; e ħ é a unidade de medida.

(3) Número Quântico Orbital Magnético, m_ℓ :

A circunvolução do elétron em torno do núcleo, por sua parte, produz, um campo magnético intrínseco; e quando esse campo interage com um campo magnético fraco, revela a quantização espacial do vetor, **L** , que arbitra-se um eixo Z, para definir a componente L_z de **L** , e tem-se, $L_z = m_\ell\ \hbar$, onde m_ℓ é número quântico magnético orbital do elétron, que indica a orientação orbital, que assume os valores, $m_\ell = -\ell, -\ell+1, \ldots, 0, \ell, \ell-1, \ell$, totalizando $2\ell + 1$ estados quânticos magnéticos.

(4) Número Quântico Magnético de Spin, m_s:

Resultou de evidência experimental, que o elétron gira em torno de si próprio (como um pião), propriedade esta chamada de spin eletrônico ou apenas spin, dada pelo vetor, **S** , de módulo, $S = [s(s+1)]^{1/2}\ \hbar$, com s = ½; de modo que, para todo elétron, tem-se $S = (3/4)^{1/2}\ \hbar$. Contudo, usando o critério anterior, resultou adequado define-se também a componente S_z de **S** , de modo a ter-se, $S_z = m_s\ \hbar$, sendo m_s chamado de número quântico magnético de spin, que assume dois valores simétricos, semi-inteiros: $m_s = +\frac{1}{2}$ e $-\frac{1}{2}$.

Em suma: ficou estabelecido que o estado quântico de um átomo fica dado pelo conjunto dos 4 números quânticos, $(n\ ,\ \ell\ ,\ m_\ell,\ m_s)$. E como veremos adiante, esses quatro números quânticos, são confirmados na Mecânica Quântica.

O átomo no estado fundamental tem na 1ª camada , o nível de energia mais baixo, que é caracterizado pelos números quânticos: n = 1(camada ou nível), $\ell = 0$ (subcamada ou subnível), $m_\ell = 0$ (orbital) e $m_s = +\frac{1}{2}$ e $-\frac{1}{2}$, que reunimos nos conjuntos (1, 0, 0, +½) e (1, 0, 0, –½).

No caso do átomo de hidrogênio que tem apenas 1 elétron, o estado fundamental é dado por (1, 0, 0, +½) ou (1, 0, 0, –½). Como nele só existe uma camada, com L = 0, presume-se que o orbital dela tenha a configuração de uma esfera, fig.3.6.

Figura 3.6

Para o átomo de hélio, que tem 2 elétrons, o estado fundamental é dado pelos dois conjuntos (1, 0, 0, +½) e (1, 0, 0, –½), e o orbital é também uma esfera; como esses dois estados possuem a mesma energia, diz-se estado duplamente degenerado (talvez fosse mais adequado dizer-se, estado duplamente isoenergéticos).

Para o 1º estado excitado do átomo de hidrogênio, $n = 2$, $\ell = 0, 1$, $m_\ell = -1, 0, +1$ e $m_s = +½$ e $-½$, e tem-se dois conjuntos de números quânticos: (2, 0, 0, +½) e (2, 0, 0, –½) representando 2 estados de mesma energia no orbital, fig.3.7; e seis conjuntos de números quânticos, (2, 1, –1, +½), (2, 1, –1, –½), (2, 1, 0, +½), (2, 1, 0, –½), (2, 1, +1, +½) e (2, 1, +1, –½), para os 6 estados quânticos do orbital, que dá um total de oito estados de mesma energia contidos nos orbitais. Como estas oito combinações distintas têm a mesma energia, diz-se que ela está oito vezes degenerada. E assim por diante.

3.7. Configuração Eletrônica e Regra de Hund

Como vimos, os elétrons estão confinados nos orbitais das subcamadas $\ell = 0$, $\ell = 1$, $\ell = 2$ e $\ell = 3$. Mas para caracterizar a distribuição deles nas camadas, preferiu-se usar a notação da espectroscopia, com as letras, **s** (sharp), **p** (principal), **d** (diffuse) e **f** (fine), que designam os orbitais das camadas, e assim indica-se que a 1ª camada do átomo tem o único orbital, s, comporta 2 elétrons, anota-se $1s^2$, e sua configuração é uma esfera; a 2ª camada tem 1 orbital s , comporta 2 elétrons, anota-se, $2s^2$, e tem a forma de uma esfera, e 3 orbitais p, com máximo de 6 elétrons, anota-se, $2p^6$, que tem o formato de um alteres com o núcleo na origem, fig.3.7(a); mas 2p , desdobra-se em 3 componentes, $2p_x^2$, $2p_y^2$ e $2p_z^2$, fig.3.7(b); a 3ª camada, tem um orbital, s, $3s^2$, 3 orbitais p , $3p^6$ e 5 orbitais d, que comporta até 10 elétrons, $3d^{10}$; a 4ª camada contém, $4s^2$, $4p^6$, $4d^{10}$ e mais o orbital 4f, com 7 orbitais e comporta no máximo 14 elétrons, $4f^{14}$. A Tabela 3.2 resume a distribuição.

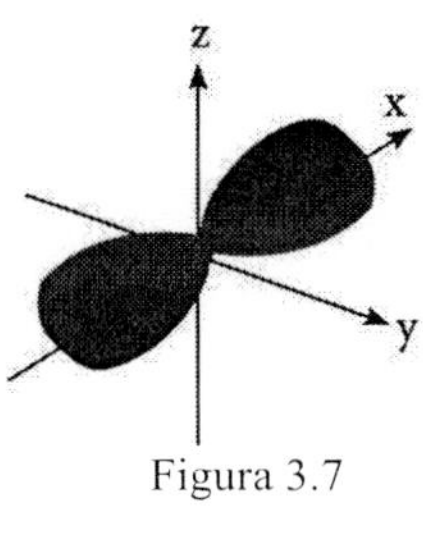

Figura 3.7

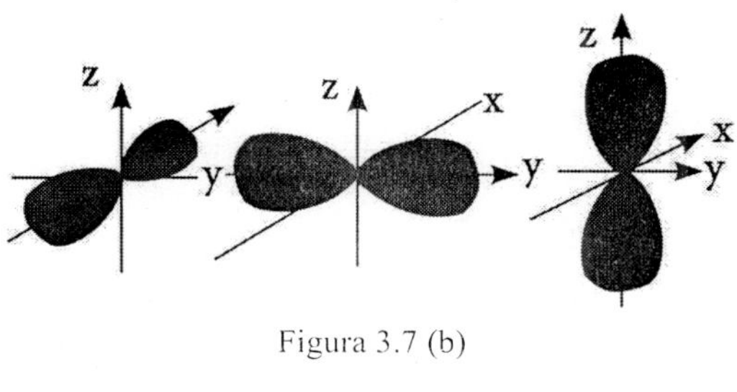

Figura 3.7 (b)

Tabela 3.2

Subcamada	Nº Orbitais de elétrons	Nº Máximo
s	1	2
p	3	6
d	5	10
f	7	14

Deve-se ao jovem físico austríaco, Pauli, Wolfgang (1901– 1958), o estabelecimento da regra preside a distribuição dos elétrons num orbital, que afirma que:

Num átomo, não pode existir dois elétrons com os quatro números quânticos iguais. Esta regra passou a ser chamada de princípio de exclusão de Pauli.

[1] Configuração Eletrônica

Coube ao químico norte-americano Pauling, Linus Carl (1901-1992), a invenção do diagrama prático que permite obter a configuração eletrônica de um átomo. Abaixo, damos o diagrama de Pauling cujo encaminhamento da seta dar a sequência para se obter a configuração eletrônica:

K 1s
L 2s 2p
M 3s 3p 3d
N 4s 4p 4d 4f
O 5s 5p 5d 5f
P 6s 6p 6d
Q 7s 7d

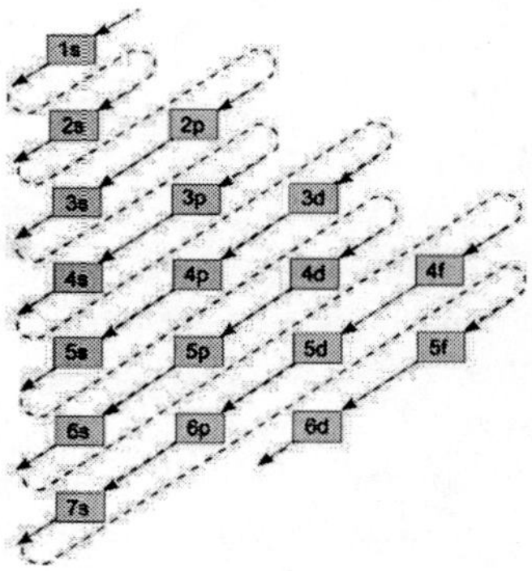

Vejamos um exemplo.

Exemplo 3.1

Achar a configuração eletrônica do átomo de sódio, usando o diagrama de Pauling.

Para o $_{11}Na$, temos as camadas, K = 2 , L = 8 , M = 1, e os orbitais respectivos,

1s
2s 2p
3s 3p 3d

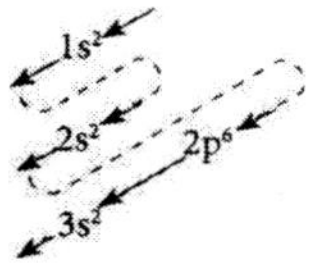

Donde a configuração eletrônica do $_{11}Na$: $1s^2$ $2s^2$ $2p^6$ $3s^1$

K=2 L = 8 M = 1

No Apêndice B damos a cofiguração completa dos elementos

[2] Regra de Hund

Num mesmo orbital os elétrons podem estar com spins desemparelhados (ou paralelos), indica-se por, ↑↑ou ↓↓ ; ou emparelhados (antiparalelos), indica-se por, ↑↓.

Em 1927, o físico alemão, Hund, Friedrich Herman (1896-1997), estabeleceu a regra que orienta o preenchimento de cada subnível de um orbital, a qual prescreve que:

Cada subnível de um orbital é preenchido primeiramente com spins paralelos, e em seguida, completado com os spins antiparalelos.

A regra de Hund aplicada ao Exe.3.1 (usando quadrículas para facilitar o preenchimento dos spins) temos os procedimentos abaixo:

Configuração eletrônica	:	$1s^2$	$2s^2$	$2p^6$	$3s^1$
preenchimento com spins paralelos	:	|↑ |	|↑ |	|↑ |↑ |↑ |	|↑ |
complementação com spins antiparalelos:		|↑↓|	|↑↓|	|↑↓|↑↓|↑↓|	|↑ |

4 – TEORIA ATÔMICA MODERNA

À reavaliação da teoria atômica de Bohr veio em 1925, com a Mecânica Matricial de Heisenberg, Werner Karl (1901–1976), físico alemão, e no ano seguinte, em 1926, com a Mecânica Ondulatória de Schrödinger, Erwin (18887-1961), físico austríaco. Ambos se propuseram a descrever o átomo dentro de uma perspectiva mais realística, contudo usando de linguagem matemática, distintas: Heisenberg optou pelo cálculo matricial, enquanto Schrödinger, pelo cálculo diferencial. Mas verificou que ambas as abordagens matemáticas equivaliam-se e a questão passou à atualidade com o título de Mecânica Quântica, que veio abolir o conceito de continuum para o fenômeno micro. É o que veremos a seguir.

4.1. Contribuição de Heisenberg

Heisenberg seguiu a linha de pesquisa de Bohr interpretando as linhas espectrais produzidas por átomos excitados e com base nelas, formulou a sua Mecânica Matricial. Nesse novo contexto Heisenberg abandonou por completo a tentativa de descrever e explicar o comportamento do elétron em termos de imagem newtoniana: uma partícula dotada de carga elétrica e massa descrevendo uma trajetória determinada em torno do núcleo atômico, e propõe, em 1927, o Princípio de Indeterminação ou de Incerteza, segundo o qual não é possível determinar, ao mesmo tempo, a posição e a velocidade de uma partícula de alta energia (como o elétron) com exatidão, que expressa tal limitação, em termos matemático, pela relação,

$$\Delta p \cdot \Delta \mathbf{r} \geq \hbar/2 \qquad (4.1a)$$

significando que, se se determinar $\Delta\mathbf{r}$ com exatidão, falseia-se a determinação de Δp , e vice-versa, onde $\hbar = h/2\pi = 1{,}054\ 572\ 669x^{-34}$ J·s, e h delimita a fronteira entre o fenômeno micro e o macro.

Obviamente (1.1a) aplica-se às componentes de **p** e **r**, por exemplo,

$$\Delta p_x \cdot \Delta x \geq \hbar/2 \qquad (4.1b)$$

O Princípio de Indeterminação aplica-se igualmente a situação em que se tem a medição da energia versus tempo, expresso por,

$$\Delta E \cdot \Delta t \geq \hbar/2 \qquad (4.2)$$

O átomo de hidrogênio no estado fundamental, o elétron tem o nível mais baixo de energia com o 1º raio de Bohr, $\Delta x = a_o = 5{,}29 \times 10^{-11}$ m. Então, usando (1.4b), na igualdade, temos,

$$\Delta p = \frac{1{,}054 \times 10^{-34}\ J \cdot \mathbf{s}\ /2}{5{,}29 \times 10^{-11}\ m} \cong 1{,}0 \times 10^{-24}\ kg\ m/s$$

Por sua vez, sendo, $\Delta p = m\ \Delta v$, virá,

$$\Delta v = \frac{1{,}0 \times 10^{-24}\ kg/s}{9{,}109 \times 10^{-31}\ kg} \cong 1{,}1 \times 10^{6}\ m/s$$

resultado que informa que a incerteza da velocidade do elétron é cerca de 0,01 c .

Com o Princípio de Incerteza, Heisenberg introduziu-se na física atômica e das partículas de alta energia o conceito de indeterminação, que impossibilita a exatidão de medidas, e suspende por assim dizer, o princípio da causalidade, que deu como consequência filosófica, o indeterminismo para o fenômeno físico micro, já que este não cumpre o determinismo macro, pressuposto científico, legado pelos antigos filósofos grego, e vigente à ciência, até então.

4.2. Contribuição de De Broglie

De Broglie, Louis Victor Pierre Raymond, Príncipe (1892–1987), físico francês, inspirado na ideia de que a luz manifesta-se em geral como onda, mas que em circunstâncias especiais apresenta-se como fótons (partícula), propôs, em 1924, que o elétron (partícula) deveria também comportar-se como onda fotônica, expressa por,

$$\lambda = \frac{h}{p} \qquad (4.3)$$

hipótese esta, confirmada em 1927, pelos físicos norte-americanos Davison, Clinton Joseph (1881-1958) e Germer, Lester Herbert (1896-1971), em experimentos de difração de elétrons. A tese de De Broglie deu como consequência, que a matéria deve possuir também natureza ondulatória, contudo, insuspeita a nível macroscópico. Sob o ponto de vista ondulatório de De Broglie, o átomo de hidrogênio é representado na fig.4.1(a) (o círculo tracejado é o raio de Bohr), mas representação proibida na fig.4.1(b).

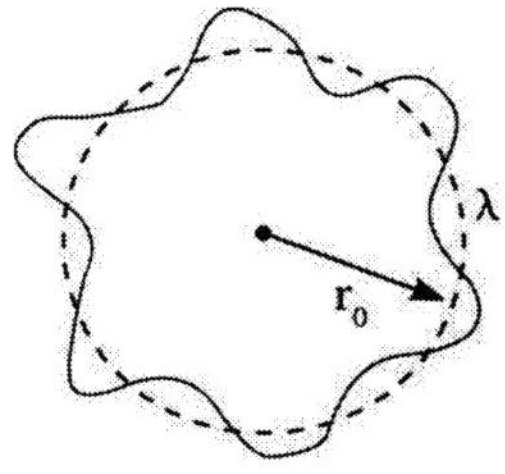

Figura 4.1(a)

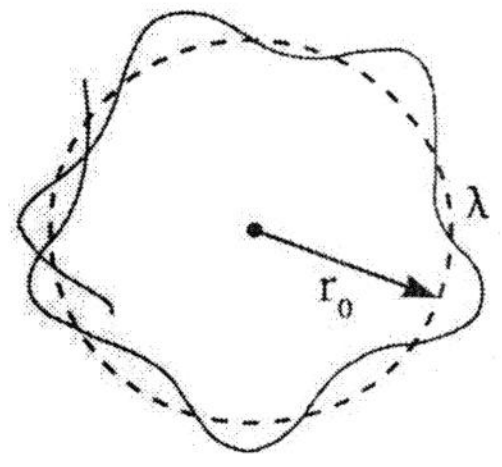

Figura 4.1(b)

Exemplo 2.1

Achar o comprimento de onda do elétron, usando os dados acima, $p = m_e v = (9{,}109 \times 10^{-31}\ kg) \times (1{,}1 \times 10^{6}\ m/s) \cong 1{,}0 \times 10^{-25}\ kg \cdot \mathbf{m/s}$. E de um objeto com massa de 1 grama, movendo-se com a velocidade de 90 km/h.

Por (1.6), temos,

$$\lambda = \frac{6{,}626 \times 10^{-34}\ J \cdot s}{1{,}0 \times 10^{-25}\ kg \cdot m/s} \cong 6{,}626 \times 10^{-9}\ m$$

que é uma onda na faixa dos raios X .

Para o objeto de 1 g , temos, $v = 90\ km/h = 25\ m/s$ e $p = (10^{-3}\ kg)(25\ m/s) = 2{,}5 \times 10^{-2}\ kg.m/s$, que deve portar uma onda de matéria:

$$\lambda = \frac{6{,}626 \times 10^{-34}\ J \cdot s}{2{,}5 \times 10^{-2}\ kg.m/s} \cong 2{,}66 \times 10^{-32}\ m$$

que é um comprimento de onda não observável, já que o menor comprimento de onda passível de observação é da ordem de 10^{-15} m ou 10 fm (ordem de grandeza do núcleo atômico).

4.3. Contribuições de Schrödinger

Schrödinger, por sua vez, inspirado em De Broglie, abandonou também a ideia do elétron descrevendo uma órbita circular ou elíptica, e passou a concebê-lo movendo-se num trajeto que se distribui no espaço que envolve o núcleo, que chamou de espaço orbital, ou apenas orbital. No átomo de hidrogênio o elétron está distribuído como na fig.4.2.

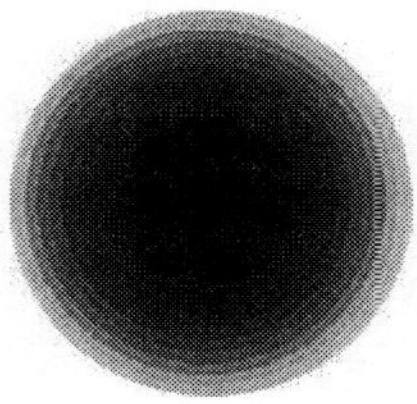

Figura 4.2

Para descrever o elétron no orbital, Schrödinger designou por $\Psi(x, t)$, a função de onda do elétron (vale para qualquer partícula de alta energia) que tem as seguintes propriedades matemática: (i) $\Psi(x, t)$ é complexa, contínua e unívoca; (ii) tem derivadas, $d\Psi(x)/dx$ e $d^2\Psi(x)/dx^2$, contínuas; (iii) Ψ^* é o conjugado de Ψ, e o seu produto, $\Psi\Psi^* = |\Psi|^2$, representa a amplitude de probabilidade da onda; (iv) Ψ, inscrita num elemento de volume, dV, $\Psi(x) \rightarrow 0$, sempre que $x = \pm \infty$; (v) a probabilidade de localizar o elétron no volume elementar é dada por, $P(x) = |\Psi|^2 \, dV$, que integrada nos limites $x = \pm \infty$, oferece a condição de normalização,

$$\int_{-\infty}^{+\infty} |\Psi|^2 \, dV = 1 \qquad (4.4a)$$

Integrada nos limites x e x + dx , dar a probabilidade de localizar o elétron nesse intervalo,

$$\int_{x}^{x+dx} \Psi^2 \, dx = 1 \qquad (4.4b)$$

E representada na fig.4.3. Em geral Ψ não é conhecida, contudo Ψ^2 é passível de observação, mas não a posição precisa do elétron, já que $\Delta x \neq 0$, contudo ele tem energia definida, $\Delta E \neq 0$.

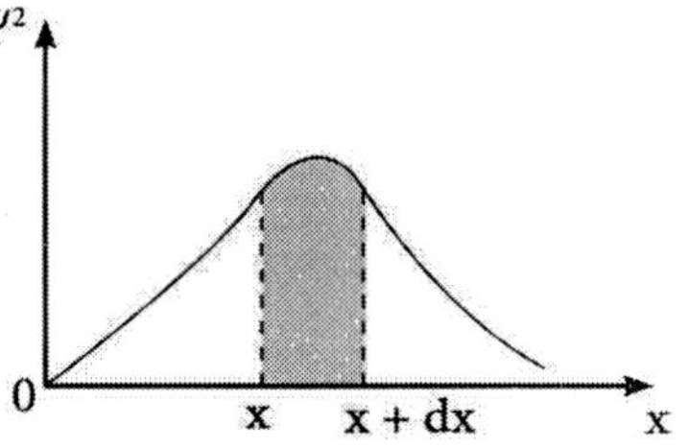

Figura 4.3

Como cada orbital, Ψ tem um valor próprio, nota-se por, Ψ_n , n = 1, 2, 3, ..., onde cada subíndice de Ψ representa um valor próprio ou autovalor da mesma.

Para se obter os valores próprios da função de onda Ψ_n, aplica-se-lhe um operador hamiltoniana, H , e tem-se simbolicamente,

$$H\,\Psi_n = E_n\,\Psi_n \tag{4.5}$$

O operador H assume várias formas. Para o momentum linear, p , tem-se o operador,

$$p \rightarrow -i\hbar\frac{d}{dx} \tag{1}$$

Para o caso mais geral, dependente do tempo, H assume o operador:

$$H \rightarrow i\,\hbar\frac{d}{dt} \tag{2}$$

No caso de uma partícula que se movimenta na direção X e tem energia cinética, K = H , e tem-se,

$$H = \frac{p_x^{\,2}}{2m} \tag{3}$$

Substituindo p_x^2 de (1), obtemos,

$$H = -\frac{\hbar^2}{2m}\frac{d^2}{dx^2} \tag{4}$$

Aplicando o operador H, conforme (1.8), à função de onda $\Psi = \Psi(x)$, tem-se,

$$-\frac{\hbar^2}{2m}\frac{d^2\Psi}{dx^2} = E\,\Psi$$

Donde, segue-se a equação diferencial de 2º ordem, da função de onda,

$$\frac{d^2\,\Psi}{dx^2} = -\frac{2mE}{\hbar^2}\,\Psi \tag{4.6a}$$

[1] Partícula na Caixa

A equação de Schrödinger (4.6a), apesar de ser unidimensional, aplica-se a uma partícula confinada num recinto tridimensional, e o problema é chamado de partícula na caixa, que detém energia cinética, mas energia potencial nula dentro e fora da caixa, fig.4.4; supõe-se, ademais, que as paredes da caixa são intransponíveis, e limita-se com $x = 0$ e $x = a$, que dá o intervalo, $0 \leq x \leq a$. Este problema, numa primeira aproximação, é símile ao elétron no átomo de hidrogênio, e a solução da equação (4.6a) que descreve o comportamento da partícula confinada caixa vale igualmente à descrição do comportamento do elétron no átomo de hidrogênio.

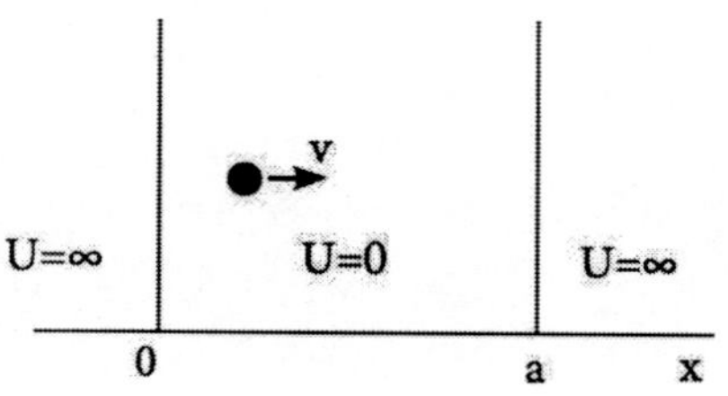

Figura 4.4

Pondo, $2mE/\hbar^2 = k^2$, virá,

$$\frac{d^2\Psi}{dx^2} = -k^2\Psi \tag{4.6b}$$

uma solução aceitável de (4.6b) é $\Psi = A \text{ sen } k x$; para confirmar esta solução, tomamos as suas derivadas 1ª e 2ª, e temos,

$$\frac{d\Psi}{Dx} = k A \cos kx$$

$$\frac{d^2\Psi}{dx^2} = -k^2 A \text{ sen } kx$$

E reencontramos (1.9b),

$$\frac{d^2\Psi}{dx^2} = -k^2\Psi$$

ou também,

$$\Psi = A \text{ sen } \left(\frac{2mE}{\hbar^2}\right)^{1/2} x \tag{4.6c}$$

As condições de contorno são: $x = 0$, $\Psi(0) = 0$ e $x = a$, $\Psi(a) = 0$; então cabe examinar apenas a última condição de nulidade, que implica em se ter sen($n\pi$) = 0 , para $n = 1, 2, 3, \ldots$, e portanto,

$$\left(\frac{2mE}{\hbar^2}\right)^{1/2} a = n\,\pi \tag{1}$$

E a solução (1.9c), fica dada por,

$$\Psi_n = A \,\text{sen}\,\left(\frac{n\,\pi x}{a}\right) \tag{4.6d}$$

onde anotamos Ψ com subíndice n para indicar que a função de onda está quantizada por n . Falta agora determinar constante arbitrária A , que é calculada usando-se (4.4b), no caso,

$$A^2 \int_0^a \text{sen}^2\left(\frac{n\,\pi x}{a}\right) dx = 1$$

como a integral vale a/2 , segue-se que $A = (2/a)^{1/2}$, donde a solução final,

$$\Psi_n = \left(\frac{2}{a}\right)^{1/2} \text{sen}\,\left(\frac{n\,\pi x}{a}\right) \tag{4.6e}$$

Mas este resultado descreve ondas estacionárias, já que elas têm nós nos pontos, x = 0 e x = a , ou seja, nas paredes, restrição esta que implica que o comprimento, a , da caixa, deve conter múltiplos inteiros de meio comprimento de onda, isto é,

$$a = \frac{\lambda}{2}\, n \tag{2}$$

Por exemplo, para n = 1, 2, 3, resultam as funções de ondas Ψ_1 , Ψ_2 e Ψ_3 , ora traçadas na fig. 4.5(a); e na fig. 4.4(b) estão traçadas as densidades de probabilidades das mesmas, cujas amplitudes são Ψ_1^2 , Ψ_2^2 e Ψ_3^2 .

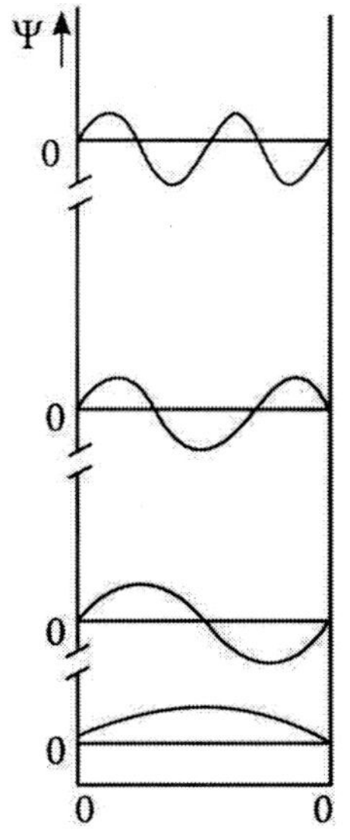

Figura 4.5(a)

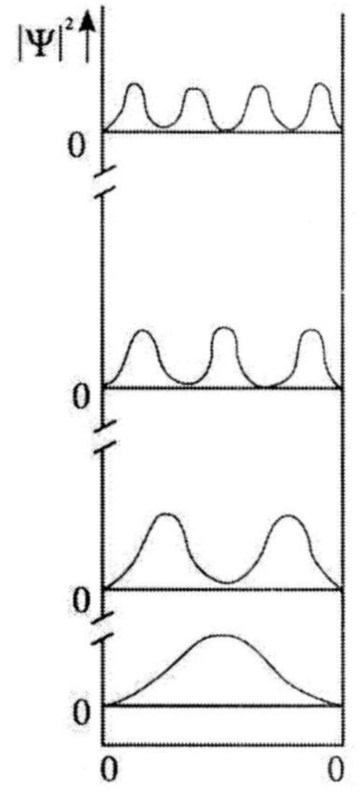

Figura 4.5(b)

Por outro lado à partícula tem energia cinética, $K = -\frac{1}{2}mv^2$; e de $\lambda = h/p = h/mv$, concluímos, $v^2 = h^2/m^2\lambda^2$, que levado na expressão de K , obtemos,

$$K = -\frac{h^2}{2m\,\lambda^2} \qquad (3)$$

Introduzindo acima, $\lambda^2 = 4a^2/n^2$, e pondo, $K = E_n$, virá,

$$E_n = -\frac{h^2\,n^2}{8m\,a^2} \qquad (4.7)$$

que mostra que a energia da partícula está igualmente quantizada por n , como acontece no elétron do átomo.

[2] Equação Schrödinger para o Átomo de Hidrogênio

A aplicação da equação de Schrödinger ao átomo de hidrogênio requer a consideração da energia potencial, que é dada por,

$$V(r) = -K_o \frac{e^2}{r} \quad (4.8)$$

onde r é à distância do elétron ao núcleo. A função de onda de Schrödinger fica melhor expressa no sistema de coordenadas polares, como Ψ (r, θ, φ), que pode ser posta como o produto de funções específicas,

$$\Psi (r, \theta, \varphi) = R(r)\, \Theta(\theta)\, \Phi(\varphi) \quad (4.9)$$

onde R(r) é a parte radial, e Y(θ, φ) = Θ(θ) Φ(φ), a parte angular. E a equação de Schrödinger para o átomo de hidrogênio fica expressa por,

$$\frac{1}{R}\frac{d}{dr}\left(r^2 \frac{dR}{dr}\right) + \frac{1}{\Theta\, \mathrm{sen}\theta}\frac{d}{d\theta}\left(\mathrm{sen}\theta \frac{d\Theta}{d\theta}\right) + \frac{1}{\Phi\, \mathrm{sen}^2\theta}\frac{d^2\Phi}{d\varphi^2} = -\frac{2\mu r^2}{h^2}\left(E + \frac{K_o e^2}{r}\right) \quad (4.10)$$

No 2º membro, μ é a massa reduzida (próton+elétron). Não iremos resolver esta complexa equação, mas apenas indicar os resultados que dela advém.

A parte radial, anotada como $R_{n,\ell}$ (ρ), com $\rho = r/a_o$, junto com a parte angular, $Y_{n\ell,m}$ (θ,φ) = $\Theta_\ell(\theta)\ \Phi_m(\varphi)$, tem-se a função completa, $\Psi_{n\ell,m} = R_{n,\ell}(\rho)\ Y_{n\ell,m}$ (θ,φ), que damos na Tabela 4.1, para os 6 primeiros orbitais. Por exemplo, a função de onda completa do orbital 1 s é dada por,

$$\Psi_{n\ell,m} = \left(\frac{1}{\pi}\right)^{1/2} \left(\frac{1}{a_o}\right)^{3/2} e^{-\rho}$$

Nota: pesar de todo esse esforço científico apresentado aqui de forma sumária, o átomo ainda é um ente físico-químico desconhecido, daí teoria atômica.

Tabela 4.1

Orbital	$\Psi_{n\ell,m}$ Funcion de onda
1s	$\frac{1}{\sqrt{\pi}}\left(\frac{Z}{a_0}\right)^{3/2} e^{-\rho}$
2s	$\frac{1}{4\sqrt{2\pi}}\left(\frac{Z}{a_0}\right)^{3/2}(2-\rho)e^{-\rho/2}$
$3p_z$	$\frac{1}{4\sqrt{2\pi}}\left(\frac{Z}{a_0}\right)^{3/2}\rho\, e^{-\rho/2}\cos\theta$
$2p_x$	$\frac{1}{4\sqrt{2\pi}}\left(\frac{Z}{a_0}\right)^{3/2}\rho\, e^{-\rho/2}\mathrm{sen}\,\theta\cos\phi$
$2p_y$	$\frac{1}{4\sqrt{2\pi}}\left(\frac{Z}{a_0}\right)^{3/2}\rho\, e^{-\rho/2}\mathrm{sen}\,\theta\,\mathrm{sen}\,\phi$

5 – REFORMULANDO A NOMENCLATURA DA QUÍMICA

Com o conhecimento da estrutura do átomo, verificou-se que na reação química o núcleo atômico mantém-se inalterado, e por consequência, a reação química se processa envolvendo apenas os elétrons da última camada que fazem as ligações entre os átomos. Estava assim descobertos os antigos "ganchos" que uniam os átomos entre si, para a formação da molécula e dos compostos. Daí a importância de se conhecer a estrutura eletrônica para prever e justificar as propriedades químicas das substâncias.

5.1. Elétrons de Valência. Valência

Os elétrons da última camada de um átomo são chamados de elétrons de valência e a capacidade que eles têm de fazer as ligações entre átomos, foi denominada de valência química. Por conseguinte, valência de um átomo é determinada pela quantidade de elétrons da última camada; e conforme ela tenha 1, 2, 3, 4, ... elétrons na última camada, a valência será 1, 2, 3, 4, etc. ou monovalente, bivalente, trivalente, tetravalente, etc..

Mas a ideia da valência química não é nova; foi proposta em 1852 por Frankland, Sir Edward (1825-1899), químico inglês, e usada por Mendeleiev, em 1869, quando elaborou uma Tabela Periódica dos Elementos, assinalando nela, que os elementos das colunas 1, 2, 13, 14, 15, 16 e 17, tinham suas valências na ordem sequencial: 1, 2, 3, 4, 3, 2, 1.

Os gases nobres não reagem entre si, nem com outros átomos, e têm valência zero. Atribui-se a tal comportamento o fato de cada elemento nobre ter 8 elétrons na última camada (exceto o He que tem 2 elétrons). Este requisito é tomado como regra especial, chamada de regra do octeto, segundo a qual dois ou mais átomos se ligam de forma estável, quando os seus elétrons de valência somam oito.

Como já aludimos acima, as valências de todos os átomos são determinadas pelos números dos elétrons de valência, observando-se a configuração eletrônica da camada de valência. As valências dos não metais também podem ser dadas (i) usando-se a regra do octeto, $8 - N$, sendo N é o número do grupo que pertence o elemento, ou alternativamente, (ii) pela diferença numérica das colunas: 18 – N' , 18 é a última coluna e N' número da coluna a que pertence o elemento.

Exemplo 5.1
Achar a valência do $_{14}Si$.

O $_{14}Si$ tem na última camada M = 4e , portanto, valência 4 ; a configuração eletrônica da última camada dele é $3s^2\ 3p^2$, cuja soma dos expoentes, 2+2 = 4 elétrons, confirma a valência 4 .

Pela 2ª regra: o $_{14}Si$ está no grupo 4A/14 , o que indica que ele tem valência 4; usando a regra do octeto, temos, 8 – 4 = 4 ; ou ainda, usando a diferença numérica das colunas: 18 – 14 = 4 , confirma-se a valência 4.

Cabe observar que alguns átomos podem ter mais de uma valência. Por exemplo, o nitrogênio tem valência 5 porque a sua última camada, L = 5e ; e a configuração eletrônica da última camada é $2s^2\ 2p^3$, que confirma a valência 5; mas o $_7N$ pertence ao grupo 5A/15, e pela regra do octeto, 8 – 5 = 3 ou pela regra da diferença das colunas, 18 – 15 = 3 , tem-se a valência 3; conclui-se, que o $_7N$, tem dupla valência: 5 e 3.

5.2. Ligações Químicas

Como ficou assente, porque os átomos são portadores de valência eles se ligam mutuamente para completar o octeto. Falta agora interpretar como ocorrem essas ligações. As pesquisas nesse sentido formou a teoria de que as ligações químicas se processam de duas formas, denominadas de ligações covalentes e ligações eletrovalentes. Vejamos cada uma delas.

[1] Ligação Covalente
É a ligação química em que dois ou mais átomos compartilham seus elétrons de valência. A ligação covalente é uma ligação forte, permanente, característica das ligações entre ametais.

No caso mais simples, da formação da molécula do hidrogênio, H_2 , usando o modelo de Bohr, o elétron de um H é atraído pelo próton do outro H, enquanto o elétron desse próton é atraído pelo próton do outro H, fig.5.1(a), e na fig. 5.1(b), a ligação covalente, e na fig. 5.1(c), a ligação covalente no modelo quântico.

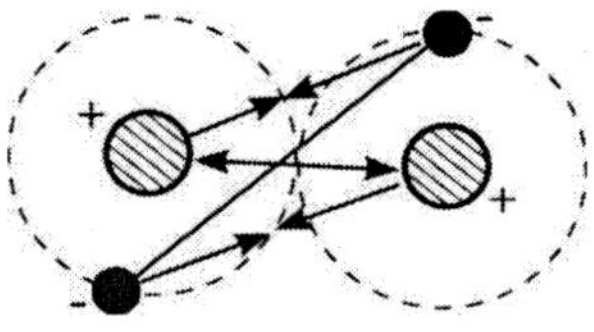

Figura 5.1(a)

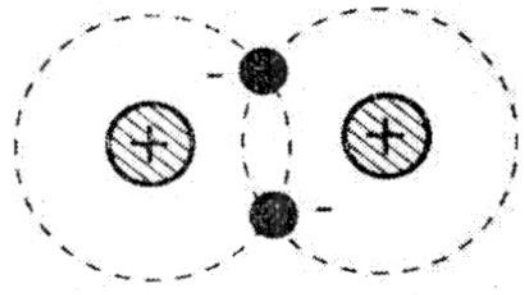

Figura 5.1(b)

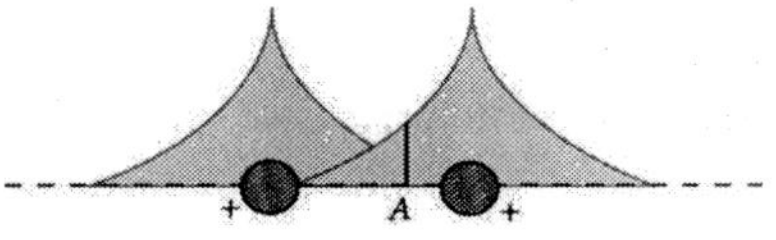

Figura 5.1(c)

[2] Ligação Eletrovalente

É a ligação em que há transferência de elétrons de um átomo para outro e ambos se atraem como íons.

Por exemplo, na formação do cloreto de sódio, NaCl, o Na tem 1 elétron periférico, enquanto o Cl tem 7 elétrons; então, pela regra do octeto, o Na cede 1 elétron para o Cl e se torna íon positivo, anota-se, Na^{+} (cátion), enquanto o Cl, recebe 1 elétron e torna-se íon negativo, anota-se, Cl^{-} (ânion), tem-se, assim a ligação iônica, fig. 5.2(a, b, c).

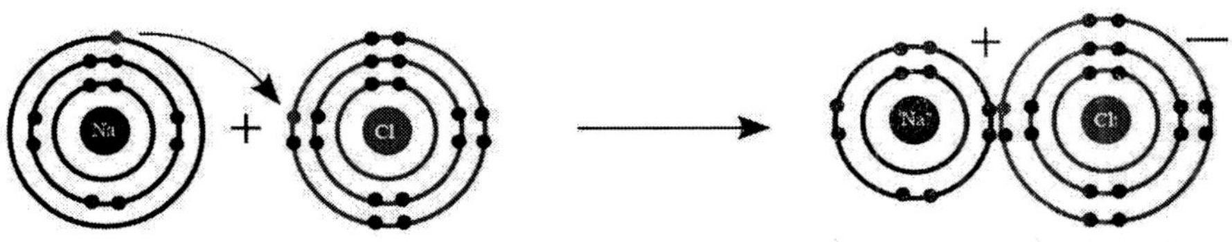

(a) Átomo de sódio (b) Átomo de cloro (CL) Íon sódio (Na^{+}) Íon cloro (Cl^{-}) (c) Cloreto de sódio (NaCl)

[3] Ligações Metálicas

O metal detém estrutura cristalina com os núcleos atômicos fixo e os elétrons de valência frouxamente ligados a eles. A rigidez da rede cristalina do metal conferem-lhe propriedades físicas de rigidez (elevado grau de fusão e ebulição), ductibilidade (distendido em fios) e condutibilidade de calor e elétricidade (facilidade dos elétrons se movimentarem em fluxo de corrente elétrica).

5.3. Fórmulas Químicas Estruturais

Além das fórmulas químicas apresentadas do item 1.7, vamos incluir aqui mais dois tipos de fórmulas químicas de grande utilidade prática.

[1] Fórmula Estrutural

Couper, Archibald Scott (1831–1892), químico escocês, em 1858, publicou um artigo de química onde propôs que a valências 1 fosse representada por um traço (—). Nessa época ainda não se conhecia o elétron. De forma independente, Kekulé, Freedrich August Von Stradonitz (1829-1896), químico alemão, também usara traços simples , duplos e triplos para representar as ligações de valência dos elementos à formação estruturais de compostos químicos. Faraday havia descoberto, em 1825, um composto químico de fórmula molecular C_6H_6 , que Mitscherlich, Eilhardt (1794-1863), químico alemão, batizou de benzeno, e não se sabia como representar a sua estrutura, até que Kekulé, conferiu-lhe a estrutura de um anel hexagonal.

Com a descoberta do elétron verificou-se que um traço, que denota uma ligação simples que representa um par de elétrons compartilhados. Vejamos alguns exemplos.

Os átomos de hidrogênio, carbono e nitrogênio, de valências respectivas, 1, 4 e 3 ou 5, são representados, respectivamente, nas estruturas de Couper, como,

$$\mathrm{H}- \qquad -\overset{|}{\underset{|}{\mathrm{C}}}- \quad \text{ou} \quad -\overset{|}{\mathrm{C}}= \quad \text{ou} \quad -\mathrm{C}\equiv \quad \text{ou} \quad =\mathrm{C}=$$

$$-\overset{|}{\mathrm{N}}- \quad \text{ou} \quad =\mathrm{N}- \quad \text{ou} \quad \mathrm{N}\equiv$$

Para as moléculas, H_2 e N_2 , as estruturas são:

$$\mathrm{H}-\mathrm{H} \qquad\qquad \mathrm{N}\equiv\mathrm{N}$$

Nestas ligações, 1 traço entre átomos corresponde a 1 par de elétrons compartilhados; 2 traços ou 1 ligação dupla, 2 pares de elétrons compartilhados; e 3 traços ou 1 ligação tripla, 3 pares de elétrons compartilhados; e pará ai.

As moléculas da água, H_2O , da amônia, NH_3 e do metano, CH_4 , têm as estruturas respectivas,

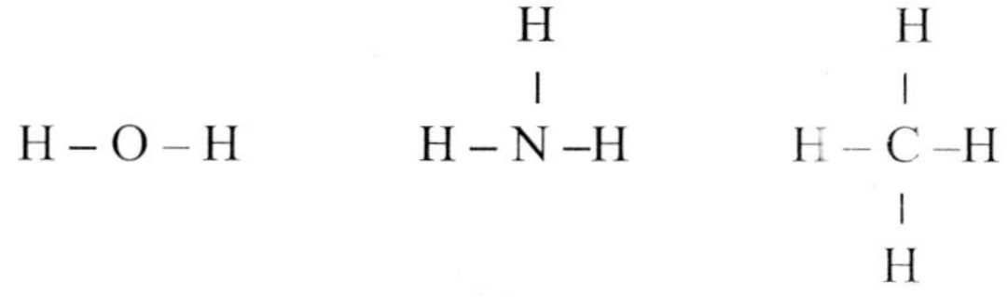

[2] Fórmula Estrutural de Lewis

Como já aludimos, Thomsom, descobriu o elétron em 1897. Em 1901-2, Lewis, Gilbert Newton (1875-1946), químico norte-americano, teve a ideia de representar os elétrons da última camada por pontos (·) ou cruzes (x) ladeando os símbolos químicos dos elementos; e aplicou a sua convenção às ligações covalentes de átomos, moléculas e compostos químicos. Sua teoria foi publicada num artigo de 1916. As formulações de Lewis teve logo aceitação entre os químicos da época que passaram a usá-las e foram chamadas de estruturas de Lewis, diagramas de Lewis ou fórmulas eletrônicas.

Usando os mesmos elementos do exemplo acima, vamos apresentá-los nas estruturas de Lewis.

Para os átomos H, C e N , temos:

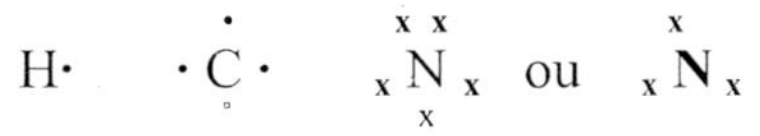

E para as moléculas, H_2 e N_2 , anotam-se:

H : H   : N ::: N:

Para os compostos, água, H_2O , amônia, NH_3, e metano, CH_4, as respectivas estruturas de Lewis, são:

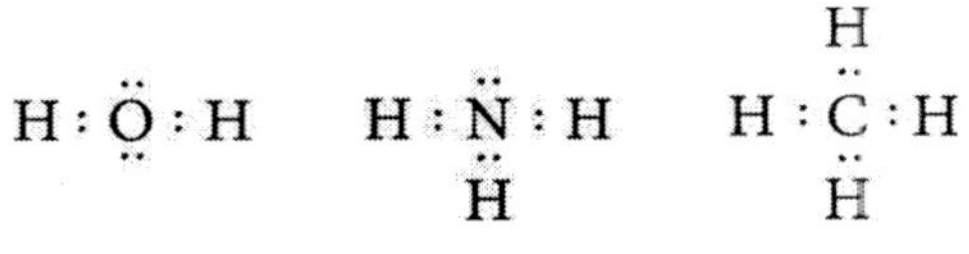

Não há nenhum impedimento de se combinar as estruturas de Couper com a de Lewis, como nos exemplos:

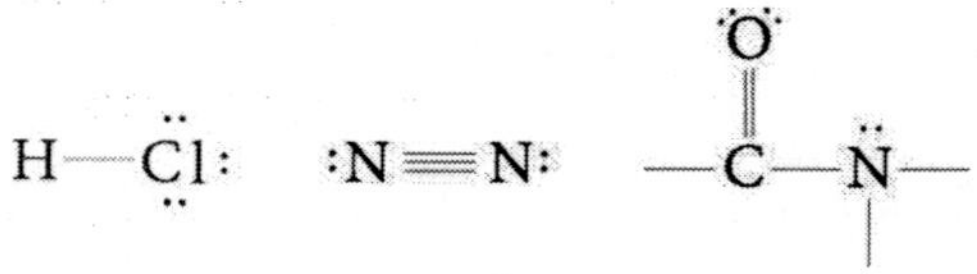

[3] Eletronegatividade

Na Tabela Periódica o número de prótons, Z, dos átomos, aumenta nas filas, da esquerda para a direita; e no grupo, Z aumenta de cima para baixo; e como no grupo os elétrons de valência não se alteram, eles são mais atraídos pelo núcleo,de cima para baixo.

Então, define-se eletronegatividade como a medida da força que tem um átomo de atrair elétrons para si numa ligação covalente. Em 1930, Pauling elaborou uma escala de eletronegatividade, tendo o cloro o valor máximo de 4,0, e para a qual os ametais são os elementos mais eletronegativos do que os metais, enquanto os gases nobres não gozam de tal propriedade, conferir na Tabela 5.1, do Apêndice.

[4] Ligação Covalente Apolar e Ligação Covalente Polar

Como vimos, numa molécula diatômica dois elétrons compartilham o enlace químico com equilíbrio de cargas, e diz-se que a ligação covalente é apolar e ocorre entre ametais. Contudo, quando um componente da molécula é mais eletronegativo do que o outro, ele tende a atrair elétrons para si e a molécula fica polarizada, e diz-se então, que a ligação é covalente polar.

Seja como exemplo o cloreto de hidrogênio, HCl , que é a ligação de um metal com um ametal. E por ser o cloro mais eletronegativo do que o hidrogênio, ele atrai para si o elétron do hidrogênio e a molécula se polariza; ligação formada é chamada de ligação covalente polar.

A separação de cargas produz a polaridade; usa-se simbolizar a carga positiva, por δ^+ , e a carga negativa por, δ^- , fig.5.3, de sorte que a ligação covalente polar é anotada como,

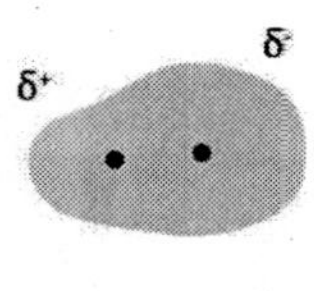

Figura 5.3

$$\overset{\delta^+}{H} — \overset{\delta^-}{Cl}$$

Nesta ligação o H perde $1e^-$ e fica positivo, anota-se por H^+, e o Cl ganha $1e^-$, e fica negativo, nota-se por Cl^- , e ambos são chamados de íons. Diz-se, então que o HCl tem unidade fórmula ou íon-fórmula, e não uma fórmula molecular propriamente dita, porque os seus componentes não são moléculas completas.

ou mais usualmente, como,

$H^+ Cl^-$

No íon hidrogênio, H^+, falta de 1 e^-, e no íon cloro, Cl^- , tem-se 1 e^- de excesso, de modo que o composto iônico é eletricamente neutro.

Na Tabela Periódica, os metais 1A/1 formam íons cátions, perdendo 1 elétron, anota-se 1+ ; no grupo 2A/2 os átomos formam cátions 2+; no grupo 3A/13, cátions 3+ . Íons com cargas superiores a 1+ , são chamados de íons poliatômicos (na verdade só existem íons mono, bi e tri e tetra atômicos; ou mono, bi, tri e tetra valentes).

[5] Ligação Covalente Aditiva

Quando se tem na unidade fórmula um íon poliatômico, a ligação covalente entre eles é denominada de ligação covalente aditiva. Tomemos como exemplo, o íon carbonato,

CO_3^{2-} :

nesta representação, 1 átomo de oxigênio atrai para si 2 elétrons de carbono, e os dois outros, 1 elétron do carbono, e ficam vagas para 2 elétrons na camada de dois oxigênios restantes, já que a combinação desses dois átomos não forma o octeto, como esclarece a estrutura de Lewis:

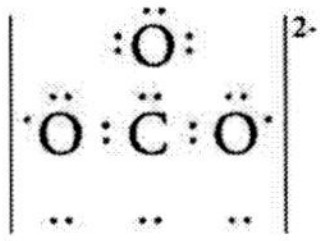

5.4. Íons e Nomenclatura

Os átomos são naturalmente neutros, mas ao ligarem-se para formar a molécula, seus componentes perdem ou ganham elétrons, tornando-se íons, e o fenômeno é chamado de ionização. Se o átomo X perde n elétrons, ne^-, ele se torna um íon positivo e denomina-se de íon cátion; se ganha ne$^-$, torna-se íon negativo, chamado de íon ânion, como no esquema geral

$$X \xrightarrow[\text{cátion}]{\text{perde ne-}} X^{n+} \quad \text{ou} \quad X \xrightarrow[\text{ânion}]{\text{ganha ne-}} X^{n-}$$

Exemplo: o Magnésio perde 2 elétrons e torna-se íon cátion; e o Flúor ganha 1 e$^-$, e torna-se íon ânion:

$$Mg \xrightarrow{\text{perde 2e-}} Mg^{2+} \quad e \quad F \xrightarrow{\text{ganha 1e-}} F^- \text{ (neste caso, dispensa-se o 1)}$$

Na Tabela Periódica, os metais são geradores de cátions: grupo IA/1, perdem 1e$^-$, anota-se 1+ (e despreza-se o 1); II2/A, perdem 2e$^-$, 2+ ; IIIA/13 , 3+ ; IVA/14, 4+ ; ametais, produtores de ânions: IVA/14, 4- ; VA/15, 3- ; VIA/16, 2- ; VIA/17, 1- ; e 18, gases nobres não geram íons. Íon com 1 átomo é chamado de monoatômico, e com 2 ou mais átomos, de poliatômicos.

[1] Nomenclatura dos Cátions

Nomeia-se o cátion monoatômico com a palavra íon + nome do metal (o sobrescrito indica o número de oxidação). Exemplos: H^+, íon hidrogênio; Na^+ íon sódio; Zn^{2+}, íon zinco; Al^{3+}, íon alumínio. Se o elemento químico formar mais dois ou mais íons, nomeia-se os com algarismo romano II (ou terminação oso), III (ou terminação ico). Exemplos: Fe^{2+} , íon ferro II ou ferroso; Fe^{3+} íon ferro III ou férrico; e cátions de ametais, nome com terminação ônio, exemplos: NH_4^+, íon amônio; H_3O^+, íon hidrônio.

[2] Nomenclatura dos Ânions

Nomeia-se o ânion monoatômico com a terminação do elemento químico com + ATO (o sobrescrito indica o número de redução). Exemplos: NO^{3-}, íon nitrato, ClO^{3-}, íon clorato. E para os halogênios, o radical do elemento + ETO. Exemplo: F^- íon fluoreto; Br^-, íon brometo. Contudo há exceções: íon oxigênio, O^{2+}, que é chamado de óxido, e o O_2^{2+}, de peróxido.

[3] Nomenclatura dos Íons Poliatômicos

Os íons poliatômicos, em geral, pelo nome da raiz do cátion + ETO (menor valência) e ATO (maior). Exemplos: SO_3^-, sulfeto; CrO_4^{2-}, cromato; PO_4^{3-}, fosfato; contudo, há algumas exceções, como amônio para o NH_4^+; e hidróxido
para o OH^-.

5.5. Oxidação e Redução

Numa combinação química, quando um átomo transfere um ou mais elétrons para outro átomo, diz-se que ele sofreu uma oxidação, enquanto o átomo que recebeu elétrons, fica num estado de redução.

Então, define-se oxidação como a perda ou doação de elétrons de valência de um átomo, que se converte num cátion; por sua parte, o átomo que recebeu elétrons, tem a sua eletronegatividade reduzida, e torna-se um ânion. Assim sendo, o átomo doador de elétrons é um agente redutor, enquanto que o átomo receptor de elétrons, um agente oxidante.

Esse processo de troca de elétrons, recíprocos, entre átomos é chamado de oxidação-redução, abrevia-se para redox; e a carga eletrônica de cada um deles é medidas com um múmero de oxidação, anota-se Nox , que é positivo para perda de elétrons, e negativo, para ganho de elétrons.

No cloreto de sódio, NaCl , o sódio perde 1 elétron, Na^+ , e tem Nox = +1 , enquanto o cloro, Cl^- , ganha 1 elétron, e tem Nox = –1; e como o composto iônico é eletricamente neutro, a soma algébrica dos Nox = 0.

Para o cálculo do Nox, devem-se observar os seguintes informes:
(1) íons do grupo 1/IA, metais alcalinos (H, Li , Na, K, Rb, Cs e Fr), tem Nox = + 1, já que cada um dele doa 1 elétron;
(2) íons do grupo 2/IIA, metais alcalino-terrosos (Be, Mg, Ca, Sr, Ba e Ra), tem Nox = + 2, já que cada um deles doa 2 elétrons;
(3) íons do grupo 7A/17, halogênios (F, Cl, Br, I, At), tem Nox = --1 , já que cada um deles é receptor de 1 elétron;
(4) o íon do oxigênio, tem Nox = –2 ;
(5) Para os elementos simples ou suas moléculas, nox = 0; demais grupos, consultar a Tabela Periódica dos Elementos.

Exemplo 5.2
Achar o Nox do composto iônico, cloreto de sódio, NaCl , e da molécula de cloro, Cl_2 .

Temos,

$$NaCl \rightarrow Na^+ \quad Cl^-$$
$$Nox : \quad +1 + (-1) = 0$$

A molécula de cloro, Cl_2 , por definição, não tem Nox ou o Nox = 0.

Exemplo 5.3
Sabe-se que a ferrugem resulta da oxidação do ferro sólido ao entrar em contato com o ar ou água. Explicar a oxidação do ferro.

Equação de oxidação do ferro,

$$Fe_{(s)} \rightarrow Fe^{2+} + 2\,e^{-} \qquad (1)$$

Equação de redução do oxigênio,

$$O_2 + 2H_2O + 4e^{-} \rightarrow 4\,OH^{-} \quad (2)$$

Multiplicando (1) por 2 , somando com (2) e simplificando, obtemos a equação da reação:

$$2Fe + O_2 + 2H_2O \rightarrow 2Fe(OH)_2$$

Em palavras: a perda de elétrons do ferro para o oxigênio, termina por desestruturar a camada de valência do átomo de ferro, que para recuperar os elétrons perdidos, combina-se com o oxigênio formando óxidos, que na linguagem comum, chama-se ferrugem, que detém uma estrutura frágil e quebradiça.

6 – ESTEQUIOMETRIA NAS REAÇÕES QUÍMICAS

6.1. Introito

Quando se juntam duas ou mais substâncias químicas distintas, podem ocorrer duas situações:

(i) nada acontecer com elas: as substâncias mesmo em contato, não reagem, e tem-se uma mistura. Na mistura as partes componentes podem ser novamente separadas por meios mecânicos.

(ii) as substâncias reagem e transforma-se numa nova substância, que se chama composto químico, que tem propriedades diferentes das substâncias componentes, e neste caso tem-se uma reação química; os componentes são chamados reagentes, e não podem mais ser separados por meios mecânicos. Todos os compostos químicos são formados por reações químicas, segundo as leis ponderais.

Para realçar o aspecto das propriedades dos reagentes e do produto, consideremos o sódio, Na , que é um metal branco-prateado, mole, bastante reativo, mas em contato com a pele provoca queimaduras; o cloro, Cl , é um gás venenoso. Contudo, a combinação deles forma o NaCl , que é o sal de cozinha, de propriedades diferentes dos componentes, e usa-se no preparo de alimentos.

Reunindo limalhas de ferro, Fe (metal), com enxofre, S (ametal), obtém-se uma mistura de Fe e S, e como eles não reagem, podem ser facilmente separados. Contudo, aquecendo-se a mistura, eles se fundem, e forma o sulfeto de ferro II, que é um composto com propriedades distintas das dos reagentes.

6.2. Equações Químicas

Equação química é a representação abreviada de uma reação química, que contém, num lado, as fórmulas químicas das substâncias que se combinam, reagentes, e do outro lado, as substâncias formadas ou produtos, obtidos das transformações porque passaram os reagentes.

Por similitude da equação algébrica, a equação química tem também dois membros ligados pela seta → (o invés do sinal =), que indica o sentido do processo de transformação por que passam os reagentes para formar o produto da reação. A equação química sempre expressa a lei da conservação da massa e as leis ponderais.

Por exemplo, a equação química,

$$2Al + 3S \rightarrow Al_2\,S_3$$

Esta equação informa os elementos que participam da reação química, que constitui o aspecto qualitativo, e indica o número de átomos de cada elemento, que entra na reação, que é o aspecto quantitativo, e no caso, temos,

2 átomos de Al reagem com 3 átomos de S para produzir 1 molécula de $Al_2\,S_3$ (sulfato de alumínio)

A mesma equação, igualmente, deve cumprir a lei da conservação das massas, e temos:

$$m_{(Al)} + m_{(S)} = m_{(Al2\ S3)}$$

ou traduzindo-a em termos das massas atômicas:

$$2x26{,}982\ g + 3x32{,}066\ g = 150{,}162\ g$$

$$53{,}964\ g + 96{,}198\ g = 150{,}162\ g$$

Este equação é chamada de fórmula-grama.

A mesma equação, suposta balanceada, pode também ser traduzida em termos de moles, indicados pelos coeficientes, e assim temos:

2 moles de Al reagem com 3 moles de S para produzir 1 mol de Al_2S_3, ou seja:

$$2\text{ mols de Al} + 3\text{ mols de S} = 1\text{ mol de } Al_2\,S_3$$

Quando os reagentes são gases, os membros da equação química representam seus volumes. Por exemplo, a equação química,

$$2\ H_{2(g)} + O_{2(g)} \rightarrow 2\ H_2O_{(v)} \qquad (1)$$

onde estaremos usando os subscritos g para gasoso, v para vapor, ℓ para líquido ou aq para aquoso e s para sólido. A equação (1) tem o enunciado:

2 volumes de moléculas de hidrogênio gasoso combina-se com 1 volume de moléculas de oxigênio gasoso para formar 2 volumes de vapor de água, ou seja,

$$2 \text{ volumes de } H_2 + 1 \text{ volume de } O_2 \rightarrow 2 \text{ volumes de vapor de } 2\ H_2O$$

$$2x22{,}41\ \ell \text{ de } H + 1x22{,}41\ \ell \text{ de } O \rightarrow 2x22{,}41\ \ell \text{ de } H_2O = 44{,}82\ \ell$$

Por conseguinte, a equação acima, (1) , não pode ser escrita como,

$$H_2 + O \rightarrow H_2\,O$$

Mas como,

$$H_2 + \tfrac{1}{2}\,O_2 \rightarrow H_2\,O \qquad (2)$$

onde se usou se ½ O para designar 1 átomo de O , e H_2 para 1 molécula de hidrogênio (dois átomos de H covalentemente ligados), de modo que 2H significa dois átomos individuais de H e não 1 molécula de H.

6.3. Classificação das Reações Químicas

As reações químicas, classificam-se:

[1] Quanto aos Reagentes

(i) Síntese ou adição, quando duas substâncias se combinam para formar uma terceira, anota-se com a equação: $A + B \rightarrow AB$.

Exemplo: 1 molécula do nitrogênio, N_2 , combina-se com 3 moléculas de hidrogênio, $3H_2$, para formar a 2 moléculas da amônia, $2NH_3$, donde a equação de síntese,

$$N_2 + 3H_2 \rightarrow 2NH_3$$

(ii) Análise ou dissociação: quando a substância composta pode ser decomposta em substâncias simples, anota-se com a equação: $AB \rightarrow A + B$.

Exemplo: o ácido clorídrico, HCl , submetido a aquecimento (simboliza-se por Δ), dissociam em moléculas de H_2 e de Cl_2 , como na reação,

$$2\,HCl \xrightarrow{\Delta} H_2 + Cl_2$$

(iii) Simples troca ou Deslocamento: quando uma substância simples reage com uma composta, produzindo outra composta e uma simples, simbolicamente a equação:

$$A + BC \rightarrow AC + B$$

Exemplo: O ferro, Fe , combina-se com o sulfato de cobre, $CuSO_4$, para formar o sulfato de ferro, $FeSO_4$, mais Cu , como na reação,

$$Fe + CuSO_4 \rightarrow FeSO_4 + Cu$$

(iv) Dupla troca: quando dois compostos formam outros dois compostos. Indica-se na equação:

$$AB + CD \rightarrow AD + BC$$

Exemplo: hidróxido de sódio, NaOH (soda caustica), adicionado ao ácido clorídrico, HCl, formam o cloreto de sódio NaCl e água, na reação:

$$NaOH + HCl \rightarrow NaCl + H_2O$$

[2] Quanto ao fator térmico

(i) Reação endotérmica, quando se fornece calor (simbolizado por Δ) a ela para que se realiza a reação. Indica-se com a equação,

$$A + B \xrightarrow{\Delta} AB$$

Como no exemplo do sulfeto de ferro II.

(ii) Reação exotérmica, quando ela se processa com desprendimento de calor.

No exemplo da combustão do H_2 com O_2 , líquidos:

$$2H_2 + O_2 \rightarrow 2\,H_2\,O + calor$$

[3] Quanto a reversibilidade

(i) Reação Irreversível: quando a substância composta produzida não pode ser decomposta nos seus reagentes. Indica-se com a equação:

$$AB + CD \rightarrow AD + BC$$

Exemplo: hidróxido de magnésio, $Mg(OH)_2$, conhecido como leite de Magnésia, reage com ácido clorídrico, HCl (no estomago), formando cloreto de magnésio mais água, conforme a reação:

$$Mg(OH)_2 + 2HCl \rightarrow MgCl_2 + 2H_2O$$

(ii) Reação Reversível: quando ocorre a transformação inversa. Indica-se com a dupla seta com sentidos inversos, como na equação,

$$A + B \leftrightarrows AB$$

Exemplo: $CaO + CO_2 \leftrightarrows CaCO_3$

[4] Quanto a velocidade

(i) Rápida, como o exemplo da combustão de um combustível; (ii) Lenta, como na formação da ferrugem,

$$4\ Fe + 3O_2 \rightarrow 2\ Fe_2O_3$$

Fica como observação geral que a velocidade de uma reação depende de dois fatores: da quantidade dos reagentes ou da concentração deles (maior número de partículas, maior número de colisões) e da temperatura a que se submetem os reagentes (maior temperatura, maior energia cinética das partículas).

6.4. Balanceamento de Equações Químicas

A equação química reflete a lei Lavoisier quer no nível molecular, quer no nível atômico: a soma dos átomos dos elementos presentes no 1º membro é igual a soma dos átomos dos elementos presentes no 2º membro. Se isto não está evidente, a equação precisa ser balanceada, introduzindo nela os coeficientes estequiométricos, que são os números a serem multiplicados pelos átomos dos elementos para que se cumpra a igualdade de átomos dos membros.

Não há método sistemático para balancear uma equação química. Na prática, usa-se em geral, o método das tentativas, que nada mais é do que fazer cumprir a lei de Lavoisier aos átomos que figuram em ambos os membros da equação. Vejamos um exemplo, para melhor entendimento do método.

Exemplo 6.1
Fazer o balanceamento da equação química:

$$Mg(OH)_2 + HCl \rightarrow MgCl_2 + H_2O \qquad (1)$$

1º passo: identificar o elemento que aparece apenas uma vez em cada membro e que tenha menor índice, no caso é o Mg , que nada se tem a fazer;

2º passo: inserir coeficientes às fórmulas para se ter a igualdade dos membros: No 2º tem-se 1 molécula ou 2 átomos de Cl , enquanto que no 1º membro só se tem 1 átomo de Cl; então multiplicamos por 2 o HCl e fica 2HCl ; no 1º membro temos 2 átomos de H e 2 átomos de O, enquanto que no 2° membro temos 2 átomos de H e 1 átomo de O, então devemos multiplicar por 2, a molécula, H_2O , e fica $2H_2O$; e a equação (1) fica modificada para:

$$Mg(OH)_2 + 2HCl \rightarrow MgCl_2 + 2H_2O$$

3º passo: conferir a igualdade da soma dos átomos em cada membro:

$Mg(OH)_2 + 2HCl$	$\rightarrow$	$MgCl_2 + 2H_2O$
1 átomo de Mg		1 átomo de Mg
2 átomos de O		2 átomos de O
4 átomos de H		4 átomos de H
2 átomos de Cl		2 átomos de Cl

O que confirma que a equação está equilibrada ou balanceada.

Exemplo 6.2
Fazer o balanceamento da equação química:

$$Br_2 + KOH \rightarrow KBrO_3 + KBr + H_2O \qquad (1)$$

O átomo H aparece uma vez em cada membro, mas no 2º membro ele esta em dobro;
O átomo de O aparece no 1º membro, mas no 2º membro ele está 3O; então, aplicando o fator 3 à molécula de água, temos, $3H_2O$, no 2º membro, tem-se 6O ; o que implica termos no 1º membro 6KOH; E por se ter 6K, no 1º membro, no 2° membro devemos ter K + 5K, e também, Br + 5Br, o que implica ter-se $3Br_2$, no 1° membro; e a equação fica balanceada,

$$3Br_2 + 6KOH \rightarrow KBrO_3 + 5KBr + 3H_2O \qquad (2)$$

Que conferimos com a igualdade da soma dos átomos de cada membro:

$3Br_2 + 6KOH$	$\rightarrow$	$KBrO_3 + 5KBr + 3H_2O$
6 átomos de H		6 átomo de H
6 átomos de O		6 átomos de O
6 átomos de K		6 átomos de K
6 átomos de Br		6 átomos de Br

Exemplo 6.3

· Dada a equação química $N_2 + 3H_2 \rightarrow 2NH_3$, calcular o número de moles de NH_3 , produzidos por 120 moles de N_2 .

Traduzindo a equação dada em termos de moles, temos:

$$1 \text{ mol de } N_2 + 3 \text{ moles de } H_2 \rightarrow 2 \text{ moles de } NH_3$$

donde, estabelecemos a proporção:

$$\frac{2 \text{ moles de } NH_3}{1 \text{ mol de } N_2} = \frac{x \text{ moles de } NH_3}{120 \text{ moles de } N_2}$$

Então,

$$x = 120 \text{ moles de } N_2 \cdot \frac{2 \text{ moles de } NH_3}{1 \text{ mol de } H_2} = 240 \text{ moles}$$

Exemplo 6.4

· Dada a equação química, $2Mg + O_2 \rightarrow 2MgO_2$, determinar quantos gramas de MgO_2 , podem ser produzidos com 5 moles de O_2 .

Traduzindo a equação dada em termos de moles, temos:

$$2 \text{ moles de Mg} + 1 \text{ mol de } O_2 \rightarrow 2 \text{ moles de } MgO_2$$

também:

$$1 \text{ mol de } O_2 \qquad 80 \text{ g } MgO_2$$

Donde a relação:

$$\frac{2 \text{ mol de } MgO_2}{1 \text{ mol de } O_2} \times \frac{80 \text{ g de } MgO_2}{1 \text{ mol de } O_2}$$

Do enunciado:

$$2 \text{ moles de Mg} + 5 \text{ mol de } O_2 \rightarrow x \text{ g de } MgO_2$$

Donde,

$$\frac{x \text{ g de } NO_2}{5 \text{ moles de } O_2} = \frac{2 \text{ mol de } MgO_2}{1 \text{ mol de } O_2} \times \frac{80 \text{ g de } MgO_2}{1 \text{ mol de } O_2}$$

$$x_{(NO2)} = 5 \text{ moles de } O_2 \times \frac{2 \text{ mol de } MgO_2}{1 \text{ mol de } O_2} \times \frac{80 \text{ g de } MgO_2}{1 \text{mol g de } O_2} = 800 \text{ g}$$

7 – CONTRIBUIÇÕES DA FÍSICA PARA A QUÍMICA

7.1. Introito

Os estados líquidos e gasosos da matéria são chamados genericamente de fluidos. Um fluido pode ser homogêneo ou heterogêneo, conforme seja constituído de mesmas partículas ou de partículas distintas.

7.2. Densidade Absoluta e Densidade Relativa.

Define-se:

[1] Densidade absoluta

Densidade absoluta (ou massa volumétrica[(1)]), Média, símbolo, ρ, como a relação da porção de massa fluida, ΔM, pelo volume ΔV, que a contém:

$$\rho = \frac{\Delta M}{\Delta V} \qquad (7.1a)$$

Para as substâncias homogêneas, com pequenas variações de temperatura e pressão, toma-se, ρ = cte, e temos apenas,

$$\rho = \frac{M}{V} \qquad (7.1B)$$

cuja unidade no SI é kg/m^3; na Química ainda se usa o sistema CGS, e a unidade é o g/cm^3.

Em geral, a densidade absoluta depende da pressão e da temperatura, ρ = ρ (p,T); essa dependência é mais acentuada nos gases.

Para um fluido não homogêneo, a densidade absoluta é definida num ponto, tomando o limite da razão incremental, ΔM/ΔV , quando ΔV → 0, e tem-se,

$$\rho = \frac{dM}{dV} \qquad (7.1c)$$

A densidade absoluta da água pura ou destilada é igual a 999,972 kg/m^3 , a 3,98 °C; convindo, na prática, usar, $\rho = 1.000\ kg/m^3 = 1 g/cm^3$, a 4 °C , sendo esta uma referência importante.

As densidades absolutas de várias substâncias são dadas na Tabela 7.1, do Apêndice.

(1) massa volumétrica ou volúmica é a designação recomendada pelo ISO e pela IUPAC, em substituição a antiga denominação de densidade específica.

[2] Densidade Relativa

[2] Densidade Relativa, d , de uma substância x , é a razão da densidade absoluta da mesma, pela densidade absoluta da água,

$$d_{x/a} = \frac{\rho_x}{\rho_{água}} \qquad (7.1d)$$

Obviamente a densidade relativa é um número adimensional.

Exemplo 7.1

Determinar a densidade absoluta do monóxido de carbono, CO, assim como a densidade dele relativa ao hidrogênio.

1 mol de CO , corresponde a massa m = 12u + 16u = 28 g e ocupa o volume de 22,414 ℓ = $22{,}414 \times 10^3\ cm^3$. Então, pela definição de densidade absoluta, temos,

$$\rho_{CO} = \frac{28\ g}{22{,}414 \times 10^3\ cm^3} = 1{,}25 \times 10^{-3}\ g/cm^3$$

Sendo a densidade absoluta do hidrogênio, $\rho_H = 0{,}089 \times 10^{-3}\ g/cm^3$, por (7.1c), virá,

$$d_{CO/H} = \frac{1{,}25 \times 10^{-3}\ g/cm^3}{0{,}089 \times 10^{-3}\ g/cm^3} \cong 14{,}04$$

7.3. Pressão Mecânica e Pressão Atmosférica

[1] Pressão Mecânica

Define-se pressão, média, sobre um elemento de área ΔS, devido à ação de uma força de intensidade ΔF, como a relação entre a intensidade da componente normal da força, ΔF_n, e a área sobre a qual ela atua:

$$p = \frac{\Delta F_n}{\Delta S} \qquad (7.2a)$$

E a pressão num ponto, como o limite da relação incremental acima, quando $\Delta S \rightarrow 0$, ou seja,

$$p = \frac{dF_n}{dS} \qquad (7.2b)$$

Um corpo sólido de peso P = mg , apoiado sobre uma superfície horizontal, pela base menor, de área S, fig.7.1(a), exerce a pressão constante,

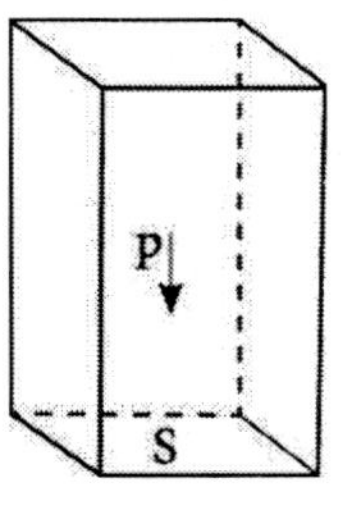

Figura 7.1(a)

$$p = \frac{P}{S} \qquad (7.2c)$$

A unidade de pressão no SI é Pascal = Newton/metro^2, símbolo, Pa, 1 Pa = 1 N/m^2, em homenagem a Pascal, Blaise (1623-1662), matemático e físico francês. Por ser o pascal uma unidade muito pequena na área de engenharia, usa-se o múltiplo, o mega pascal, 1 MPa = 1M N/m^2 = 10 dyna/cm^2.

Fora do SI , usam-se outras unidades práticas, como veremos adiante, entre elas a libra força por polegada quadrada, Ibf/in^2, usualmente designada por psi, 1 psi = 6,894 76 Pa ou 1 Pa = 14,5 psi. O psi é usado na calibração de pneus de automóveis, que se padroniza 30 psi para pequenos veículos.

Se o corpo sólido acima for colocado sobre a sua base de maior área, fig. 7.1(b), a pressão se reduz para p/2, significando que a área maior dilui a ação da força aplicada, confirmando que a pressão é inversamente proporcional à área sobre a qual o peso do corpo se distribui.

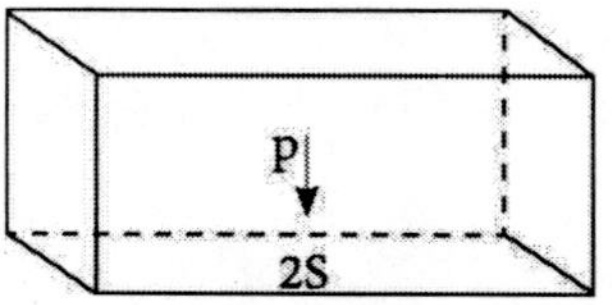

Figura 7.1(b)

No exemplo da patinadora no gelo, as lâminas de seus patins têm áreas muito exíguas, produzindo significativa força de pressão sobre o gelo. Já o esquiador, cujo esqui tem uma área grande, a força de pressão se distribui pela área, e com isto, o esquiador tem maior condição de segurança para não afundar na neve.

Num gás aprisionado na CNTP, estima-se que acontece cerca de 1 bilhão de colisões de moléculas, quer entre si, quer com as paredes do recipiente, produzindo dois efeitos macrocóspicos: o calor, decorrente do trabalho caótico das moléculas, e a temperatura, que é o indicador da pressão térmica reinante no recipiente que contém o gás.

[2] Pressão Atmosférica

A Terra está envolta por camadas de gases, que conhecemos por atmosfera, que é preso a ela pela ação da gravidade. É de interesse científico saber-se o valor da pressão atmosférica, que historicamente foi estabelecida em 1643, por Torricelli, Evangelista (1608-1647), físico italiano, num experimento que leva o seu nome.

Experiência de Torricelli: com um tubo reto de vidro de pequena seção, de cerca de 1,20 m de comprimento, tendo um lado obturado, ele o encheu de mercúrio, e bloqueou a abertura livre com o dedo, emborcou-o numa cuba com mercúrio, deixando-o em reposo na posição vertical; constatou que o mercúrio do tubo, baixava, deixando um espaço vazio acima da coluna de mercúrio, que se estabilizou na altura de 760 mm, fig. 7.2. Torricelli, então concluiu acertadamente que a altura da coluna de mercúrio era sustentada pela pressão atmosférica local, que oferecia o valor de 760 mm Hg. O aparato de Torricelli foi chamado de barômetro, a partir do qual vários outros, de uso prático, foram criados, como o da fig.7.3(a), chamado de manômetro de líquido ou de tubo aberto, assim como o da fig.7.3(b), manômetro metálico.

Figura 7.2

Inicialmente, estabeleceu, que 760 mm Hg = 760 Torr, abreviatura de Torricelli. Mas seria mais prático chamar esse valor de atmosfera, abrevia-se atm, e tem-se,

1 atm = 760 mmHg = 760 Torr.

Para estabelece a unidade de pressão atmosférica no SI, consideremos um tubo de vidro de volume, $V = S \cdot h$; e por ser, $S = V/h$, então, temos a pressão,

$$p = \frac{mg}{S} = \frac{mg}{V/h}$$

Ademais, sendo, $\rho = m/V$, a densidade absoluta, a pressão atmosférica será dada por,

$$p = \rho\, g\, h \qquad (7.3a)$$

Esta equação indica que a pressão cresce com a altura; contudo, para a atmosfera, tanto ρ com g diminuem com a altitude, e a pressão atmosférica decrescerá com a altitude. Como ρ pode ser qualquer, outras substâncias podem ser usadas como fluido barométrico, sendo a água de uso mais comum.

Usando a equação (7.3a) para o cálculo da atmosfera normal, com os dados: $\rho_{Hg} = 13{,}595\ 1\text{x}10^3 kg/m^3$; $g_n = 9{,}806\ 65\ kg/m/s^2$ e $h = 0{,}760\ m$, tem-se:

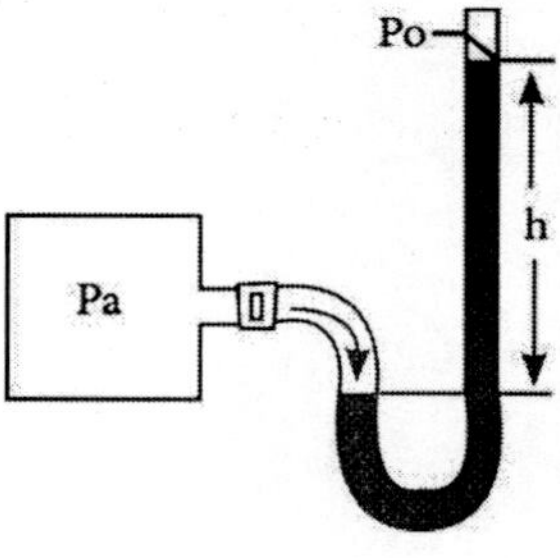

Figura 7.3(a)

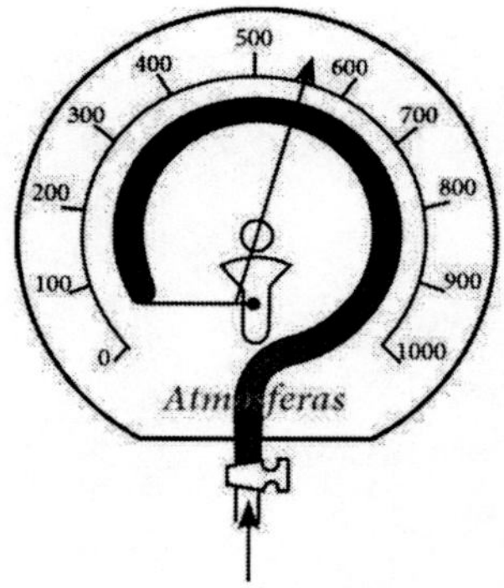

Figura 7.3(b)

$$1\ atm = (13{,}595\ 1\text{x}10^3\ kg/m^3)\ (9{,}806\ 65\ m/s^2)\ (0{,}760\ m) = 101\ 325\ N/m^2$$

Como, 1 Pa = 1 N/m^2 , segue-se que,

$$1\ Pa = 9{,}869\text{x}10^{-6}\ atm \qquad (1)$$

Em Torr ou mm Hg , temos por (7.3a) ,

$$1\ mmHg = (13{,}595\ 1\text{x}10^3\ kg/m^3)\ (9{,}80665\ m/s^2)\ (10^{-3}\ m) \cong 133,\ 322\ Pa$$

Donde,

$$1\ Pa \cong 7{,}500\ 6\text{x}10^{-3}\ mm\ Hg \qquad (2)$$

E como vimos, por definição,

$$1 \text{ atm} = 760 \text{ mm Hg} \qquad (3)$$

Exemplo 7.2
Converter 600 mm Hg em Pa.

De (2), temos: 1 = 1 Pa/7,500 6x10^{-3} mm Hg ; então,

$$600 \text{ mmHg} \left(\frac{1 \text{ Pa}}{7{,}500\,6 \times 10^{-3} \text{ mm Hg}} \right) \cong 8{,}564 \times 10^{4} \text{ Pa}$$

[3] Pressão Manométrica

No manômetro de tubo aberto, fig.7.3(a), na abertura livre da coluna de mercúrio, reina a pressão atmosférica, designada pelo símbolo, p_o; e no reservatório, a pressão absoluta, p_a , do fluido que ali se encontra. Então, define-se a pressão manométrica, p_m como a diferença de pressão,

$$p_m = p_a - p_o \qquad (7.4a)$$

donde se segue que a pressão absoluta será dada por,

$$p_a = p_m + p_o \qquad (7.4b)$$

A pressão manométrica é medida pela altura da coluna de mercúrio,

$$p_m = \rho\, g\, \Delta h \qquad (7.4c)$$

e a pressão absoluta é dada acrescentando-se a ela a pressão atmosférica local, p_o .

Como p_o é constante local, é fácil concluir que a diferença de pressões absolutas em dois pontos A e B é igual a diferença de pressões manométricas nos referidos pontos, e temos,

$$p_B - p_A = p_{mB} - p_{mA} \qquad (7.4d)$$

É interessante aplicarmos estes conhecimentos para colher informações sobre como atuam essas pressões no corpo humano.

Exemplo 7.3
Calcular a pressão sobre um mergulhador que se encontra a 12 m abaixo da superfície da água.

Na superfície, $p_o = 1$ atm $= 1{,}01\ 325 \times 10^5\ N/m^2$; $\rho = 1 \times 10^3\ kg/m^3$ e $\Delta h = 12$ m ; então, a 12 m de profundidade, temos,

$$p_a = p_o + \rho\, g\, \Delta h$$

ou substituindo os dados:

$$p_a = 1{,}01\ 325 \times 10^5\ N/m^2 + (1 \times 10^3\ kg/m^3)\ (9{,}08665\ m/s^2)\ (12\ m)$$

$$p_a \cong 2{,}19 \times 10^5\ N/m^2 \cong 2{,}16\ atm$$

[4] Pressão de Vapor

Como sabemos, a água pura passa do estado líquido para o estado de vapor a pressão de 1 atm e temperatura ambiente, e o fenômeno é chamado de evaporação. Se a água está confinada num recipiente, as moléculas da superfície que evaporam produzem a pressão de vapor; ao mesmo tempo, parte dessas moléculas volta a se chocar com a superfície líquida e se condensam. O processo se repete até que alcance equilíbrio dinâmico.

Quando a água num recipiente é aquecida e entra em ebulição, no fundo do recipiente formam-se bolhas de ar, que é a passagem brusca da água líquida para o estado de vapor, produzindo uma pressão de vapor que é maior do que a pressão atmosférica. As bolhas sobem porque no interior delas são geradas diminutas pressões de vapor, cujo somatório delas compõe a pressão de vapor.

As moléculas gasosas que chegam à superfície líquida abandona-a como vapor d'água, e à medida que cresce o número delas cerca igualmente a pressão no interior do recipiente. No caso da panela de pressão, que é dotada de uma válvula que regula a saída do vapor, controla a pressão de vapor, evitando a formação de bolhas de ar, que faz o rápido cozimento do alimento nela contido.

Na Tabela 7.2. são dadas as pressões de vapor da água a várias temperaturas.

[5] Pressão na Fisiologia Humana

- Na Respiração

A respiração é o processo de trocas de gases com o concurso dos pulmões: o ar entra nele fornecendo oxigênio, e dele sai levando o dióxido de carbono do corpo. Na inspiração, o diafragma abaixa, aumenta o volume da cavidade torácica e faz com que a pressão interna diminua de 3 mm Hg, ou seja, a pressão absoluta nos pulmões é 757 mm Hg [de acordo com (7.4b)]; na expiração, o diafragma eleva-se à posição normal, diminuindo o volume torácico, e aumenta a pressão interna de 3 mm Hg (a pressão absoluta nos pulmões é 763 mm Hg). E esse processo se repete de 15 a 20 vezes por minuto, quando se inspira e expira-se, cerca de ½ litro de ar , que é chamado de volume de maré.

- No Fluxo Sanguíneo

Na área médica a pressão arterial é medida com o concurso de dois aparelhos: o esfigmomamômetro, auxiliado pelo estetoscópio (os quais estão sendo substituídos por monitor digital de pressão arterial); e que por razão cultural, todos eles são graduados em escala de mmHg. No ciclo cardíaco, de uma pessoa adulta e sadia, a pressão alta ou sistólica é de 120 mmHg (ou 12 cmHg) e a pressão baixa ou diastólica é de 80 mmHg (8 cm Hg).

O sistema cárdio vascular é formado do coração veias (que trazem o sangue venoso do corpo para o coração/pulmões), artérias (que levam o sangue arterial do coração/pulmões e demais partes do corpo) e os capilares que fazem as ligações entre veias e artérias; o sangue tem densidade média de 1,05 g/cm^3.

O coração bombeia o sangue para os pulmões e todo o corpo. O sangue flui da aorta para as artérias (cujo diâmetro é cerca de 3 mm). Na aorta a pressão manométrica média é de 100 mm Hg e a pressão noutra parte do corpo depende da distância vertical relativa a ela.

Exemplo 7.4

Calcular a pressão manométrica numa artéria dos pés, que se encontra a 1,35 m da aorta, assim como a pressão manométrica de uma artéria no crânio, a 0,45 m, da aorta.

O que acontece em ambos os casos se a pessoa está deitada.

A pressão manométrica é dada por (7.4c), e temos, nos pés:

$$p_{m(pé)} = (1{,}05x10^3 \text{ kg/m3})(9{,}8 \text{ m/s}^2)\ (1{,}35 \text{ m}) \cong 1{,}39x10^4 \text{ N/m}^2$$

ou cerca de 104 mm Hg , o que quer dizer que nos pés a pressão sanguínea aumenta, relativamente à pressão da aorta.

Na cabeça,

$$p_{m(cabeça)} = (1{,}05x10^3 \text{ kg/m3})(9{,}8 \text{ m/s}^2)\ (0{,}45 \text{ m}) \cong 4{,}63x10^3 \text{ N/m}^2$$

ou cerca de 35 mm Hg , o que significa que na cabeça pressão sanguínea diminui relativamente à pressão da aorta, de 100 mm Hg para 65 mm Hg.

Se a pessoa está deitada a pressão manométrica nos dois casos é a mesma da aorta.

É interessante observar aqui que um astronauta em órbita isenta da ação da gravidade, as pressões manométricas, nos dois pontos se invertem, ele tem maior pressão sanguínea na cabeça e menor pressão sanguínea nos pés.

As trocas gasosas nos pulmões iniciam-se pelos alvéolos pulmonares, onde as pressões parciais, pp , variam: na inspiração a pp do oxigênio é 159 mm Hg , quando ele é absorvido pelos alvéolos, que tem pp de 100 mm Hg; aí as moléculas do oxigênio passam para os capilares, onde a pp é de 40 mmHg, e se difunde no sangue arterial, que as transportam pelas hemácias, que levam o oxigênio para todas as células do corpo; nesse processo, o coração bombeia cerca de 1 litro de oxigênio por minuto para todo o corpo. Concomitantemente, o sangue venoso, a pp de 100 mm Hg , transporta o gás carbono, CO_2, de todo o corpo para os pulmões sob a forma de íon bicarboneto, HCO_2^- , que chegam aos alvéolos, e são expelidos pela expiração.

[6] Temperatura

No estudo dos gases ideais que estamos desenvolvendo, usa-se sempre a temperatura absoluta, cuja unidade do SI é o Kelvin, símbolo K, definido como a fração 1/273,16 da temperatura absoluta do ponto triplo da água (13ª CGPM, 1967, resolução 4). De modo que, se a temperatura do estado gasoso for dada em graus Celsius, θ_C , devemos convertê-la à temperatura absoluta, pela expressão:

$$T = \theta_C + 273{,}16 \qquad (7.5)$$

Contudo, na prática, usa-se a aproximação $T = \theta_C + 273$; e $\theta_C = T - 273$.

É fato conhecido que a temperatura normal do corpo humano é de 37 °C , sob a qual acontecem todos os metabolismos do corpo (respiração, digestão, etc.); e que, em caso de doença ela eleva-se, mobilizando os mecanismos imunológicos de defesa. Essa elevação da temperatura corporal é chamada de febre, que a 40 °C é febre alta e já representa risco de vida; além desse valor, por exemplo, a 41,72 °C pode ser fatal.

8 – ESTUDO DOS GASES IDEAIS

8.1. Introito

Dos três estados da matéria, sólido, líquido e gasoso, este é o mais elástico e difuso. O gás não é visível aos olhos, o que se levou a crer que ele seria formado de ínfimas partículas, que depois Dalton iria chamá-las de átomos. Mas o ar pode ser sentido, basta movermos a mão aberta, num movimento brusco, para o sentimos.

A primeira propriedade de um gás é a expansividade ilimitada, já que o gás não tem volume próprio; de modo que para estudá-lo, a primeira providência é aprisioná-lo num recipiente (como um cilindro de pistão) e descobre-se, com efeito, a sua segunda propriedade, que é a compressibilidade. Como vimos no item 1.1. Boyle foi o primeiro cientista a estudar esta propriedade, em 1860-2; enquanto a 1° propriedade foi estudada por Gay-Lussac, em 1802, concluindo que à pressão constante, o volume de um gás é proporcional à temperatura absoluta a que ele estar submetido. E como já aludimos a temperatura é um indicador da pressão reinante no sistema gasoso.

Antes da teoria atômica, os gases foram estudados, do ponto de vista macroscópico, encerrando em recipientes, e o seu comportamento mensurado pelas condições externas, de volume (V), pressão (p) e temperatura absoluta (T), denominadas variáveis de estado. Um gás muda de estado quando uma das variáveis de estado muda, diz-se então que ele sofre uma transformação gasosa.

Com o advento da teoria atômica de Dalton, que é o ponto de vista microscópico, foram adotadas as seguintes hipóteses para o estudo dos gases:
(i) todo gás é constituído de partículas (átomos ou moléculas), a guisa de bolas rígidas, cujo volume individual é insignificante diante do volume do recipiente que os contém; (ii) as forças de interação entre as partículas gasosas, são desprezadas;
(iii) são elásticos os choques entre as partículas e entre estas e as paredes do recipiente;
(iv) fica excluído o movimento de rotação das partículas. O gás assim definido é chamado de gás ideal.

8.2. Leis dos Gases Ideais

Durante uma transformação gasosa podemos manter constante uma das variáveis de estado V, p, T, de modo que: (i) à temperatura constante, a transformação é chamada de isotérmica; (ii) à pressão constante, isobárica, (iii) e a volume constante ou isocórica. Vejamos cada uma delas.

[1] Lei de Boyle-Mariotte

Em 1662, Boyle, Robert (1627-1691), físico e químico inglês, descobriu que um gás aprisionado, mantida constante à temperatura, o volume do gás é inversamente proporcional à pressão exercida sobre ele, ou seja, se pressão aumenta ou diminui, o volume diminuía ou aumenta, $p = cte/V$, donde,

$$pV = cte \qquad (8.1a)$$

A lei de Boyle (p,V, T = cte) requer a constância da temperatura absoluta no processo ou transformação por que passa o gás, por isso chamada de transformação isotérmica.

No diagrama pressão x volume, fig.8.1, a temperatura absoluta constante é representada pela hipérbole equilátera.

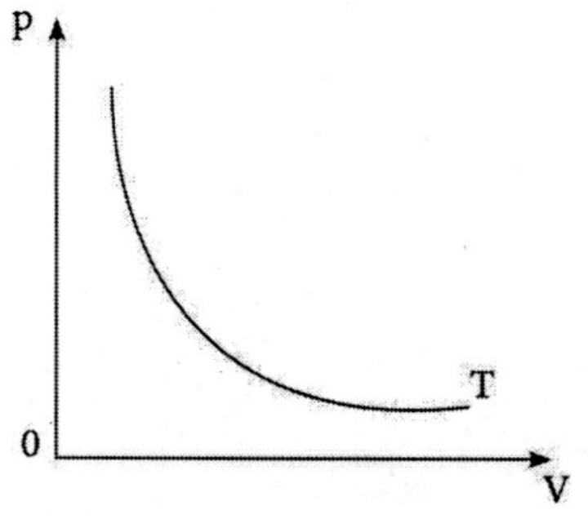

Figura 8.1

Se o gás passa do estado inicial, p_1, V_1, T, para o estado final, p_2, V_2, T, a lei de Boyle, expressa-se por,

$$p_1 V_1 = p_2 V_2 \qquad (8.1b)$$

Em 1676, Mariotte, Edmé (1620-1684), físico francês, encontrou esta mesma lei, de modo independente, a qual passou a ser chamada de lei de Boyle-Mariotte.

Exemplo 8.1

Um gás aprisionado, mantido a temperatura constante, ocupa o volume de 2,5 ℓ , a pressão de 1,6 atm. Se a pressão é aliviada pra 0,8 atm, qual é o volume que o gás passa a ocupar?

Termos: T = cte, $V_1 = 2{,}5\ell$, $p_1 = 1{,}6$ atm e $p_2 = 0{,}8$ atm; então de (8.1b), virá,

$$V_2 = \frac{p_1\, V_1}{p_2} = \frac{(1{,}6\ \text{atm}) \cdot (2{,}5\ell)}{0{,}8\ \text{atm}} = 5\ \ell$$

[2] Lei de Charles e Gay-Lussac

Em 1783, Charles, Jacques Alexandre Cesar (1746-1823), físico francês, descobriu que, mantida constante a pressão, um gás aprisionado expande-se, à medida que a temperatura absoluta se eleva ou contraí-se, quando ela abaixa, indicando que o volume, V, do gás, é proporcional a temperatura absoluta T, anota-se,

$$\frac{V}{T} = \text{cte} \qquad (8.2a)$$

A lei de Charles (p = cte, V, T) requer a constância da pressão na transformação gasosa, e o processo é chamado de transformação isobárica. No diagrama pressão x volume, fig.8.2 , p = cte, está representada pela reta paralela ao eixo V.

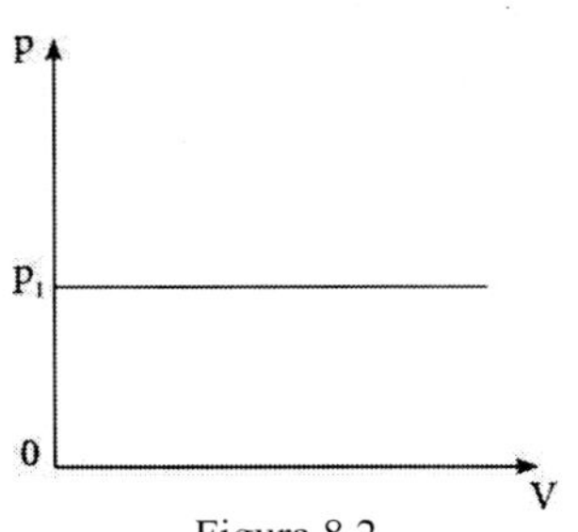

Figura 8.2

Se um gás passa do estado inicial, p , V_1 ,T_1, para o estado final, p, V_2 , T_2 , a lei de Charles, expressa-se por,

$$\frac{V_1}{T_1} = \frac{V_2}{T_2} \qquad (8.2b)$$

Em 1802, Gay-Lussac, Joseph Louis (1778-1850), físico francês, de modo independente, redescobriu essa mesma lei que ficou conhecida como lei de Charles- Gay-Lussac.

Gay-Lussac, também verificou que um gás aprisionado, mantido a volume constante, a pressão sobre ele é proporcional à temperatura absoluta, que se expressa como,

$$\frac{p}{T} = \text{cte} \qquad (8.3a)$$

A transformação a volume constante é chamada de transformação isocórica, e indica-se a lei de Gay-Lussac (p,V = cte, T). Se um gás passa do estado inicial, p_1 , V ,T_1, para o estado final, p_2 , V , T_2 , a lei de Gay-Lussac, expressa-se por,

$$\frac{p_1}{T_1} = \frac{p_2}{T_2} \qquad (8.3b)$$

Exemplo 8.2

Um gás aprisionado a 620 mmHg e 37 °C, é aquecido à temperatura 97 °C . Achar a pressão que o gás fica submetido. Se o volume inicial do gás é 8 ℓ , qual o seu volume final , nas condições dadas ?

Temos: p_1 = 620 mmHg , T_1 = 37 + 273 = 310 K e T_2 = 97 + 273 = 370 K ; então de (8.3b), virá,

$$p_2 = p_1 \cdot \frac{T_2}{T_1} = (620 \text{ mmHg}) \cdot \frac{370 \text{ K}}{310 \text{ K}} = 740 \text{ mmHg}$$

E de (8.2b),

$$V_2 = \frac{V_1}{T_1} \cdot T_2 = \frac{8\ \ell}{310\ K} \cdot (370\ K) = 9{,}5\ \ell$$

[3] Lei Geral dos Gases Ideais

Seja um gás ideal no estado inicial (p_1,V_1,T_1), que passa para o estado intermediário (p_1,V_3,T_3), para alcançar o estado final, (p_2, V_2, T_2), como indicado no diagrama P–V, fig.8.3. A transformação 1–3 é isobárica, e temos,

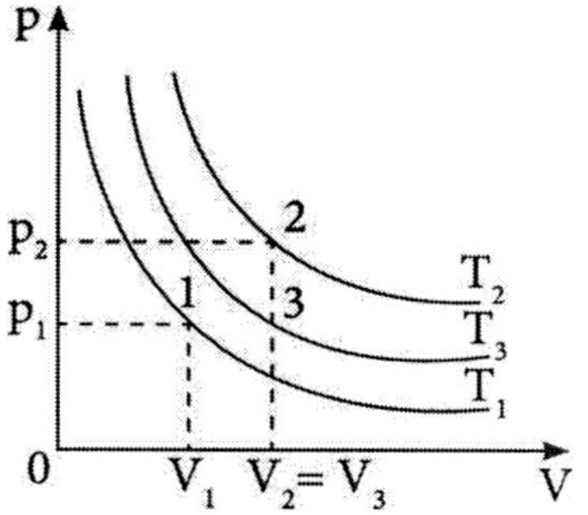

Figura 8.3

$$\frac{V_1}{T_1} = \frac{V_2}{T_3} \qquad (1)$$

Em seguida, tem-se a transformação isocórica, 3–2, com $V_3 = V_2$, e virá,

$$\frac{p_1}{T_3} = \frac{p_2}{T_2} \qquad (2)$$

Tirando o valor de T_3 de (2) e substituindo em (1), podemos concluir,

$$\frac{p_1 V_1}{T_1} = \frac{p_2 V_2}{T_2} \qquad (8.4)$$

que é a lei geral para os gases ideais.

Exemplo 8.3
Um gás aprisionado a 1,5 atm, ocupa o volume de 3 litros, à temperatura de 57 °C ; aumentam-se a pressão para 2,1 atm, o volume do gás diminui para 2,5 litros. Calcular a temperatura a que ficou submetido.

Da equação (8.4), tiramos,

$$T_2 = \frac{p_2V_2}{p_1V_1} \cdot T_1$$

sendo $T_1 = 57 + 273 = 330$ K , substituindo os demais dados , virá,

$$T_2 = \frac{(2{,}1 \text{ atm})\ (2{,}5\ \ell)}{(1{,}5 \text{ atm})\ (3\ell)} \cdot (330 \text{ K}) = 385 \text{ K} \quad \text{ou } 112\ °\text{C}$$

[4] Equação de Clapeyron

Coroando o estudo dos gases, em 1824, Clayperon, Benoît Paul-Émile (1799-1864), engenheiro e químico francês, reuniu as leis dos gases dos seus antecessores com uma só equação que leva o seu nome. É o que vamos tratar.

Referindo o 1º membro de (8.4) a um estado qualquer de um gás (p, V, T) e o 2º membro, às CNTP (p_o , V_o, T_o), temos,

$$\frac{pV}{T} = \frac{p_oV_o}{T_o} \tag{8.5a}$$

O 2º membro acima tem valor constante, $R = p_oV_o/T_o$, que é denominado de constante molar dos gases ideais, cujo valor iremos determinar. Introduzindo nesta o volume molar, $V_m = V_o/n$, tem-se, então, $n\,R = p_oV_m/T_o$, e a equação (8.5a), passa a ser escrita como,

$$pV = n\,R\,T \tag{8.5b}$$

que é a equação de Clapeyron.

Determinação de R:
Nas CNTP, temos, no SI, $p_o = 1{,}01325\text{x}10^5$ Pa , $V_m = 22{,}414\text{x}10^{-3}$ m^3 e $T_o = 273{,}15$ K que oferece para R,

$$R = \frac{(1{,}01325\text{x}10^5 \text{ Pa})\,(22{,}414\text{x}10^{-3} \text{ m}^3/\text{mol})}{273{,}15 \text{ K}} \cong 8{,}314\,5 \text{ J/K·mol}$$

Fora do SI, usa-se, $p_o = 1$ atm , $V_m = 22{,}414$ ℓ e $T_o = 273{,}15$ K , que resulta,

$$R = \frac{1 \text{ atm} \cdot 22{,}414 \text{ ℓ/mol}}{273{,}15 \text{ K}} \cong 0{,}082\,06 \text{ atm·ℓ/K·mol}$$

Exemplo 8.4
Nas CNTP, calcular o número de moles de um gás encerrado num volume de 1 m^3 .

CNTP: $p_o = 1{,}01325\text{x}10^5$ $N/m^2 = 1$ atm ; $T = 273{,}15$ K, e $V = 1$ $m^3 = 10^3$ ℓ ; de (8.5b), tiramos,

$$n = \frac{pV}{RT}$$

E substituindo os dados, virá,

$$n = \frac{(1 \text{ atm})\,(10^3 \text{ℓ})}{(0{,}08206 \text{ atm·ℓ/K·mol})\,(273{,}15 \text{ K})} \cong 44{,}61 \text{ moles}$$

É interessante observar que este resultado vale para qualquer gás encerrado num volume de 1m^3.

[5] Densidade absoluta e Relativa de um gás

Na equação Clapeyron, n = m/M , M , a massa molar; então, temos,

$$pV = \frac{m}{M} \cdot RT$$

E sendo a densidade absoluta de um gás, $\rho = m/V$, podemos concluir que,

$$\rho = \frac{pM}{RT} \qquad (8.6a)$$

para qualquer condição. E para CNTP (p = 1 atm e T = 273 K) a densidade absoluta de um gás x , será,

$$\rho_x = \frac{(1\ \text{atm})\ M}{(0{,}082\ 06\ \text{atm}\cdot\ell/\text{K}\cdot\text{mol})\ (273\ \text{K})} = \frac{M}{22{,}4\ell} \qquad (8.6b)$$

A densidade relativa de um gás x , referida a outro gás y, usando (8.6a), temos,

$$d_{x/y} = \frac{p\ M_x/RT}{p\ M_y/RT} = \frac{M_x}{M_y} \qquad (8.6c)$$

que é a relação entre as massas molares dos gases referendados. Quando se trata de gases, em geral, usa-se o hidrogênio ou o ar para definir a densidade relativa de um gás.

Sendo a massa molar do hidrogênio, M_{H2} = 2 g/mol, e do ar, M_{ar} = 28,98 g/mol, temos, respectivamente, para um gás x:

$$d_{x/H2} = \frac{M_x}{2} \quad \text{e} \quad d_{x/ar} = \frac{M_x}{28{,}98} \qquad (8.6d)$$

Exemplo 8.5
Achar a densidade absoluta do CO_2 .

Temos, M_{CO2} = (1x12 + 2x16) = 44 u = 44 g/mol ; então, por (8.6b), virá,

$$d_{H/CO2} = \frac{44\ \text{g/mol}}{22{,}4\ \ell/\text{mol}} \cong 1{,}96\ \ \text{g}/\ell$$

Exemplo 8.6

Achar a densidade relativa do CO_2 , em relação ao ar.

Temos, M_{co2} = 44 g/mol e M_{ar} = 28,98 g/mol, então, por (8.6c), virá,

$$d_{,ar/CO2} = \frac{44 \text{ g/mol}}{28,98 \text{ g/mol}} \cong 1,52$$

[6] Lei de Graham

Em 1829, Graham, Thomas (1805-1869), físico e químico escocês, observou que dois gases separados por uma membrana num mesmo recipiente, sob mesma temperatura e pressão, quando a membrana é retirada eles se difundem, isto é, se misturam (o gás de maior concentração, com mais energia cinética, vai ao encontro do gás de menor concentração, com menor energia cinética), até que o equilíbrio energético entre eles se estabilize, e a mistura torne-se uniforme.

Também, concluiu que a velocidade média de difusão do gás é inversamente proporcional a raiz quadrada da sua massa molar, ou seja,

$$v_{dif} = \frac{1}{\sqrt{\text{massa molar}}} \qquad (8.7a)$$

Para dois gases 1 e 2, de massas molares M_1 e M_2 , as respectivas velocidades de difusão v_1 e v_2 , estão numa relação inversa, dada por,

$$\frac{v_1}{v_2} = \sqrt{\frac{M_2}{M_1}} \qquad (8.7b)$$

Para um gás que é deixado escapar por um orifício ou poro, usa-se o termo efusão para caracterizar o seu escapamento. Neste caso a velocidade de efusão também é inversamente proporcional à raiz quadrada.

A lei da Graham aplica-se a separação de isótopos e reações químicas de fases gasosas. Deve-se a ele também os conceitos de substâncias cristaloides e coloides. As substâncias cristaloides, devido a sua pequena dimensão (da ordem de nem), difundem-se facilmente pela membrana de separação, enquanto as coloides, de dimensão maior (da ordem do μm), ficam retidas na membrana de separação ou não se difundem.

Exemplo 8.7
Durante uma difusão de He_2 com O_2, gasosos, a dada temperatura e pressão, observou-se que o O_2 atravessa a membrana porosa com a velocidade de 20 ℓ/h. Achar a velocidade de difusão com que o He_2 atravessa a mesma membrana.

Sendo $M(He_2) = 4$ u e $M(O_2) = 32$ u, levados em (8.7b), virá,

$$\frac{v(He_2)}{23l/h} = \sqrt{\frac{32u}{4u}} \cong 2,83$$

Donde,

$$v(He_2) = (2,83)\ 20\ell/h = 56,6\ \ell/h$$

o resultado evidencia que o gás mais leve (He_2), tem maior velocidade de difusão do que o gás mais pesado (O_2) .

[7] Ar Atmosférico

As camadas da atmosfera terrestre se distribuem por altitudes, a começar do nível do mar (troposfera 6 a20 km; estratosfera, 20 a 50 km; mesosfera, 50 a 85 km; termosfera, 100 a 690 km; e exosfera, 690 a 10.000 km) e cada uma delas varia de composição química de gases, densidade, temperatura e pressão, que decrescem com a elevação da altitude. A mais importante para a vida na terra é a troposfera que concentra 99% da massa atmosférica, portanto dela pode-se concluir a composição do ar atmosférico. A nível do mar, o ar seco, tem a composição dada na Tabela 8.

[8] Lei das Pressões Parciais

Em 1801, Dalton deu a conhecer que numa mistura de dois ou mais gases aprisionados, cada gás exerce a sua pressão própria, independentemente, dos demais gases que compõem a mistura. Por exemplo, numa mistura de dois gases 1 e 2, o gás 1, exerce a pressão p_1 , enquanto o gás 2, exerce a pressão p_2, e tem-se a pressão total exercida por ambos, $p = p_2 + p_2$.

Num volume de ar seco, cada gás exerce a sua pressão própria, independentemente dos demais. Neste caso, a pressão atmosférica total será dada pelo somatório das pressões parciais dos gases componentes:

$$p_{atm} = p_{N2} + p_{O2} + p_{Ar} + p_{CO2} + p_{gases\ residuais} \qquad (8.8)$$

Exemplo 8.8

. Encerra-se ar seco num volume de 1 m^3 , nas CNTP. Determinar as pressões parciais de cada gás componente, indicado na equação (8.8).

Tendo em conta o resultado do Exemplo 8.4, n = 44,6 moles, e os percentuais de cada gás componente do ar, dados na Tabela 8.1, teremos:

N_2 : 44,6 moles x 0,78 084= 34,83 moles; e de (8.5b), tiramos, p = n RT/V , e aplicando ao nitrogênio, virá,

$$p_{N2} = \frac{(34{,}83\ \text{mole})\ (0{,}082\ 06\ \text{atm}\cdot\ell/\text{K}\cdot\text{mol})\ (273{,}15\ \text{K})}{10^3\ell}$$

$$p_{N2} \cong 0{,}780\ \ 68\ \text{atm} \cong 593{,}32\ \text{mmHg}$$

Seguindo o mesmo procedimento, obtêm-se para os demais gases:

O_2 : 44,6 moles x 0,20 947 ≅ 9,34 moles; e

$$p_{O2} \cong 0{,}209\ 35\ \text{atm} \cong 159{,}11\ \text{mmHg}$$

Ar : 44,6 moles x 0,009 34 = 0,416 56 moles ; e

$$p_{Ar} \cong 0{,}009\ 34\ \text{atm} \cong 7{,}10\ \text{mm Hg}$$

CO_2 : 44,6 moles x 0,000 32 ≅ 0,014 272 moles; e

$$p_{CO2} \cong 0{,}000\ 32\ \text{atm} \cong 0{,}24\ \text{mmHg}$$

Gases residuais: 44,6 moles x 0,000 028 = 0,001 25 moles ; e

$$p_{residuais} \cong 0{,}000\ 028\ \text{atm} \cong 0{,}02\ \text{mmHg}$$

Somando as pressões parciais, comprova-se a validade da equação (8.8):

$$(0{,}780\ 68 + 0{,}209\ 35 + 0{,}009\ 34 + 0{,}000\ 32 + 0{,}000\ 028)\ \text{atm} \cong 1\ \text{atm}$$

E também,

$$(593{,}32 + 159{,}11 + 7{,}10 + 0{,}24 + 0{,}02)\ \text{mmHg} \cong 760\ \text{mmHg}$$

9 – ESTUDO DAS SOLUÇÕES

9.1. Introito

Mistura é a reunião de duas ou mais substâncias em proporções não definidas, entre as quais não ocorre reação química.

Do ponto de vista macroscópico a mistura pode ser homogênea, cujos componentes são indistinguíveis (Ex: gelo e água, açúcar e água, etc.), ou heterogêneas, cujos componentes são distinguíveis (água e óleo).

Denomina-se fase o aspecto que distingue o componente da mistura. Assim, na mistura homogênea, tem-se uma fase ou diz-se que ela é monofásica; na mistura heterogênea, mais de uma fase ou ela é polifásica. Na mistura de duas substâncias, a de menor quantidade que se espalha é chamada de disperso, e a que recebe esta, de maior quantidade, é chamada de dispergente.

Numa mistura o disperso e o dispergente podem se miscíveis quando ambos têm moléculas semelhantes (Ex: álcool e água, ambos têm moléculas polares), ou imiscíveis, caso contrário (Ex: água e óleo, de moléculas não polar). Os líquidos imiscíveis se dispõem em camadas sobrepostas, segundo as suas densidades decrescentes (de baixo para cima).

9.2. Solução Química

A mistura considerada do ponto de vista molecular é chamada de solução química ou apenas solução. Na solução a substância que se dispersa é chamada de soluto e a dispergente, solvente. Temos, então: soluto + solvente = solução.

O soluto pode ser sólido, liquido ou gasoso, enquanto o solvente geralmente é um fluido. Se o solvente é líquido, a solução é chamada de aquosa; se é um gás, a solução é gasosa, a exemplo do ar atmosférico, cujos componentes estudados podem ser chamados de solutos da atmosfera.

Um soluto sólido num soluto líquido pode ser solúvel ou insolúvel, conforme seja ele totalmente dissolvido ou não.

• Solubilidade de uma solução saturada é a quantidade máxima de soluto que se dissolve num solvente. Nos sólidos e líquidos a solubilidade depende da temperatura: aumenta com a elevação da temperatura; e nos gases a solubilidade diminui com a elevação da temperatura, como será visto adiante.

Para mensurar a solubilidade de uma solução, estabelece-se primeiramente um solvente padrão, sob condições de temperatura e pressão, e então, define-se coeficiente de solubilidade, C_S , como a razão da quantidade de soluto, em gramas, necessário para saturar um litro de solvente padrão:

$$C_s = \frac{m_A \text{ (soluto)}}{m_B \text{ (solvente padrão)}} \tag{9.1}$$

Por exemplo: uma solução de nitrato de potássio, KNO_3, em 100 g de água, a temperatura de 20 °C, tem solubilidade 30, significa que 30 g de KNO_3 em 100 g de H_2O , forma a solução saturada de KNO_3 a 20 °C . O assunto será completado com o estudo de constantes de equilíbrio iônico, item 11.3[2].

• Solvatação: quando um soluto iônico é dissolvido num solvente polar, sem formar nova substância, os íons daquele ficam cercados pelas moléculas deste, e o fenômeno é denominado de solvatação. Se o solvente é a água, o fenômeno é chamado de hidratação. Por exemplo, o cloreto de sódio, NaCl, dissolvido n'água tem os íons Na^+ e Cl^- cercados por moléculas de água, fig.9.1.

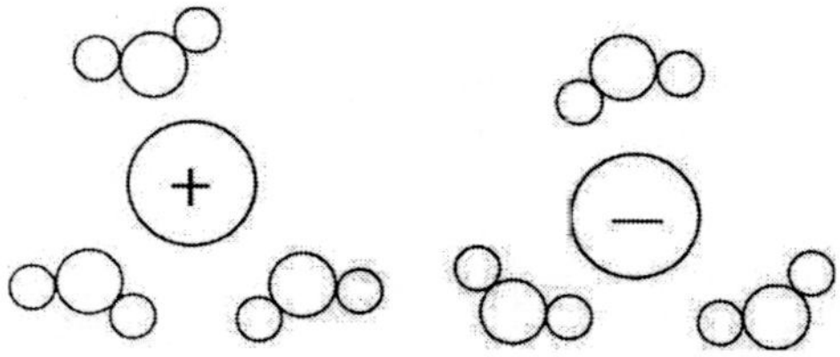

Figura 9.1

9.3. Concentração de Solução

A quantidade de soluto num solvente determina o grau de concentração da solução. A solução com pouco soluto é não saturada; com uma quantidade máxima de soluto é saturada; e com excesso de soluto, supersaturada.

A concentração de uma solução pode ser medida de várias maneiras distintas. A fim de facilitar o cálculo estequiométrico da concentração convém especificar sempre o soluto por um subscrito, com soluto A , subescrito B para o solvente e sem subscrito para a solução. Seguem as definições dos principais tipos de concentrações soluto/ solução e/ou soluto/ solvente.

[1] Concentração molar (ou em quantidade de matéria) de um soluto A (ex-molaridade[(1)]), c_A , é o quociente da quantidade de matéria do soluto A , n_A , pelo volume da solução,

$$c_A = \frac{n_A(\text{soluto})}{V\ (\text{solução})} \qquad (9.1a)$$

A unidade SI é mole por metro cúbico, mol/m^3; fora do SI, usa-se: mole/litro, mol/ ℓ. [(1)] A IUPAC aboliu o termo molaridada e o símbolo M, representativo.

Como $n_A = m_A/M_A$, a equação (9.1a) pode ser escrita como,

$$c_A = \frac{m_A}{M_A \cdot V} \qquad (9.1b)$$

Exemplo 9.1

0,5 ℓ de uma solução contêm 18 g de açúcar ($C_{12}H_{22}O_{11}$). Determinar a quantidade de matéria de açúcar da solução.

Temos $M_{açucar}$ = 342 g/mol; soluto: $m_{açucar}$ = 18 g e solução: 0,5 ℓ; então:

$$c_{açucar} = \frac{18\text{g de açúcar}}{(342\ \text{g/mol de açúcar})\ (0{,}5\ \ell)} \cong 0{,}105\ \text{mol}/\ell$$

[2] Molalidade de um soluto A , W_A , é o quociente da quantidade de matéria do soluto A, n_A , pela massa do solvente, m_B ,

$$W_A = \frac{n_A \text{ (soluto)}}{m_B \text{ (solvente)}} \qquad (9.2a)$$

A unidade SI é o mol por quilograma, mol/kg . Como $n_A = m_A/M_A$, também temos,

$$W_A = \frac{m_A}{M_A \cdot m_B} \qquad (9.2b)$$

Exemplo 9.2
Dissolvem-se 30 g de ácido sulfúrico (H_2SO_4) em 1,5 kg de água. Achar a molalidade da solução.

Temos: soluto: $M_{(H2SO4)}$ = 98 g/mol = 0,098 kg/mol e $m_{(H2SO4)}$ = 30 g = 0,030 kg ;
solvente: $m_{(H2O)}$ = 1,5 kg .

Então, por (9.2b), virá,

$$W_{(H2SO4)} = \frac{0{,}030 \text{ kg}}{(0{,}098 \text{ kg/mol})(1{,}5\text{kg})} = 0{,}204 \text{ mol/kg}$$

[3] Concentração em massa de um soluto A , ρ_A , é o quociente da massa do soluto A, m_A , pelo volume da solução,

$$\rho_A = \frac{m_A \text{ (soluto)}}{V \text{ (solução)}} \qquad (9.3)$$

A unidade SI é o quilograma por metro cúbico, kg/m^3. Note que este tipo de concentração tem a mesma dimensão de densidade absoluta.

Exemplo 9.3
Dissolvem-se 20 g de hidróxido de sódio (NaOH) em 1 litro de água. Determinar a concentração mássica do NaOH.

Temos: soluto: $m_{(NaOH)} = 20\ g = 0{,}020\ kg$; e solução: $V = 1\ \ell = 10^{-3}\ m^3$. Então, por (9.3), virá,

$$\rho_{(NaOH)} = \frac{0{,}020\ kg}{10^{-3}\ m^3.} = 20\ kg/m^3$$

[4] Fração molar (em quantidade de matéria) de um soluto A , X_A , é o quociente da quantidade de matéria do soluto A, n_A , pela quantidade de matéria da solução,

$$X_A = \frac{n_A}{n} \tag{9.4a}$$

A razão, n_A/n , é adimensional. Se n_B é a quantidade de matéria do solvente B, então,

$$X_B = \frac{n_B}{n} \tag{9.4b}$$

sendo, $n = n_A + n_B$, devemos ter: $X_A + X_B = 1$.

Exemplo 9.4
3,0 moles de moléculas de soluto são dissolvidos em 12 moles de soluto. Calcular a fração molar do soluto e do solvente.

Temos: soluto, $n_A = 3$ moles ; solvente, $n_B = 12$ moles; e solução, $n = (3 + 12)$ moles = 15 moles. Então, por (9.4a,b), virão,

$$X_A = \frac{3\ moles}{15\ moles} = 0{,}2 \quad e \quad X_B = \frac{12\ moles}{15\ moles} = 0{,}8$$

E cumpre-se: $X_A + X_B = 0{,}2 + 0{,}8 = 1$.

[5] Fração em massa de um soluto A , μ_A , é o quociente da quantidade de massa do soluto A, m_A , pela massa da solução, m,

$$\mu_A = \frac{m_A(\text{soluto})}{m\ (\text{solução})} \qquad (9.5)$$

Obviamente, a razão, m_A/m, é adimensional.

Exemplo 9.5
Uma solução aquosa de 80 % é preparada com 25 g de Ag NO_3 . Qual a massa da solução.

Temos: soluto: $m_{(AgNO3)}$ = 25 g ; razão: soluto/solução = 0,80; de (9.5), m = m_A/μ_A , e então,

$$m = \frac{25\ g}{0,8} = 31,25\ g$$

[6] Fração volúmica de um soluto A , φ_A , é o quociente do volume do soluto pelo volume da solução, V,

$$\varphi_A = \frac{V_A}{V} \qquad (9.6)$$

A razão, V_A/V, também é adimensional.

[7] Partes por Milhão
Em muitas circunstâncias a quantidade de soluto é muito pequena em ralação a quantidade da solução. Nesses casos é preferível expressar a concentração de massa ou de volume em partes por milhão, abrevia-se ppm, e tem-se 1ppm = 1 parte de soluto/10^6 de partes de solução. Se a massa do soluto é dada em miligramas, tem-se, 1ppm = 1 mg/1kg.

Por exemplo, a Organização Mundial de Saúde estabelece que a quantidade máxima de chumbo na água de abastecimento público não deve ultrapassar de 0,015 ppm, ou seja, não deve ultrapassar 15 μg de Pb em cada 1 kg de água.

A concentração de CO_2 no ar atmosférico é cerca de 360 ppm, e significa que em cada 1 m^3 ar, devem existir cerca de 360 cm^3 de CO_2 .Quando conveniente pode-se adotar, parte por bilhão, ppb, parte por trilhão, ppt, etc..

[8] Diluição de uma Solução

Dilui-se uma solução quando se adiciona a ela mais solvente. Se a solução tem volume V_1, concentração c_1 e n_1 moles, conforme e é-lhe adicionada mais solvente, ela passa a ter o volume V_2 e concentração c_2; então, conforme (9.1a) temos,

$$c_1 = \frac{n_1}{V_1} \quad \text{e} \quad c_2 = \frac{n_1}{V_2}$$

Dividindo ordenadamente a 1ª pela 2ª, obtemos,

$$\frac{c_1}{c_2} = \frac{V_2}{V_1} \qquad (9.8)$$

Ficando evidente que a razão das concentrações está em proporção inversa da dos volumes.

Exemplo 9.6

Numa solução de 100 mililitros e concentração de 1,5 mol/litro, adicionam-se mais soluto de modo que a concentração dela cai para 0,5 mol/ ℓ . Achar a quantidade de soluto adicionado.

Dados: n_1 = 1,5 mol/ ℓ , n_2 = 0,5 mol/ ℓ e V_1 = 0,100 ℓ ; de (10.2a), tiramos,

$$V_2 = \frac{c_1}{c_2} \cdot V_1$$

E substituindo os valores dados, virá,

$$V_2 = \frac{1{,}5 \text{ mol/ } \ell}{0{,}5 \text{ mol/ } \ell} \cdot 0{,}100 \ \ell = 0{,}300 \ \ell \ \text{ ou } 300 \text{ m } \ell$$

Donde o acréscimo de soluto: ΔV = 300 m ℓ – 100 m ℓ = 200 m ℓ

9.4. Lei de Henry e Lei de Raoult

[1] Lei de Henry

Em 1802, Henry, William (1775-1836), químico inglês, ao estudar a solubilidade dos gases nos líquidos, concluiu em 1802, que a pressão que se exerce numa solução gasosa para dissolver um gás num líquido é diretamente proporcional a pressão parcial do gás dissolvido na fração molar da solução, ou seja,

$$p_{soluto} = K_H \cdot X_A \qquad (9.9a)$$

que é a lei de Henry para a solubilidade e K_H é a constante de Henry que tem dimensão de pressão, ou seja,

$$K_H = \frac{p_{soluto}}{X_A} \qquad (9.9b)$$

Na Tabela 9 listamos valores de K_H para alguns solutos gasosos.

Nas bebidas carbonatadas, o CO_2 é dissolvido em líquido (refrigerante, cervejas, espumantes, etc.) à pressão maior que 1 atm; e quando abertas, a solubilidade do CO_2 diminui formando espumas e bolhas, que se libertam do líquido.

Na corrente sanguínea, quando a pressão aumenta, maior quantidade de CO_2 dissolve-se nela. O mergulhador que respira gás nitrogênio, N_2 , a solubilidade deste aumenta no sangue a medida que ele desloca-se para uma maior profundidade.

Exemplo 9.7

Achar a quantidade de gás N_2 , CNTP, dissolvido em 1 litro de água a 20 °C e pressão de 720 mmHg.

Da Tabela 9.1 , K_H, = $5{,}75x10^7$ mmHg ; então, por (9.9b), virá,

$$X_{N2} = \frac{720\ mmHg_o}{5{,}75x10^7\ mmHg} \cong 1{,}25x10^{-5}$$

Por outro lado, 18 g de H_2O corresponde a 1 mol de água, de modo que 1 litro de água é igual a 1.000 g, e conterá,

$$n_B = \frac{1.000 \text{ g x 1 mol}}{18 \text{ g}} \cong 55{,}5 \text{ mols}$$

Por (9.4a), $X_{N2} = n_A/n_A + n_B$, mas como $n_B >> n_A$, podemos tomar a aproximação, $X_{N2} \cong n_A/55{,}5$ mols ; e tirar o valor de n_A, ou seja,,

$$n_A = (1{,}25x10^{-5}) \cdot (55{,}5 \text{ mol}) = 6{,}94x10^{-4} \text{ mol}$$

Como CNTP, $V_n = V/n = 22{,}41$ ℓ/mol, virá,

$$V = (22{,}41 \text{ ℓ/mol}) \cdot (6{,}94x10^{-4} \text{ mol}) \cong 15{,}5x10^{-3} \text{ ℓ} = 15{,}5 \text{ mℓ}$$

[2] Lei de Raoult

Em 1885 Raoult, François Marie (1830-1901), químico francês, descobriu que a pressão de vapor de um solvente puro é proporcional ao produto da sua fração molar pela pressão do mesmo, ou seja,

$$p_{solvlente} = X_{soluto} \cdot p_{solvente\ puro} \qquad (9.10)$$

que é a lei de Raoult (lê-se Raul).

9.5. Pontes de Hidrogênio

A água é certamente o solvente mais importante que existe. O estudo da estrutura molecular da água revela que os 2 átomos de hidrogênio formam entre si um ângulo de 105°, tendo o átomo de oxigênio como origem referencial, fig. 9.2. Na molécula da água, o oxigênio é o elemento mais eletronegativo e a sua ligação covalente com os 2 átomos de hidrogênio, resulta ser covalente polar, como indicado na fig. 9.3(a); essa disposição polar possibilita que as moléculas de água se unam fracamente formando pontes de hidrogênio, indicadas na fig.9.3(b), e que as moléculas da água, desagregam-se e agregam-se, continuamente.

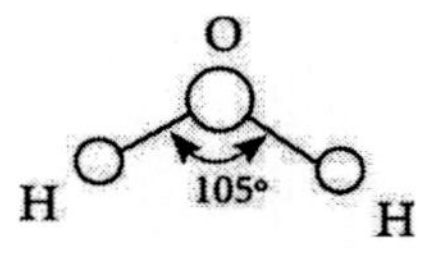

Figura 9.2

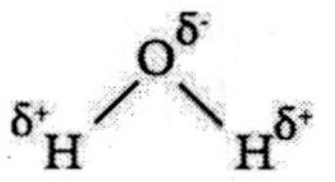

Figura 9.3(a)

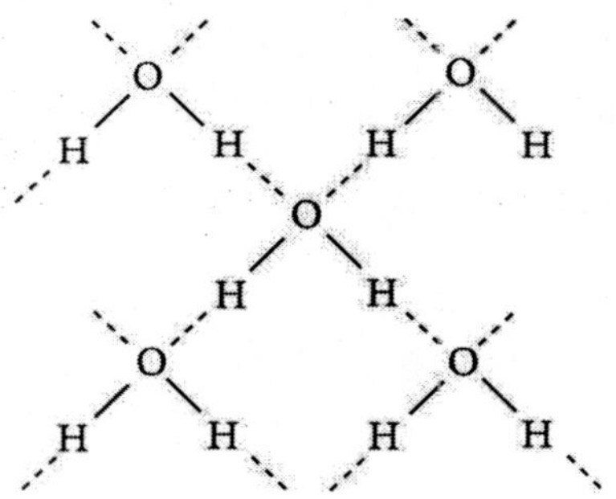

Figura 9.3(b)

9.6. Propriedades Coligativas

Cada substância pura (solvente) detém propriedades próprias: ponto de fusão, ponto de ebulição, ponto de congelamento, etc.. Quando nela se introduz um soluto, obviamente, a solução passa a ter propriedades físicas distintas das do solvente, que dependem do número de partículas do soluto dispersas no solvente, e não da natureza delas. Tais propriedades são chamadas de coligativas (do latim, colligare, unir) e são quatro: tonoscopia, ebuloscopia, crioscopia e osmoscopia.

[1] Tonoscopia

Quando um soluto se dispersa num solvente, as suas moléculas agregam-se ao do solvente, dificultando ou impedindo a volatilidade do solvente.

A tonoscopia é a propriedade que dar conta da diminuição da pressão de vapor de um solvente, quando nele se dispersa um soluto não volátil. Um líquido volátil, como o éter ou álcool, quando aprisionado, entra em processo de evaporação rápida produzindo uma pressão de vapor no recipiente que o contém devido ao acúmulo de moléculas gasosas que dele se desprendem. Durante a agitação molecular, muitas moléculas retornam ao líquido com velocidades menores, condensando-se nele. O processo é dinâmico e entra em equilíbrio quando as velocidades das moléculas vaporizadas e condensadas, igualam-se, e passa a reinar uma pressão saturada ou máxima.

Se se adiciona ao solvente um soluto não volátil, este restringe a evaporação da solução, causando a diminuição da pressão do solvente em solução. Para este caso vale a lei de Raoult , que diz que sendo p_B a pressão de vapor do solvente puro, e p_V a pressão de vapor do solvente na solução, onde $p_B > p_V$, então por (9.10), temos,

$$p_V = X_B \cdot p_B \qquad (1)$$

Sendo $X_B = 1 - X_A$ e substituindo acima, obtemos,

$$p_V = p_B - p_B \cdot X_A \qquad (2)$$

donde,

$$p_B - p_V = p_B \cdot X_A \qquad (3)$$

O 1º membro indica o abaixamento de pressão de vapor do solvente; pondo, $p_B - p_V = \Delta p$, tem-se, $\Delta p = p_B \cdot X_A$, e então,

$$X_A = \frac{\Delta p}{p_B} \qquad (4)$$

O 2º membro é o abaixamento relativo da pressão de vapor do solvente, usualmente chamado de efeito tonoscópico. Verificou-se também que a pressão do solvente varia com a temperatura, como ilustrado na fig.9.4.

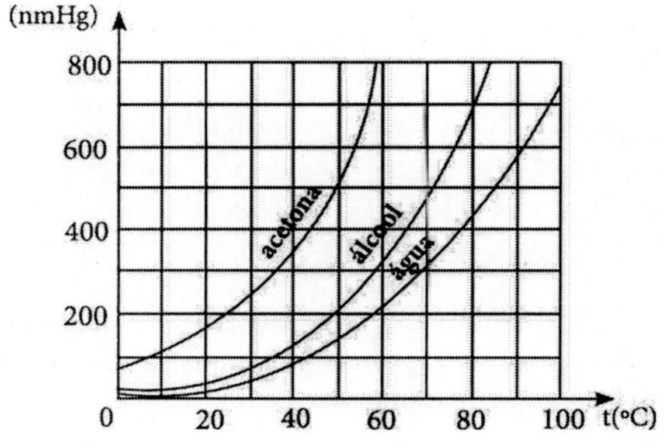

Figura 9.4

Por definição, $X_A = n_A/n_A + n_B$; como neste caso, $n_B >> n_A$, este pode ser negligenciado no denominador, e temos, $X_A \cong n_A/n_B$; multiplicando o 2º membro desta por m_B , virá, $X_A = m_B \cdot W_A(mol/kg)/n_B$, convindo medir W_A em mol/g , anotamos,

$$X_A = \frac{m_B \cdot W_A}{1.000\ n_B} \qquad (9.11a)$$

Mas sendo constante, $m_B/1.000n_B = 10^{-3}\ M_3 = K_t$, define-se a constante tonoscópica molal, e a equação (4), assume a forma,

$$\frac{\Delta p}{p_B} = K_t \cdot W_A \qquad (9.11b)$$

Para água pura, $M_B = 18$ g/mol , e tem-se, $K_t = 10^{-3}\ x18 = 0{,}018$ g;mol . Por sua parte, $W_A = 1.000\ n_A/M_A \cdot m_B$ (g/mol) , de modo que podemos anotar (9.11b) , como,

$$\frac{\Delta p}{p_B} = K_t \cdot \frac{1.000\ m_A}{M_A \cdot m_B} \qquad (9.11c)$$

Exemplo 9.8

20 g de ureia (CON_2H_4) são dissolvidas em 500 mℓ de água a dada temperatura. Achar a pressão de vapor da água na solução. Dado: $p_{\text{água pura}}$ = 23,4 mmHg.

Temos: soluto m_A = 20 g e M_A = 60 g/mol; solvente, m_B = 500 mℓ = 500 g , e p_B = 23,4 mmHg e K_t = 0,018 g/mol. Então por (9.11c), virá,

$$\frac{23{,}4 - p_V}{23{,}4} = 0{,}018 \text{ g/mol} \cdot \frac{1.000 \cdot 20\text{g}}{60 \text{ g/mol} \cdot 500\text{g}} \cong 0{,}012$$

$$1 - \frac{p_V}{23{,}4} = 0{,}012$$

Donde,

$$p_V = 23{,}68 \text{ mmHg}$$

[2] Ebuloscopia

É fato corriqueiro que um líquido aquecido entra em ebulição a dada temperatura e pressão, com formação de bolhas de vapor que sobem à superfície. A temperatura na qual um líquido entra em ebulição é chamada de ponto de ebulição, abrevia-se, p.e., e ocorre quando a pressão de vapor do líquido é igual a pressão atmosférica, 1 atm ou 760 mmHg.

Verifica-se, contudo, que o p.e. do líquido varia proporcionalmente com a pressão. No caso da água pura, o p.e. normal é de 100 ºC e 1 atm. Na cidade do México (que está cerca de 2,4 km de altitude) a pressão atmosférica é de 0,85 atm, e água ferve a 95 ºC.

Quanto mais volátil é o líquido, maior a sua pressão de vapor e menor o seu p.e. Mas ao se adiciona um soluto volátil a um líquido, diminui-se a pressão de vapor do líquido e eleva-se o seu p.e.

No caso da panela de pressão, inventada em 1679 por Papin, Denis (1647-1712), físico e inventor francês, a pressão de vapor é superior a 1 atm e a temperatura eleva-se. Para controlar a pressão interna da panela, instalam-se na sua tampa uma válvula de contra peso – que equilibra a pressão interna e externa – e uma válvula de segurança, que opera caso pressão de vapor passe dos 2 atm.

A pressão de vapor foi estudado por Raoult e resultou na lei da ebuloscopia, que afirma que: um líquido que tem dado p.e. (T_e ou θ_e), ao receber um soluto volátil, eleva o seu p.e. (T_e', θ_e') , cujo incremento de temperatura é proporcional a molalidade da solução, ou seja,

$$\Delta T = K_e \cdot W_A \tag{9.12a}$$

onde $\Delta T = T_e' - T_e = \theta_e' - \theta_e$ (°C) e K_e é a constante ebuloscópica definida a seguir.

Alternativamente introduzindo $W_A = 1.000\ n_A/M_A \cdot m_B$ (g/mol) em (9.12a), obtemos,

$$\Delta T = K_c \cdot \frac{1.000\ m_A}{M_A \cdot m_B} \tag{9.12b}$$

A constante ebuloscópica é definida por,

$$K_e = \frac{R\,T^2}{1.000\ q_V} \tag{9.13}$$

onde R = 8,314 51 J/K·mol ≅ 2 cal/K·mol é a constante dos gases ideais, T a temperatura absoluta de ebulição do solvente e q_V o calor mássico de vaporização (antigo calor específico de vaporização).

Para a água (solvente), T = 273 + 100 = 373 K e q_V = 539,7 cal/g , que introduzidos em (9.13), v,

$$K_e = \frac{(2\ \text{cal/K·mol})(373\ \text{K})^2}{1.000\ (539,7\ \text{cal/g})} \cong 0,52\ \text{K·g/mol}$$

Exemplo 9.9
Do Exe. 9.8, calcular a temperatura de ebulição da ureia.Dado: K_e = 0,52 K·g/mol , W_A = 2/3 mol/g e T_e = 100 °C.

Por (9.12a), temos:

$$\Theta_e' - 100 = (0{,}52\ K{\cdot}g/mol)\ (2/3\ mol/g) \cong 0{,}35\ ^oC$$

Donde,

$$\Theta_e' = 100\ +\ 0{,}35 = 100{,}35\ ^oC$$

[3] Crioscopia

A Crioscopia ou criometria (do grego kryos, frio) é o abaixamento do ponto de congelação, abrevia-se, p.c. de um líquido devido nele adição de um soluto não volátil.

Novamente, aqui, Raoult estabeleceu análoga lei para a crioscopia, a qual afirma que um líquido de p.c. , T_c ou θ_c, tem o mesmo abaixado para T_c' ou θ_c' , quando nele se adiciona um soluto não volátil, que é proporcional a molalidade do soluto, ou seja,

$$\Delta T = K_c \cdot W_A \qquad (9.14a)$$

onde $\Delta T = T_c' - T_c = \theta_c' - \theta_c$ (ºC) e K_c é a constante crioscópica, definida por,

$$K_c = \frac{R\ T^2}{1.000\ q_f} \qquad (9.15)$$

T é a temperatura absoluta de congelação do solvente e q_f é calor mássico de fusão (ex-calor específico de fusão).

Para a água (solvente), $T_c' = 0 + 273 = 273$ K e $q_V = 79{,}7$ cal/g , que introduzidos em (9.15), virá,

$$K_c = \frac{(2\ cal/K{\cdot}mol)(273\ K)^2}{1.000\ (79{,}7\ cal/g)} \cong 1{,}87\ K{\cdot}g/mol$$

Exemplo 9.10

Do Exe.9.8, calcular a temperatura de congelamento da ureia. Dados: K_c = 1,87 K·g/mol , W_A = 2/3 mol/g e $\Delta T = 0 - \theta_c'$ (ºC) ; então, por (9.14a) , temos,

$$0 - \theta_c' = 1,87\ K \cdot g/mol \cdot 2/3\ mol/g \cong 1,25\ °C$$

Donde,

$$\theta_c' = 0 - 1,25 = -1,25\ °C$$

Duas observações importantes:

1ª) As leis de Raoult são aplicadas às soluções não eletrolíticas; para a solução eletrolítica, cada constante pertinente deve ser multiplicada pelo número de íons da solução. Por exemplo, na solução de NaCl, que se desdobra nos íons Na^+ e Cl^- a constante K_c deve ser multiplicada por 2;

2ª) O etilenoglicol, $CH_2CH_2\ (OH)_2$, tem p.e. = 193,3 °C e p.c. = –12,9 °C , e como tal era usado como aditivo em radiador a água de automóveis para elevar o p.e. assim como para abaixar o p.c. do mesmo. Nos países com inverno a baixas temperaturas, usa a prática de jogar sal (cloreto de sódio) na neve das ruas e estradas para derretê-las.

[4] Osmoscopia

Sejam duas soluções de concentrações diferentes (ou uma solução e um solvente puro, como a água) separadas por uma membrana semipermeável. Denomina-se Osmose a difusão da solução de menor concentração, chamada hipotônica, para a solução de maior concentração, dito hipertônica, através de uma membrana semipermeável, fig.9.5(a); quando elas alcançam o equilíbrio de concentração, diz-se que a solução é isotônica, fig.9.5(b).

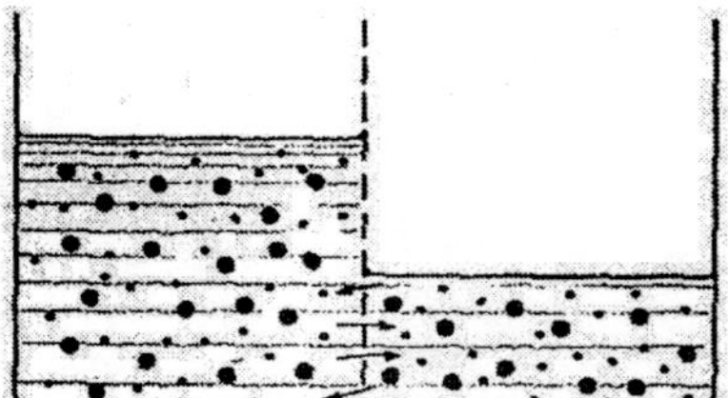

Figura 9.5(a)

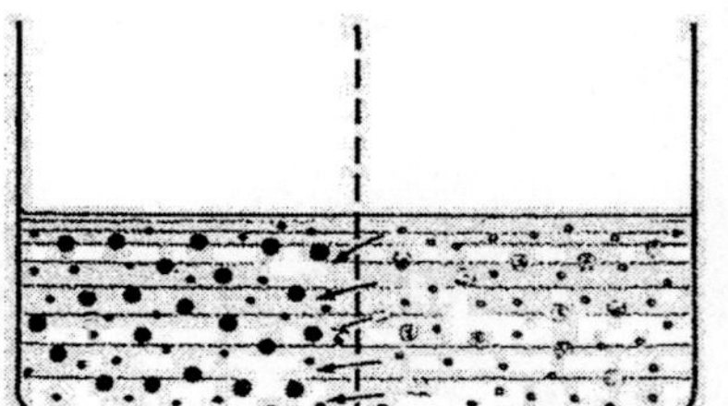

Figura 9.5(b)

É interessante observar que a osmose acontece tanto nas células animais como nas células vegetais. A membrana celular opera como uma membrana semipermeável, que permite a entrada de água para o interior da célula, e tem-se a endosmose; ou elimina água para o exterior dela, e tem-se a exosmose. Quando dois líquidos se difundem em ambos os sentidos, tem-se a diosmose.

• Pressão Osmótica

Seja um tubo em U com uma membrana semipermeável dividindo-o ao meio; no lado direito tem-se água pura, e no lado esquerdo, uma solução com açúcar, fig.9.6(a); na osmose as moléculas da água se difundem para a solução (lado esquerdo), diluindo a concentração do açúcar e aumentando a pressão, que está indicada pela elevação da coluna, fig. 9.6(b). Para medir a pressão osmótica introduzimos na coluna da esquerda um êmbolo, e sobre ele exercemos uma força tal que faça os níveis de ambas as colunas se igualarem, fig.9.6(c), cessando-se a osmose. A pressão que iguala as alturas das colunas é a pressão osmótica, p_{os}. Nesse processo as moléculas da solução comportam-se como moléculas de um gás, e a pressão reinante é chamada de pressão osmótica, que obedece a lei dos gases ideais, de modo que podemos anotá-la, por,

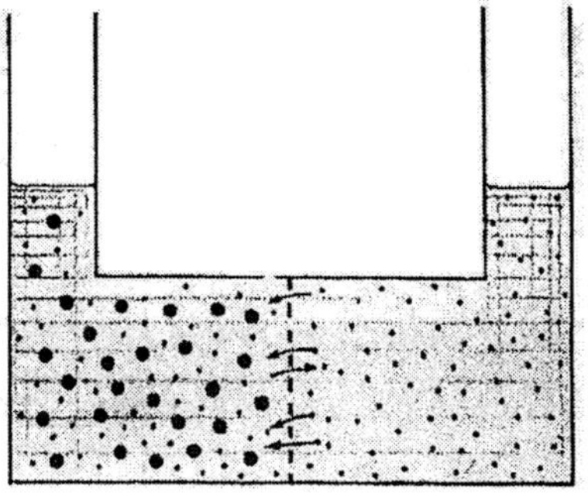

Figura 9.6(a)

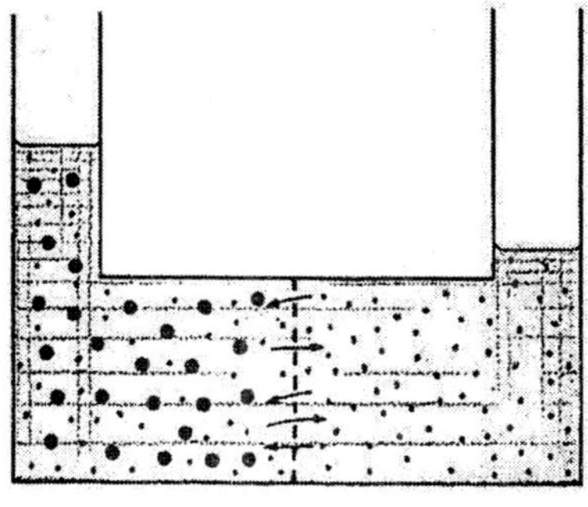

Figura 9.6(b)

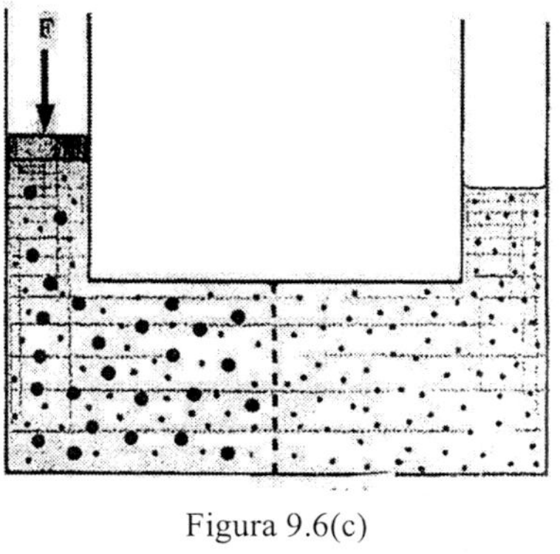

Figura 9.6(c)

$$p_{os} = \frac{nRT}{V} \qquad (9.16a)$$

E por ser $n/V = c_A$, concentração em quantidade de matéria do soluto, temos alternativamente,

$$p_{os} = c_A\, RT \qquad (9.16b)$$

Obviamente a pressão osmótica também é dada por (7.3a), ora repetida,

$$p_{os} = \rho\, g\, h \qquad (9.16c)$$

Como é sabido, os vegetais absorvem água do solo através de suas raízes; as raízes possuem um sistema de capilares, chamados de xilemas, com diâmetro entre 0,05 mm a 0,50 mm, por onde a água sobe para a copa da planta sob a forma de seiva que pode elevar-se a incrível altura de até 75 m.

Exemplo 9.11
Calcular a pressão osmótica que tem lugar nos xilemas de uma árvore que tem 28 m de altura. Qual a concentração em quantidade de matéria da seiva. Usar: $\rho = 10^3$ kg/m^3.

Usando (9.16c), temos,

$$p_{os} = (10^3\ \text{kg/m}^3)\ (9{,}8\ \text{m/s}^2)(28\ \text{m}) = 2{,}744\text{x}10^5\ \text{Pa} \cong 2{,}708\ \text{atm}$$

Supondo a tamperatura ambiente de 25 °C ou 298 K, de (9.16a), tiramos,

$$n = \frac{p_{os}}{RT} = \frac{2{,}708\ \text{atm}}{(0{,}082\ \text{atm}\cdot\ell/\text{mol}\cdot\text{K})\cdot(298\ \text{K})} \cong 0{,}11\ \text{mol}/\ell$$

Na osmose prefere-se usar o termo osmol no lugar de mol, e tem-se 0,11 osmol/ℓ; e chamar osmolidade a concentração em quantidade de matéria da mesma.

Como referência, a osmolidade intracelular é 0,30 osmol/litro na diosmose; se menor que 0,30 osmol/litro, a água entra na célula, endosmose; se maior que 0,30 osmol/litro, a célula elimina água, exosmose.

• Osmose Inversa ou Reversa
Ocorre a osmose inversa quando se submete uma solução a uma pressão superior a pressão osmótica e consegue-se extrair dela o solvente puro, através da membrana semipermeável. Esse processo é usado para dessalinizar a água do mar.

Seja um volume de água salgada contida num reservatório em U com ramos cilíndricos e provido de uma membrana semipermeável resistente, fig.9.7. Aplicando ao cilindro a força $F = p \cdot S$, que desloca o êmbolo de $d = V/S$, realiza-se o trabalho, $W = pV$, onde a pressão $p > p_{os}$. Sob essa pressão a membrana semipermeável, que contém poros, retém o soluto da água salgada e deixa passar a água pura.

Outro processo de dessalinizar a água do mar é confiná-la num tanque, convertê-la em vapor e depois colher a água pura por condensação. Mas este processo requer cerca de 44,2 kJ/mol para vaporizar a água do mar, sendo este um valor de referência.

Exemplo 9.12
A concentração em quantidade de matéria da água do mar é 1,08 osmol/ℓ a 20 °C sob a pressão osmótica de 25,95 atm. Achar o trabalho necessário para dessalinizar 1 mol de água salgada.

Como $p > p_{os}$, podemos tomar, $p = 26$ atm $= 26{,}34 \times 10^5$ N/m^2; dessalinizar 1 mol de água salgada é o mesmo que obter 1 mol de água pura que tem 18 g e corresponde ao volume de 18 cm^3. Então, temos,

$$W = (26{,}34 \times 10^5 \text{ N/m}^2) \cdot (18 \times 10^{-6} \text{ m}^3) = 47{,}412 \text{ J}$$

Como se pode ver este método requer um trabalho cerca 1.000 vezes menor do que o trabalho pelo método por vaporização.

10 – CONSTANTE DE EQUILÍBRIO QUÍMICO

10.1.Conceitos e Definições

Seja uma reação química reversível, de fórmula geral,

$$aA + bB \leftrightharpoons cC + dD$$

verifica-se experimentalmente que a reação química desse tipo, a dada temperatura, estabiliza-se ou entra em equilíbrio, após decorrido certo tempo da reação. Designando as concentrações molares dos produtos, por [C] e [D] , e as concentrações dos reagentes por, [A] e [B] , e admitindo-se que a velocidade de formação dos produtos, designada por $v_P = k_p [C]^c \cdot [D]^d$, e a velocidade dos reagentes, indicada por $v_R = k_R [A]^a \cdot [B]^b$, ocorram ao mesmo tempo, isto é, $v_P = v_R$, temos, $k_p [C]^c \cdot [D]^d = k_R [A]^a \cdot [B]^b$, de modo que podemos estabelecer a seguinte relação entre elas,

$$\frac{k_P}{K_R} = \frac{[C]^c \cdot [D]^d}{[A]^a \cdot [B]^b} \qquad (10.1a)$$

Pondo, $K_{eq} = k_P/k_R$, definimos a constante de equilíbrio da reação química reversível em termos de suas concentrações molares, por,

$$K_{eq} = \frac{[C]^c \cdot [D]^d}{[A]^a \cdot [B]^b} \qquad (10.1b)$$

Note-se que, os expoentes, a, b, c e d, são os coeficientes da equação química dada. A unidade de medida da K_{eq} vai depender dos valores desses expoentes e pode resultar num número dimensional (mol/ℓ) ou adimensional, maior ou menor do 1. Para $K_{eq} > 1$, significa que a reação é completa (diz-se que o equilíbrio desloca-se para os produtos ou à direita); para $K_{eq} < 1$, significa que a reação foi incompleta (diz-se que o equilíbrio desloca-se para os reagentes ou à esquerda.

Exemplo 10.1
Na reação reversível, $N_{2(g)} + 3H_{2(g)} \leftrightharpoons 2NH_{3(g)}$, definir a constante de equilíbrio.

Neste caso, temos, a = 1, b = 3 , c = 2 e d = 0; então, por (10.1b), virá,

$$K_{eq} = \frac{[NH_3]^2}{[N_2]\,[H_2]^3}$$

10.2. Princípio de Le Chatelier

Le Chatelier, Henri Louis (1850-1936), químico e metalurgista francês, adequou à reação química o princípio da ação e reação de Newton, propondo em 1888 o princípio que leva o seu nome, que tem o seguinte enunciado: quando se aplica uma força a um sistema em equilíbrio, ele tende a reagir no sentido de anular os efeitos dessa força.

O principio de Le Chatelier aplicado à reação química, é a afirmação de que alterando a composição, temperatura ou pressão, de dada reação química em equilíbrio, esta reagirá no sentido dos produtos ou dos reagentes, a fim de restaurar o seu equilíbrio químico.

Concentração: adicionando CO_2 na água, temos a reação química,

$$CO_{2(aq)} + H_2O_{(\ell)} \leftrightharpoons HCO_3^- + H^+_{(aq)}$$

E na 2ª etapa da reação,

$$HCO_3^- + H^+_{(aq)} \leftrightharpoons H_2CO_3$$

Temperatura: a reação química,

$$2H_{2(g)} + O_{2(g)} \leftrightharpoons 2H_2O_{(\ell)} + O_{2(g)} \quad \Delta H = 573,4 \text{ kJ/mol}$$

A reação é exotérmica, houve aumento de temperatura; e pelo princípio de Chatelier, o equilíbrio da reação desloca-se no sentido dos reagentes, diminuindo a concentração de H_2O.

Pressão: na equação química,

$$\underset{\substack{1\ mol \\ 1\ V}}{N_{2(g)}} + \underset{\substack{3\ mols \\ 3\ V}}{3H_{2(g)}} \leftrightharpoons \underset{\substack{2\ mols \\ 2\ V}}{2NH_{3(g)}} \qquad \Delta H = 92{,}1\ kJ/mol$$

Um aumento de pressão sobre os reagentes desloca o equilíbrio para o lado de menor volume, no caso o produto da reação.

11 – ÁCIDOS E BASES

11.1. Introito

A palavra ácido, do latim acidus, significa azedo (era costume antigo o químico provar a substância com que lidava). No cotidiano usamos a palavra ácido para designar o gosto azedo de frutas, como o limão e a laranja, vinagre e outros produtos de uso que têm ação corrosiva.

11.2. Conceito de Ácido

O primeiro conceito químico de ácido é atribuído ao químico sueco Arrhenius, August Svante (1859-1927), que entre 1880-4, ao fazer experiências com certas substâncias compostas dissolvidas em água, verificou que elas se separavam em íons e tornavam-se condutoras de eletricidade. O fenômeno foi chamado de dissociação iônica ou ionização da substância, e a solução, de eletrólito. Arrhenius então conceituou ácido como a substância que dissolvida em água libera íons cátions, H^+ .Por exemplo, diluindo o ácido clorídrico, HCl, gasoso, numa solução aquosa, ele se dissocia em íons cátions, H^+ e ânions, Cl^- , como na reação:

$$HCl_{(g)} \xrightarrow{\text{água}} H^+_{(aq)} + Cl^-_{(aq)}$$

Este conceito vigorou até 1923, quando o químico dinamarquês Brönsted, Johannes Nicolaus (1879-1947) entendeu que o íon H^+ , que é um próton, não poderia permanece livre no seio da solução, mas deveria subsistir hidratado, isto é, associado a molécula de água, formando o íon H_3O^+ , então chamado de íon hidrônio; e a reação supra seria reinterpretada como:

$$\underset{\text{ácido 1}}{HCl_{(g)}} + \underset{\text{base 2}}{H_2O_{(\ell)}} \rightarrow \underset{\text{ácido 2}}{H_3O^+_{(aq)}} + \underset{\text{base 1}}{Cl^-_{(aq)}}$$

O HCl ao ionizar-se na água, libera próton que migra para a molécula de água, transformando-se em íon hidrônio, $H_3O^+_{(aq)}$ que permanece como ácido, enquanto o íon cloreto, $Cl^-_{(aq)}$, é o elemento neutralizador dele, chamado de base (álcalis, de gosto amargo). Na reação em causa, diz-se que o ácido 1 conjuga com a base 1, enquanto a base 2, conjuga com o ácido 2 .

É interessante notar que a própria água pura espontaneamente se autoioniza, conforme a equação química:

$$\underset{\text{ácido 1}}{H_2O_{(\ell)}} + \underset{\text{base 2}}{H_2O_{(\ell)}} \leftrightharpoons \underset{\text{ácido 2}}{H_3O^+_{(aq)}} + \underset{\text{base 1}}{OH^-_{(aq)}}$$

onde OH^- é chamado de ânion hidróxido (ou íon hidroxila ou oxidrila). Esta reação mostra que a água é um eletrólito fraco e comporta-se como ácido e como base; diz-se então que ela é uma substância anfótera. Estima-se que para cada 5.555 milhões de moléculas de água, exista pelo menos 1 H_3O^+ e 1 OH^-.

[1] Produto iônico da Água

Seja a equação química da água pura em equilíbrio químico, a dada temperatura. Representando por $[H_3O^+]$ a concentração molar dos íons hidrônios, por $[OH^-]$ a concentração molar dos íons hidróxidos, e por $[H_2O]$ a concentração molar da água pura, define-se a constante de equilíbrio iônico da água pura, K, como o produto dos produtos da reação pelo quadrado do reagente, isto é,

$$K = \frac{[H_3O^+] \cdot [OH^-]}{[H_2O]^2} \quad (11.1a)$$

Pondo $K\,[H_2O]^2 = K_w$, define-se nova constante denominada de produto iônico da água pura,

$$K_w = K\,[H_2O]^2 = [H_3O^+] \cdot [OH^-] \quad (11.1b)$$

Como na autoionização da água as concentrações molares dos íons hidrônio e dos íons hidróxidos são iguais, a 25 ºC , temos, $[H_3O^+] = [OH^-] = 1{,}0 \times 10^{-7}$ mol/ℓ. Donde se segue que,

$$K_w = [H_3O^+] \cdot [OH^-] = 10^{-14}\,(\text{mols/litro})^2 \quad (11.1c)$$

A amônia, NH_3 , dissolvida na água pura, H_2O , produz íons amônio, $NH_4^+{}_{(aq)}$, e íons hidóxido, $OH^-_{(aq)}$, conforme a equação,

$$\underset{\text{base 1}}{NH_3} + \underset{\text{ácido 2}}{H_2O_{(\ell)}} \rightarrow \underset{\text{ácido 1}}{NH_4^+{}_{(aq)}} + \underset{\text{base 2}}{OH^-_{(aq)}}$$

Neste caso a água doa um próton, H^+ , à amônia produzindo o íon $NH_4{}^+{}_{(aq)}$, e libera o íon hidroxila, $OH^-{}_{(aq)}$; diz-se então que a base 1 conjuga com o ácido 1 , ou que ambos forma um par conjugado base-ácido; de igual modo, o ácido 2 conjuga com a base 2 ou ambos forma um par conjugado, ácido-base.

Na mesma época da tese de Brönsted , trabalhando de modo independente, o químico norte-americano Lowry, Thomas Martin (1874-1936), também chegou a mesma conclusão que estabelece o novo conceito de ácido – espécie química doadora de prótons – que passou a ser chamada de teoria de Brönsted-Lowry, em contrapartida, conceituou base como a espécie química receptora de prótons.

Do ponto de vista estequiométrico, continua sendo válido usar o próton, H^+, no lugar de H_3O^+, para manipular as equações de ácido-base. Assim sendo, designando-se por A^- o íon ânion que entra na composição do ácido H_xA, podemos anotar a equação química que conjuga ácido-base, como,

$$H_xA^n \leftrightharpoons H^+{}_x + A^{n-};$$

No 1º membro acima, temos a fórmula geral dos hidrácido; e no 2º membro, a ionização do ácido. Se o ânion A está associado ao oxigênio, tem-se um oxiácido, de fórmula geral,

$$H_xA^nO_y \leftrightharpoons H^+{}_x + A^{n-}O_y;$$

[2] Ácidos: Classificação e Nomenclatura

● Classificação dos ácidos:

Hidrácidos, de fórmula geral binária H_xA (não contém Oxigênio) compõe-se de halogênios e não metais;

Oxiácidos de fórmula geral ternária:′ H_xAO_y (contém Oxigênio, oxigenado) e o elemento do meio é um halogênio ou ametal.

● Nomenclatura:

Designa-se o Hidrácido com a palavra ácido seguido da desinência do nome do ânion, mudando a sua terminação eto para ídrico:

Exemplos:

ânion cloreto Cl^- muda eto para ídrico e temos: HCl ácido clorídrico ânion brometo Br^- muda eto para ídrico e temos: HBr ácido bromídrico

ânion cianeto N^- muda eto para ídrico e temos: HCN ácido cianídrico

Nomeia-se o Oxiácido com a palavra ácido mais o nome do ânion; se o ânio forma dois compostos, o de menor valência, muda a terminação ito para oso ; e o de maior valência, muda ato para ico.

Exemplos:

ânion nitrito NO^{2-} muda ito para oso e temos: HNO_2 ácido nitroso

ânion nitrato NO^{3-} muda ato para ico e temos: HNO_3 ácido nítrico

ânion sulfito SO_3^{2-} muda ito para oso e temos: H_2SO_3 ácido sulfuroso

Para os ácidos oxigenados: se o ânio tem mais de duas valências, usa-se hipo para valência menor e per para a valências maior.

Exemplos:

$HClO_2$ ácido cloroso; HClO hipocloroso (perdeu 2 O); e

$HClO_3$ ácido clórico e $HClO_4$ perclórico (ganhou 1 O);

Ainda para os ácidos oxigenados: (i) admitem serem nomeados pelo prefixo orto (verdade, do grego); por exemplo, H_3PO_4 ácido fosfórico ou ortofosfórico;(ii) quando o oxiácido é desidratado, usa-se o prefixo meta (além, do grego), na perda de 1 H_2O e piro (fogo, calor), na perda de 2 H_2O.

Exemplos: ácido fosfórico, H_3PO_4 , que perde 1 H_2O, fica HPO_3 ácido metafosfórico; e $2H_3PO_4$, que perde $2H_2O$, torna-se $H_4P_2O_7$ ácido pirofosfórico

[3] Outra Classificação dos Ácidos

Na conceituação de Brönsted-Lowry os ácidos são classificados em monopróticos e politróticos (estes, di, tri, e tetra), conforme possa doar um ou mais prótons.

Esta nova classificação está em correspondência com a antiga classificação dos ácidos pelo número de oxigênio contido na composição dos mesmos: mono, di ou bi, tri e tetrácido.

Exemplos: HCl, é um monoácido (monotrópico), H_2SO_4 , é um diácido (ditrópico), H_3BO_3, é um triácido (triprótico) e $H_4P_2O_7$, é um tetra-ácido (tetraprótico).

[4] Força do Ácido

Arrhenius conceituou ácido forte como aquele que se ioniza quase completamente na presença de água, produzindo cátions hidrogênio; ácido moderado aquele que ioniza-se parcialmente na água; e ácido fraco, o que pouco se dissolve na água.

Designando por α o grau de ionização, α = nº de íons produzidos/nº de moléculas do soluto, estabeleceu-se o critério: $\alpha > 50\%$, o ácido é forte; $5\ \% < \alpha < 50\%$, ácido moderado; e $\alpha < 5\%$,o ácido fraco.

Como veremos adiante, a força de um ácido pode ser indicada pela constante de dissociação ou ionização de ácidos, K_a , tabelada, com pH dela decorrente.

Pauling, sugeriu para os oxiácidos, de fórmula molecular, H_xAO_y , que a indicação da força do mesmo fosse dada pela diferença do número de oxigênio e o número de hidrogênio, ou seja, $y - x$,estabelecendo que: $y - x = 3$, ácido muito forte; $y - x = 2$, ácido forte; $y - x = 1$, ácido moderado e $y - x = 0$, ácido fraco.

Por exemplo, H_2SO_4 , $y - x = 4 - 2 = 2$, é um ácido forte ; H_3PO_4 , $y - x = 4 - 3 = 1$, é um ácido moderado; e H_3BO_3, $y - x = 3 - 3 = 0$, é um ácido fraco.

O ácido sulfúrico, H_2SO_4 , é um líquido oleoso e solúvel na água, e tem ação corrosiva de destruir madeira, papel, tecidos, algodão, açucares, pela oxidação e desidratação. É produzido em escala industrial e usado na fabricação de explosivos, bateria de automóveis, entre outros.

[5] Constante de Ionização de Ácidos

Seja um ácido de fórmula geral, H_xA , que dissolvido em água, ioniza-se a dada temperatura, conforme a reação química:

$$HA + H_2O \leftrightharpoons H_3O^+ + A^-$$

Admitindo que a reação acima está em equilíbrio, a dada temperatura, e considerando as concentrações molares dos produtos, $[H_3O^+]$ e $[A^-]$, e dos reagentes, [HA] e $[H_2O]$, e define-se a constante de ionização, K_c, ,

$$K_c = \frac{[H_3O^+] \cdot [A^-]}{[H_2O]\,[HA]} \tag{11.2a}$$

Como $[H_2O]$ mantém-se constante, podemos definir a nova constante, $K_a = K_c$ $[H_2O]$ como a constante de ionização de ácido,

$$K_a = \frac{[H_3O^+] \cdot [A^-]}{[HA]} \tag{11.2b}$$

Quanto maior for o valor de K_a, mais forte será o ácido, de modo que podemos comparar as forças de dois ácidos comparando as suas constantes ácidas.

Na Tabela 10 listamos valores de K_a em ordem decrescente de força do ácido.

Nota sobre chuva ácida

Elementos químicos presentes no ar atmosférico, como Nitrogênio, N_2, Oxigênio, O_2, Dióxido de carbono, CO_2 e Dióxido de enxofre, SO_2, reagem com a água das nuvens, formando ácidos, como nas reações químicas:

$NO_2 + H_2O \rightarrow 2HNO_3$ ácido nítrico

$CO_2 + H_2O \rightarrow H_2CO_3$ ácido carbônico

$SO_2 + H_2O \rightarrow H_2SO_3$ ácido sulfuroso

Por etapa, $SO_2 + ½O_2 \rightarrow SO_3^{2-}$, em contato com água produz, $SO_3^{2-} + H_2O \rightarrow H_2SO_4$, ácido sulfúrico; e o ácido nítrico, são ambos ácidos fortes.

Em escala mundial, queimas de combustíveis fósseis e poluentes das indústrias, os elementos CO_2 , SO_2 e NO_2, levados à atmosfera, aumentam muito suas taxas, e vão formar as chuvas ácidas, com elevada acidez, pH 5 a 4 (vide item 12). Chuvas ácidas são indesejáveis porque devastam o ambiente ecológico, matam vegetais e produz erosão dos solos, levam a acidez aos rios, e podem causar doenças pulmonares.

11.3. Bases

Como já aludimos, Arrhenius conceituou base como o composto químico que em solução aquosa produz ânion hidróxido, OH^- . Exemplificando com a reação:

$$Na(OH)_{(s)} \xrightarrow{\text{água}} Na^+_{(aq)} + OH^-_{(aq)} + \text{calor}$$

Na teoria de Brönsted-Lowry o conceito de base foi ampliado para todo composto químico que recebe um ou mais prótons na reação.

Para a amônia, NH_3 , dissolvida em água, H_2O , temos a reação:

$$\underset{\text{base}}{NH_{3(g)}} + \underset{\text{ácido}}{H_2O_{(\ell)}} \leftrightharpoons \underset{\text{ácido}}{NH_4^+{}_{(aq)}} + \underset{\text{base}}{OH^-_{(aq)}}$$

onde se pode notar que a água doa 1 próton, H^+ , à amônia, produzindo o íon amônio, NH_4^+ , e libera 1 ânion, OH^-, formador de base. Note-se que a base do 1º membro acima, conjuga com o ácido do 2º membro e temos o par conjugado base-ácido; de igual modo o ácido do 1º membro, conjuga com a base do 2º membro com o par conjugado ácido-base.

[1] Nomenclatura das Bases

Designando por B o cátion, a base tem fórmula química geral,

$$B(OH)_x \leftrightharpoons B^+ + (OH^-)_x;$$

O que indica que a base existe ionizada. As bases formadas de um elemento químico é nomeada juntando-se à palavra hidróxido o nome do cátion.
Assim sendo, temos:

NaOH – hidróxido de sódio (soda cáustica)

$Ca(OH)_2$ – hidróxido de cálcio (cal hidratada)

$Mg(OH)_2$ - hidróxido de magnésio (leite de magnésia)

$NH_4(OH)$ – hidróxido de amônio (amoníaco)

$Zn(OH)_2$ – hidróxido de zinco

As bases formadas de mais de um elemento, com hidróxido de nox = 2, usa-se a terminação oso ou II romano; e de nox = 3 , ico ou III romano, como nos exemplos:

$Fe(OH)_2$ – hidróxido de ferro II ou ferroso

$Fe(OH)_3$ – hidróxido de ferro III ou férrico

[2] Força da Base

A força da base depende da tendência que ela tem de aceitar prótons. As bases com metais alcalinos e alcalino-terrosos, colunas 1A e 2A (Lítio, Sódio, Potássio, Bário e Cálcio) são bases fortes e encontram-se ionizadas. Os cátions dos demais elementos formam bases fracas e ionizam-se em solução aquosa, que inclui o magnésio.

• Solubilidade

(i) Bases solúveis em água: formadas de cátions dos metais alcalinos, 1A. Exemplo: LiOH, NaOH, KOH e inclui NH_4OH.

(ii) Bases pouco solúveis: formadas de cátions dos metais alcalino-terrosos, 2A. Exemplo:Ca(OH), Ba(OH), Mg(OH).

(iii) Bases insolúveis: as demais. Exemplo: $Al(OH)_3$, Fe(OH) e inclui o $Mg(OH)_2$.

[3] Classificação das Bases

Segundo o número de íons OH^- as bases são classificadas em mono, di , tri e tetrabase, como nos exemplos seguintes:

KOH – monobase; $Ba(OH)_2$ – dibase; $Fe(OH)_3$ – tribase ; $Pb(OH)_4$ – tetrabase

[4] Constante de Dissociação de Bases

Seja B_x uma base dissolvida em água, como na reação:

$$B_2 + H_2O \rightarrow HB^+ + OH^-$$

Como, $[H_2O]$, mantém-se constante, podemos omiti-lo, na definição da constante de ionização de base, K_b ,

$$K_b = \frac{[HB^+] \cdot [OH^-]}{[B_x]} \qquad (11.3a)$$

constante que mede a tendência da base receber prótons.

A relação entre K_a e K_b, é obtida multiplicado ordenadamente (11.2b) por (11.3a), e tendo em conta que, numericamente, $[B^+_x] = [A^-]$, assim como, $[HA] = [HB^+]$, após simplificação, resulta,

$$K_b \cdot K_a = [H_3O^+] \cdot [OH^-] = K_w = 10^{-14}\ (mol/\ell)^2 \qquad (11.3b)$$

Donde,

$$K_b = \frac{10^{-14}\ (mol/\ell)^2}{K_a}$$

E como K_b está dado em função de K_a , podemos usar a Tabela 11 para determiná-lo.

Exemplo 11.1
Ácido carbônico, HCO_3 , tem base conjugada CO_3^{2-} . Achar a K_b da base.

Da Tabela 11, tiramos, $K_a = 4{,}7x10^{-11}$ mol/ℓ . Então ,por (11.3b), temos,

$$K_b = \frac{10^{-14}\ (mol/\ell)^2}{4{,}7x10^{-11}\ mol/\ell} \cong 2{,}1x10^{-2}\ mol/\ell$$

Exemplo 11.2
O ácido acético em água dissocia-se conforme a equação, $CH_3COOH_{(aq)} \leftrightharpoons H_3O_{(\ell)} + CH_3COO^-_{(aq)}$, cuja solução tem concentração molar de 0,09 mol/ℓ, a 25 °C. Determinar a constante de basilidade, a constante de acidez do íon acetato e o grau de ionização da solução.

Da Tabela 11, $K_{a(CH3COOH)} = 1{,}8x10^{-5}$ mol/ℓ , que levando em (11.3b), virá,

$$K_b = \frac{10^{-14}\ (mol/\ell)^2}{1{,}8x10^{-5}\ mol/\ell} \cong 5{,}55x10^{-10}\ mol/\ell$$

Em relação a equação (11.3a), temos, [HA] = CH_3COOH = 0,09 mol/ℓ e $[HB^+] = [CH_3COO^-] = [H_3O^-]$, e portanto, $[HB^+] \cdot [OH^-] = [CH_3COO^-]^2$ $(mol/\ell)^2 = x^2$, o que implica que CH_3COOH dissociou-se de 0,09 – x , e temos na equação (11.2b),

$$1{,}8x10^{-5}\ mol/\ell = \frac{x^2}{(0{,}09 - x)\ mol/\ell}$$

Como a concentração de íons acetato é muito baixa, podemos tomar a aproximação, 0,09 – x ≅ 0,09 mol/ℓ , e temos,

$$1{,}8x10^{-5}\ mol/\ell = \frac{x^2}{0{,}09\ mol/\ell}$$

Donde se segue que,

$$x = \sqrt{(1{,}8x10^{-5}\ mol/\ell)(\ 0{,}09\ mol/\ell)} \cong 1{,}27x10^{-3}\ mol/\ell$$

grau de dissociação: α = nº de íons produzidos/nº de moléculas do soluto, no caso, temos:

$$\alpha = \frac{1{,}27x10^{-3}\ mol/\ell}{0{,}09\ mol/\ell} \cong 1{,}41x10^{-2}$$

o resultado indica a presença de 1,41 % de íon acetato na solução ou que o ácido acético ficou insolúvel em 98,59 %.

12 – PH DE ÁCIDOS E BASES

12.1. Conceitos e Definições

Numa solução aquosa de ácido ou base, o grau de acidez ou alcalinidade (basilidade) depende do número de íons hidrônio ou hidróxidos presentes nela.

Se $[H_3O^+] > [OH^-]$, tem-se uma solução ácida; quando $[H_3O^+] < [OH^-]$, tem-se uma solução alcalina; e quando $[H_3O^+] = [OH^-]$, tem-se uma solução neutra.

Como a concentração molar de acidez, $[H_3O^+]$, varia de 10^0 a 10^{-7} mol/ℓ, para evitar as operações com potências de 10 de expoentes negativos, em 1909 o químico dinamarquês Sörensen, Soren Peter Louritz (1868-1939), propôs chamar esse intervalo de potência, de potencial de hidrogênio ou hidrogêniônico, abrevia-se pH , e ao mesmo tempo sugeriu defini-lo como o logaritmo decimal do inverso da concentração molar do íon hidrônio, ou seja,

$$pH = \log \frac{1}{[H_3O^+]} = -\log [H_3O^+] \qquad (12.1a)$$

Como $[H_3O^+]$ é o antilogaritmo e pH o logaritmo, por definição deste, temos,

$$[H_3O^+] = 10^{-pH} \qquad (12.1b)$$

Para pH = 0, tem-se, $[H_3O^+] = 10^0 = 1$, ou $pH(0) = -\log 10^0 = 0$, que é o zero da escala; para pH = 7, tem-se, $[H_3O^+] = 10^{-7}$, ou $pH(7) = -\log 10^{-7} = +7$, que é o ponto final da escala ácida ou ponto neutro.

Por sua parte, a concentração molar de íons hidróxido, $[OH^-]$, representativo da alcalinidade, teria o potencial hidroxiliônico, abrevia-se pOH, variando de 10^{-7} a 10^{-14} , com igual definição:

$$pOH = -\log [OH^-] \qquad (12.2a)$$

Donde decorre,

$$[OH^-] = 10^{-pOH} \qquad (12.2b)$$

Para pOH = 7, tem-se, $[OH^-] = 10^{-7}$, então, pOH(7) = pH(7), que é o ponto neutro e início da escala alcalina que vai até pOH = 14. Para a água pura a 25° C, pH = pOH = 7.

Por outro lado,

$$pH + pOH = -\log [H_3O^+] + (-\log [OH^-]) = -\log\{[H_3O^+] \cdot [OH^-]\} = -\log 10^{-14} = 14$$

portanto, pH + pOH = 14. Eis a escala de pH e pOH:

Exemplo 12.1
Uma solução contém uma concentração molar de $[H_3O^+] = 10^{-9}$ mol/ℓ. Achar o pH da solução.

Por (12.1a), temos,

$$pH = -\log [H_3O^+] = -\log 10^{-9} = +9$$

Exemplo 12.2
O pH de uma água mineral é, 7,89, à 25 ºC . Calcular a concentração de $[OH^-]$ da mesma.Qual é a concentração molar de $[H_3O^+]$, na água mineral ?

Como pH > 7, a água mineral é alcalina. Por (12.2a), temos,

$$[OH^-] = 10^{-7,89} = 0,000\,000\,012 \cong 1,2x10^{-8} \text{ mol/ℓ}$$

Como $[H_3O^+] \cdot [OH^-] = 10^{-14}$ (mol/ℓ)^2 , segue-se que,

$$[H_3O^+] = \frac{10^{-14} \text{ (mol/ℓ)}^2}{1,2x10^{-8} \text{ mol/ℓ}} \cong 8,33x10^{-7} \text{ mol/ℓ}$$

Exemplo 12.3
Uma solução de ácido acético, CH_3COOH , tem concentração molar de 0,006 mol/ℓ , a 25 ºC. Calcular o pH e o pOH da solução, sabendo-se que o ácido acético está 40% ionizado.
Temos,

$$[H_3O^+] = (6x10^{-3})\cdot(0,40) = 2,4x10^{-3} \text{ mol/ℓ}$$

Então,

$$pH = - \log 2,4x10^{-3} = - \log 2,4 + 3 \cong 2,62$$

Donde,

$$pOH = 14 - 2,62 = 11,38$$

12.2. Indicadores de pH

Na prática de labora tório usa-se o instrumento chamado de pHmetro que fornece leitura de concentração de íons $[H_3O^+]$; também existe o pHmetro clínico, digital para medir o pH de sangue ou de suco gástrico do estomago.

Quando não se dispõe de tais aparelhos, recorre-se a corantes indicadores de pH. Um deles, o papel de tornassol (um corante de um líquen), que é vermelho em soluções ácidas, na escala de pH de 3,8 a 6,4 ; e muda para a cor azul, nas soluções alcalinas, de pH de 7,0 a 8,3.

O pH do sangue humano é ligeiramente alcalino, de 7,35 a 7,45, no plasma arterial; e de 7,31 a 7,41, no plasma venoso. Contudo, usa-se critério de tomar o pH = 7,2 como indicador de acidose do sangue; e o pH = 7,6 para indicar a alcalose do sangue. Fora desse intervalo há suspeição de alguma doença grave, como o cancer.

O pH do sangue humano é equilibrado pelo metabolismo do CO_2 dissolvido no plasma sanguíneo, conforme a reação química:

$$CO_2 + 2H_2O \rightarrow H_3O^+ + HCO_3^-$$

A respiração controla o CO_2 do plasma sanguíneo: na expiração com hipoventilação (falta de ar), há pouca expulsão de CO_2, e tem-se acidose do sangue, com pH < 7,35 ; na inspiração com hiperventilação, há perda excessiva de CO_2 pela respiração, e tem-se a alcalose no sangue, com pOH > 7,35.

Na Tabela 12 relacionamos os pH de algumas soluções e de fluidos corporais.

13 – SAIS E ÓXIDOS

13.1. Sais

Sais são também compostos iônicos, produtos de reação de ácidos com bases que apresentam cátions e ânions diferentes de H^+ e OH^-. A reação em que ocorre a formação do sal é chamada de reação de neutralização.

Vejamos algumas reações de ácidos com bases que produzem sais:

$$\underset{\text{ácido}}{HCl} + \underset{\text{base}}{KOH} \rightarrow \underset{\text{sal}}{KCl} + \underset{\text{água}}{H_2O}$$

$$2HCl_{(aq)} + Mg_{(s)} \rightarrow MgCl_{2(aq)} + H_{2(g)} \uparrow$$

$$HCl_{(aq)} + NaOH_{(aq)} \rightarrow NaCl + H_2O_{(aq)}$$

[1] Nomenclatura dos Sais

O sal sendo uma substância com estrutura iônica, de fórmula geral, $B_x^{y+}\ A_y^{x-}$, onde B_x^{y+} é o cátion e A_y^{x-} é o ânion. O sal normal é neutro, isto é, tem o número de íons cátions, B_x^{y+} igual ao número de íons ânions A_y^{x+}.

O nome do sal é formado do nome do ânion, da preposição de e do nome do cátion. Para os sais obtidos acima, temos:

$KCl \rightarrow K^+ + Cl^-$ cloreto de potássio

$MgCl_2 \rightarrow Mg^{2+} + Cl_2^-$ cloreto de magnésio

$NaCl \rightarrow Na^+ + Cl^-$ cloreto de sódio

[2] Propriedades dos Sais

À temperatura ambiente (25 ºC) os sais são sólidos cristalinos, duros e quebradiços, de elevado ponto de fusão. Secos são isolantes elétricos, em solução aquosa, fundem-se, conduzindo corrente elétrica.

[3] Classificação dos Sais

Os sais são classificados de várias maneiras, vejamos as principais:

(1ª) Pelo número de constituintes: binário, NaCl; ternário, $NaNO_3$, e quaternário, $NaHSO_4$.
(2ª) pela presença ou não de oxigênio: sal oxigenado, $NaCO_3$; e sal não oxigenado,NaCl.
(3ª) pela presença ou não de água: sal hidratado, $CaCl_2 \cdot 2H_2O$; e sal anidro, NaCl.
(4ª) Pela natureza dos seus íons, uma única espécie: sal neutro ou normal.

São sais neutros: KCl, LiCl , $LiNO_4$, NaCl , $NaClO_4$, $NaNO_3$.

Mas o sal neutro decorre de reação de neutralização: com cátions que provém de base forte, enquanto o ânion de ácido forte; ou cátion provém de base fraca e ânion, de um ácido fraco. Exemplo: NaCl dissolvido em água, oferece a reação:

$$NaCl + H_2O \leftrightharpoons Na^+ + Cl^- + H^+ + OH^-$$

Resultado que deixa evidenciado que os íons produzidos não se alteram na solução. Acrescente-se também que os sais neutros adicionados a água não alteram o pH da solução.

Em geral, o cátion Na^+ provém de uma base forte, como NaOH; e o ânion Cl^- , de um ácido forte, como HCl; de igual modo, o íon NH_4^+ , origina-se de uma base fraca, comoNH_4OH , e o íon CN^- , de um ácido fraco.

São sais nêutros: KCl, LiCl , $LiNO_4$, NaCl , $NaClO_4$, $NaNO_3$.

(5ª) pela presença de íon hidrônio ou hidróxido, ionizáveis, de reação de neutralização parcial: hidrogenoessal ou sal ácido, $NaHSO_4$; e hidroxissal ou sal base, CaOHCl.
(6ª) pela solubilidade: (i) sais solúveis, de solubilidade igual ou maior que 0,1 mol/ℓ , produz ânions (exemplos: brometo, Br^- , cloreto, Cl^- , iodeto, I^- , sulfato, SO_4^{2-} , nitrato, NO_3^-), assim como cátions (exemplos: sódio, Na^+, potássio, K^+ e amônio, NH_4^+).
(ii) sais insolúveis: de solubilidade menor do que 0,01 mol/ℓ, que produz ânions de sais inorgânicos (exemplos: carbonato, CO_3^{2-} , fosfato, PO_4^{3-} , sulfeto, S^{2-} , sulfito, SO_3^{2-} ; e (iii) sais pouco solúveis: de solubilidade em torno de 0,01 mol/ℓ , que são em geral sais orgânicos.

[4] Constante de equilíbrio de Sais

O sal cloreto de prata, AgCl, em solução aquosa, cumpre a reação química,

$$AgCl_{(s)} \overset{\text{água}}{\leftrightarrows} Ag^{+}_{(aq)} + Cl^{-}_{(aq)}$$

Com procedimento análogo aos anteriores, define-se a constante de equilíbrio de sais ou constante de solubilidade, K_S , como o produto dos produtos das concentrações molares, $[Ag^+] \cdot [Cl^-]$, pela concentração molar do reagente, [AgCl] , ou seja,

$$K_S = \frac{[Ag^+] \cdot [Cl^-]}{[AgCl]} \qquad (13.1a)$$

Como [AgCl] em estado sólido é constante, define-se a nova constante, produto de solubilidade, $K_{pS} = K_S\,[AgCl] = [Ag^+] \cdot [Cl^-]$, ou apenas,

$$K_{pS} = [Ag^+] \cdot [Cl^-] \qquad (13.1b)$$

K_{pS} é a constante de equilíbrio iônico entre o soluto iônico sólido e os respectivos íons dele na solução aquosa. Na Tabela 13, listamos valores de K_{pS} de alguns sais, cuja unidade de media vai depender dos expoentes das concentrações.

Exemplo 13.1

Na solução saturada de AgCl , calcular as concentrações dos íons Ag^+ e Cl^- e a concentração molar do fluoreto no estado sólido.

Temos a reação química,

$$AgCl_{(s)} \leftrightarrows Ag^{+}_{(aq)} + Cl^{-}_{(aq)}$$

Da Tabela 13, tiramos, $K_{pS(AgCl)} = 10^{-10}$ mol/ℓ; e como $[Cl^-] = [Ag^+]$, segue-se que,

$$10^{-10}\,(mol/\ell)^2 = [Ag^+] \cdot [Cl^-] = [Ag^+]^2 = [Cl^-]^2$$

Donde,

$$[Ag^+] = [Cl^-] = \sqrt{10^{-10}\,(mol/\ell)^2} = 10^{-5}\ mol/\ell$$

E por convenção, a concentração molar do fluoreto no estado sólido é zero, e a concentração molar dele em água ou a solubilidade, será, [AgCl] =1 -10^{-10} mol/ℓ .

Exemplo 13.2
Numa solução de cromato de prata, Ag_2CrO_4 , a solubilidade molar do $CrO_2^{2-}{}_{(aq)}$ é 0,021 g/mol . Achar a concentração molar dos íons $Ag^+_{(aq)}$ e o produto de solubilidade, K_{pS} do Ag_2CrO_4.

Temos a reação química,

$$\underset{1\ mol}{Ag_2CrO_{4(s)}} \leftrightharpoons \underset{2\ mols}{2Ag^+_{(aq)}} + \underset{1\ mol}{CrO_4^-{}_{(aq)}}$$

Temos, $M_{(Ag2CrO4)}$ = 107x2 + 52 + 16x4 = 330 g/mol ; e a solubilidade molar do CrO_4^{2-} = 0,021 g/mol ; donde a porcentagem de íons na solução,

$$\frac{0{,}021\ g/mol}{330\ g/mol} = 6{,}4x10^{-5}$$

Sendo, $[Ag^+] = 2[CrO_4^-] = 6{,}4x10^{-5}$ mol/ℓ ; donde,

$$K_{pS((Ag2CrO4)} = [Ag^+]^2 \cdot [CrO_4^-] = [2CrO_4^-]^2 \cdot [CrO_4^-] = 4\ [CrO_4^-]^3$$

Então, virá,

$$K_{pS((Ag2CrO4)} = 4\ [6{,}4x10^{-5}\ g/mol]^3 \cong 1{,}1x10^{-12}\ (mol/\ell)^3$$

13.2. Óxidos

Óxidos são os compostos químicos binários que contém oxigênio como o componente mais eletronegativo, O^{2-}. Sendo B o elemento metal ou ametal (exceto flúor), o óxido tem a fórmula geral, B_xO_y .

óxidos formados com metais iônicos, de nox fixo:

Li_2O, Na_2O , K_2O (1A alcalinos)

MgO, CaO , BaO, (2A Alcalino terroso)

Formados com metais de transição, de nox variável:

FeO , Fe_2O_3 , Cu_2O, HgO ,PbO, (1)

Óxidos formados com ametais (exceto flúor):

CO, CO_2 , SO_3 , NO, N_2O, N_2O_5 (2)

[1] Nomenclatura dos Óxidos

Nomeia-se o óxido com a palavra óxido a preposição de, seguido do nome do elemento metálico de nox fixo:

Dos exemplos acima, temos:

Li_2O – óxido de lítio, Na_2O – óxido de sódio, K_2O – óxido de potásso,

MgO – óxido de magnésio, CaO – óxido de cálcio, BaO – óxido de bário

ZnO – óxido de zinco, AlO_3 – óxido de alumínio

Dos exemplos,com o elemento metálico de nox variável, usar os numerais romanos II ou oso; III, ou ico:

FeO – óxido de ferro II ou óxido ferroso, Fe_2O_3 – óxido de ferro III ou óxido férrico,

CuO – óxido de cobre II ou óxido cúprico Cu_2O – óxido de cobre II ou óxido cuproso,

HgO – óxido de mercúrio II ou óxido mercuroso, PbO – óxido de chumbo II ou óxido plumboso

Dos exemplos, com óxidos formados com ametais: usar mono, di, tri, tetra, para o número de oxigênio e para o elemento ametal:

CO – monóxido de carbono, CO_2 – dióxido de carbono, SO_3 – trióxido de enxofre,

NO – monóxido de nitrogênio, N_2O – dióxido de nitrogênio, N_2O_5 – pentóxido de dinitrogênio

[2] Classificação dos Óxidos

1ª) Óxidos básicos: são óxidos iônicos que reagem com água, formando bases; e reagem com ácidos formando sais e água:

$$\underset{\text{óxido}}{K_2O} + \underset{\text{água}}{H_2O} \rightarrow \underset{\text{base}}{2KOH}$$

$$\underset{\text{óxido}}{Cu_2O} + \underset{\text{ácido}}{HCl} \rightarrow \underset{\text{sal}}{2\,CuCl} + \underset{\text{água}}{H_2O}$$

$$SO_{3(g)} + H_2O_{(\ell)} \rightarrow H_2SO_{4(aq)}$$

$$\underset{\text{trióxido de enxofre}}{SO_{3(g)}} + \underset{\text{hidróxido de sódio}}{2NaOH_{\ell aq}} \rightarrow \underset{\text{sulfato de sódio}}{NaSO_4} + \underset{\text{água}}{H_2O_{(aq)}}$$

Cabe aqui observação: o $SO_{2(g)}$ na atmosfera combina-se como o oxigênio, O, formando $SO_{3(g)}$; e este, por sua vez, reage com a água das nuvens, formando $HSO_{4(g)}$, que se precipita causando danos a ecologia, aos seres vivos e a própria cidade. A chuva ácida também pode ser formada com o nitrogênio da atmosfera, na reação: $2\,NO_2 + H_2O \rightarrow HNO_3 + HNO_2$.

2ª) Óxidos ácidos também chamados de anidridos (do grego anhydros, sem água): são os óxidos formados com ametais; reagem com água formando ácidos oxigenados; reagem com base formando sal e água:

$$\underset{\text{gás carbônico}}{CO_{2(g)}} + \underset{\text{água}}{H_2O_{(\ell)}} \rightarrow \underset{\text{ácido carbônico}}{H_2CO_{3(aq)}}$$

$$\underset{\text{óxido}}{SO_2} + \underset{\text{base}}{2KOH} \rightarrow \underset{\text{sal}}{K_2SO_3} + \underset{\text{água}}{H_2O}$$

3ª) Òxidos neutros: são óxidos formados de ametais, que devido a ligações covalentes, não reagem com água, ácidos nem com bases: os óxidos listados em (2).

4ª) Óxidos Duplos ou mistos: dois óxidos que se combinam com os mesmos elementos:

$$FeO{\cdot}Fe_2O_3 \rightarrow F_3O_4 \quad \text{(magnetita)}$$

Reagem com ácidos e aquecidos produzem sais distintos:

$$F_3O_4 + 8HCl \rightarrow 2FeCl_3 + FeCl + 4H_2O$$

5ª) Óxidos anfóteros: são óxidos (Zn, Al, Pb, As, Sb e Sn) que na presença de ácidos comportam-se como óxidos básicos; e na presença de bases, comportam-se como óxidos ácidos.

Com ácido forte produz sal e água:

$$\underset{\text{óxido}}{ZnO_{(s)}} + \underset{\text{ácido}}{H_2SO_{4(aq)}} \rightarrow \underset{\text{sal}}{ZnSO_{4(aq)}} + \underset{\text{água}}{H_2O_{(\ell)}}$$

$$Al_2O_{3(s)} + 6HCl_{(aq)} \rightarrow 2AlCl_{3(aq)} + 3H_2O_{(\ell)}$$

Com base forte produz sal e água:

$$\underset{\text{óxido}}{ZnO_{(s)}} + \underset{\text{base}}{2NaOH_{(aq)}} \rightarrow \underset{\text{sal}}{NaZnO_{2(aq)}} + \underset{\text{água}}{H_2O_{(\ell)}}$$

$$Al_2O_{3(s)} + 2KOH_{(aq)} \rightarrow 2KAlO_{2(aq)} + H_2O_{(\ell)}$$

6ª) Peróxidos: são compostos que possuem na sua fórmula o íon óxido, O^{2-} :

H_2O_2 – peróxido de hidrogênio (água oxigenada)

Na_2O_2 – peróxido de sódio

14 – HIDRÓLISE

14.1. Introito

Hidrólise (do grego: hydros, água e lise, quebra) é a quebra ou dissolução de moléculas de água provocada por íons originados de composto químico (sal derivado de ácido com base), assim como de moléculas de óxidos e sais. O conceito de hidrólise foi introduzido na química em 1908 pelo químico dinamarquês Bjerrum, Niels Janniksen (1879-1958), quando observou a presença de cátions H^+ em solução aquosa, gerados por íons de crômio III, Cr^{3+} , provenientes de sal de crômio. Portanto, a hidrólise não é uma reação de neutralização. Vejamos os casos em que ocorre a hidrólise:

1º Caso: Hidrólise da água por íons derivados de ácido forte com base fraca. Na reação do ácido sulfúrico, H_2SO_4, ácido forte, com hidróxido de cobre, $2Cu(OH)_2$, base fraca, em água, produz o sal sulfato de cobre, $CuSO_4$, e água, na reação química:

$$H_2SO_4 + 2Cu(OH)_2 \rightarrow CuSO_4 + 3H_2O$$

Nesta 1ª etapa, o ânion sulfúrico, SO_4^{2-} , do sal sulfato de cobre, $CuSO_4$, não se altera mas o seu cátion de cobre II ou cúprico, Cu^{2+} , sim , e leva a reação para uma 2ª etapa, combinando-se com o íon hidróxido, OH^- , da molécula da água, hidrolisando-a, isto é produzindo cátions H^+ , ou seja,

$$Cu^{2+} + 2H_2O \rightarrow Cu(OH)_2 + 2H^+$$

Diz-se então, que o cátion hidrolisou a molécula de água, produzindo H^+ , e estes, torna a solução ácida, com pH < 7 , a 25 º.

2º caso: Hidrólise da água por íons derivados de ácido fraco com base forte. Com o ácido cianídrico, HCN, ácido fraco, dissolvido em hidróxido de sódio, NaOH, base forte, tem-se a reação química:

$$HCN + NaOH \rightarrow NaCN + H_2O$$

Nesta 1ª etapa, o cátion Na^+ , da base forte, não mais se altera; e na 2ª etapa, o ânion hidrolisa a água, conforme a reação:

$$CN^- + H_2O \rightarrow HCN + OH^-$$

Onde OH^-, produto da hidrólise, torna alcalina a solução, com pH > 7, a 25 ºC.

3ª) Hidrólise da água por íons derivados de ácido fraco com base fraca.
Com o ácido cianídrico, HCN, ácido fraco, dissolvido em hidróxido de amônio, NH_4OH, base fraca, produz o sal cianeto de amônio, NH_4CN, como na reação química:

$$HCN + NH_4OH \rightarrow NH_4CN + H_2O$$

Nesta 1ª etapa, o ânion cianeto, CN^- , reage com a água, produzindo a hidrolise dela, como na reação química:

$$CN^- + H_2O \rightarrow HCN + OH^-$$

Como o ácido cianídrico tem $K_a = 4{,}9x10^{-10}$ mol/ℓ, e o hidóxido de amônio, $K_b = 1{,}8x10^{-5}$ mol/ℓ, a solução é alcalina, com pH > 7, a 25 ºC.

4ª) Hidrólise de Óxidos
O carbonato de cálcio, $CaCO_{3(s)}$, quando aquecido, decompõe-se, como na reação química:

$$CaCO_{3(s)} \xrightarrow{\Delta} CaO_{(s)} + CO_{2(g)} \uparrow$$

Na 2ª etapa, tem-se a hidrólise do óxido de cálcio em solução aquosa, na reação química:

$$CaO_{2(s)} + H_2O_{(\ell)} \rightarrow Ca^+_{(aq)} + 2OH^-_{(aq)}$$

5º Caso: Hidrólise de sais
O cloreto de amônia, NH_4Cl , posto em água se dissociam em íons amônio, NH_4^+ , e íons cloro, Cl^- , que ficam solvatados pelas moléculas de água, na reação química:

$$NH_3Cl \xrightarrow{\text{água}} NH_4^+ + Cl^-$$

14.2. Constante de Hidrólise

O íon amônio, NH_4^+ , adicionado a água, produz a hidrólise nesta, dada na reação química:

$$\underset{\text{íon amônio}}{NH_4{}^+{}_{(aq)}} + \underset{\text{água}}{H_2O_{(\ell)}} \leftrightharpoons \underset{\text{amônia}}{NH_{3(aq)}} + \underset{\text{íon hidrônio}}{H_3O^+{}_{(aq)}}$$

Designando as respectivas concentrações molares das espécies envolvidas por, $[NH_3^-]$, $[H_3O^+]$ e $[NH_4^+]$, define-se a constante de hidrólise, K_h , por,

$$K_h = \frac{[NH_3]\cdot[H_3O^+]}{[NH_4^-]} \qquad (14.1a)$$

Multiplicando e dividindo o 2º membro por $[OH^-]$, obtemos,

$$K_h = [H_3O^+][OH^-]\cdot\frac{[NH_3]}{[NH_4^-][OH^-]} \qquad (14.1b)$$

Onde, no 2º membro, o produto é a constante de autoionização da água, K_w , e a fração é o inverso da constante de ionização, K_b , de modo que o resultado pode ser escrito simplesmente, como,

$$K_h = \frac{K_w}{K_b} \qquad (14.1c)$$

Exemplo 14.1

Calcular a constante de hidrólise da amônia, NH_3, em solução aquosa, que apresenta a concentração molar de 0,5 mol/ℓ . Determinar a concentração molar da amônia e seu pH. Dado: $K_b = 1{,}8\text{x}10^{-5}$ mol/ℓ.

Temos, $K_w = 10^{-14}\ (\text{mol}/\ell)^2$ e $K_b = 1{,}8\text{x}10^5$ mol/ℓ , donde,

$$K_{h(NH4^-)} = \frac{10\text{x}10^{-14}\ (\text{mol}/\ell)^2}{1{,}8\text{x}10^5\ \text{mol}/\ell} \cong 5{,}56\text{x}10^{105}\ \text{mol}/\ell$$

$[NH_3] = [H_3O^+]$, e a concentração molar da solução, $[NH_3] + [NH_4^-] = 0,5$ mol/ℓ , donde, $[NH_4^+] = (0,5 - [NH_3])$ mol/ℓ ; então, (14.1a), fica sendo,

$$K_h = \frac{[NH_3]^2}{0,5 - [NH_3]}$$

Como $0,5 >> [NH_3]$, podemos desprezar $[NH_3]$ no denominador, ou seja, $(0,5 - [NH_3]) \cong 0,5$ mol/ℓ ; substituindo os valores conhecidos na expressão supra, virá,

$$5,56x10^{-10}\ mol/\ell = \frac{[NH_3]^2}{0,5}$$

Donde,

$$[NH_3] = \sqrt{(5,56x10^{-10}\ mol/\ell)(0,5\ mol/\ell)} \cong 1,67x10^{-5}\ mol/\ell$$

$$pH = -\log(1,67x10^{-5}) \cong 5 - 0,22 = 4,78$$

o que indica que a solução é ácida.

Exemplo 14.2

Numa solução aquosa de bicarbonado de sódio, $NaHCO_3$, a concentração molar de íons carbonato, $[HCO_3^-] = 0,25$ m/ℓ e o pH da solução 8,53. Calcular o pOH da solução e a constante de hidrólise do bicarbonado de sódio.

Temos: pH = 8,5 e pOH = 14 – 8,5 = 5,5, ou também, $[OH^-] = 10^{-5,5}$.

Na equação de dissociação: $NaHCO_3 \leftrightarrow Na^+ + HCO_3^-$, os íons sódio não sofrem alteração, e temos à 2º etapa:

$$HCO_3^-{}_{(aq)} + H_2O_{(\ell)} \leftrightarrow H_2CO_3 + OH^-$$

No equilíbrio, $[HCO_3^-] = [OH^-] = 10^{-5,5}$. Aplicando a definição da constante de hidrólise à equação supra, virá,

$$K_h = \frac{[HCO_3^-]\cdot[OH^-]}{[HCO_3^-]}$$

Substituindo nesta os valores obtidos, virá,

$$K_h = \frac{10^{-5,5} \cdot 10^{-5,5}}{0,25 \text{ m}/\ell} = 4,0 \text{x} 10^{-11}$$

15 – SOLUÇÃO TAMPÃO

15.1. Introito

O termo tampão (do inglês, buff, buffenig, tamponamento) foi introduzido na Química pelos bioquímicos franceses Fenrbach, Auguste (181860-1939) e Hubert L. (1865-1943), em 1900, decorrente de suas pesquisas usando o extrato de malte como inibidor da mudança de acidez ou alcalinidade de uma solução. Em 1903/4 Friedenthal, Hans (1870-1943), fisiologista alemão, propões usar o íon hidrogênio para caracterizar as soluções acidas, básicas ou neutras. A partir de então, com a solução tampão fica firmado o recurso de estabilizar o pH de uma solução química, adiciona nela um ácido fraco junto com a sua base conjugada. Vejamos os casos.

1º Caso: solução tampão proveniente de um ácido forte e base conjugada. Adicionando-se uma pequena quantidade de um ácido fraco numa solução aquosa, de ácido acético,$H_3C_2OOH_{(aq)}$, este dissocia-se produzindo ânions acetato, $H_3C_2OO^-_{(aq)}$, conforme a reação química,

$$H_3C_2OOH_{(aq)} + H_2O_{(\ell)} \leftrightharpoons H_3O^+_{(aq)} + H_3C_2OO^-_{(aq)}$$

Por ser pequena a concentração molar dos íons acetato, o pH da solução pouco mudará, e esse é o efeito tampão.

Numa 2ª etapa, adicionando-se uma porção de uma base forte na solução, aumenta-se-lhe a concentração molar dos íons hidróxidos, OH^- , que tende a neutralizar os cátions hidrônio existente na solução, fazendo cessar o efeito tampão, ou seja,

$$OH^-_{(aq)} + H_3O^+_{(aq)} \leftrightharpoons H_2O_{(\ell)}$$

E o pH da solução não terá variação significativa.

Outro exemplo: o sal acetato de sódio, $NaH_3C_2OOH_{(s)}$, em solução aquosa, dissocia-se produzindo íons acetato, $H_3C_2OO^-_{(aq)}$, conforme a reação,

$$H_3C_2OO^-_{(aq)} \overset{\text{água}}{\leftrightharpoons} Na^+_{(aq)} + H_3C_2OO^-_{(aq)}$$

2º Caso: solução tampão proveniente de uma base fraca e ácido conjugado.

Adicionando-se uma pequena quantidade de hidróxido de magnésio, $MgOH_{2(aq)}$ (de base fraca) numa solução aquosa, tem-se a reação química,

$$MgOH_{2(aq)} \leftrightharpoons Mg^{2+}{}_{(aq)} + 2OH^-$$

Na 2ª etapa, adicionando-se na solução uma pequena porção de um ácido forte, este fornecerá cátions hidrônio, H_3O^+, que neutralizarão os ânions OH^-, fazendo cessar o efeito tampão, de modo a anular a variação do pH da solução.

Numa 3ª etapa, adicionando-se uma pequena quantidade de uma base forte à solução, ela aumentara a concentração molar dos íons OH^-, que reagirão com os cátions magnésio, $Mg^{2+}{}_{(aq)}$, existentes na solução, revertendo a reação, isto é,

$$Mg^{2+}{}_{(aq)} + 2OH^-{}_{(aq)} \leftrightharpoons Mg_2OH_{(aq)}$$

E o pH da solução não terá alteração.

15.2. pH de Solução Tampão

Designando por HA um ácido fraco em solução aquosa, com a reação química,

$$HA_{(aq)} + H_2O_{(\ell)} \leftrightharpoons H_3O^+{}_{(aq)} + A^-{}_{(aq)}$$

Lembrando que o ânion A^- de ácido fraco sofre hidrólise.

Da reação, temos a constante de ionização do ácido, (11.2b), ora repetida,

$$K_a = \frac{[H_3O^+] \cdot [A^-]}{[HA]}$$

Donde se segue que,

$$[H_3O^+] = K_a \frac{[HA]}{[A^-]}$$

Aplicando nesta equação logaritmo decimal com sinal (–), obtemos,

$$-\log [H_3O^+] = -\log K_a + \log \frac{[HA]}{[A^-]}$$

Onde o 1º membro e o 1º termo do 2º membro, por definição são potenciais hidrogeniônicos, e, portanto, temos,

$$pH = pK_a + \log \frac{[HA]}{[A^-]} \qquad (15.1a)$$

Designando por HB^+ o ácido resultante de uma base fraca, B ,decorrente da reação,

$$HB^+_{(aq)} + H_2O_{(\ell)} \leftrightharpoons H_3O^+_{(aq)} + B_{(aq)}$$

Lembrando que o cátion de base fraca sofre hidrólise, temos a constante de ionização da base, conforme (11.3a), ora repetida,

$$K_b = \frac{[HB^+] \cdot [OH^-]}{[B]}$$

Alternativamente, para o ácido conjugado, $[BH^+]$, de uma base fraca, [B] , podemos estabelecer o potencial hidroxiliônico, pOH, que será dado por,

$$pOH = pK_b + \log \frac{[BH^+]}{[B]} \qquad (15.1c)$$

As equações (15.1a) e (15.1b) ou (15.1c) são chamadas de equações de Henderson-Hasselbalch. Henderson, Lawrence Joseph (1878-1914), bioquímico norte-americano.

Para completar o assunto: como vimos, a constante de um ácido conjugado com sua base fraca é dada pela relação, $K_a = K_w/K_b$. Aplicando a esta a definição de pH, obtemos,

$$pK_a = pK_w - pK_b \qquad (15.2)$$

Exemplo 15.1

Como vimos no item 12.2 , o pH do sangue humano é equilibrado pelo metabolismo do CO_2, nele contido, que decorre de hidrólise do ácido carbônico, H_2CO_3, e das concentrações dos íons hidrônio, H_3O^+, e íons carbônico, HCO_3^- , diluídos no plasma sanguíneo. Para a concentração molar, $[H_2CO_3]$ = 0,03 mol/ℓ , achou-se $[HCO_3^-]$ = 0,003 mol/ℓ . Calcular o pH do sangue em análise.

À equação (15.1a), identificamos, [HA] = $[H_2CO_3]$ = 0,003 mol/ℓ, $[A^-]$ = $[HCO_3]$ = 0,003 mol/ℓ; e da Tabela 12, tiramos, $K_{a(H2CO3)} = 4{,}4x10^{-7}$ mol/ℓ , donde se segue $pK_{a(H2CO3)} = -\log(4{,}4x10^{-7}) = 7 - \log 4{,}4 \cong 6{,}36$. Substituindo os dados em (15.1a), virá,

$$pH = 6{,}36 + \log \frac{0{,}03 \text{ mol/ℓ}}{0{,}003 \text{ mol/ℓ}} = 7{,}36$$

Resultado que indica que o sangue em análise apresenta ligeira alcalose à temperatura corporal, de 37 ºC.

Exemplo 15.2

Para 0,25 mol/ℓ de amônia, NH_3, em solução aquosa, obteve-se 0,20 , de íons amônio, NH_4^+ , a temperatura ambiente. Achar o pOH da solução.

À equação (15.1b), identificamos, [B] = $[NH_3]$ = 0,25 mol/ℓ , $[BH^+]$ = 0,20 (mol/ℓ) ; e da tabela 11, $K_b = 7{,}5x10^{-10}$ mol/ℓ , donde, pH = –10 – log 5,7 ≅ 9,24 . Substituindo os valores em tela, temos,

$$pOH = 9{,}24 + \log \frac{0{,}20 \text{ mol/ℓ}}{0{,}25 \text{ mol/ℓ}} \cong 9{,}14$$

16 – TERMOQUÍMICA

16.1. Introito

Em Física e Química, sistema é tudo o que for objeto de análise ou observação científica. Todo sistema que detém energia interna, realiza trabalho. O sistema pode ser (i) aberto – quando troca matéria e energia com o exterior; (ii) fechado – quando troca apenas energia com o exterior, e (iii) isolado – quando nada troca com o exterior.

A termoquímica também chamada de Termodinâmica Química é a parte da Química que trata de sistemas que se transformam a expensas de energia. Por exemplo: considera-se um sistema aberto toda reação química que se realiza consumindo ou liberando energia.

A energia em trânsito que participa da transformação termodinâmica de um sistema é chamada de calor, símbolo Q, cuja unidade do SI é o Joule, símbolo J, e o seu múltiplo, kJ, 1 kJ = 1.000 J. Fora do SI, usa-se a unidade caloria, abrevia-se cal, e o seu múltiplo, a quilocaloria, kcal, 1 kcal = 1.000 cal. A caloria é cerca de 4 vezes maior do que o Joule. A relação precisa entre as duas unidades foi estabelecida experimentalmente 1843, por Joule, James Prescott (1818-1889), físico inglês[1] que chamou de equivalente mecânico do calor: 1 cal = 4,185 5 J , donde se segue que 1 J = 1/4,185 5 $\cong$ 0,239 cal .

As organizações internacionais de metrologia e a normalização para a Química e a Física, recomendam o uso da unidade SI: J ou KJ , é o que faremos; e quando conveniente serão convertidos em cal ou kcal.

Para efeito de cálculo, convencionou-se que o calor que entra num sistema é positivo, ou $Q > 0$; e o calor que sai do sistema é negativo, $Q < 0$.

16.2. Entalpia

Entalpia é o termo proposto por Karmerlingh-Onnes, Keike (1853-1926), físico holandês, para designar a energia total de um sistema, representa-se pelo

---

[1] Joule apesar de cervejeiro (herdou uma cervejaria do seu pai), foi um autêntico físico, sem diploma universitário.

símbolo H (do inglês, hot, calor), que matematicamente é igual a energia interna do sistema, U , mais o trabalho realizado, W , por ele, ou seja,

$$H = Q + W \qquad (16.1a)$$

Onde Q é a energia trocada pelo sistema, na forma de calor, e W = pV , o trabalho realizado pelo mesmo. É usual expressar (16.1) em termos de incrementos, e temos,

$$\Delta H = \Delta Q + p\Delta V \qquad (16.1b)$$

A entalpia definida pelas equações supra tem os seus termos expressos na unidade J ou cal . Contudo, na prática utiliza-se a entalpia molar, que é a relação da entalpia pela quantidade de matéria, $H_m = H/n$, medida em J/mol ou $J{\cdot}mol^{-1}$, cal/mol ou $cal{\cdot}mol^{-1}$, assim como os seus múltiplos: kJ/mol ou $kJ{\cdot}mol^{-1}$, kcal/mol ou $kcal{\cdot}mol^{-1}$.

A entalpia decore da lei da conservação da energia, que afirma que a energia não pode ser criada nem destruída, mas conserva-se em toda transformação termodinâmica. Decorre da mesma lei que todo sistema que recebe ou cede calor do exterior depende apenas de seus estados inicial e final, e não dos estados intermediários por que ele possa passar. Toda quantidade que se transforma sob este requisito é chamada de função de estado, e a entalpia é uma delas.

As reações químicas que envolvem trocas de calor para a sua realização são denominadas de equações termoquímicas, para as quais o trabalho realizado pelo sistema é nulo, $W = p\Delta V = 0$. Assim sendo, a variação da entalpia decorrente de uma equação termoquímica será dada simplesmente por,

$$\Delta H = \Delta Q \qquad (16.1c)$$

a qual passa a ser tratada como uma equação ordinária, cujo 1º membro, que contêm os reagentes, forma o sistema inicial, e o 2º membro, que contêm os produtos da reação, forma o sistema final.

Seja um sistema que se encontra no estado inicia, de entalpia, H_i , em em seguida ele sofre uma transformação termodinâmica que o leva ao estado final, de entalpia, H_f , O balanço energético da transformação do sistema será dado pela variação da entalpia, ou seja,

$$\Delta H = H_f - H_i \qquad (16.2)$$

Berthelot, Pierre Eugène Marcelin (1827-1907), químico francês, interessado no calor desenvolvido nas reações químicas, criou os termos exotérmico e endotérmico para designar, respectivamente o calor liberado e absorvido numa reação química, ou seja,

exotérmico: reagentes = produto + calor liberado.

endotérmico: reagentes + calor adicionado = produto

- Na formação da água, a partir dos gases hidrogênio e oxigênio, a transformação ocorre com desprendimento de calor de 286,03 kJ (ou 68,3 kcal), conforme a reação química,

$$\underbrace{H_{2(g)} + \tfrac{1}{2}\, O_{2(g)}}_{\text{sistema inicial, } H_i} \leftrightharpoons \underbrace{H_2O_{(\ell)}}_{\text{sistema final, } H_f} \qquad \Delta H = -286{,}03\ KJ$$

o processo é exotérmico, $H_f < H_i$, a variação da entalpia tem valor negativo, $H_f - H_i = -286{,}03$ KJ , indicado que o calor sai do sistema, como convencionado.

São exotérmicos todo processo de resfriamento – o sistema perde calor.

A variação da entalpia no processo exotérmico da síntese da água está indicada no gráfico da fig.16.1(a); e o processo reversível, endotérmico, da decomposição da água está indicado no gráfico da fig.16.1(b).

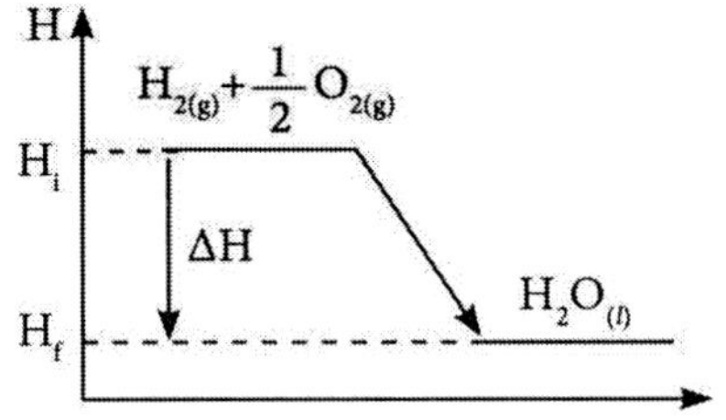

Figura 16.1(a)

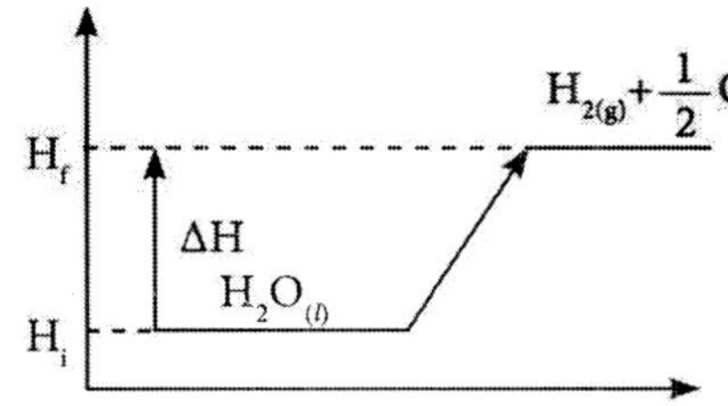

Figura 16.1(b)

• Na fotossíntese o organismo clorofilado, como a planta, usa a água provinda do solo, conduzida como seiva pelas raízes, gás carbônico do meio ambiente e absorve energia da luz do Sol transformar os nutrientes em glicose, que é o seu alimento maior. Durante o processo que é endotérmico, a planta libera oxigênio para o exterior, conforme a reação química,

$$6CO_2 + 6\ H_2O_{(g)} \rightarrow C_6H_{12}O_6 + 6O_2 \qquad \Delta H = +394\ KJ$$

no processo endotérmico, $H_f > H_i$, a variação da entalpia tem valor positivo, indicando que houve consumo de energia pelo sistema.

São endotérmicos todos os processos de combustão – o sistema ganha calor.

• Mudança de Estado Físico

A transformação termodinâmica aplica-se às mudanças de estado físico (sólido ⇋ líquido ⇋ gasoso) de uma substância simples, que depende dos fatores externos – como temperatura e pressão, que devem ser explicitados junto à equação termoquímica.

Nas mudanças de estado: (i) são endotérmicas: fusão, vaporização e sublimação, nas quais o sistema ganha calor do ambiente e aumenta a entalpia e produz o produto da reação; e são exotérmicas as transformações recíprocas: solidificação, condensação e cristalização, nas quais o sistema cede calor para o ambiente e diminui a entalpia do produto.

Na fig.16.2, temos o gráfico da variação da entalpia à transformação da água, do estado sólido para o líquido e desta para o estado de vapor.

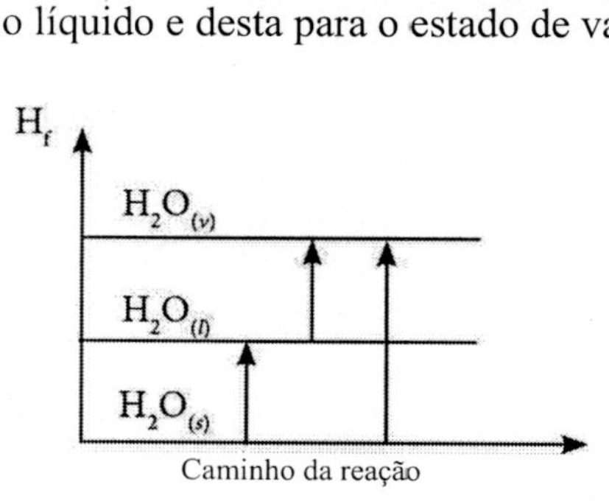

Figura 16.2

• Estado Alotrópico

Alotropia (do grego, allos, outro, tropos, maneira) é o fenômeno no qual a mesma substância simples apresenta-se com duas estruturas moleculares distintas. O termo foi criado por Berzelius, Jöns Jacob (17779-1848), químico sueco.

São conhecidas quatro substâncias alotrópicas, a saber:

(i) o carbono apresenta duas formas alotrópicas: na forma de grafite [sólido escuro, pouco duro, com geometria molecular trigonal, fig.16.3(a)] e na forma de diamante [sólido transparente, duro, de geometria molecular tetraédrica, fig.16.3(b)];

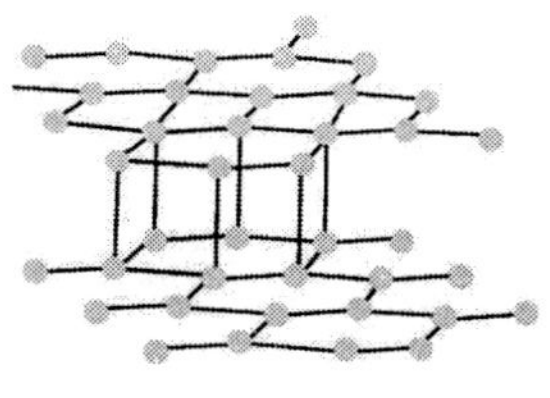

Figura 16.3(a)

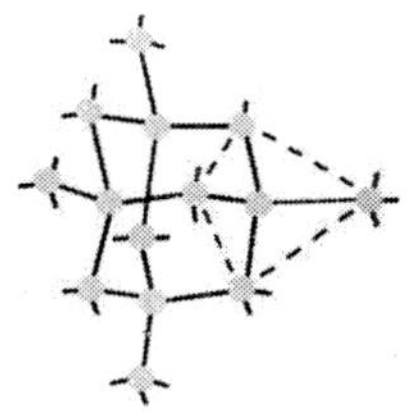

Figura 16.3(b)

(ii) o oxigênio, gás que representa 21% da composição da atmosfera, na forma molecular de O_2 , estável, e na forma molecular, O_3 , ozônio, instável, que compõe a camada de ozônio da estratosfera (20 a 40 km, do nível do mar);

(iii) o fósforo, com duas formas alotrópicas: o fósforo branco, de forma molecular, P_4 , tetraédrica, instável, e o fósforo vermelho, P_n , estável, formado de macromoléculas tetraédricas.

(iv) o enxofre, tem duas formas alotrópicas: enxofre monoclínico (ou alfa), S_8, pouco estável, e o enxofre rômbico (ou beta), S_8, estável.

Nota sobre o diamante: como o carbono queima na presença do ar, presumiu-se que tanto o grafite como o diamante deveria queimar; mas sendo este o elemento mais duro que existe foi posto em dúvida a sua efetiva combustão, até que, em 1772, Lavoisier colocou uma pequena pedra de diamante num recipiente fechado e o submeteu a exposição de raios solares focalizados sobre ele por uma lente, presenciando, com surpresa, o seu desaparecimento diante dos olhos, e a consequente formação do dióxido de carbono, no recipiente. Um joalheiro da época não acreditou no acontecido e pagou para ver: forneceu a Lavoisier alguns brilhantes, e para a sua incredulidade, vi-os desaparecer diante dos olhos. A experiência de Lavoisier com o diamante foi repetida em 1796 pelo químico inglês, Tennant, Smithson (1761-1815), que constatou a queima do diamante e concluiu que ele era, na verdade, um carvão. A combustão do diamante a temperatura de 25 ºC e pressão de 1 atm é dada pela equação termoquímica:

$$C_{diamante} + O_{2(g)} \rightarrow CO_{2(g)}$$

$\Delta H = -395{,}36$ KJ/mol, onde a queima de 1 mol de diamante por 1 mol de carbono libera a energia de –395,36 KJ , numa transformação exotérmica.

Na combustão, o carbono é o combustível (o que queima) e o oxigênio é o comburente (que alimenta a combustão), de modo que o diamante ou o grafite não queima sem a presença do oxigênio do ar.

16.3. Tipos de Entalpia

Observou-se que há quatro tipos de entalpia a considerar: (1) entalpia de formação, (2) entalpia de combustão, (3i) entalpia de ligação, e (4) entalpia de neutralização.

Antes de tratar de cada uma delas, convém definir estado padrão de uma substância simples: é a sua forma estável ns condições de 25 ºC (ou 298 K) e 1 atm, para a qual atribui-se o valor zero para a entalpia de formação, símbolo, H_f^0 , e $H_f^0 = 0$.

As substâncias simples em estado padrão, representadas pelas suas moléculas, de entalpia de formação zero, $H_f^0 = 0$, são as seguintes:

$Al_{(s)}$, $C_{grafite(s)}$, $Na_{(s)}$, $N_{2(g)}$, $O_{2(g)}$, $Fe_{(s)}$, $H_{2(g)}$,$F_{2(g)}$, $P_{vermelho}$ e $P_{rômbico}$

Note-se que H , O e N , sem os seus subescritos, representam átomos e não substâncias simples.

Observe-se também que as formas alotrópicas menos estáveis do $O_{3(g)}$ e do $C_{diamante}$, têm entalpia diferente de zero, $H_f^0 \neq 0$, assim como os compostos moleculares, $SO_{2(g)}$, $HCl_{(g)}$, $H_2O_{(\ell \text{ ou } g)}$, etc..

[1] Entalpia de Formação, símbolo ΔH_f^0, é a variação da entalpia por mol de substância, formada a partir de substância no estado padrão. Neste caso é preferível definir-se a entalpia de formação molar e usar para unidade, J/mol ou cal/mol.

No exemplo visto da formação da água, o calor liberado, –286,03 kJ , é a entalpia de formação, anota-se, $\Delta H_f^0 = -286{,}03$ kJ .

À formação do dióxido de carbono, $CO_{2(g)}$, a partir da combustão do carbono grafite e oxigênio, tem-se a equação termoquímica,

$$C_{grafite(s)} + O_{2(g)} \rightarrow CO_{2(g)}$$

que libera o calor de formação do dióxido de carbono, $\Delta H_f^0 = -395{,}36$ kJ/mol . Na Tabela 16 damos a entalpia de formação de algumas substâncias.

Exemplo 16.1
A formação do fluoreto de metano e ácido fluorídrico é obtida conforme a equação termoquímica, $CH_4 + F_2 \rightarrow CH_3F + HF$, a qual pode ser realizada pelos seguintes caminhos:

$$C + 2H_2 \rightarrow CH_4 \quad (1) \qquad \Delta H_1 = -75 \text{ kJ/mol}$$

$$C + 3/2H_2 + ½\,Fe \rightarrow CH_3F \quad (2) \qquad \Delta H_2 = -288 \text{ kJ/mol}$$

$$½\,H_2 + ½\,Fe \rightarrow HF \quad (3) \qquad \Delta H_3 = -271 \text{ kJ/mol}$$

A partir das equações dadas estabelecer o caminho direto da transformação dos produtos e calcular a variação da entalpia do processo.

Invertendo a equação (1), inverte-se também o sinal da variação da entalpia da mesma, e temo, junto com as demais:

$$CH_4 \rightarrow C + 2H_2 \quad (1') \qquad \Delta H_1' = +75 \text{ kJ/mol}$$

$$C + 3/2H_2 + ½\,Fe \rightarrow CH_3F \quad (2) \qquad \Delta H_2 = -288 \text{ kJ/mol}$$

$$½\,H_2 + ½\,Fe \rightarrow HF \quad (3) \qquad \Delta H_3 = -271 \text{ kJ/mol}$$

Somando ordenadamente os membros das equações e efetuando as simplificações que cabem, resulta:

$$CH_4 + F_2 \rightarrow CH_3F + HF \qquad (4)$$

Pela lei de Hess, a variação da entalpia do processo direto será a soma algébrica das variações das entalpias dos processos escalonados, ou seja,

ΔH = +75 kJ/mol + (–288 kJ/mol) + (–271 kJ/mol) = –484 kJ/mol

Observe-se que usando a transformação direta (4), podemos obter o mesmo resultado com as entalpias de formação de (1), (2) e (3), ou seja,

$$\underset{-75\,kJ/mol}{CH_4} + \underset{0\,kJ/mol}{F_2} \rightarrow \underset{-288\,kJ/mol}{CH_3F} + \underset{-271\,kJ/mol}{HF}$$

Donde,

$$\Delta H_f^0 = (-288\ kJ/mol - 271\ kJ/mol) - (-75\ kJ/mol) = -484\ kJ/mol$$

[2] Entalpia de Combustão, símbolo ΔH_c^0, é a variação da entalpia liberada na combustão de 1 mol de substância padrão. A entalpia de combustão é sempre exotérmica, mas há dois casos a considerar: (i) combustão completa, quando há suficiente oxigênio à reação; (ii) combustão incompleta, quando há pouco oxigênio à reação, deixando resíduos. Vejamos exemplos a seguir.

- Combustão completa: álcool etílico, $C_2H_5OH_{(\ell)}$, conforme a equação termoquímica:

$$C_2H_5OH_{(\ell)} + 3O_{2(g)} \rightarrow 2CO_2 + 3H_2O_{(\ell)}$$

que gera o desprendimento de calor de $\Delta H_c^0 = -1.367,2$ KJ/mol .

- Combustão incompleta: álcool etílico, $C_2H_5OH_{(\ell)}$, conforme a equação termoquímica:

$$C_2H_5OH_{(\ell)} + 2O_{2(g)} \rightarrow 2CO_2 + 2H_2O_{(\ell)}$$

que gera a liberação de calor de $\Delta H_c^0 = -801,0$ KJ/mol .

No caso anterior vista, a transformação do diamante em grafite pela combustão, $C_{diamante} \rightarrow C_{grafote,}$, a energia despedida será dada pela diferença de suas energia de combustão, ou seja, $\Delta H_c^0 = -395{,}36$ kJ/mol – (–393,48 kJ/mol) = –1,88 kJ/mol.

Exemplo 16.2
Na combustão do benzeno, C_6H_6, forneceu-se, $H_c^0 = +80$ kJ/mol , e produziu-se $O_{2(g)}$ com $H_c^0 = -400$ kJ/mol, e $H_2O_{(\ell)}$, com $Hc^0 = -240$ kJ/mol. Achar a entalpia de combustão do benzeno.

Equação termoquímica da combustão do benzeno:

$$\underset{+80\ \text{kJ/mol}\ +\ 0\ \text{kJ/mol}}{C_6H_6 + 15/2\ O_{2(g)}} \rightarrow \underset{6(-400\ \text{kJ/mol}) + 3(-240\ )\ \text{kJ/mol}}{6CO_2 \quad + \quad 3H_2O_{(\ell)}}$$

Donde,

$$\Delta Hc^0 = (-240 - 720)\ \text{kJ/mol} - 80\ \text{kJ/mol} = -3.200\ \text{kJ/mol}$$

[3] Entalpia de Ligação: símbolo ΔH_l^0, é a variação da entalpia que quebra a ligação de 1 mol de substância simples, gasosa, no estado padrão (25 ºC e 1 atm).

Seja o exemplo da molécula de hidrogênio, H_2 , dada pela equação termoquímica,

$$H_{2(g)} \rightarrow H_{(g)} + H_{(g)}$$

ou melhor,

$$H_{2(g)} \rightarrow 2H_{(g)} \qquad\qquad H_l^0 = +436{,}13\ \text{kJ/mol}$$

Significando que na quebra de 1 mol de gás hidrogênio, consumiu-se +436,13 kJ para produzir 2 mol de átomos de hidrogênio.

De igual modo, para quebrar a ligação de 1 mol de gás clorídrico, Cl_2, temos,

$$Cl_{2(g)} \rightarrow 2Cl_{(g)} \qquad\qquad H_l^0 = +241{,}92\ \text{kJ/mol}$$

Significando que foi necessário fornecer +241,92 kJ a 1 mol de moléculas de cloro para se ter 2 mols de átomos de cloro. A quebra de ligação molecular é sempre endotérmica.

[4] Entalpia de Neutralização: é a variação da entalpia que neutraliza a solução iônica, que contém 1 mol de íons cátions, $H^+_{(aq)}$, 1 mol de ânions, $OH^-_{(aq)}$.

Seja o exemplo da formação da água, a partir dos íons hidrogênio $H^+_{(aq)}$ e íons hidroxila, $OH^-_{(aq)}$, coforme a equação termoquímica:

$$H^+_{(aq)} + OH^-_{(aq)} \rightarrow H_2O_{(\ell)}$$

Com desprendimento de $\Delta H = -57{,}80$ kJ/mol.

No caso da neutralização de um ácido forte, como o $HCl_{(aq)}$, por uma base forte como, $NaOH_{(aq)}$, a solução fica neutralizada, conforme a equação termoquímica:

$$HCl_{(aq)} + NaOH_{(aq)} \rightarrow NaCl_{(aq)} + H_2O_{(\ell)}$$

Com liberação de $\Delta H = -57{,}80$ kJ/mol.
Confrontando os dois resultados, vemos que a neutralização de um ácido por uma base é constante.

16.3. Lei de Hess

Hess, Germain Henry (1802-1850), químico suíço, com base no princípio da conservação da energia, estabeleceu em 1840 a lei que rege o comportamento de reação termoquímica que pode ser realizada de duas ou mais maneiras diferentes (como na mudança de estado), afirmando que a variação final da entalpia é igual a soma algébrica das variações das entalpias das etapas intermediárias, simbolicamente,

$$\Delta H = \Delta H_1 + \Delta H_2 + \ldots + \Delta H_n \qquad (16.3)$$

Exemplo 16.3
Achar a entalpia da transformação da água líquida em vapor de água.

A transformação da água líquida em vapor pode ser feita em duas etapas, a 1ª a sua decomposição nos componentes gasosos:

$$H_2O_{(\ell)} \rightarrow H_{2(g)} + \frac{1}{2} O_{2(g)} \qquad (1)$$

Que requer o consumo de $\Delta H_1 = + 285{,}83$ kJ/mol ; e na 2ª etapa, temos o estado de vapor de água,

$$H_{2(g)} + \frac{1}{2} O_{2(g)} \rightarrow H_2O_{(v)} \qquad (2)$$

Com liberação de $\Delta H_2 = -241{,}83$ kJ/mol.

.A lei de Hesse cumpre-se somando algebricamente as entalpias obtidas, $\Delta H = \Delta H_1 + \Delta H_2$, ou seja,

$$\Delta H = + 285{,}83 \text{ kJ/mol} + (-241{,}83 \text{ kJ/mol}) = + 44 \text{ kJ/mol}$$

Somando as equações (1) e (2) e cancelando os termos comuns, obtemos,

$$H_{2(g)} \rightarrow H_2O_{(v)} \qquad (3)$$

que é o processo direto cuja entalpia é + 44 kJ/mol. Significando que para transformar a água líquida (sistema inicial) direta mente para vapor d'água (sistema final) devemos fornecer ao sistema+ 44 kJ/mol . Na fig.16.4 estão indicadas as três etapas ou caminhos, e nas fig.16.5(a,b) os gráficos das variações das entalpias envolvidas nos processos.

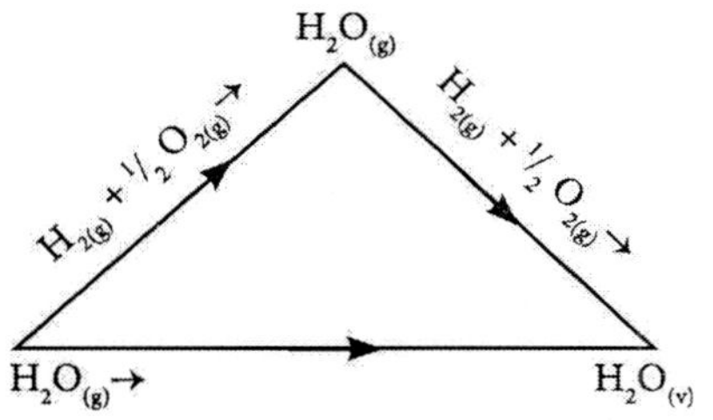

Figura 16.4

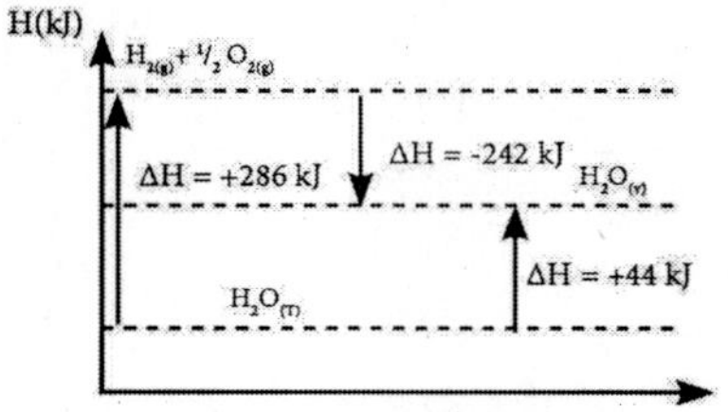

Caminho da reação

Figura 16.5(a)

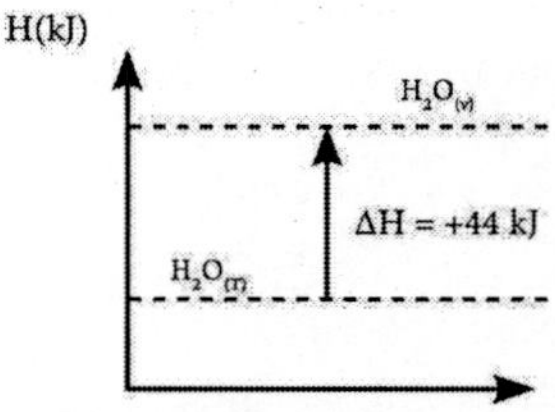

Caminho da reação

Figura 16.5(b)

Exemplo 16.4

O peróxido de hidrogênio, conhecido como água oxigenada, H_2O_2 , é obtido pelo processo direto, $H_{2(g)} + O_{2(g)} \rightarrow H_2O_{2(\ell)}$ com a adição de $\Delta H = +188$ kJ/mol , cuja entalpia não se pode medir diretamente. Contudo, pode-se obtê-la realizando as transformações intermediárias seguintes:

$$H_2O_{2(\ell)} \rightarrow H_2O_{(\ell)} + \frac{1}{2} O_{2(g)} \qquad (1) \qquad \Delta H_1 = -98 \text{ kJ/mol}$$

$$2H_{2(g)} + O_{2(g)} \rightarrow 2H_2O_{(\ell)} \qquad (2) \qquad \Delta H_2 = -572 \text{ kJ/mol}$$

A partir destas transformações, obter o processo direto e calcular a entalpia do mesmo.

Invertendo a equação (1) e multiplicando-a por 2, formamos o novo sistema:

$$2H_2O_{(\ell)} + 2\cdot \frac{1}{2}O_{2(g)} \rightarrow 2H_2O_{2(\ell)} \qquad \Delta H_1 = 2\cdot (+98 \text{ kJ/mol}) = +196 \text{ kJ/mol}$$

$$2H_{2(g)} + O_{2(g)} \rightarrow 2H_2O_{(\ell)} \qquad \Delta H_2 = -572 \text{ kJ/mol}$$

Somando ordenadamente e cancelando os termos comuns, obtemos:

$$2H_{2(g)} + 2O_{2(g)} \rightarrow 2H_2O_{2(\ell)} \qquad (3)$$

E pela lei de Hess, temos,

$$\Delta H = +196 \text{ kJ/mol} + (-572 \text{ kJ/mol}) = -376 \text{ kJ/mol}$$

Observe-se que os resultados podem simplificado por 2, e obtemos,

$$H_{2(g)} + O_{2(g)} \rightarrow H_2O_{2(\ell)}$$

$$\Delta H = -376 \text{ kJ/mol}/2 = -188 \text{ kJ/mol}$$

Exemplo 16.5

Na formação do ácido clorídrico, $H_{2(g)} + Cl_{2(g)} \rightarrow 2HCl_{(g)}$, são dados: $\Delta H(H_{2(g)})$ = + 436 kJ/mol e $\Delta H(Cl_{2(g)})$ = + 242 kJ/mol. Calcular a entalpia de sua formação.

A formação do ácido clorídrico é feita em três etapas:

$$H_{2(g)} \rightarrow 2H_{(g)} \quad (1) \quad \Delta H = +436 \text{ kJ/mol}$$

$$Cl_{2(g)} \rightarrow 2Cl_{(g)} \quad (2) \quad \Delta H = +242 \text{ kJ/mol}$$

$$HCl_{(g)} \rightarrow H_{(g)} + Cl_{(g)} \quad (3) \quad \Delta H = +431 \text{ kJ/mol}$$

Invertendo (3) e multiplicando por 2, temos o novo sistema,

$$H_{2(g)} \rightarrow 2H_{(g)} \quad (1') \quad \Delta H = +436 \text{ kJ/mol}$$

$$Cl_{2(g)} \rightarrow 2Cl_{(g)} \quad (2) \quad \Delta H = +243 \text{ kJ/mol}$$

$$2H_{(g)} + 2Cl_{(g)} \rightarrow 2HCl \quad (3) \quad \Delta H = -862 \text{ kJ/mol}$$

Somando ordenadamente os membros das equações e cancelando os termos comuns, obtemos,

$$H_{2(g)} + Cl_{2(g)} \rightarrow 2HCl \quad \sum\Delta H = -183 \text{ kJ/mol}$$

ou também,

$$2H_{(g)} + 2Cl_{(g)} \rightarrow 2HCl \quad \sum\Delta H = -183 \text{ kJ/mol}$$

que pode ser simplificada por 2, e temos,

$$H_{(g)} + Cl_{(g)} \rightarrow HCl \quad \sum\Delta H = -91{,}5 \text{ kJ/mol}$$

17 – CINÉTICA QUÍMICA

17.1. Introito

Cinética Química , também chamada de cinética de reações químicas é a parte da química que trata das determinações de velocidades com que se processam as reações químicas e dos fatores que as influenciam – vide item 17.3.

A cinética química foi desenvolvida a partir de 1864-7, pelos químicos noruegueses, Guldberb, Cato Maximilliam (1836-1902), este também matemático, e seu cunhado, Waage, Peter (1833-1900), que formularam a 1ª lei cinética de reações químicas – que eles chamaram-na de lei das massas – assim enunciada: a dada temperatura e pressão, a velocidade de uma reação química é proporcional as concentrações dos reagentes, em quantidade de matéria, elevado a expoentes determinados experimentalmente.

Sejam A e B dois reagentes, [A] e [B] suas concentrações molares, α e β , expoentes que indicam as respectivas ordens dos reagentes; então a lei cinética de Guldberb-Waage, expressa-se por:

$$v = k \cdot [A]^{\alpha} \cdot [B]^{\beta} \qquad (17.1)$$

onde v é a velocidade da reação (rapidez, no sentido escalar), k uma constante a determinar e $\alpha + \beta$ a ordem da reação.

Experimentalmente verificou-se que a lei (17.1) é razoavelmente satisfatória para reações do tipo,

$$aA + B \qquad (1)$$

Observe-se que quando α e β não forem dados eles serão os coeficientes respectivos dos reagentes. Na equação (1), teríamos, $\alpha = a$, donde a velocidade da reação:

$$v = k \cdot [A]^{\alpha} \qquad (2)$$

Exemplo 17.1
Na reação de decomposição do ácido clorídrico, $2\ HCl_{(g)} \rightarrow 2H_{(g)} + 2Cl_{(g)}$, a 25 ºC e 1 atm, obteve-se os seguintes dados: [HCl] = 0,20 mol/ℓ e k = $5{,}05x10^{-2}$ (mol/ℓ · min)$^{-1}$.
Achar a velocidade e a ordem da reação em causa.

Usando (17.1), com $\alpha = a = 2$, virá,

$$v = 5{,}05x10^{-2}\ (mol/\ell \cdot min)^{-1} \cdot (0{,}20\ mol/\ell)^2 = 2{,}02\ mol/\ell \cdot min$$

como, $\beta = 0$, a ordem da reação é 2 ou da 2ª ordem.

Em 1874, Van't Hoff, Jacobus Henricus (1852-1911), químico holandês, estudando o mesmo fenômeno, estabeleceu a regra que leva o seu nome, afirmando que a dada temperatura e pressão, a velocidade de uma reação química é duplicada quando se aumenta de 10 ºC a temperatura dos reagentes.

17.2. Velocidade Média e Instantânea de uma Reação Química

Os conceitos de velocidade média e velocidade instantânea da Física podem ser adequados à cinética química como cálculo alternativo para expressar a rapidez ou taxa de variação de como os reagentes são consumidos e os produtos são formados no decorrer de uma reação química.

Seja a reação química genérica,

$$R \rightarrow P$$

com R representando os reagentes e P os produtos. No instante t = 0, a velocidade da reação é zero, a quantidade de reagentes, R, é máxima e a quantidade de produtos formados é zero; no instante t > 0, a quantidade de reagentes vai sendo consumido à taxa $-d[R]/dt$ (o sinal menos indica que a variação é decrescente), enquanto a quantidade dos produtos formados vai crescendo à taxa, $d[P]/dt$, modo que a lei da conservação da massa requer que se tenha a cada instante, $-d[R]/dt = d[P]/dt$, sendo $-d[R]/dt$ e $d[P]/dt$, velocidades instantâneas.

Na prática, contudo, a velocidade instantânea é de pouca utilidade, preferindo-se a velocidade média de reação, símbolo v_m , que é definida como se segue:

designando por X (reagentes ou produtos) e por $\Delta[X] = [X]_2 - [X]_1$ a variação da quantidade de concentração molar de X no intervalo de tempo, Δt , temos,

$$v_m = \pm \frac{\Delta[X]}{\Delta t} \tag{17.2}$$

A unidade de velocidade de uma reação química será dada em função da medida da medida de X (concentração molar, mols, massa, etc.) pela unidade de tempo (segundo, s, minuto, min, etc.), e assim teremos: mol/ℓ/s ou $mol{\cdot}\ell^{-1}s^{-1}$, mol/ℓ/min ou $mol{\cdot}\ell^{-1}min^{-1}$..

No gráfico da fig.17.1(a) indica-se a variação de reagentes consumidos em função do tempo de reação; e na fig.17.1(b), os produtos formados em função do tempo de reação.

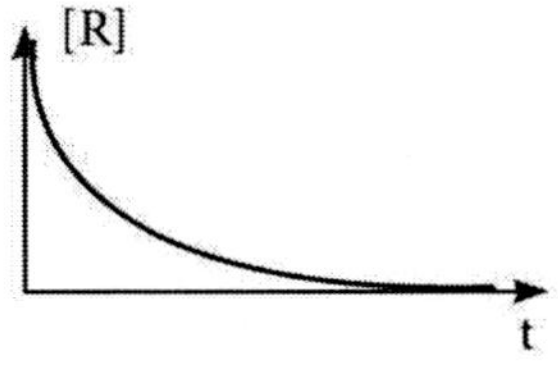

Figura 17.1(a)

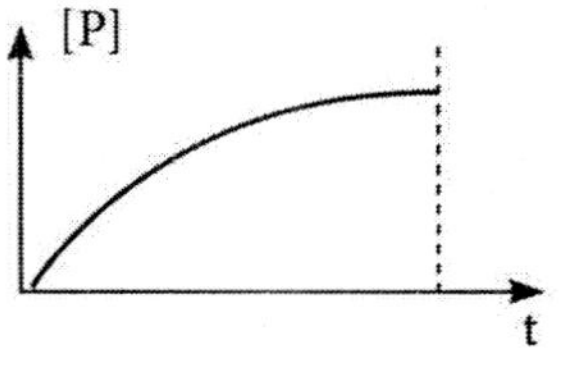

Figura 17.1(b)

Exemplo 17.2
Observando-se a reação de transformação de acetileno em benzeno, $3C_2H_2 \rightarrow C_6H_6$, a 25 ºC e 1 atm, tabelou-se os seguintes dados: t = 0 min , $[C_2H_2]$ = 3,5 mol/ℓ, e t = 3 min, $[C_2H_2]$ = 3,5 mol/ℓ . Calcular a velocidade média da reação.

Temos, $\Delta[C_2H_2]$ = (1,5 – 3,5) mol/ℓ e Δt = (3 – 0) min ; então, por (17.2), virá,

$$v_m = -\frac{(1{,}5 - 3{,}5)\ mol/\ell}{(3 - 0)\ min} = 2/3\ mol/\ell \cdot min \quad ou \quad 0{,}66(6)\ mol/\ell \cdot min$$

Seja a reação química geral, no sentido direto,

$$aA + bB \rightarrow cC + dD$$

A velocidade média dos reagentes são iguais, ou seja,

$$v_m = -\frac{1}{a}\frac{\Delta[A]}{\Delta t} = -\frac{1}{b}\frac{\Delta[B]}{\Delta t} \quad (17.3a)$$

E a velocidade média dos produtos também são iguais, isto é,

$$v_m = +\frac{1}{c}\frac{\Delta[C]}{\Delta t} = +\frac{1}{d}\frac{\Delta[D]}{\Delta t} \quad (17.3b)$$

Obviamente, as equações (17.3a) e (17.3b) são iguais entre si e a soma delas é zero.

De (17.3a) e (17.3b), podemos estabelecer as respectivas velocidades instantâneas, tomando-se o limite da relação incremental de cada uma delas, quando $\Delta t \rightarrow 0$, e temos, respectivamente:

$$-\frac{1}{a}\frac{d[A]}{dt} = -\frac{1}{b}\frac{d[B]}{dt} \quad (17.4a)$$

$$+\frac{1}{c}\frac{d[C]}{dt} = +\frac{1}{d}\frac{d[D]}{d\Delta t} \quad (17.4b)$$

Exemplo 17.3

Na decomposição do pentóxido dinitrogênio, $2N_2O_{5(g)} \rightarrow 4NO_{2(g)} + O_{2(g)}$, a velocidade de formação do O_2 , foi de 0,06 mol/s . Achar a massa de NO_2 , formada em 1 minuto.

Por (17.3b), vemos que, $v_m(O_2) = ¼\, v_m(NO_2) = 0,06$ mol/s , então,

$v_m(NO_2) = 4x0,06$ mol/s = 0,24 mol/s = 14,4 mol/min

$M(NO_2) = (14 + 32)$ g/mol = 46 g/mol

Donde a regra de três,

46 g (NO_2) – 1,0 mol/min

x – 14,4 mol/min

x = 662,4 g/min

Exemplo 17.4
Na reação de síntese da água, $2H_{2(g)} + O_{2(g)}$ 1 $H_2O_{(\ell)}$, a velocidade média de consumo de oxigênio é 0,10 mol/s. Calcular a velocidade de consumo do hidrogênio em mol/min.

Temos: $v_m(O_2)$ = 0,10 mol/s = 6 mol/min ; então, por (17.3a), temos,

$$\tfrac{1}{2}\, v_m(H_2) = 6 \text{ mol/min e } v_m(H_2) = 2x6 \text{ mol/min} = 12 \text{ mol/min}$$

17.3. Classificação de Velocidade de Reações Químicas

A velocidade de uma reação pode ser:
(i) instantânea (como uma explosão, neste caso as ligações moleculares se desfazem instantaneamente);
(ii) rápida: queima de um palito de fósforo, como na reação:

$$P_{4(s)} + 5O_{2(g)} \rightarrow P_4O_{10(g)} + \Delta H \text{ (calor liberado)}$$

(iii) Lenta (queima de uma vela, digestão, etc.), em que as ligações moleculares se desfazem com lentidão.Veja o exe. 16.5.

(iv) muito lenta (ferrugem, formação de rochas, decaimento radioativo, etc.), cujas ligações moleculares são muito fortes para serem rompidas.

Exemplo 17.5
A reação de formação de ferrugem, que é o hidróxido de fero III, $2Fe(OH)_3$, é feita em quatro etapas. Mostrar essas etapas.

1ª etapa: oxidação do ferro,

$$Fe_{(s)} \rightarrow Fe^{2+}{}_{(s)} + 2e^- \qquad (1)$$

2ª etapa: redução do oxigênio,

$$\frac{1}{2}O_{2(g)} + H_2O_{(\ell)} + 2e^- \rightarrow 2OH^-_{(aq)} \qquad (2)$$

3ª etapa: somando (1) e (2) e cancelando o termo comum, $2e^-$,

$$Fe_{(s)} + \frac{1}{2}O_{2(g)} + H_2O_{(\ell)} \rightarrow Fe(OH)_2 \qquad (3)$$

4ª etapa: a base, $Fe(OH)_2$, hidróxido de ferro II, por sua vez, oxida-se,

$$2Fe(OH)_2 + \frac{1}{2}O_{2(g)} + H_2O_{(\ell)} \rightarrow 2Fe(OH)_3. \quad (4)$$

(4) é o produto final, hidróxido de ferro III, que também pode ser representado sob a forma, $Fe \cdot 3(H_2O)$.

Na reação de formação de um produto com mais de uma etapa, a velocidade de reação final é dada pela etapa mais lenta. Por exemplo, a formação do $CO_{2(g)}$, é feita em duas etapas:

$$C_{(g)} + \frac{1}{2}O_{2(g)} \rightarrow CO_{(g)} \qquad (1) \qquad \text{(reação lenta)}$$

$$CO_{(g)} + \frac{1}{2}O_{2(g)} \rightarrow CO_{2(g)} \qquad (2) \qquad \text{(reação rápida)}$$

Somando ordenadamente (1) e (2), e cancelando o termo comum, $CO_{(g)}$, resulta,

$$C_{(g)} + O_{2(g)} \rightarrow CO_{(g)} \qquad (3)$$

A velocidade de reação é dada por (1), e temos pela lei cinética de Guldberb-Waage,

$$v(CO_2) = k \cdot [C] \cdot [O_2]^{1/2}$$

17.4. Fatores que Influenciam a Velocidade de uma Reação Química

Reações químicas com substâncias gasosas têm suas velocidades influenciadas por fatores físicos, químicos e energéticos.

[1] Fatores Físicos

(i) Temperatura: o amento de temperatura – que aumenta o número de colisões das moléculas – faz aumentar a velocidade de reação;
(ii) Pressão: o aumento de pressão acarreta a diminuição de volume – que aumenta a concentração dos reagentes – que aumenta o número de colisões das moléculas – e torna mais rápida a reação;
(iii) Superfície de contato: o aumento desta facilita maior interação das moléculas – o que implica maior número de colisões das moléculas – tornando mais rápida a reação;
(iv) Presença de luz: sendo a luz energia eletromagnética, a presença dela na reação faz aumentar a rapidez dela; por exemplo, na fotossíntese e na decomposição de sais como o brometo de prata, AgBr , usado para revelar fotografias – como na reação,

$$2\,AgBr \xrightarrow{Luz} 2\,Ag + Br_2$$

(v) Concentração de reagentes:aumentar a concentração de reagentes acarreta aumento do número de moléculas, que aumenta o número de colisões, e por consequência, tem-se uma reação mais rápida.

[2] Fatores Químicos

1º) Catalisador: é a substância química que adicionada aos reagentes, sem reagir com eles, promove o aumento da velocidade da reação. O termo catalisador, vem de catálise (grego, katalusis, katalysis), significa estimulação e foi introduzido na Química por Berzelius, Jö ns Jacob (1779-1848), químico sueco. O catalisador não muda a entalpia da reação.

No organismo humano as enzimas (saliva, suco gástrico) são catalisadores biológicos que facilitam a digestão e dar rapidez às reações metabólicas. Na indústria também são usados catalisadores para produzir matérias primas.

2º) Inibidores: são as substâncias adicionadas a reação que aumentam a energia de ativação (vide a seguir), e em consequência, retardam a velocidade da reação.

[3] Fatores Energéticos

(1) Teoria das Colisões

Moléculas e átomos que compõem reagentes não estão estacionários, mas em movimento permanentes. Quando dois ou mais reagentes são postos em contato eles colidem mútuo e reciprocamente, cuja reação química dependerá de energia absorvida no processo e do tipo de choques das partículas reagentes.

Trautz, Max (1880-1960), químico alemão e Lewis, William (1885-1956), físico e químico norte-americano (criador do termo fóton para designar o quantum luminoso), ambos de forma independente desenvolveram uma teoria de colisões de moléculas para explicar como a reação química decorre de choques entre os componentes reagentes: para que aconteça a reação química:
(i) os reagentes devem possuir energia mínima chamada de energia de ativação, capaz de fazer romper as ligações moleculares deles, colocando-os em estado transitório – com duração da ordem de 10^{-15} segundos – chamado de complexo ativado;
(ii) os choques entre as moléculas devem ser frontal e efetivo, de orientação favorável, com complexo ativado e formação de produto, como mostrado na fig.17.2(a).

Figura 17.2(a)

Designando por A e B os reagentes e por X e Y os produtos, temos o esquema de colisões:

Choque frontal efetivo: (A, B) ⇆ (X,Y) (antes da reação) → completo ativado (A,B,X,Y) (durante a reação) → (AX, BY) (depois da reação) (produto)

(iii) Obviamente no choque frontal não efetivo, de orientação não favorável, não haverá quebra de ligações, nem complexo ativado, nem formação de produtos, fig.17.2(b,c)

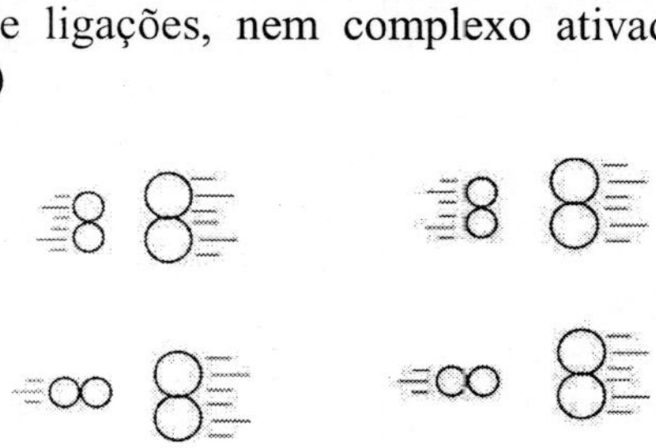

Figura 17.2(b,c)

(2) Energia de Ativação e Energia de Complexo Ativado
A energia de ativação, símbolo, E_{at} , é a energia necessária para ativar a reação química; e o complexo ativado, detém energia de complexo ativado, E_{ca} . Designando por ΔH_R , a variação da entalpia dos reagentes, a energia de ativação será dada por,

$$E_{at} = E_{ca} + \Delta H_R \qquad (17.3)$$

Na reação química exotérmica, cujo sistema fornece calor, a energia de ativação é mínima e produz uma reação rápida, gráfico da fig.17.3(a); na reação química endotérmica, o sistema recebe calor, e a energia de ativação é máxima, o que torna lenta a reação, gráfico da fig.17.3(b). Se a energia de ativação não for suficiente, não haverá complexo ativado, nem ocorrerá a reação.

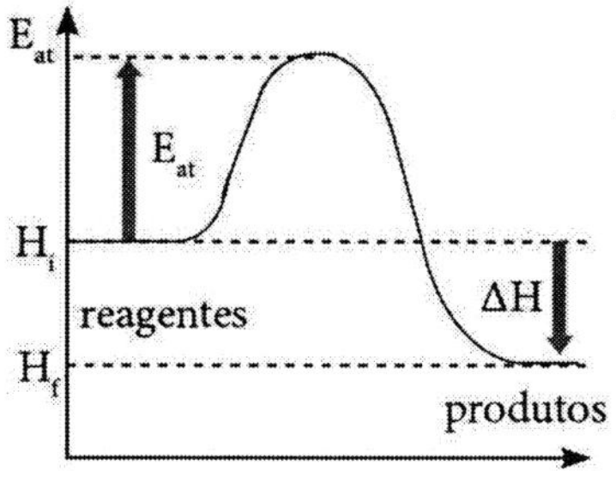

Figura 17.3(a)

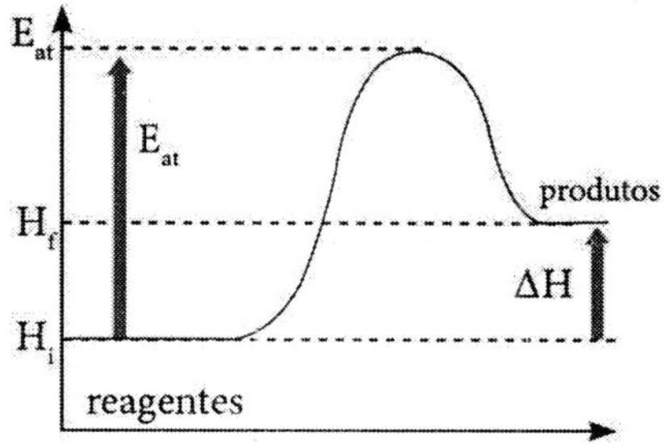

Figura 17.3(b)

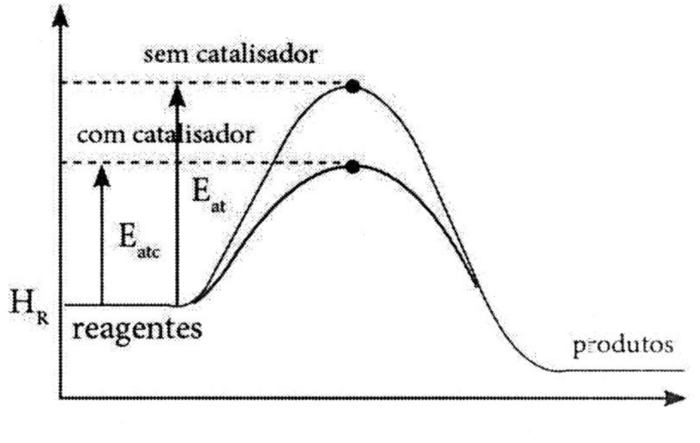

Figura 17.3(c)

Usando-se um catalisador, reduz-se a energia de ativação e a reação torna-se mais rápida, como indicado no gráfico da fig.17.3(c).

Da análise dos gráficos, pode-se concluir que quanto menor a energia de ativação maior será a velocidade da reação.

(3) Equação de Arrhenius

Arrhenius estudando as colisões moleculares estabeleceu que a energia de ativação é proporcional ao logaritmo neperiano da frequência de colisões, A, por uma constante k, concluindo a equação semiempírica,

$$E_{at} = RT \ln \frac{A}{k} \tag{17.4a}$$

onde R = 8,314 51 J/K·mol, é a constante de gases ideais e T é a temperatura absoluta. De (17.4a) tira-se a constante de Arrhenius,

$$k = A \cdot e^{-E_{at}}/RT \tag{17.4b}$$

18 – ELETROQUÍMICA

18.1. Dissociação Eletrolítica

Em 1884, Arrhenius, Svant August (1859–1927), químico sueco, legou a teoria da dissociação iônica, segundo a qual, soluções de ácidos, base ou sais, por ele chamadas eletrólitos se dissociam em íons de forma espontânea ou de forma não espontânea, com o concurso de uma corrente elétrica. E propôs que os íons eram moléculas cindidas ou incompletas e como tais, possuíam carga elétrica. Outras substâncias cujas moléculas não se dissociam e não conduz eletricidade, ele denominou-as de não eletrólitos (como solução de açúcar).

Com o sal de cozinha, NaCl , dissolvido em água, tem-se a dissociação eletrolítica espontânea, conforme a reação, $NaCl \rightarrow Na^+ + Cl^-$.

Outro exemplo: colocando uma lâmina de metal X num béquer contendo água, verifica-se que, espontaneamente, a lâmina de metal fornece íons metálicos, X^{n-}, para a água, e retém ne^-, ficando negativa, fig.18.1. Em torno da placa de metal forma-se uma película que apresenta um campo elétrico que origina uma pequena tensão galvânica, superior a da lâmina. Se substituirmos a água por uma solução eletrolítica, a lâmina de metal expulsa mais íons para a solução, aumentando a concentração deles. Nernst, Walther Herman (1864-1941), físico e químico, chamou tal fenômeno de "pressão de dissolução" e observou que quando a concentração de íons chega a certo limite de saturação, reverte-se o processo e a lâmina, então negativa, recaptura os íons X^{n-} perdidos para o eletrólito.

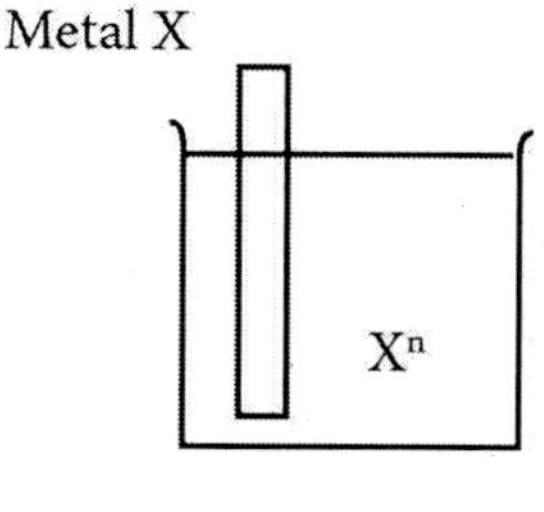

Figura 18.1

18.2. Pilha Química

A pilha química é um dispositivo que gera energia elétrica por conversão de energia química. O processo é reversível, em geral. Como aludimos no item 2.1., historicamente a 1ª pilha química foi criada em 1792, por Volta, e era constituída de empilhamento de pequenas placas cilíndricas de Z_n e Cu , separadas sucessivamente por rodelas de estopas embebidas de H_2SO_4, como eletrólito, cuja reação química decorrente converte energia química em energia elétrica, produzia uma diferença de potencial, abrevia-se, ddp, de cerca de 1,5 V. Estava assim criado o dispositivo químico que produziu a 1ª corrente elétrica contínua com o concurso de energia química. A energia elétrica da pilha de Volta é extraída das reações químicas:

$$Zn + H_2SO_4 \rightarrow ZnSO_4 + H_2 \uparrow$$

$$Cu + H_2SO_4 \rightarrow CuSO_4 + H_2 \uparrow$$

As pilhas químicas, também chamadas de geradores químicos são representadas pelo símbolo, $^{-}\,\!-\!|\!\vdash\,^{+}$. Vejamos duas delas que evoluíram da pilha de Volta.

[1] Pilha de Daniell

Daniell, John Frederic (1790 –1845), químico inglês, aproveitou a ideia de Volta, para construiu a pilha que leva o seu nome, constituída de duas cubas contendo solução de ácido sulfúrico, H_2SO_4, como eletrólito; numa cuba colocou uma barra de zinco, Zn, e na outra, uma barra de cobre, Cu; cada componente assim formada foi chamado de célula eletrolítica onde tem lugar uma semi-reação. As duas células eletrolíticas são ligadas internamente por um tubo de vidro contendo uma solução de nitrato de amônio, NH_4NO_3, chamado de ponte salina, e externamente, por um fio condutor completando o circuito elétrico, fig.18.2. Com o circuito aberto, nas respectivas célula são produzidos, espontaneamente, íons Zn^{2+} e íons Cu^{2+}. Com o circuito fechado, vejamos com detalhes como se processam as semi-reações químicas nas células eletrolíticas que geram energia elétrica.

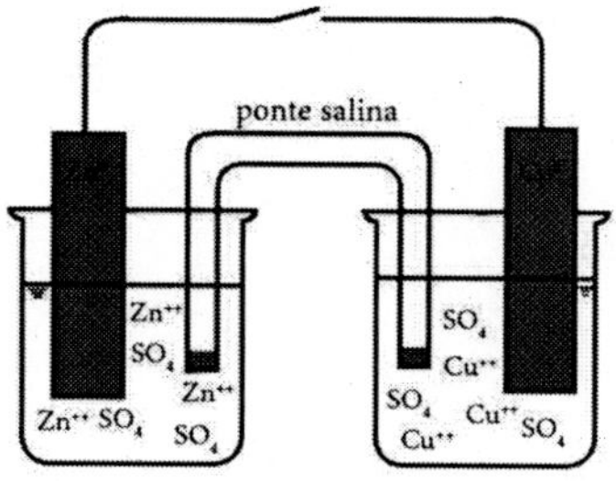

Figura 18.2

Fechado o circuito, inicia-se a reação química que produz a corrente elétrica, que no presente caso, flui do elétrodo (mais eletronegativo) do Zn , negativo, denominado de ânodo para o elétrodo de Cu, positivo, chamado de cátodo. Após certo lapso de tempo, desencadeiam-se as semi-reações químicas seguintes:

No ânodo (–), elétrodo de Z_n ;

$$Zn_{(s)} \rightarrow Zn^{2+}_{(aq)} + 2e^- \qquad (1)$$

onde ocorre a oxidação: para cada íon Zn^{2+} perdido para o eletrólito, a placa retém $2e^-$; esta fase do processo explica porque a placa de Z_n diminui de massa e a solução eletrolítica aumenta de concentração de íons Zn^{2+} , fig.18.3(a).

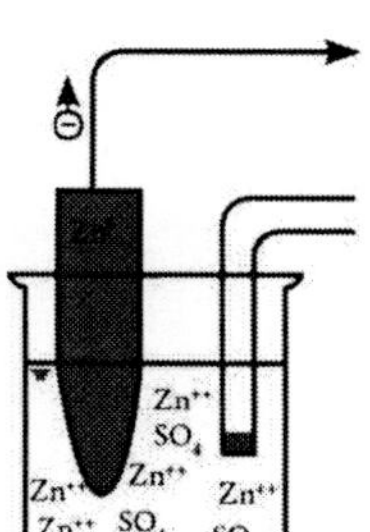

Figura 18.3(a)

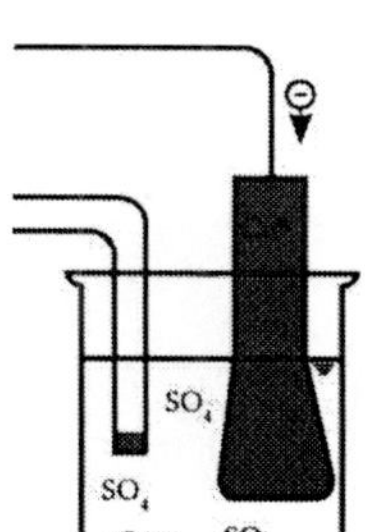

Figura 18.3(b)

No cátodo (+), elétrodo de Cu:

$$Cu^{2+}_{(aq)} + 2e^- \rightarrow Cu_{(s)} \qquad (2)$$

onde ocorre a redução: cada íons Cu^{2+} do eletrólito recebe $2e^-$ do circuito externo e se neutraliza tornando-se átomos neutros de Cu^0, fig.18.3(b); esta fase explica porque a placa de Cu aumenta de massa e a solução eletrolítica diminui de concentração de íons Cu^{2+}.

Somando (1) e (2), tem-se a reação global,

$$Zn_{(s)} + Cu^{2+}_{(aq)} \rightarrow Zn^{2+}_{(aq)} + Cu_{(s)} \qquad (3)$$

O ácido sulfúrico, H_2SO_4, por sua parte se decompõe conforme a reação,

$$H_2SO_4 \rightarrow SO_4^{2-} + 2H^- \qquad (4)$$

os íons sulfato, SO_4^{2-} formados, dirigem-se para o ânodo de Zn (através da ponte salina) onde reage com o mesmo formando sulfato de zinco, $ZnSO_4$, como na reação,

$$SO_4^{2-} + Zn \rightarrow ZnSO_4 + 2e^- \qquad (5)$$

de modo que os $2e^-$ liberados de (5) que vão manter a corrente eletrônica da parte externa do circuito, enquanto os íons $2H^-$ de (4) vão manter a corrente iônica no seio do eletrólito, onde ganham elétrons e se convertem em átomos de hidrogênio; estes por sua vez, unem-se dois a dois, formando moléculas de hidrogênio, H_2, que se desprendem junto ao cátodo de Cu. Portanto, a pilha química, composta do elétrodo de Zn, da solução de ácido sulfúrico, H_2SO_4, e do elétrodo de Cu, proporciona a transformação da energia química em energia elétrica, que pode ser colocada como níveis de potenciais elétricos: do zinco, da solução e do cobre, fig.18.4.

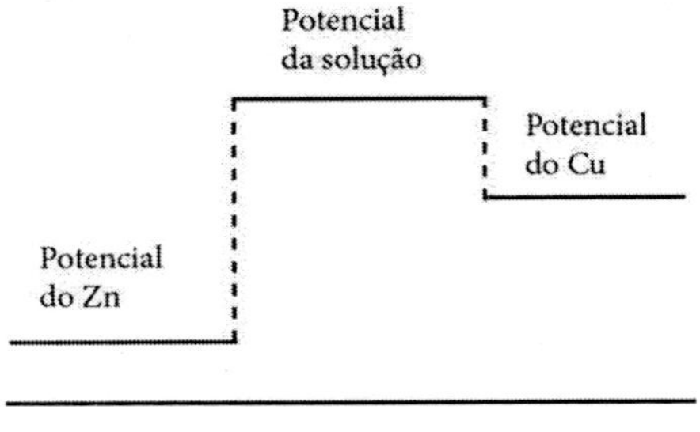

Figura 18.4

Com a reação química global (3), ora repetida,

$$Zn_{(s)} + Cu^{2+}_{(aq)} \rightarrow Zn^{2+}_{(aq)} + Cu_{(s)}$$

Faz-se a representação esquemática da pilha de Daniel:

Zn / Cu^{2+} // Zn^{2+} / Cu^0
ânodo - ponte salina// - cátodo

Para a medição das grandezas elétricas da pilha de Daniel, intercala-se à parte externa do circuito um amperímetro, que mede a corrente elétrica, e um voltímetro que mede a ddp, que na pilha de Daniel, que é cerca de 1,10 V.

Observe-se, ademais, que entre os elétrodos, estabeleceu-se um campo elétrico interno E_i , que é traduzido externamente como força eletromotriz, abrevia-se fem, símbolo ε , cujo produto dela pela carga elétrica, $q\varepsilon$, mede o trabalho elétrico para pôr as cargas elétricas em circulação, ou seja, $W = q\varepsilon$.

Para a determinação da ddp de cada célula eletrolítica usa-se estabelecer um potencial eletroquímico tomado como padrão, de valor igual a 0 Volt, que é definido da seguinte forma: instala-se num célula eletrolítica, um elétrodo de hidrogênio (um tubo de vidro contendo 1 mol/ℓ de hidrogênio gasoso, a pressão de 1 atm e a 25 ºC, dentro do qual coloca-se uma pequena placa de platina que tem função catalisadora de capturar ou fornecer elétrons ao circuito). A célula padrão conectada a cada célula eletrolítica fornecerá a medida da ddp, que é lida diretamente num voltímetro, ligado entre ambas, fig.18.5(a,b).

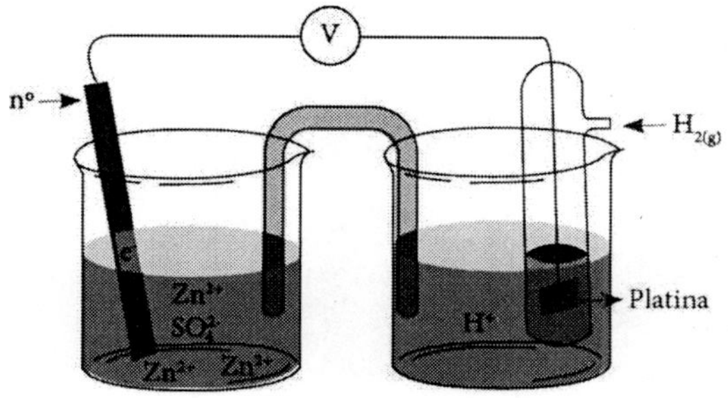

Figura 18.5(a)

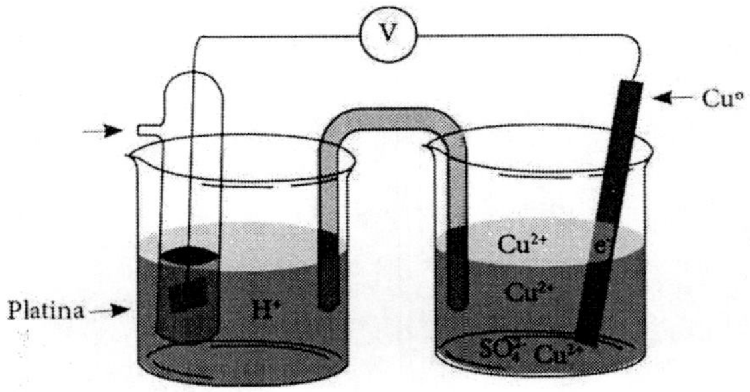

Figura 18.5(b)

O potencial eletroquímico será de oxidação, símbolo, ε_{ox}, ou de redução, $-\varepsilon_{rd}$, cuja soma algébrica mede a ddp de oxirredução, $\Delta\varepsilon^0 = \varepsilon^0_{ox} - (-\varepsilon^0_{rd}) = \varepsilon^0_{ox} + \varepsilon^0_{rd}$.

A ddp de uma pilha, referida ao potencial padrão, é dado por qualquer das expressões:

$$\Delta\varepsilon^0 = \varepsilon^0_{cátodo/maior} - \varepsilon^0_{ânodo/menor}$$

ou

(18.1)

$$\Delta\varepsilon^0 = \varepsilon^0_{ox} + \varepsilon^0_{red}$$

Na pilha de Daniel, o potencial da célula de zinco referido ao potencial da célula padrão, lê-se diretamente no voltímetro, ddp = 0,76 V , significando:

$$0{,}76 \text{ V} = \varepsilon^0_{ox/H^-} - \varepsilon^0_{ox/Zn^{2+}} = 0{,}00 \text{ V} - \varepsilon^0_{ox/Zn^{2+}}$$

ou seja,

$$\varepsilon^0_{ox/Zn^{2+}} = +\,0{,}76 \text{ V}$$

na oxidação; e de modo análogo obtemos, $\varepsilon^0_{rd/Zn^0} = -\,0{,}76$ V, na redução.

De igual modo, o potencial da célula de cobre referido ao potencial da célula padrão, padrão, lê-se diretamente no voltímetro, ddp = 0,34 V , significando:

$$0{,}34 \text{ V} = \varepsilon^0_{ox/H^-} - \varepsilon^0_{ox/Cu^{2+}} = 0{,}00 - \varepsilon^0_{ox/Cu^{2+}}$$

donde,

$$\varepsilon^0_{ox/Cu^{2+}} = -\,0{,}34 \text{ V}$$

na oxidação. Seguindo o mesmo procedimento, obtemos $\varepsilon^0{}_{rd/Cu}{}^0 = +0,34$ V, na redução. O que permite concluir que o potencial da oxirredução, é $\varepsilon^0{}_{ox/Zn}{}^{2+}$ + $\varepsilon^0{}_{rd/Cu}{}^0 = 0,76\text{ V} + 0,34\text{ V} = 1,10\text{ V}$.

Como se pode observar os valores de $\varepsilon^0{}_{oxZn}{}^{2+}$ e de $\varepsilon^0{}_{rd/Zn}{}^0$ são sempre simétricos para o mesmo elétrodo, de forma que a IUPAC estabeleceu que se deve tabelar apenas os valores dos potenciais padrão de redução (1 mol/ℓ , a 25 ºC, e atm). Vide Tabela 18.

[2] Pilha de Leclanché

Em 1865, Leclanché, Georges (1839-1882), engenheiro francês, inventou a pilha que tem o seu nome, composta de um recipiente de vidro contendo dois elétrodos: carbono, como polo positivo e zinco, como polo negativo, tendo como eletrólito uma solução aquosa de cloreto de amônia, NH_4Cl, e como despolarizante, bióxido de manganês, MnO_2. Segue a reação química na pilha,

$$Zn + 2NH_4Cl \rightarrow ZnCl_2 \cdot NH_3 + H_2 \uparrow$$

Com o tempo a pilha de Leclanché líquida foi transformada na pilha seca que hoje conhecemos comercialmente, fig.18.6, a qual é formada de um cilindro de zinco tendo no centro um bastão de grafite, como elétrodo positivo, rodeado de dióxido de manganês, MnO_2, que, por sua vez, estar imerso numa pasta de cloreto de amônia, NH_4Cl , e cloreto de zinco, como eletrólito; o invólucro de zinco funciona como polo negativo. Na pilha seca ocorrem as reações químicas,

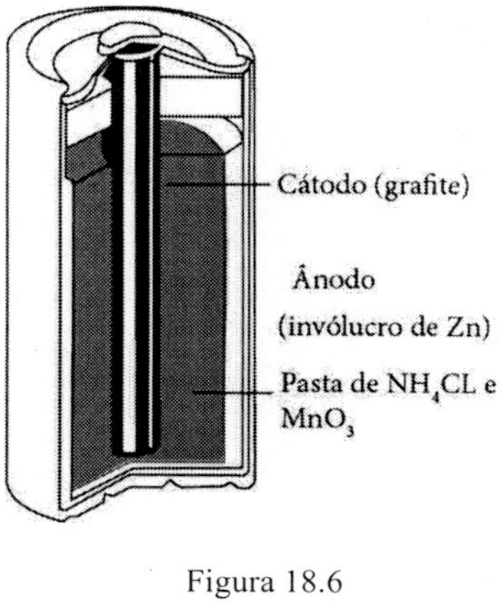

Figura 18.6

No cátodo (+): $Zn^0 \rightarrow Zn^{2+} + 2e^-$ (1)

No ânodo (–) : $2NH_4 + 2MnO_2 + 2e^- \rightarrow 2MnO(OH) + 2NH_3$ (2)

Somando ordenadamente (1) e (2) , e eliminando os termos comuns , obtemos,

$$Zn^0 + 2NH_4 + 2MnO_2 \rightarrow Zn^{2+}\ 2MnO(OH) + 2NH_3 \quad (3)$$

[3] Bateria

Bateria é um conjunto de pilhas associadas em série. A bateria mais comum, também chamada de acumulador, é a de chumbo com eletrólito de ácido, usada em automóveis para dar partida, a qual é composta de 6 células de placas de chumbo, Pb, dispostas no interior de um recipiente plástico, que são de dois tipos: placas de chumbo puro, de grande superfície (aletadas, placas de Planté), interligadas ao polo positivo, e placas de chumbo puro esponjoso (nervuradas) revestidas de óxido de chumbo IV ou bióxido de chumbo, PbO_2 , interligadas ao polo negativo. As células das placas de chumbo ficam em contato com um eletrólito de ácido sulfúrico, H_2SO_4 . No acumulador acontece a reação química que produz a energia elétrica que oferece uma tensão elétrica de 12 Volt, 2 V por célula, fig.18.7. Vejamos as reações químicas pertinentes:

Figura 18.7

No ânodo (–) : $Pb + HSO_4^- + H_2O \leftrightharpoons PbSO_4 + H_3O^+ + 2e^-$ (1)

No cátodo (+): $PbO_2 + HSO_4^- + 3H_3O^+ + 2e^- \leftrightharpoons PbSO_4 + 5H_2O$ (2)

Somando ordenadamente (1) e (2), e simplificando, obtemos a reação final,

$$Pb + PbO_2 + 2HSO_4^- + 2H_3O^+ \leftrightharpoons 2PbSO_4 + 4H_2O \qquad (3)$$

As reações químicas vistas são reversíveis, o que quer dizer que, se a bateria se descarregar (quando o ácido sulfúrico baixar a densidade de 1,28g/cm^3 para 1,20 g/cm^3) ela pode ser recarregada fazendo passar pela mesma uma corrente elétrica de sentido invertido. Na bateria de automóvel essa recarga é feita, automaticamente, pelo dínamo ou alternador, quando se liga o carro.

[4] Pilhas Miniaturizadas

As primeiras pilhas miniaturizadas apareceram em 1942, com Ruben, Samuel (1900-1988), inventor norte-americano, com diâmetro de 2,5 cm, e são compostas de óxido de prata, Ag_2O, de óxido de mercúrio, HgO , ou de óxido de Lítio. Essas pilhas mirins, do tamanho de um botão, fig.18.8, são utilizadas, há décadas, em relógio de pulso, aparelhos auditivos, calculadoras, etc.. Vejamos duas dessas pilhas citadas.

Figura 18.8

• Pilha de óxido de prata-zinco, fig.18.9, tem como eletrólito hidróxido de potássio, $KOH_{(aq)}$, e hidróxido de manganês, $Mn(OH)_2$, que não se altera durante a reação química,

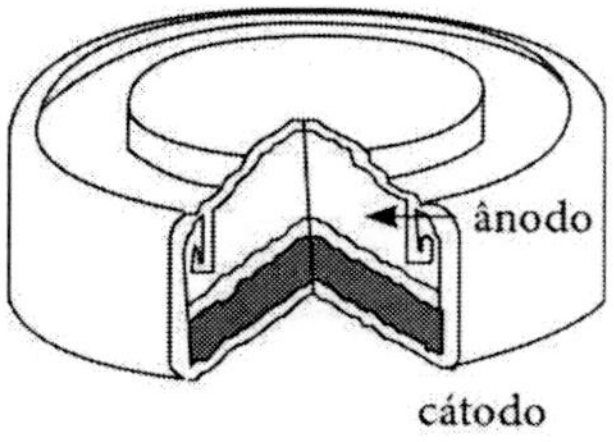

cátodo

Figura 18.9

No ânodo (–): $Zn^{2+} + 2e^- + 2OH^-_{(aq)} \rightarrow Zn(OH)_2$ (1)

No cátodo (+); $Ag_2O + H_2O \rightarrow 2Ag + 2e^- + 2OH^-$ (2)

Somando ordenadamente (1) e (2) e eliminando os termos comuns, virá à reação final,

$$Zn + Ag_2O + H_2O_{(\ell)} \rightarrow Zn(OH)_2 - 2Ag \qquad (3)$$

que gera a ddp de 1,6 V.

- Pilha de óxido de mercúrio II-zinco, fig.18.10, tem como eletrólito hidróxido de potássio, $KOH_{(aq)}$, e reação química,

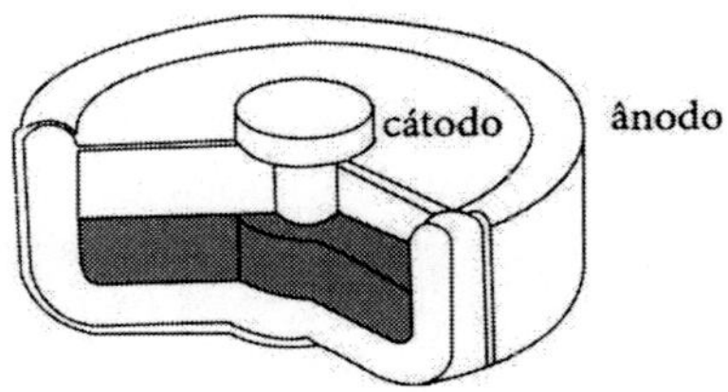

Figura 18.10

No ânodo (–): $Zn_{(s)} + 2OH^-_{(aq)} \rightarrow ZnO_{(s)} + H_2O_{(\ell)} + 2e^-$ (1)

No cátodo (+): $HgO_{(s)} + H_2O_{(\ell)} + 2e^- \rightarrow Hg_{(\ell)} + 2OH^-$ (2)

Somando ordenadamente (1) e (2) e eliminando os termos comuns, virá à reação final,

$$Zn_{(s)} + HgO_{(s)} \rightarrow ZnO_{(s)} + Hg_{(\ell)} \qquad (3)$$

que gera uma ddp de 1,35 V.

18.3. Eletrólise

Como já aludimos, a eletrólise é a ocorrência de dissociação iônica de uma substância composta provocada pela passagem de corrente elétrica no seio de uma cuba eletrolítica. Portanto, trata-se de uma reação de oxirredução não espontânea.

Com uma célula eletrolítica (que é uma pilha) ligada em séria a uma pilha externa compõe-se um circuito elétrico, fig.18.11, que realizar a eletrólise, e para o qual se adotará à parte externa, a corrente elétrica convencional que vai do polo positivo para o polo negativo. Isto implica inverter as polaridades dos elétrodos: o polo negativo (–) é o cátodo e o polo positivo (+) é o ânodo; internamente, no seio da cuba, tem-se a corrente iônica, cujos íons positivos chamados de cátions, simbolicamente, C^{n+}, dirigem-se para o ânodo, enquanto os íons negativos, denominados de ânions, símbolo, A^{n-}, dirigem-se para o cátodo. Então, temos:

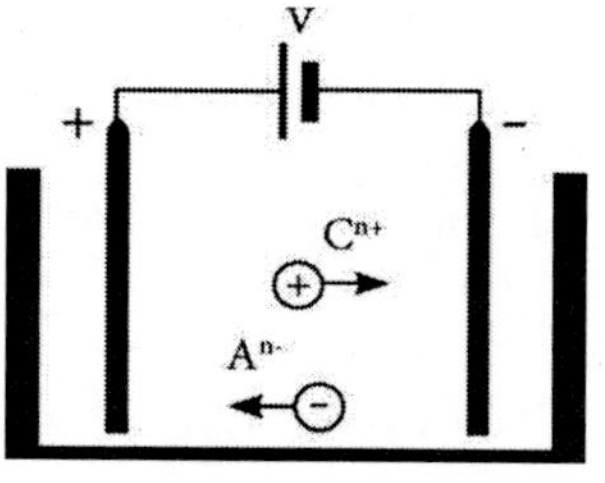

Figura 18.11

Semirreação de redução ao cátodo (–): $C^{n+} + ne^- \rightarrow C^0$

Semirreação de oxidação ao ânodo (+): $A^{n-} \rightarrow A^0 + ne^-$

Existem duas modalidades de eletrólise: a eletrólise aquosa, com soluto iônico n'água, e a eletrólise ígnea, com soluto iônico liquefeito ou fundido. Vejamos cada uma delas através de exemplos.

- Eletrólise aquosa:

O cloreto de sódio, NaCl , em solução aquosa, submetido à eletrólise, produz soda caustica, NaOH, através de quatro etapas:

$2NaCl_{(aq)} \rightarrow 2Na^+_{(aq)} + 2Cl^-_{(g)}$ (dissociação iônica)

$2H_2O_{(\ell)} \rightarrow 2H^+_{(g)} + 2OH^-_{(aq)}$ (autoionização da água)

$2H^+ + 2e^- \rightarrow H_2$ (semirreação no cátodo)

$2Cl^-_{(aq)} \rightarrow Cl_{2(g)} + 2e^-$ (semirreação no ânodo)

Somando ordenadamente as equações e cancelando os termos comuns, obtemos,

$$2NaCl_{(aq)} + 2H_2O_{(\ell)} \rightarrow 2Na^+_{(aq)} + 2OH^-_{(aq)} + Cl_{2(g)} + H_{2(g)}$$

Observe-se que nas semireações, foram produzidos dois cátions, Na^+ e H^+, e dois ânions, Cl^- e OH^- , mas apenas o cátion H^+ e o ânion Cl^- , sofreram descargas junto aos elétrodos, os demais permaneceram inalterados

- Eletrólise ígnea:

O cloreto de sódio, NaCl, aquecido a 800,4 °C (que é o seu ponto de fusão) liquefaz-se. Colocado este sal fundido numa cuba eletrolítica com dois elétrodos inertes (de platina ou grafite) e submetendo-o à eletrólise, ele dissocia-se em íons Na^+ e Cl^- conforme as semirreações químicas:

No cátodo (–): $2\,Na^+_{(\ell)} + 2e^- \rightarrow 2Na_{(\ell)}$ (1)

No ânodo (+): $2Cl^-_{(\ell)} \rightarrow Cl_{2(g)} + 2e^-$ (2)

Somando ordenadamente (1) e (2) e cancelando os termos comuns, obtemos,

$$2Na^+_{(\ell)} + 2Cl^-_{(\ell)} \rightarrow 2Na_{(\ell)} + Cl_{2(g)}$$

Outro exemplo: na eletrólise do ácido sulfúrico a corrente elétrica no seio do eletrólito que produz a ionização da solução eletrolítica, segundo a equação de oxirredução,

$$H_2SO_4 \rightarrow 2\,H^+ + SO_4^{2-}$$

Mas o processo prossegue com as reações secundárias: os íons $2H^+$ oxidados dirigem-se para o cátodo, onde cada um recebe dois $2e^-$ e transformam-se em moléculas neutras de hidrogênio, H_2 ; enquanto que íons SO_4^{2-} dirigem-se para o ânodo onde doa $2e^-$ por íon e convertem-se em moléculas neutras de SO_4 , conforme as equações abaixo:

no cátodo (–): $2H^+ + 2e^- \rightarrow H_2$
no ânodo (+): $SO_4^{2-} \rightarrow SO_4 + 2e^-$

Na eletrólise, há, portanto, consumo de energia elétrica que se converte em energia química.

19 – FÍSICO-QUÍMICA NUCLEAR

19.1 Introito

A Física atômica quando estuda a eletrosfera do átomo dar conta das propriedades química desta; e quando estuda o núcleo atômico, que é o cerne do átomo, revela nele a existência de altas energias internas, de ligações, manifestadas como forças de curto alcance, nucleares, que violadas, produzem a fissão nuclear ou a fusão nuclear. Comprovou-se que átomos com $Z \geq 60$, chamados de átomos pesados, como o urânio, radio, tório, plutônio, etc. emitem espontaneamente radiações de seus núcleos, por isso chamado de elementos radioativos. A radioatividade, a fusão e a fissão nucleares são assuntos tratados na minha Física Moderna, que aqui serão reapresentados para atender este tópico, que também é chamado de Físico-Química nuclear, já que tais assuntos pertencem a ambas as ciências na descrição e explicação do fenômeno nuclear.

19.2. Descoberta de Radioatividade

Em fevereiro de 1896, Becquerel Antoine Henri (1852-1908), físico francês, recobriu uma chapa fotográfica com uma folha de papel preto e colocou sobre ela alguns cristais de certo composto de urânio (sulfato de uranil potássio, que era fluorescente), verificou depois que a chapa ficava com manchas escuras causada pelo produto, independentemente da ação da luz solar. Becquerel concluiu que o referido composto emitira certa radiação e que esta deveria ser parte da estrutura interna de seus átomos.

Em 1899 Becquerel verificou que a radiação por ele descoberta, quando submetida a um intenso campo elétrico, desdobrava-se em três tipos, batizados com os nomes de raios beta, de natureza corpuscular (logo identificados como sendo elétrons), raios alfa, também de natureza corpuscular (identificados como o núcleos de Hélio, em 1906) e raios gama, não desviados, e identificados como radiação eletromagnética, fig.19.1. Em 1901 Becquerel conclui que é o Urânio[1] a parte radioativa do referido composto.

---

[1] o Urânio foi descoberto em 1789 por Martin Heinrich Klaproth (1743-1817), químico alemão, ao analisar um minério negro conhecido como pechblenda, depois chamado de uranita , que é óxido de Urânio (U_2O_8) junto com pequenas impurezas de outros metais, como Fe, Pb, Th , etc.

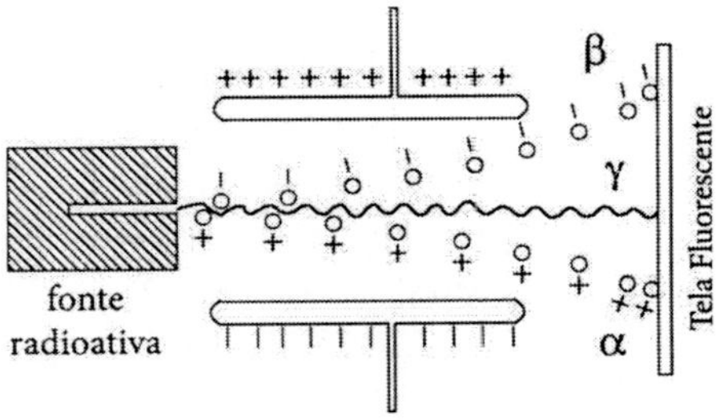

Figura 19.1

Em 1898 o mesmo fenômeno fora estudado pelo casal Curie [Marie Sklodowska Curie (1867-1934), química polonesa, radicada na França, e pelo seu marido Pierre Curie (1859-1906), químico francês], que batizou-o de radioatividade, e a radiação, de raios de becquerel. Nesse mesmo ano, da "impureza" do referido composto o casal identificou dois novos elementos mais radioativos que o Urânio: o 1º em julho, que foi chamado de Polônio, e o 2º em dezembro, batizado de Rádio (este mais radioativo que aquele). Contudo, só em 1902, após realizarem 5.677 cristalizações do composto radioativo é que eles conseguem isolar 0,1 de grama de Rádio[2].

Em 1903 Becquerel junto com o casal Curie, receberam o Prêmio Nobel de Física. Em 1911 Marie Curie recebeu o Prêmio Nobel de Química.

19.3. Decaimento Radioativo. Meia Vida e Vida Média

Retomemos aqui o fenômeno da Radioatividade. No 4º Artigo de Einstein, publicado em 1905 no Annalen der Physik, do qual decorreu a célebre fórmula, $E = mc^2$, ele sugere que a conversão de massa em energia seja testada, por exemplo, na desintegração de sais de Rádio.

[1] Velocidade de Desintegração

Quando se examina a amostra de um elemento radioativo com processo de desintegração em curso, considera-se que no instante t , ela tem N(t) núcleos radioativos e no instante posterior, $t + \Delta t$, tem $N(t+\Delta t)$ núcleos radioativos desintegrados, de modo que,

---

[2] só após processarem 8 t de pechblenda é que eles conseguem obter 1g de Rádio.

$$\Delta N = -\ [N(t+\Delta t) - N(t)]$$

A desintegração no lapso de tempo Δt é ,

$$\frac{\Delta N}{\Delta t} = -\frac{N(t+\Delta t) - N(t)}{\Delta t}$$

Tomando os limites das razões incrementais quando $\Delta t \rightarrow 0$,tem-se a velocidade de desintegração que é proporcional a N(t),

$$\frac{dN}{dt} = -\chi N \qquad (19.1a)$$

onde χ é a constante de desintegração radioativa ou de decaimento, e o sinal (–) indica que a quantidade de núcleos diminui com o tempo.

Separando as variáveis da equação supra, virá,

$$\frac{dN}{N} = -\chi\, dt \qquad (19.1b)$$

Designando por N_o o número de núcleos no instante t = 0, e integrando-a nos limites N_o e N ; de t = 0 a t , obtemos,

$$\ln\frac{N}{N_o} = -\chi \cdot t$$

Donde,

$$N = N_o\, e^{-\chi \cdot t} \qquad (19.1c)$$

que é a equação da desintegração radioativa, esboçada na curva da fig.19.2.

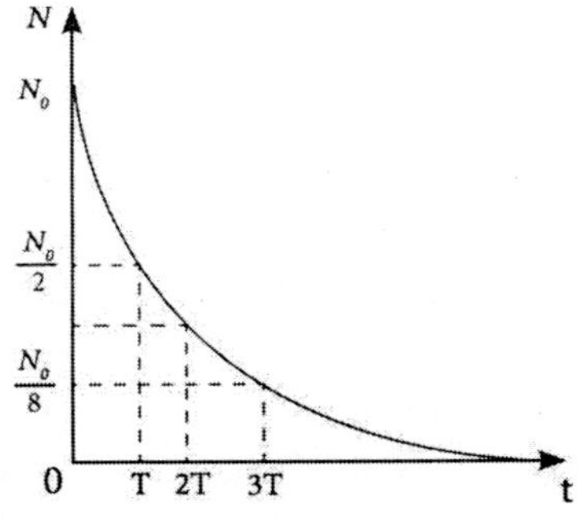

Figura 19.2

[2] Atividade Radioativa

Por outra parte, derivando (19.1c) no tempo, e tomando o valor obsoluto, obtemos,

$$\left|\frac{dN}{dt}\right| = \chi \cdot N_o\, e^{-\chi \cdot t} = \chi\, N \qquad (19.1d)$$

onde o 1º membro acima é chamado de atividade radioativa, A_t , que é o número de núcleos que se desintegram na unidade de tempo; e do 2º membro, pondo, $A_o = \chi.N_o$, que é a atividade inicial, e temos,

$$A_t = A_o\, e^{-\chi \cdot t} \qquad (19.2a)$$

ou também,

$$A_t = \chi\, N \qquad (19.2b)$$

A unidade SI de atividade radioativa é o Becquerel, símbolo, Bq, que é a atividade de uma fonte radioativa em que ocorre 1 desintegração por segundo; e tem a dimensão de frequência, $|A| = T^{-1}$; usa-se o múltiplo kBq. Fora do SI ainda se usa a unidade Curie, Ci, onde 1 Ci = $3{,}7\times10^{10}$ Bq , e também seus submúltiplos, mCi e μCi. Note-se também que $|\chi| = T^{-1}$, cuja unidade é o s^{-1} , mas quando conveniente toma-se o ano^{-1} ; por exemplo, para o Rádio 226, $\chi = 1/2300\ ano^{-1}$.

[3] Meia-Vida e Vida Média

Em 1902-3 Rutherford sugeriu chamar de meia-vida (half life) o tempo necessário para que uma amostra radioativa desintegre a metade de seus núcleos, também chamada de período de semi-desintegração, anota-se, $T_{1/2}$; tomando $t = T/2 = T_{1/2}$ e $N = N_o/2$, e levando em (19.1c), virá,

$$\frac{N_o}{2} = N_o\, e^{-\chi \cdot T1/2}$$

donde se segue,

$$\chi \cdot T_{1/2} = \ln 2$$

Então,

$$T_{1/2} \cong \frac{0,693}{\chi} \qquad (19.3a)$$

O conceito de meia-vida é útil porque ele pode ser aplicado a qualquer tempo da existência da amostra. Seguindo a definição dada, para $t = 2T_{1/2}$, temos, $N_o/4$; para $t = 3T_{1/2}$, virá, $N_o/8$; etc.; para $t = n\,T_{1/2}$, temos, $N_o/2^n$, como indicados no gráfico da fig.19.3.

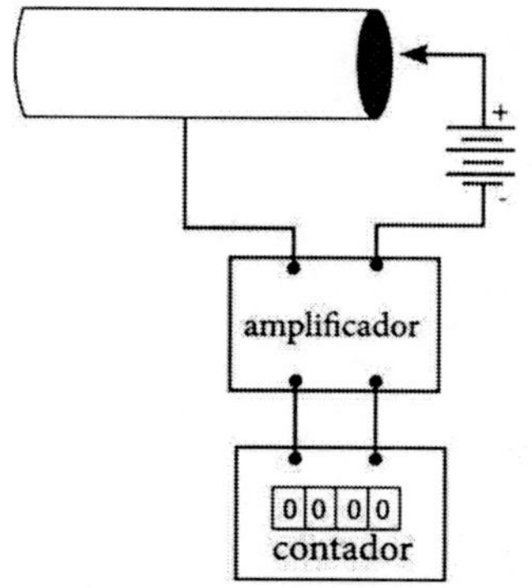

Figura 19.3

De (19.2b) e (19.3a) podemos concluir que,

$$A_t = \frac{0,693}{T_{1/2}} N \qquad (19.3b)$$

Pondo $\tau = 1/\chi$, define-se o tempo de vida média ou vida média que é o tempo médio (média aritmética), símbolo T_m , para que o núcleo se desintegre de N_o/e, que se comprova levando este valor em (19.1c). Obviamente que $T_{1/2} = 0,693T_m$, ou seja, a meia-vida equivale a 69,3% da vida média de uma amostra radioativa.

Exemplo 19.1

Dispõe-se de uma amostra de 1mg de ^{14}C , para o qual $\chi = 3,832\ 5x10^{-12}\ s^{-1}$. Calcular a meia-vida; o número de núcleos em t = 0; a atividade inicial; número de núcleos remanescentes, após 1 ano.

meia-vida: de (19.3a), temos,

$$T_{1/2} = \frac{0,693}{3,832\ 5x10^{-12}\ s^{-1}} \cong 1,808\ 2x10^{11}\ s$$

E por ser, $1a = 3,155\ 69x10^{7}$ s, podemos concluir que, $T_{1/2} \cong 5.730$ a.

número de núcleos: como a massa atômica em u do ^{14}C corresponde a 14,00325 g/mol que contém o Número de Avogadro N_A , assim como 1mg da amostra contém N_o , então, temos,

$$\frac{14,00325\ g/mol}{6,022\ 136\ 7x10^{23}\ núcleos/mol} = \frac{1x10^{-3}\ g}{N_o}$$

donde,

$$N_o \cong 4,30x10^{19}\ núcleos$$

atividade inicial: de $A_o = \chi.N_o$, virá,

$$A_o = (3,832\ 5x10^{-11}2s^{-1})(4,30x10^{19}\ núcleos) \cong 1,65x10^{9}\ Bq$$

número de núcleos N remanescentes, após 1 ano: neste caso, $\chi \cdot T_{1/2}$ = (3,832 5x10^{-12} s^{-1})(3,155 6 9x10^7 s) ≅ 0,000 120 94 ; levando em (19.1c), virá,

$$N = (4{,}30x10^{19} \text{ núcleos})\ e^{-0{,}0001\ 20\ 94} \cong 4{,}299x10^{19} \text{ núcleos}$$

ou seja, depois de 1a somente se desintegrou cerca de 0,012 % da amostra.

[4] Datação pelo Carbono-14

Raios cósmicos (constituídos de prótons, elétrons, nêutrons, raios gama, mésons) que representa o estado plasmático da matéria, vêm do espaço exterior, bombardeiam a atmosfera da Terra, constituída de 78% de nitrogênio, convertendo continuamente, nitrogênio-14 em Carbono-14, radioativo, mediante a reação tipo,

$$^{14}{}_{7}N + {}^{1}{}_{0}n \rightarrow {}^{14}{}_{6}C + {}^{1}{}_{1}H$$

Por sua vez o $^{14}{}_{6}C$ reage com o oxigênio da atmosfera formando o dióxido do carbono, CO_2, que passa à biosfera do planeta incorporando-se aos tecidos de todos os organismos vivos, já que, em última análise, a vida animal e vegetal dependem do CO_2.

Num processo recíproco, os vegetais devolvem à atmosfera o CO_2 como $^{12}{}_{6}C$, havendo assim uma contínua troca, que promove o equilíbrio de ambos os carbonos na atmosfera, à razão $^{14}C/^{12}C = 1{,}3x10^{-12}$. Na morte do organismo animal e vegetal cessa o intercâmbio e o $^{14}{}_{6}C$, remanescente segue o processo de desintegração.

Em 1947 Willard Frank Libby (1908-1980), químico norte americano [o premio Nobel de Química de 1960], detecta a existência de desintegração em resto orgânico, e teve a brilhante ideia de estimar a idade do mesmo usando o decaimento do $^{14}{}_{6}C$ nele presente. O método aperfeiçoado por ele passou a ser chamado de datação pelo Carbono-14, e logo foi usado para estimar a idade de inúmeras relíquias antigas, entre as quais, incluem-se a idade de múmias e dos Pergaminhos do Mar Morto.

Obviamente podem ser usados outros radioisótopos para estabelecer datação mais longa ou mais breve, quando o método passa a ser chamado de datação radioativa. Por exemplo, usando o Urânio-238 , que tem meia-vida de 4,5 bilhões de anos, estabeleceu-se a idade da Terra em 4,6 bilhões de anos.

Exemplo 19.2

Um fragmento de osso com 50 g foi achado numa escavação arqueológica manifestando a atividade radioativa de 5,6 Bq de ${}^{14}_{6}C$. Estimar a idade do fragmento do osso.

Como vimos, a meia-vida do ${}^{14}C$ é $T_{1/2}$ = 5.730 e 1a ≅ 1,808 21x10^{11} s ; e de (19.3a) virá,

$$\chi = \frac{0,693}{1,808\ 21\text{x}10^{11}\ \text{s}} \cong 3,832\ 5\ \text{x}10^{-12}\ \text{s}^{-1}$$

Como 12 g/mol de ${}^{12}C$ contém 6,022 136 7x10^{23} núcleos/mol , 50 g de ${}^{12}C$ conterá,

$$N_o({}^{12}C) = \frac{(50\text{g})(6,022\ 136\ 7\text{x}10^{23}\ \text{núcleos/mol})}{12\ \text{g/mol}} \cong 2,509\ \ 2\text{x}10^{24}\ \text{núcleos}$$

E tendo em conta a razão de equilíbrio atmosférico, ${}^{14}C/{}^{12}C = 1,3\text{x}10^{-12}$, virá,

$$N_o({}^{14}C) = (2,509\ 2\text{x}10^{24}\ \text{núcleos})(1,3\text{x}10^{-12}) = 3,261\ 96\text{x}10^{12}\ \text{núcleos}$$

Sendo a atividade inicial, $A_o = \chi.N_o$, virá,

$$A_o = (3,832\ 5\text{x}10^{-12}\ \ \text{s}^{-1})(3,2619\ 6\text{x}10^{12}\ \text{núcleos}) \cong 12,50\ \text{Bq}$$

E de (19.2a), tiramos,

$$e^{-\chi.t} = \frac{A_t}{A_o}$$

Aplicando ln a ambos os membros acima, e evidenciando t , obtemos a idade procurada,

$$t = \frac{1}{-\chi}\ln\left(\frac{A_t}{A_o}\right)$$

Substituindo os dados,

$$t = \frac{1}{-3{,}832\,5 \times 10^{-12}\ s^{-1}} \ln\left(\frac{5{,}6\ Bq}{12{,}5\ Bq}\right) \cong 2{,}095\,14 \times 10^{11}\ s \cong 6.639\ a$$

Este método é valido para estimativas de idades de até 20.000 a .

19.4. Radiações Nucleares

Como vimos, a Radioatividade é a propriedade que têm os núcleos dos elementos radioativos de emitirem radiações não controladas. O processo é chamado de desintegração nuclear e é acompanhado de emissão de alta energia das partículas subatômicas, alfa α , beta β (e^- , e^+) e gama γ , esta, radiação eletromagnética, como já aludimos; as velocidades dessas partículas dependem da fonte radioativa que as emitem e do meio em que se propagam. Essas radiações penetram na matéria e ionizam átomos e moléculas, e por consequência, podem ser danosas aos organismos vivos. Contudo, a medicina nuclear, usa raios gama de ^{60}Co em determinadas terapias e raios gama do ^{99}Tc para combater tumores cancerosos.

As radiações nucleares composta de partículas subatômicas são detectadas por um equipamento chamado de contador Geiger [inventado em 1913 por Hans Geiger (1882-1945), físico alemão], o qual consiste de dois elétrodos, um negativo, cilindro de Alumínio de 0,1 mm contendo um gás, e outro positivo, um fio disposto no eixo do cilindro, ambos conectados a uma bateria de alta tensão (1kV), um amplificador e um contador, fig.19.3; quando partículas subatômicas penetram no cilindro, ioniza o gás e produz uma corrente elétrica momentânea que se descarrega lentamente, produzindo os estalidos característicos, que são registradas no contador. Vejamos a seguir as principais características das três radiações nucleares.

[1] Partícula Alfa

É o núcleo de Hélio emitido espontaneamente de uma fonte radioativa; tem velocidade de 1,2 a $2{,}2 \times 10^7$ m/s e energia cinética de 4 a 9 MeV; contudo podem ser detidas por uma simples folha de papel. Para esse intervalo de energia cinética, o alcance máximo R_α da partícula α , no ar , é dado pela equação empírica de Geiger,

$$R_\alpha = 9{,}709\text{x}10^{-24}\ v_\alpha^{\ 3} \qquad (19.4a)$$

Por exemplo, para $v_\alpha = 1{,}5\text{x}10^7$ m/s , no ar , partícula α tem $R_\alpha = 3{,}2$ cm. A distribuição das partículas alfa versus energia cinética é dada na fig.19.4, e como se pode ver apresenta espectro descontínuo de energia.

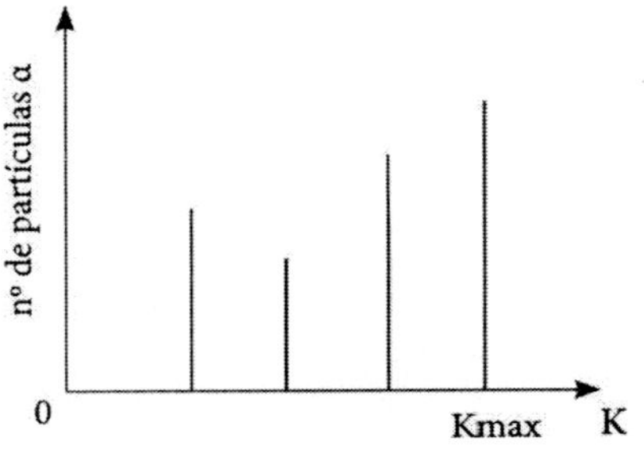

Figura 19.4

[2] Partícula Beta

Os raios beta são elétrons expulsos de fonte radioativa com elevada velocidade e energia cinética de até 3 MeV, quando a sua massa se torna relativística. Contudo podem ser detidos por uma folha de Alumínio de cerca de 5 mm. Para esta energia cinética, o alcance máximo R_β da partícula β é dado pela expressão empírica, de Faether,

$$R_\beta = 5{,}5\ (\text{kg/m}^2.\text{MeV})K_{max} - 1{,}6\ (\text{kg/m}^2) \qquad (19.4b)$$

que deve referendado ao meio que a absorve. Por sua vez, $R_\beta = \rho.x$ (densidade x espessura). Por exemplo, para $K_{max} = 3$ MeV a partícula β tem $R_\beta = 14{,}9$ kg/m^2 , referido ao Alumínio; e como $\rho_{Al} = 2{,}7\text{x}10^3$ kg/m^3, segue-se que $x = R_\beta/\rho = (14{,}9\ \text{kg/m}^2)/(2{,}7\text{x}10^3\ \text{kg/m}^3) \cong 5{,}5$ mm.

Vimos que existe probabilidade de encontrar raios beta junto ao núcleo atômico com o qual eles podem interatuar, quando são chamados de elétrons de conversão interna. E ao contrário das partículas α, a distribuição das partículas beta versus energia cinética tem espectro contínuo, fig.19.5, onde os picos acontecem quando raios beta se sobrepõem aos elétrons orbitais.

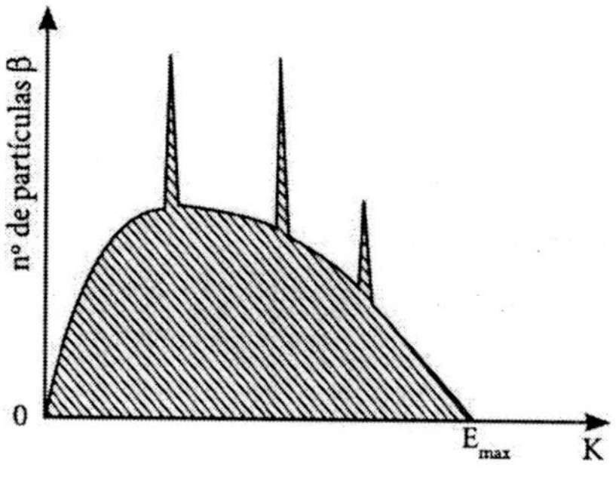

Figura 19.5

[3] Radiação Gama

Os raios gama são radiações eletromagnéticas de frequência muito alta (de 10^{22} a 10^{24} Hz), massa de repouso nula, velocidade da luz, e podem ser detidos por um bloco de Chumbo de 4 cm. Os raios gama podem arrancar elétrons por efeito Compton, como já vimos. O decaimento gama obedece a equação $I = I_o e^{-\mu x}$, onde μ é o coeficiente de absorção, e x a espessura do anteparo.

Na fig.19.6 ilustramos as três radiações nucleares vistas e os anteparos respectivos que as detém.

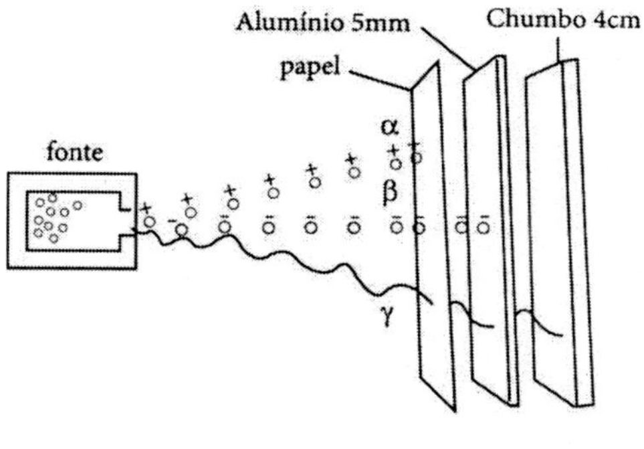

Figura 19.6

[4] Neutrino e Antineutrino

Junto com as radiações α , β e γ , aparecem também os neutrinos ν e antineutrinos $\bar{\nu}$ que são desprovidos de carga elétrica, e como tais não interagem com a matéria e não causa danos fisiológicos a organismos vivos.

Exercícios

1) Achar a expressão do defeito de massa em u , em função da equivalente energia de ligação em MeV .
R. $\Delta m \cong (1{,}073\ 544 x 10^{-3}$ u/MeV) ΔE (MeV)

2) O núcleo de Hélio com energia cinética de 5 MeV perde 32 eV por colisão. Quantas colisões ele efetua até ser detido?
R. 156.250 colisões.

3) Calcular o raio do núcleo do átomo do ^{235}U, bem como a sua energia de ligação total.
R. $7{,}41 x 10^{-15}$ m; 1.995,49 MeV.

4) Determinar a energia de ligação do Hélio. M(He) na Tabela .
R. 28,296 MeV .

5) O átomo do $^{16}{}_{8}O$ tem massa 15,994 91u . Calcular o defeito de massa e a equivalente energia de ligação em MeV/núcleon.
R. 0,137005 u; 7,976 MeV/núcleon

6) Uma amostra radioativa de Urânio-238 contém $2{,}5 x 10^{20}$ núcleos em dado instante. Calcular a atividade da amostra sabendo-se que o ^{238}U tem meia-vida de 450 milhões de anos.
R. $1{,}22 x 10^{4}$ Bq.

7) Dada uma amostra radioativa de 200 mg de Iodo-131 que tem meia-vida de 8,05 d , determinar o número de núcleos existentes em t = 0 e achar a atividade inicial da amostra. M(I) na Tabela pertinente.
R. $9{,}2 x 10^{23}$ núcleos; $9{,}16 x 10^{17}$ Bq.

8) Uma amostra radioativa de 5 g de Rádio-226 que tem meia-vida de 1.620 a. Calcular: o número de núcleos presentes em t = $T_{1/2}$; o número de núcleos para o tempo de vida média. M(Ra) na Tabela pertinente.
R. $6{,}66 x 10^{21}$ núcleos; $4{,}90 x 10^{21}$ núcleos.

9) Raios alfa e beta, ambos com energia de 3 MeV são emitidos de uma fonte radioativa. Achar os seus alcances respectivos, no ar .
R. 1,7 cm e 11,6 m.

10) Um partícula alfa de 5 MeV colide frontalmente com um núcleo de ouro e rebota. Achar a distância máxima que ela se aproxima do núcleo de ouro.
R. 45 fm.

20 – REAÇÕES NUCLEARES

20.1. Introito

Otto Hahn (1879-1968), físico-químico alemão junto com Lisa Maitner (1878-1968), física austríaca-sueca, estudam a desintegração nuclear de elementos pesados e descobrem em 1916 o elemento 91 Protactínio; e em 1921 os isômeros nucleares (isômero do grego, composto de partes iguais) que são átomos de mesmo A e Z e energias diferentes ou estruturas químicas diferentes); e em 1938 Hahn descobre a fissão nuclear com a participação do químico alemão Fritz Strassman (1902-1980), que sucedeu a Maitner naquele ano, mas não divulga as implicações decorrentes da descoberta devido à ascensão de Hitler ao poder; contudo Maitner as fez no exílio, no ano seguinte. Em 1944 Hahn ganhou o Prêmio Nobel de Química. Em 1966 os três cientistas recebem juntos o Prêmio Fermi.

A desintegração nuclear espontânea ocorre com átomos de núcleos pesados instáveis. E como já aludimos, nela se produz transmutação de um elemento reaioativo em outro ou uma sequencia encadeada de transmutações que é chamada de reação em cadeia, com grande liberação de energia nuclear.

Uma reação nuclear tem o seguinte esquema geral:

$$a + A \rightarrow B + b \tag{20.1a}$$

onde a é a partícula projétil, A é o núcleo instável (mãe), B é o núcleo residual (filho) e b é a partícula produzida, fig. 20.1. Neste tipo de reação só existe conservação da energia cinética relativística, ou seja,

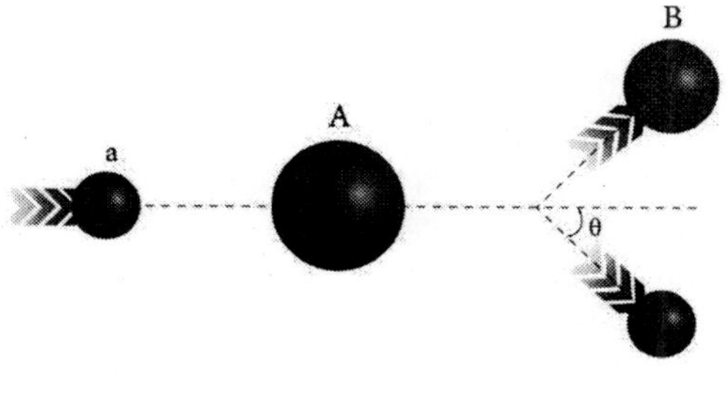

Figura 20.1

$$K_a + m_a c^2 + m_A c^2 = K_B + m_B c^2 + K_b + m_b c^2 \quad (1)$$

Donde,

$$K_B + K_b - K_a = [(m_a + m_A) - (m_B + m_b)]c^2 \quad (2)$$

Designando o 1º membro por Q temos, a energia cinética relativística,

$$Q = [(m_a + m_A) - (m_B + m_b)]c^2 \quad (20.1b)$$

A expressão entre chaves é o defeito de massa. $\Delta m = Q/c^2$, ou seja,

$$\Delta m = [(m_a + m_A) - (m_B + m_b)] \quad (20.1c)$$

As massas dos núcleos acima são massas de repouso, isto é, massas inerciais abstraídas de suas energias cinéticas, e como tais não incluem as massas dos elétrons orbitais. Por sua parte, as massas atômicas dos átomos neutros são tabeladas em u e incluem as massas dos elétrons orbitais. Alternativamente, para incluir as massas dos elétrons nos núcleos da reação, devemos adicionar aos membros de (1) as quantidades $(Za + Z_A)m_e c^2$ e $(Z_B + Z_b)m_e c^2$, de modo que podemos escrever Q em termos de massas atômicas dos átomos neutros, que as expressamos com letras maiúsculas, e temos,

$$Q = \{[M(a) + M(A)] - [(M(B) + M(b)]\}\ c^2 \quad (20.1d)$$

com as massas dadas em u , podemos cancelar c^2 , e anotar Q como,

$$Q = \{[M(a) + M(A)] - [(M(B) + M(b)]\}\ (931{,}494)\ \text{MeV} \quad (20.1e)$$

20.2. Tipos de Reações Nucleares

Nas reações nucleares com decaimento de raios beta (a denominação é mantida por razão histórica) as massas destes compensam as massas dos elétrons orbitais, de modo que, neste caso, as massas atômicas tabeladas podem ser usadas, desde que as massas dos raios beta sejam omitidas no balanço das massas da reação nuclear.

No que se segue, o neutrino ν e o antineutrino $\bar{\nu}$, têm massas de repouso iguais e praticamente zero, para efeito de balanço de massas.

[1] Desintegração do Nêutron

Um nêutron n liberado de um núcleo radioativo instável, permanece livre por apenas 13-15 min , após converte-se espontaneamente em 1 próton p , 1 elétron e^- e 1 antineutrino $\bar{\nu}$, na reação nuclear:

$$ {}^{1}_{0}n \rightarrow {}^{1}_{1}p + {}^{0}_{-1}e + {}^{0}_{0}\bar{\nu} + Q \qquad (20.2a)$$

o elétron e antineutrino são formados no ato da desintegração do nêutron e o Q da reação representa a energia cinética total de ambos. Como o antineutrino $\bar{\nu}$ tem carga elétrica 0 e massa 0 , para fins práticos, toma-se a equação supra como,

$$ {}^{1}_{0}n \rightarrow {}^{1}_{1}p + {}^{0}_{-1}e + Q \qquad (20.2b)$$

Na análise de uma reação nuclear, a começar por esta, devemos aplicar as leis da conservação da carga elétrica e da energia, que corresponde a fazer: 1º) o balanço das cargas em ambos os lados da equação; no caso temos, $\sum Z$: $0 = 1 + (-1) = 0$; 2º) o balanço dos núcleons de ambos os lados, no caso, $\sum A$: $1 = 1 + 0 = 1$; e 3º) a determinação de $Q = E_e + E_\nu$ da reação, fazendo a composição das massas (tabela do Apêndice C) decorrentes,

$$\Delta m = [m_n - (m_p + m_e)]$$

$$\Delta m = [(1{,}008\,665u) - (1{,}007\,277u + 0{,}000\,5486u)] = 0{,}000\,840\ u$$

que é convertida em energia cinética equivalente, usando (7.1e),

$$Q = (0{,}000\,840\ u)\,(931{,}494\ MeV/u) \cong 0{,}782\ MeV$$

[2] Desintegração Beta

O processo é símile ao anterior. Consideremos a reação nuclear seguinte,

$$ {}^{14}_{6}C \rightarrow {}^{14}_{7}N + {}^{0}_{-1}e + {}^{0}_{0}\nu + Q$$

pelas considerações vistas, suprime-se a parcela do neutrino, e ficamos com,

$$ {}^{14}_{6}C \rightarrow {}^{14}_{7}N + {}^{0}_{-1}e + Q$$

que cumpre o balanço de A e Z. E como também ficou assente, no cálculo de Q a massa do raio beta também é omitida, de modo que apenas temos,

$$\Delta m = M(C) - M(N)$$

Substituindo os valores colhidos da tabela, temos,

$$\Delta m = 14{,}003\ 242\ u - 14{,}003\ 074\ u = 0{,}000\ 168\ u$$

$$Q = (0{,}000\ 168\ u)(931{,}494\ MeV/u) \cong 0{,}157\ MeV$$

Pode ocorrer que se tenha um núcleo com excesso de prótons com emissão de pósitron, como na reação seguinte,

$$^{13}{}_{7}N \rightarrow {}^{13}{}_{6}C + {}^{0}{}_{1}e + {}^{0}{}_{0}\nu + Q$$

ou melhor,

$$^{13}{}_{7}N \rightarrow {}^{13}{}_{6}C + {}^{0}{}_{1}e + Q$$

que cumpre os balanços de A e de Z , donde o Q da reação ,

$$\Delta m = M(N) - [M(C) + m_e]$$

$$\Delta m = (13{,}005\ 739\ u) - [13{,}003\ 354 + (0{,}000\ 548\ 6]\ u = 0{,}001\ 836\ 4\ u$$

$$Q \cong 1{,}711\ MeV$$

[3] Desintegração Alfa

É o processo no qual um núcleo radioativo pesado (mãe) transmuta-se num núcleo menos pesado (filho), com emissão espontânea de partícula α, como a reação seguinte,

$$^{238}{}_{92}U \rightarrow {}^{234}{}_{90}Th + {}^{4}{}_{0}\alpha + Q$$

que cumpre o balanço de A; contudo para o balanço Z , fazemos o raciocínio: deduzindo 92 elétrons de ambos os membros, ficam faltando 2e no Th , cujas massa deles devem ser adicionada a massa da partícula α, e temos para o Q da reação ,

$$\Delta m = M(U) - [M(Th) + 2m_e + m_\alpha]$$

$$\Delta m = 238{,}050\ 760\ u - [234{,}043\ 570 + 2(0{,}000\ 548\ 6) + 4{,}001\ 506]\ u$$

$$\Delta m = 0{,}004\ 586\ 8\ u$$

$$Q \cong 4{,}273\ MeV$$

20.3. Reação de Fissão Nuclear

Neste processo um núcleo radioativo pesado (mãe) ao receber um nêutron se fraciona em dois núcleos radioisótopos menos pesado (filhos), com emissão de três nêutrons, que por sua vez produzem novas reações que se segue em cadeia, fig.20.2. A fissão nuclear também acontece com a emissão espontânea de partícula α.

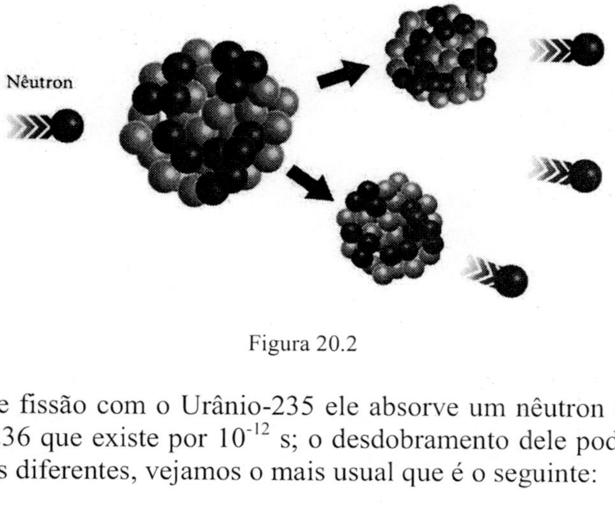

Figura 20.2

Na reação de fissão com o Urânio-235 ele absorve um nêutron e converte-se em Urânio-236 que existe por 10^{-12} s; o desdobramento dele pode ocorrer de vários modos diferentes, vejamos o mais usual que é o seguinte:

$$^{235}{}_{92}U + {}^{1}{}_{0}n \rightarrow {}^{90}{}_{36}Kr + {}^{143}{}_{56}Ba + 3\ {}^{1}{}_{0}n + Q'$$

$$^{235}{}_{92}U + {}^{1}{}_{0}n \rightarrow {}^{90}{}_{40}Zr + {}^{143}{}_{60}Nd + 3\ {}^{1}{}_{0}n + 8\ {}^{0}{}_{-1}e + Q$$

Considerando a 2ª reação, vemos que as massas dos núcleons e dos Z balanceadas. Então,

$$\Delta m = [M(U) + m_n] - [M(Zr) + M(Nd) + {}^{3}{}_{0}n + 8\ {}^{0}{}_{-1}e\ ]$$

donde,

$$\Delta m = (235{,}043\,933 + 1{,}008\,665)\ u - [89{,}904\,230 + 142{,}909\,620 + 3x1{,}008\,665 + 8x0{,}000\,548]\ u$$

$$\Delta m \cong 0{,}208\ u$$

$$Q \cong 194\ MeV$$

Como 235 g contém 1 mol de ^{235}U , a reação de fissão liberta a energia,

$$E = 1\ mol \cdot N_A \cdot Q = 1\ mol(6{,}022\ 140\ 76x10^{23}/mol) \cdot 194\ MeV \cong 1{,}168x10^{26}\ MeV$$

$$E \cong 1{,}871x10^{13}\ J$$

Sabe-se que a bomba atômica lançada em Hiroshima, Japão, tinha 65 kg de ^{235}U, que dá 65 kgx1 mol/0,235 kg 276,6 mol, e liberta a energia,

$$E = (2{,}766x10^{2}\ mol) \cdot (1{,}871x10^{13}\ J/mol) \cong 5{,}18x10^{15}\ J$$

que transformada em calor de mais de 1 milhão °C de temperatura. Como 1 tonelada de TNT (Trinitrotolueno) $\cong$ 4,2x10^{9} J, a energia da bomba atômica em equivalente $t_{(TNT)}$, será,

$$E = 5{,}18x10^{15}\ J\ \left(\frac{1\ t_{(TNT)}}{4{,}2x10^{9}\ J}\right) \cong 1{,}23x10^{6}\ t_{(TNT)}$$

que é a magnitude do poder destrutivo da mesma.

Nota: Enrico Fermi (1911-1954), físico italiano norte-americano, e colaboradores engajados no projeto da pilha atômica produziram a 1ª reação de fissão nuclear às 15h 45min do dia 02 de dezembro de 1942 no pátio da Universidade de Chicago, data que celebra o início da idade atômica. A partir desta data seguiu-se o programa para a construção de bombas atômicas que culminou com os lançamentos de duas delas, a 1ª (Little Boy) na cidade de Hiroshima em 3 de agosto de 1945, seguida da 2ª (Fat Man) sobre Nagasaki 6 dias depois. A partir desta data, seguiu-se o projeto Manhattan, com orçamento de 24 bilhões de dólares, sob a direção de Oppenheimer, Julius Robert (1904-1967), físico-químico americano, que conduziu a fabricação da 1ª bomba atômica, testada em Los álamos, Novo México em 16 de julho de 1945. E duas delas foram lançadas no Japão: a 1ª bomba atômica, batizada de Little Boy, foi lançada na cidade de Hiroshima em 3 de agosto de 1945, matando 140 mil pessoas em segundos; e três dias depois, a 2ª bomba atômica (Fat Man) sobre Nagasaki, matando 74 mil pessoas em minutos e as devastações duraram três dias. Dados: Litter Boy: 3,2 m de comprimento, 0,60 m de diâmetro, massa 4,0 t, com 65 kg de urânio-235, gerou calor de 1 milhão de °C de temperatura, energia de 15 kton de TNT e explodiu a 600 m de altura do solo; Fat Man: 3,3 m, 1,52 m de diâmetro, massa de 4,6 t, com 6,4 kg de plutônio-239, gerou calor de 3.900° C de temperatura, energia de 21 kton de TNT e explodiu a 550 m do solo. E este horror da 2ª guerra mundial está esquecido.

Bomba Little Boy

Pós-guerra desenvolveram-se programas de energia nuclear para a paz com a construções de usinas nucleares para geração de energia elétrica e as aplicações de várias radioisótopos na medicina para diagnósticos e terapias.

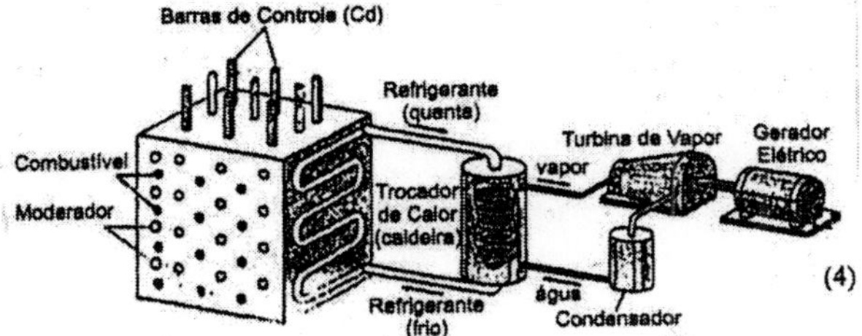

Figura 20.3

A fig.20.3 é um esquema simplificada de uma usina nuclear para a produção de energia elétrica constituída das seguintes partes:

(1) bloco do reator onde estão inseridos um conjunto de hastes combustíveis (de dióxido de Urânio-238, UO_2) intercaladas a um conjunto de barras de grafite para retardarem os nêutrons liberados na fissão, por isso chamado de moderador; no topo do bloco estão colocadas as hastes de controle (de Cádmio) para absorção dos nêutrons emitidos, indicados pelo fator de multiplicação f[1] ; (2) unidade de refrigeração, que faz circular água sob pressão no reator para retirada de calor produzido no mesmo; (3) o qual é usado para mover a turbina de vapor (cujo vapor condensa em água no condensador e retorna à unidade refrigerante); (4) que movimenta o gerador elétrico que produz a energia elétrica. Para c reator entrar em funcionamento faz-se a retirada controlada das barras de controle até ele atingir o nível de operação em que f = 1.

20.4. Reação de Fusão Nuclear

Como já aludimos, na reação de fusão nuclear dois ou mais núcleos leves, sob condição de elevada temperatura e pressão produz um núcleo instável mais pesado.

O Hidrogênio é o elemento mais abundante do Universo e como tal é o elemento base da constituição de todas as estrelas e do Sol, basta lembrar que este é formado de 73% de H , 25 % de He e os 2 % restante, de 90 elementos mais pesados. Nas previsões de Bethe, quando o Hidrogênio é convertido em Hélio no Sol, cerca de 1 % da massa convertida em energia representa um fluxo de $4,2x10^6$ toneladas massa/segundos que é lançado para o espaço exterior na forma de radiação visível e infravermelha; mesmo assim estima-se que o Sol ainda tem o tempo de vida de 10 a 15 bilhões de anos. Por conseguinte, a origem e a evolução das estrelas são explicados a partir do processo de conversão do Hidrogênio delas em Hélio.

Na década de 1940 Fred Hoyle (1915-2001), astrônomo inglês, aprofunda o ponto de vista de Bethe e descreve como são formados os demais elementos pesados, nas reações de fusão nuclear no interior de uma estrela: quando o Hélio atinge uma temperatura suficiente, queima, produzindo núcleos de

[1] representa o número médio de nêutrons liberados na reação de fissão inicial; a reação em cadeia é mantida para f = 1.

Carbono e Oxigênio; depois, Neônio, Manganês, etc. até o Ferro. O processo de fusão é contínuo, a matéria estelar aumenta de densidade (10^8 kg/m^3) e de temperatura (10^5 °C) produzindo pressões internas cada vez maiores que são contrabalançadas pelas enormes forças de gravitação, que comprimem os elementos para o centro ou núcleo. Desse modo que chega-se a um ponto em que as forças de gravitação não mais anulam as pressão de radiação e ocorre o colapso final da estrela (explosão e implosão); na explosão, elementos leves são lançados no espaço convertendo-a numa supernova, em minutos; quando a estrela implode, ela se transforma numa anã branca, cujos fragmento lançados no espaço vão formar planetas, previsão esta apoiada por Weizsäker, Carl Friedrich, Barão(1912-2007).

[1] Cadeia Próton-Próton

A reação de fusão inicia-se pela cadeia próton-próton (${}^1_1p$ + ${}^1_1p$ ou ${}^1_1H$ + ${}^1_1H$) para a qual temos:

a 1ª etapa: a fusão de 2 prótons para formar o núcleo de deutério que é instável, na reação de fusão seguinte,

$$ {}^1_1H + {}^1_1H \rightarrow {}^2_1H + {}^0_1e + \nu $$

como ilustrado na fig.20.4 ; o pósitron ao encontrar um elétron converter-se-á 2γ e irradiará em direções opostas, na fig.20.5 ; e o neutrino tem massa de repouso nula; as energia cinéticas de ambos dão o Q da reação.

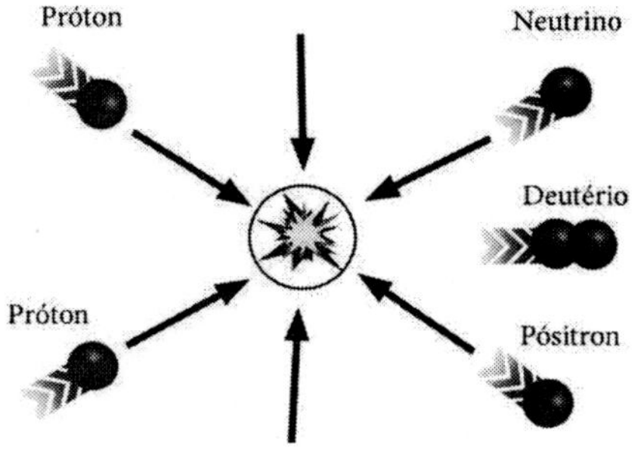

Figura 20.4

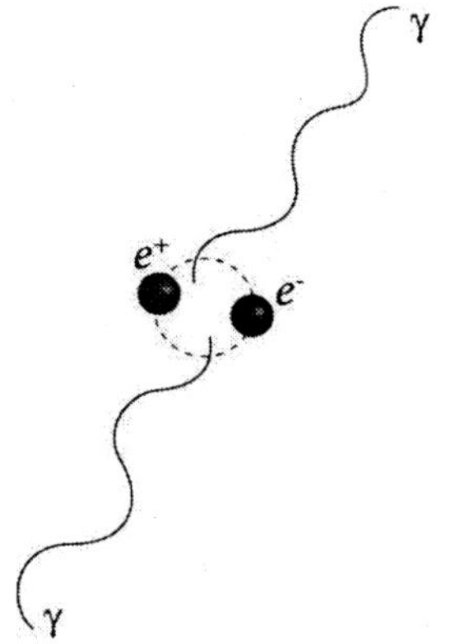

Figura 20.5

Na 2ª fase, o dêutero reage com próton para formar o ${}^3_2He$,

$$^{2}_{1}H + ^{1}_{1}H \rightarrow ^{3}_{2}He + 2\gamma$$

por sua vez, o $^{3}_{2}He$ reage de com ele mesmo formar o $^{4}_{2}He$, ou seja,

$$^{3}_{2}He + ^{3}_{2}He \rightarrow ^{4}_{2}He + 2\ ^{1}_{1}H$$

Multiplicando as duas 1ªs reações supra por 2 e somando as três e eliminando os componentes intermediários dos dois lados, obtemos,

$$4\ ^{1}_{1}H \rightarrow ^{4}_{2}He + 2\ ^{0}_{1}e + 4\gamma$$

Os 4γ detém energia de cerca de 2,04 MeV que é irradiada imediatamente. Então,

$$\Delta m = 4\ m_p - (m_\alpha + 2\ m_e)$$

$$\Delta m = 4(1{,}007\ 277\ u) - [(4{,}001\ 506 + 2(0{,}000\ 5486)]u = 0{,}026\ 505u$$
$$Q \cong 24{,}69\ \text{MeV}$$

O total da energia liberada nesta etapa é (24,69 + 2,04) MeV = 26,73 MeV. Estima-se que até agora o Sol tenha convertido apenas 5 % de toda a sua massa de H em He .
As estrelas maiores e mais velhas que o Sol, a exemplo da gigante vermelha Betelgeuse (ombro direito da Constelação de Órion) tem o processo de reação de fusão avançado com a produção de muitos elementos pesados.

A cadeia de reação de fusão segue com Hélio à produção de Berílio, $^{8}_{4}Be$, que é instável,

$$^{4}_{2}He + ^{4}_{2}He \rightarrow ^{8}_{4}Be + \gamma$$

$$^{8}_{4}Be + ^{4}_{2}He \rightarrow ^{12}_{6}C + \gamma$$

somando ambas e simplificando,

$$3\ ^{4}_{2}He \rightarrow ^{12}_{6}C + 2\gamma$$

[2] Ciclo do Carbono

Com a formação do Carbono-12 , este passa a ser o elemento catalisador da cadeia que se segue:

$$^{12}_{6}C + ^{1}_{1}H \rightarrow ^{13}_{7}N + \gamma$$

$$^{13}_{7}N \rightarrow ^{13}_{6}C + ^{0}_{1}e$$

$$^{13}_{6}C + ^{1}_{1}H \rightarrow ^{14}_{7}N + \gamma$$

$$^{14}_{7}N + ^{1}_{1}H \rightarrow ^{15}_{8}O + \gamma$$

$$^{15}_{8}O \rightarrow ^{15}_{7}N + ^{o}_{1}e$$

$$^{15}_{7}N + ^{1}_{1}H \rightarrow ^{12}_{6}C + ^{4}_{2}He$$

Somando as reações supra e eliminando os componentes intermediários dos dois lados, obtemos,

$$4\ ^{1}_{1}H \rightarrow ^{4}_{2}He + 2\ ^{o}_{1}e$$

junto com os 3γ que irradiam. Note, ademais, que ela é a mesma reação de fusão obtida para a formação do núcleo do He . É interessante ressaltar que nas reações acima o ^{13}N tem meia-vida de 10 min e o ^{13}C de apenas 2 min .

[3] Formação de elementos Pesados nas Estrelas

As reações de fusão, tendo o He como elemento de partida, prosseguem para formar os núcleos mais pesados de número de núcleons pares, na sequencia: o ^{16}O reage com o ^{4}He e forma ^{20}Ne; ^{20}Ne captura o ^{4}He e produz ^{24}Mg; e pari passu formam-se, o ^{28}Si; o ^{32}S; o ^{36}Ar; o ^{40}Ca; o ^{44}Ti; o ^{48}Cr e o ^{56}Fe[2], que é estável, e se distribuem em camadas de densidades decrescentes a partir do núcleo de ferro como indicado na estrela da fig.20.6.

---

[2] Admite-se que elementos mais pesados, que inclui o Urânio, provenham de uma estrela muito maior que o Sol. Essa hipótese leva a crer que a Terra não é filha do Sol mas a ele se ligou por efeito de uma mudança na dinâmica cósmica.

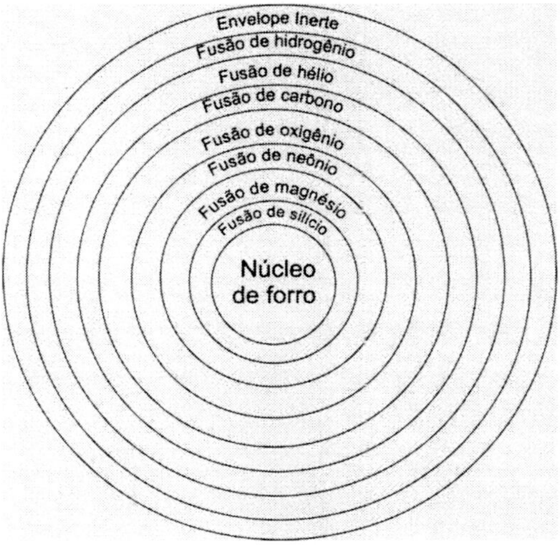

Figura 20.6

Na estruturação acima dada, a estabilidade da estrela firma-se no equilíbrio da contração das camadas pela pressão gravitacional e a contrapressão do processo da fusão nuclear que aumenta a densidade interna dela, causada pelo aumento da massa relativística dos elétrons dos átomos e pela geração de fotodesintegração a partir da fusão do Silício-28 (cujo núcleo é quebrado pela radiação produzida, convertendo prótons e elétrons em nêutrons e neutrinos). Quando esse equilíbrio é rompido (pela exaustão do hidrogênio), a estrela envelhece como gigante vermelha ou explode como supernova: (i) se ela tem massa crítica[3], que é 1,4 M_{Sol}, colapsa numa anã branca centrada numa nebulosa planetária; (ii) se tem massa de 8 M_{Sol} torna-se uma estrela de nêutrons (a colossal gravidade destrói os átomos, convertendo suas partes em nêutrons); (iii) ou se tem massa superior a 8M_{Sol} , num buraco negro (formado de quarks, não de átomos); e finalmente, se tem massa de 0,1 M_{Sol}, ela colapsa como anã preta que pode se tornar um planeta. Como tudo no Universo, também as estrelas nascem (de nuvens de gás e poeira de nebulosas) adolescem, tornam-se adultas, envelhecem e morrem. Mas a morte de uma

---

[3] limite de Chandrasekhar, Subrahmanyan (1910-1995) astrônomo indu-norte-americano que demonstrou que durante a fase de pré-anã, a compactação das camadas da estrela, pela gravidade, causa a fragmentação dos átomos em partículas subatômicas, com grande produção de neutrinos que superaquece o interior da estrela, produzindo a contrapressão que a levará ao colapso, quando ela emitirá enorme quantidade de energia radiante, transformando-se numa supernova.

estrela é aparente, já que as suas partes expelidas vão formar novos planetas e ainda ela pode ressurgir como uma "nova" ou estrela de 2ª geração, caso este que poderá ocorrer com o Sol.

20.5. Transmutação Nuclear e Séries Radioativas

Ocorre a transmutação nuclear de um elemento quando ele absorve uma ou emite uma partícula alfa ou emite uma partícula beta ou alfa, gama ou beta.

[1] Transmutação Nuclear:

O processo tem efeito quando um feixe de partículas alfa com alta velocidade colide com núcleos de átomos de dado elemento alvo.

A 1ª transmutação histórica foi obtida por Rutherford na conversão do Nitrogênio-14 em Oxigênio-17, na qual as partículas alfa detendo energia cinética de 7,747 MeV, colidem inelasticamente com moléculas monoatômicas de gás Nitrogênio que se transmuta no isótopo do Oxigênio-17, que retrocede com energia cinética de 0,624 MeV com emissão simultânea de 1 próton com energia cinética de 5,929 MeV, como na reação de transmutação, já balanceada,

$$^{14}{}_{7}N + {}^{4}{}_{2}He \rightarrow {}^{17}{}_{8}O + {}^{1}{}_{1}H$$

Note-se que a energia cinética, $K_{\alpha} + K_{N}$, é maior 1,194 MeV que a energia cinética de $K_{Ox} + K_{H}$; em compensação a soma das massas de repouso de $^{14}{}_{7}N + {}^{4}{}_{2}He$, é ligeiramente menor do que a soma das massas de repouso de $^{17}{}_{8}O + {}^{1}{}_{1}H$, cujo incremento se pode verificar.

[2] Séries Radioativas:

As transmutações ocorrem a partir de um radioisótopo inicial e termina com um nuclídio estável, cujos produtos intermediários obedecem as seguintes regras:

1ª) um nuclídio de A e Z que experimenta uma desintegração-alfa, o seu nuclídio produto passa a ter A – 4 e Z – 2;

2ª) um nuclídio de A e Z que experimenta uma desintegração-beta, o seu nuclídio produto não altera A, mas Z aumenta de 1 ou Z + 1.

Por exemplo, na série do Urânio, temos,

$^{238}_{92}U \xrightarrow{\alpha} {}^{234}_{90}Th \xrightarrow{\beta,\gamma} {}^{234}_{91}Pa \xrightarrow{\beta,\gamma} {}^{234}_{92}U \xrightarrow{\alpha} {}^{230}_{90}Th \xrightarrow{\alpha,\gamma} {}^{226}_{88}Ra \xrightarrow{\alpha,\gamma} {}^{222}_{86}Rn$

$\xrightarrow{\alpha} {}^{218}_{84}Po \xrightarrow{\alpha} {}^{214}_{82}Pb \xrightarrow{\beta,\gamma} {}^{214}_{83}Bi \xrightarrow{\beta,\gamma} {}^{214}_{84}Po \xrightarrow{\alpha} {}^{210}_{82}Pb \xrightarrow{\beta,\gamma} {}^{210}_{83}Bi \xrightarrow{\beta} {}^{210}_{84}Po$

$\xrightarrow{\alpha,\gamma} {}^{206}_{82}Pb$ (estável).

Exercícios:

1) Uma pessoa mediana consome energia equivalente a $2{,}5x10^{10}$ J por ano. Que massa de ^{235}U é necessária para produzir essa energia?.
R. 0,31 g .

2) Achar o nuclídio desconhecido da reação: $^{235}U + {}^{1}_{0}n \rightarrow {}^{107}_{43}Tc + X + 5\ {}^{1}{}^{0}n$
R. $^{124}_{49}I_{n.}$

3) Na reação de combustão do Oxigênio: $2\ {}^{16}_{8}O \rightarrow {}^{28}_{14}Si + {}^{4}_{2}He$. Determinar o defeito de massa e a energia liberada.
R 0,0103 u; 9,59 MeV.

3) Na reação de desintegração: $^{24}_{11}Na \rightarrow {}^{22}_{12}Mg + {}^{0}_{-1}e$, calcular energia liberada.
R 5,52 MeV.

4) A fissão que acontece com a emissão espontânea de partícula α na reação seguinte,

$$^{226}_{88}Ra \rightarrow {}^{222}_{86}Rn + {}^{4}_{0}\alpha$$

achar o defeito de massa e a energia liberada.

R 0,005 228 u ; 4,87 MeV.

5) Na reação de conversão: $^{14}_{7}N + {}^{0}_{1}n \rightarrow {}^{14}_{6}C + {}^{1}_{1}H$, calcular energia liberada.
R 4,35 Mev.

6) Na série do Plutônio,
$^{241}_{94}Pu \rightarrow {}^{?}_{95}Am \rightarrow {}^{237}_{?}Np \rightarrow {}^{233}_{91}Pa \rightarrow {}^{?}_{92}U \rightarrow {}^{231}_{90}Th$
completar os sobre e subscritos e dar a sequencia das desintegrações α e β .
R. β , α , α , β , α .

21 – QUÍMICA ORGÂNICA

Lavoisier já havia enfatizado que o carbono estava presente nos organismos vivos. Plantas e animais, produzem compostas orgânicos pelo processo chamado de biosíntese, que deles podem ser extraídos. E como essa evidência foi sendo confirmada nos séculos que se seguiram, tornou-se crença de que a organização química dos seres vivos requeria a presença de uma força vital para forma-la – teoria esta proposta pelo químico alemão Stahl, Georg Ernst (1660-1734) e defendida pelo destacado químico sueco Berzelius.

Wöhler, Friedrich (1800-1882), químico alemão, inicialmente se dedicou a química inorgânica, desenvolvendo métodos para isolar o alumínio e o berílio; descobriu o acetileno, C_2H_2, e estudou os cianetos (CN). Nessa sequência de descobertas, que data de 1828, aconteceu a mais importante e de forma quase acidental: Wöhler aqueceu uma solução aquosa de cloreto de amônia, NH_4Cl, e cianeto de prata, AgNCO, obteve ureia, NH_4OCN, conforme a reação,

$$\underset{\text{cloreto de amônio}}{NH_4Cl} + \underset{\text{cianeto de prata}}{AgNCO} \xrightarrow{\Delta} \underset{\text{ureia}}{NH_4OCN} + \underset{\text{cloreto de prata}}{AgCl}$$

que é um produto orgânico encontrado na urina, resultante da degradação de organismo de mamíferos. Estava assim descoberta a possibilidade de sintetizar uma substância orgânica a partir de outra inorgânica (apesar do cianeto de prata conter carbono), desbancando, com efeito, o princípio do vitalismo dominante na Química da sua época. A descoberta de Wöhler tornou-se a base para se redefinir a Química Orgânica, e coube a Berzelius fazê-la, em 1858: Química orgânica é a química que estuda os compostcs do carbono.

Verificou-se, depois, que nem todo composto que contém carbono é naturalmente orgânico e as exceções são as seguintes: óxido de carbono, CO, dióxido de carbono, CO_2, ácido cianídrico, HCN, ácido carbônico, H_2CO_3, carbonato de cálcio, Na_2CO_3, além do grafite e do diamante.

Os compostos orgânicos são essencialmente formados de átomos de C, H, O, N, chamados de elementos organógenos.

Para destacar a importância do estudo da Química Orgânica basta enfatizar que ela está presente em nossa vida: (i) o corpo humano adulto, em média, é composto de 65% de oxigênio, 18% de carbono, 10% de hidrogênio, 3% de nitrogênio, 1,5% de cálcio e 2,5% de cerca de 70 outros elementos inorgânicos em ínfimas quantidades; (ii) os alimentos que comemos contêm igualmente os mesmos elementos do corpo físico; (iii) os vestuários que usamos, contêm os mesmos elementos organógenos; e (iv) a maioria dos produtos e artefatos que produzimos e utilizamos possuem os elementos referendados.

21.1. Átomo de Carbono

O átomo de carbono, anota-se, ${}^{12}_{6}C$, onde Z = 6 (número de prótons) A = 12 (número de núcleos); acrescente-se a sua massa atômica relativa A_r = 12,011, e a configuração eletrônica:

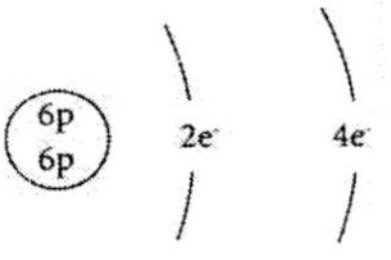

$1s^2$ $2s^2$ $2p^2$
K = 2 L = 4

Como o carbono possui 4 elétrons na última camada, ele é tetravalente e é capaz de formar ligações covalentes simples, duplas e/ou triplas:

É útil fazer a comparação das propriedades geais dos compostos orgânicos e dos compostos inorgânicos:

Compostos orgânicos	Compostos inorgânicos
ligações covalentes	ligações iônicas
não conduz eletricidade	conduz eletricidade
inflamáveis	não inflamáveis
baixo ponto de fusão e ebulição	alto ponto de fusão e ebulição
baixa solubilidade na água	alta solubilidade na água
reações químicas lentas	reações químicas rápidas

Os compostos orgânicos podem ser (i) naturais, quando provêm da natureza (animais e vegetais) e inclui-se o petróleo; e (ii) artificiais, sintetizados em laboratório, como os plásticos, corantes, tecidos, medicamentos, etc..

Atualmente são conhecidos mais de 10 milhões de compostos orgânicos, o que representa uma árdua tarefa conhecê-los.

21.2. Cadeias Carbônicas

Em 1859, quando não se tinha ainda o conhecimento do elétron, Kekulé, postulou que: (i) o átomo de carbono é tetravalente, isto é, permite quatro ligações e estas são iguais entre si; (ii) os átomos de carbono ligam-se diretamente entre si ou com outros elementos, formando longas cadeias carbônicas.

O elétron foi descoberto em 1897, por Joseph John Thomson (1856-1940), físico inglês. Em 1916 Lewis propôs a representação eletrônica de um átomo (pela última camada), colocando junto ao símbolo um ponto (·) ou x para indicar um elétron a ser compartilhado, que corresponde ao traço longo (—) da representação estrutural de Cuper–Kekulé. Para os elementos organógenos temos as representações eletrônicas e estruturais, respectivas:

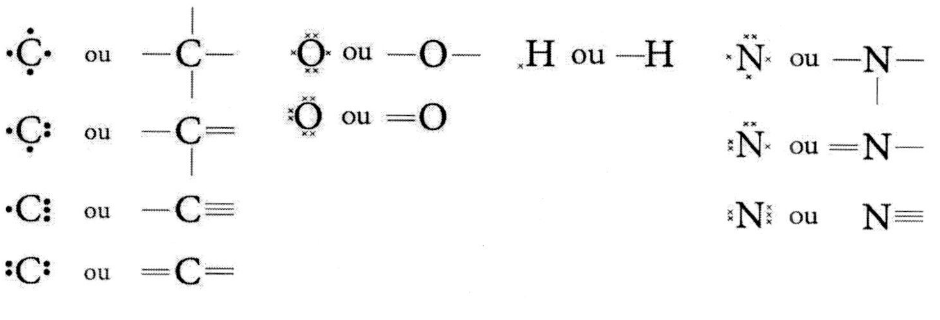

Note-se que o oxigênio forma 2 ligações e tem 2 pares de elétrons não compartilhados; o nitrogênio forma 3 ligações e tem 1 par de elétrons não compartilhados.

As cadeias carbônicas são classificadas em (i) abertas, acíclicas ou alifáticas: formadas de átomos de carbono em estrutura linear; e (ii) fechadas ou cíclicas: formadas de átomos de carbono em estrutura circular ou anelar.

[1] Cadeias Carbônicas Abertas

Consoante à disposição dos átomos de carbono na cadeia, da presença ou não de átomo não carbônico, chamado de heteroátomo, e das ligações dos átomos de carbono entre si, as cadeias carbônicas abertas são classificadas em:

(i) Normais: os átomos de carbono são dispostos em linha; e para localizar um átomo de carbono na cadeia, usa-se numera-los ao longo dela, da esquerda para a direita (ou da direita à esquerda). Os átomos de carbono que ficam nas extremidades são chamados primários; os que se ligam a dois átomos de carbono contíguos, são chamados de átomos secundários. Nos exemplos que se seguem ficam subentendidos os átomos de hidrogênio:

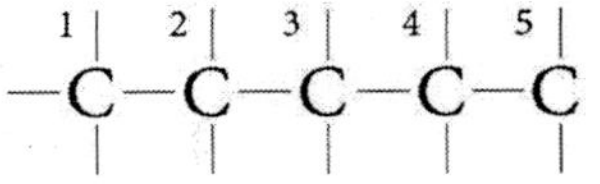

carbonos 1 e 5 primários

carbonos 2, 3 e 4 secundários

(ii) Ramificadas: quando átomos de carbono, ligam-se à cadeia normal ramificando-a; neste caso o carbono da cadeia normal que se liga a três átomos de carbono é chamado de terciário; e quaternário, quando se ligar a quatro átomos de carbono.

Exemplos:

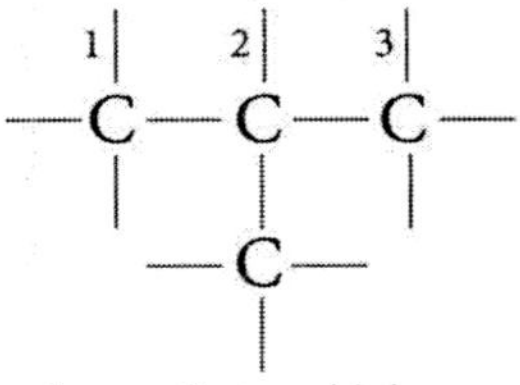

carbono 2, terciário

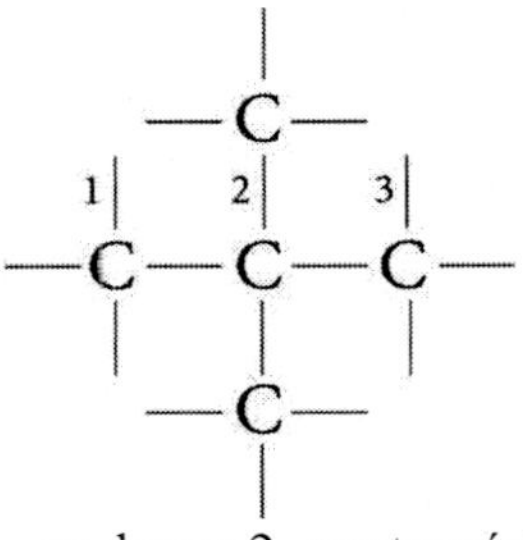

carbono 2, quaternário

(iii) Homogêneas: quando a cadeia contém unicamente átomos de carbono interligados. A cadeia homogênea pode conter heteroátomo ramificado ou no extremo dela.

Exemplos:

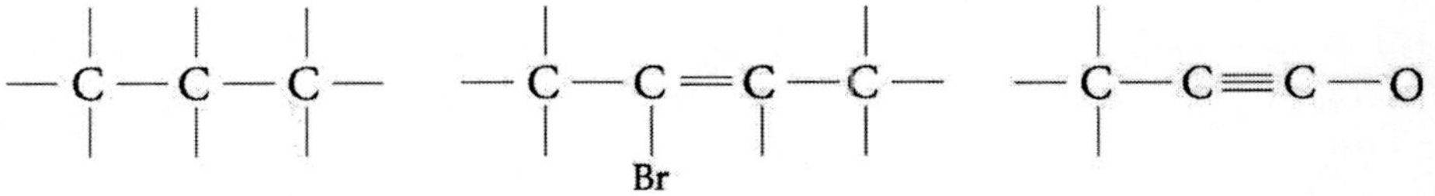

(iv) Heterogêneas: quando a cadeia contém pelo menos um heteroátomo entre os carbonos.

Exemplos:

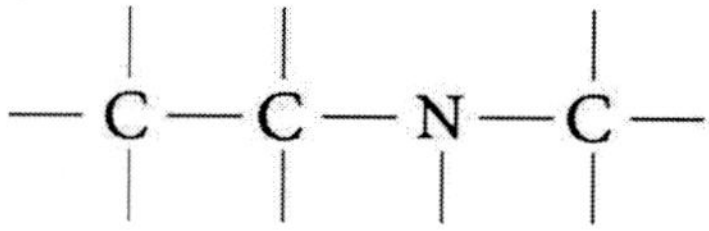

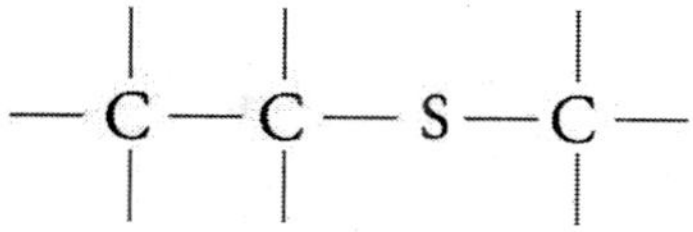

(v) Saturadas: quando os átomos de carbono estão unidos unicamente por ligações simples.
Exemplo:

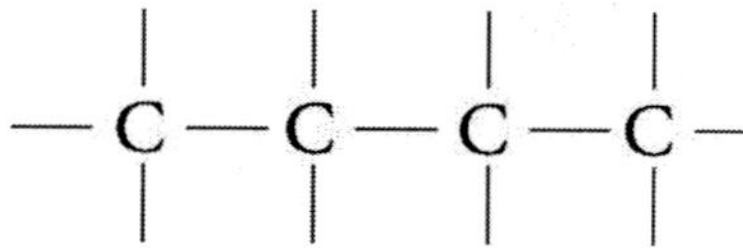

(v) Insaturadas: quando a cadeia apresenta pelo menos uma ligação dupla ou tripla. Exemplos:

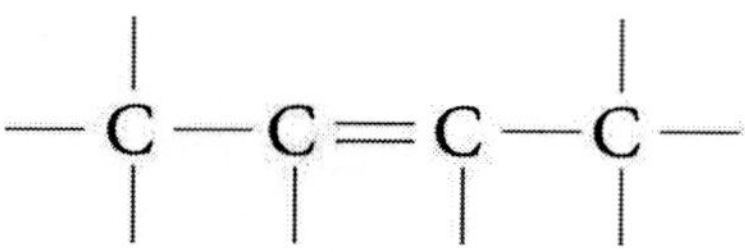

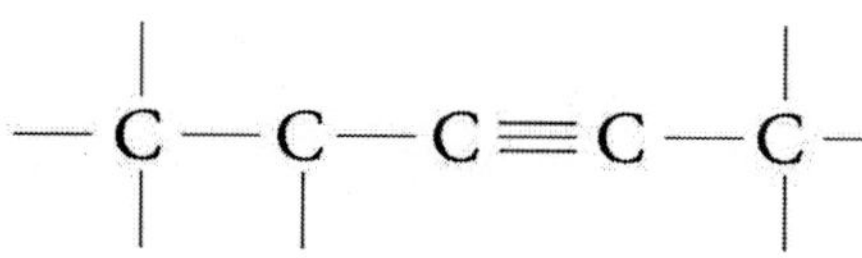

[2] Cadeias Carbônicas Fechadas

As cadeias carbônicas fechadas são classificadas em:

(i) Alicíclicas: quando a cadeia contém átomos de carbono ligados entre si num circuito fechado, não formando o anel benzênico. As cadeias carbônicas alicíclicas, por sua vez,podem ser:

- Homocíclicas: constituídas unicamente de átomos de carbono

Exemplos:

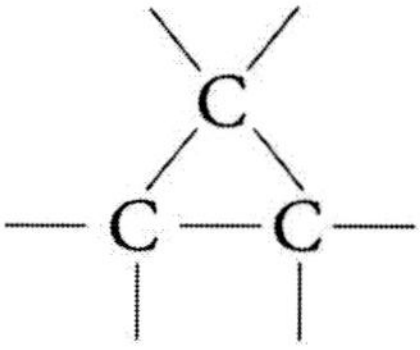

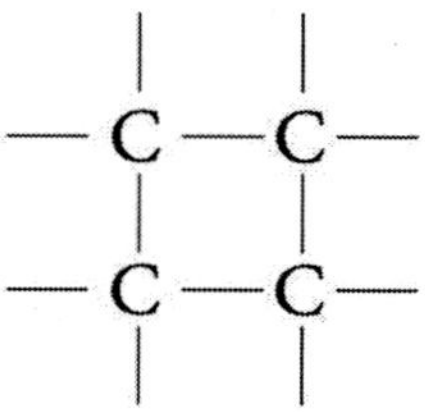

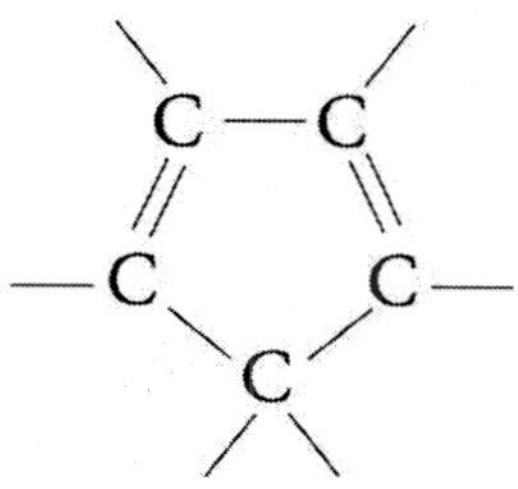

- Heterocíclicas: quando contém pelo menos um heteroátomo.

Exemplos:

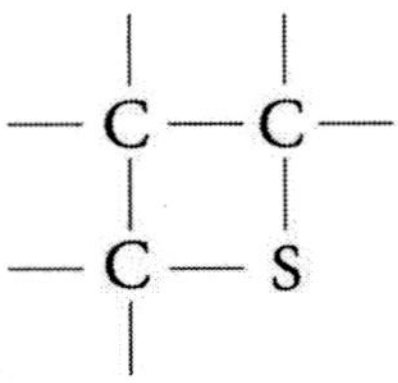

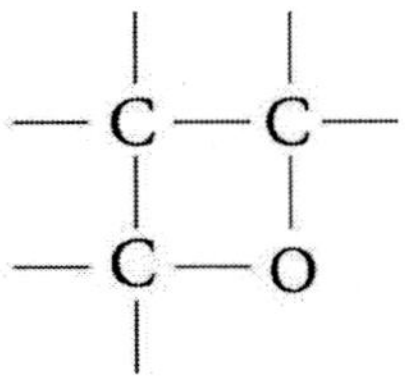

●Saturadas: quando os átomos de carbono unem-se por ligações simples.
Exemplo:

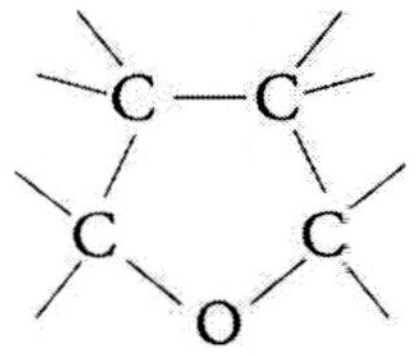

●Insaturadas: quando os átomos de carbono unem-se também por ligações duplas e/ou triplas.
Exemplos:

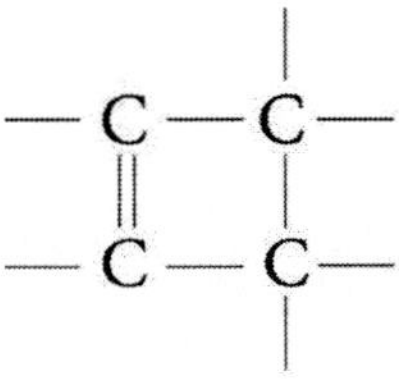

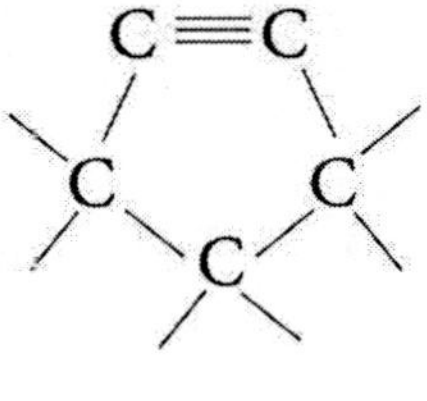

(ii) Aromáticas: constituídas por seis átomos de carbono unidos entre si por ligações simples e duplas, alternadas. Tal configuração é chamada de anel benzênico e as ligações, insaturadas. Um anel benzênico é chamado de mononuclear; dois ou mais anéis benzênicos, de polinuclear.
Exemplos:

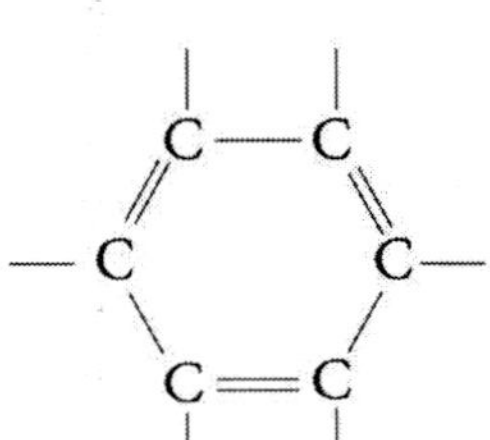

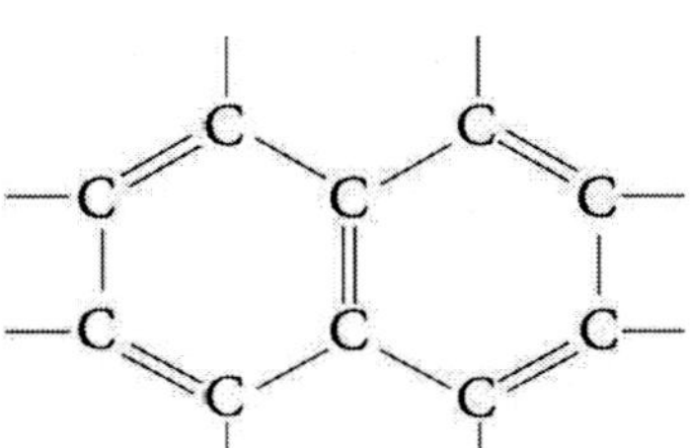

As cadeias carbônicas fechadas também podem ser mistas, como no exemplo:

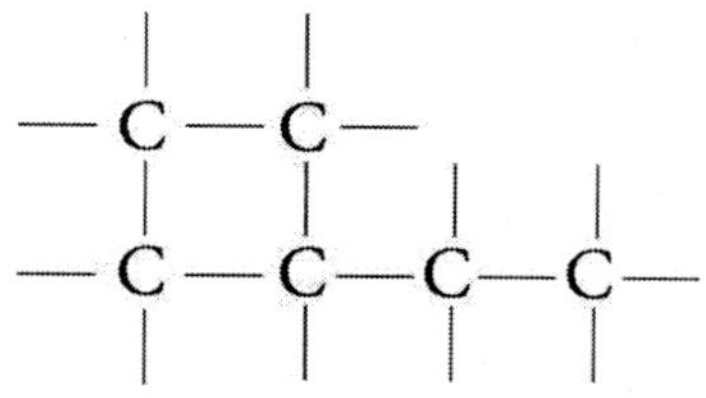

21.3. Estudo dos Hidrocarbonetos

Denominam-se hidrocarbonetos os compostos orgânicos que contêm unicamente átomos de carbono. O hidrocarboneto é a 1ª função química fundamental e tem a sua nomenclatura oficial estabelecida pela IUPAC.

[1] Nomenclatura dos Hidrocarbonetos

(1) quanto ao número de carbono:

met → 1 C; et → 2 C; prop → 3 C; but → 4 C; pent → 5 C;

hexa → 6 C; hept →7 C; oct → 8 C; non → 9 C; dec → 10 C

(2) sufixo indicativo de ligações:

ano → ligações simples; eno → 1 ligação dupla; dieno → 2 ligações duplas;

ino → 1 ligação tripla; diino → 2 ligações triplas

[2] As sete funções hidrocarbonetos

(1) Alcanos, (2) Alcenos, (3) Alcadienos, (4) Alcinos, (5) Ciclanos, (6) Ciclenos e (7) Aromáticos. Vejamos cada um deles.

(1) Alcanos, de cadeia aberta e saturada, de fórmula geral,

$$C_nH_{2n+2}$$

Onde n = 1, 2, 3 ... .São também chamados de hidrocarbonetos parafínicos ou parafinas. Usando as regras de nomenclatura eles são nomeados por metano, etano, propano, butano, pentano, etc. e, respectivamente, são representados pelas suas fórmulas: molecular, estrutural e estrutural condensada:

metano: CH_4 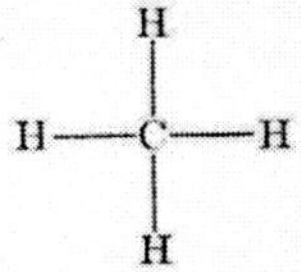 CH_4

etano: C_2H_6 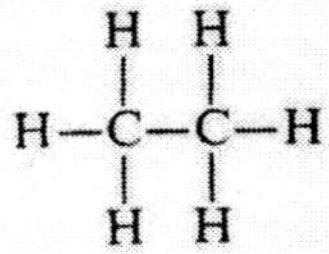 CH_3CH_3

propano: C_3H_8 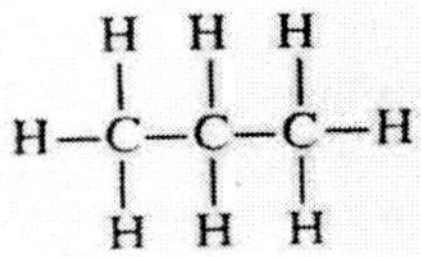 $CH_3CH_2CH_3$

butano: C_4H_{10} 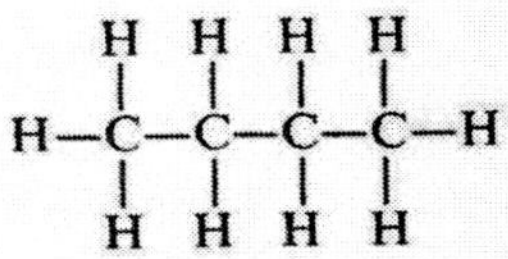 $CH_3CH_2CH_2CH_3$

A partir do propano, os alcanos podem ser representados simplificadamente por segmentos-ângulos, em cujos extremos e vértices subentendem átomos de C que se liga aos átomos de H. Assim sendo, temos,

propano: butano: pentano: etc.

Os alcanos de cadeias ramificadas são nomeados (a) pelos numerais que dão as posições do ramos na cadeia; (b) se as ramificações são iguais, usar di, tri, tetra, etc. para designá-las. As ramificações monovalentes são chamadas de radicais alquilas e representa-se por R.

Exemplos:

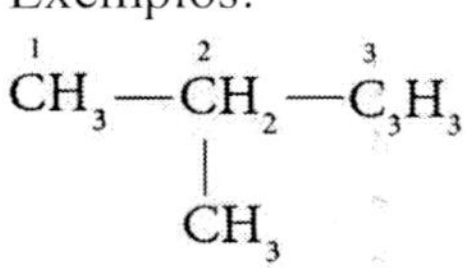

2 – metilpropano

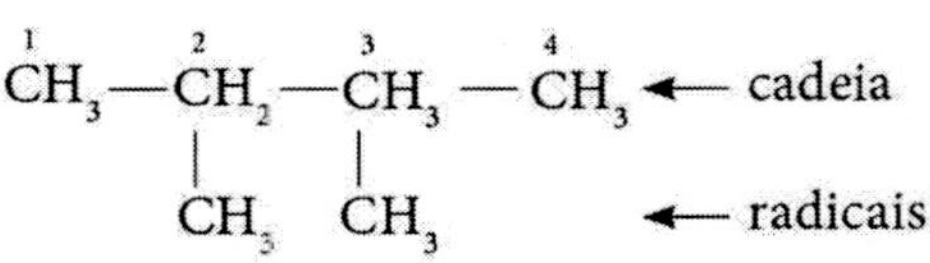

2,3–dimetilbutano

Os alcanos são encontrados no petróleo e no gás natural. O gás natural é uma mistura de cerca de 70% a 90% de metano, e em taxas menores, de etano, propano, butano e pentano. Os alcanos são obtidos da destilação fracionada do petróleo, que produz gasolina, querosene, óleos lubrificantes e asfalto. Cada um desses produtos, obviamente, tem propriedades físicas próprias. A medida que cresce o número de carbono do alcano, aumenta o seu peso molecular, que causa a elevação do seu ponto de ebulição (≤40 ºC para os gases, 40–180 ºC, à gasolina; 180–230 ºC, para o querosene; 230–300 ºC, para o óleo combustível; e > 500 ºC, para o asfalto).

• Radicais alquila

Denomina-se radical carbônico ou monovalente e saturado, todo derivado de um alcano que perde um átomo de hidrogênio. O radical decorrente é nomeado com o prefixo indicativo do número de carbono, acrescido da terminação "IL" ou "ILA". Das estruturas acima, o metano, CH_4, perde um elétron tem-se radical, $-CH_3$, nomeado de metil ou metila; do etano, o radical,$-CH_2CH_3$, etil/etila; do propano, o radical, $-CH_2CH_2CH_3$ propil/propila, e do butano, o radical $-CH_2CH_2CH_2CH_3$,butil/butila; e assim por diante.

exemplo, 2,3–dimetil/dimetila. Com 2, 3 e 4 carbonos, temos: etil/etila (CH_3CH_2-), propil/propila ($CH_3CH_2CH_2-$), butil/butila ($CH_3CH_2\ CH_2CH_2-$), etc..

Os radicais, por serem compostos químicos de moléculas incompletas, não podem existir livremente, e como tais não devem ser confundidos com íons, que são livres.

• Isomeria

Isomeria (de isso, iguais, meros, partes) é o fenômeno químico pelo qual dois ou mais compostos químicos têm a mesma fórmula molecular e fórmulas estruturais distintas. Assim sendo, isômeros são compostos químicos que apresentam isomeria. A isomeria acontece com todos os hidrocarbonetos, cujo estudo será completado no item 24.

Exemplos:

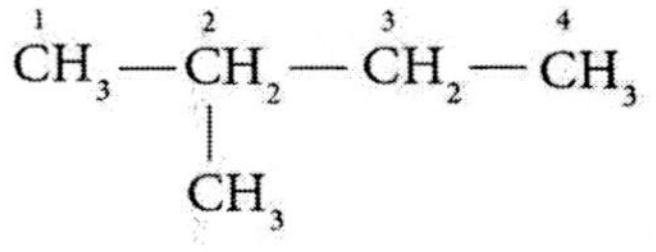

2– metilbutano

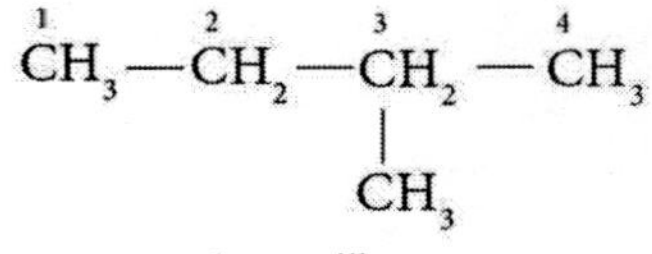

3 – metilbutano

Observe-se que, se não há radical, a cadeia é normal, como a seguinte:

$$CH_3{-}CH_2{-}CH_2{-}CH_3$$

e é nomeada de normal butano ou n-butano.

Em 1873 Van't Hoff, Jacobus Henricus (1852-1911), químico neerlandês e Le Bel, Joseph A. (1847-1930), químico francês propuseram para o Carbono, estrutura tetraédrica, como na fig.21, para o CH_4, que ficou conhecida como estrutura de Le Bel Van't Hoff

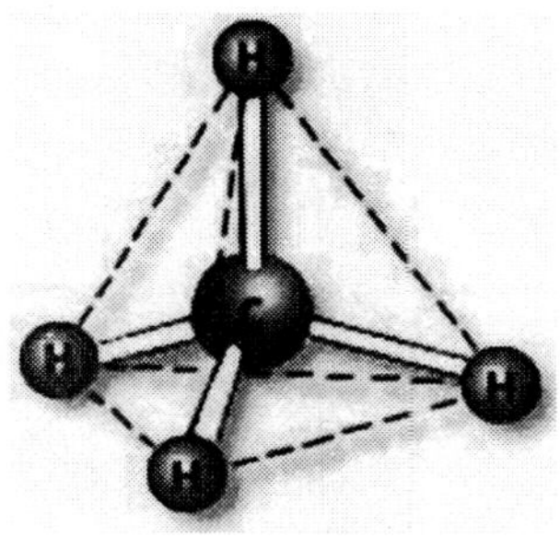

fig.21

• substituinte

Quando se substitui um ou mais átomos de hidrogênio de uma cadeia por outros átomos, estes são chamados de substituintes; o processo é denominado de reação de substituição e a molécula resultante é chamada de haleto de alquila ou haloalcano. Dos haloalcanos, os clorofluorocarbonos, CFCs, chamados de Freons, são usados em sistemas de refrigeração e como solventes. Quando o substituinte é um halogênio (F,Cl, Br, I), o haleto terá o nome do halogênio + o nome da cadeia ou o nome dele + nome da cadeia ou halo + nome da cadeia. Se a cadeia tem mais de um halogênio, usa-se di, tri, tetra, na cadeia numerada.

Exemplos:

bromoetano:
(brometo de etila)

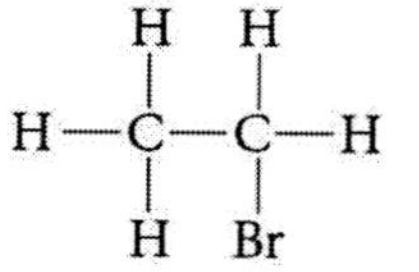

C_2H_5Br

triiodometano:
(iodofórmio)

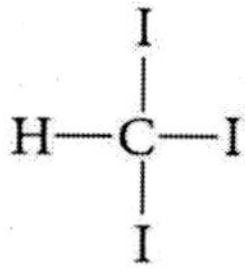

CHI_3 (sólido amarelo pálido, antisséptico)

2-bromo, 2-cloro, 1,1,1 trifluorometano:
(halotano)

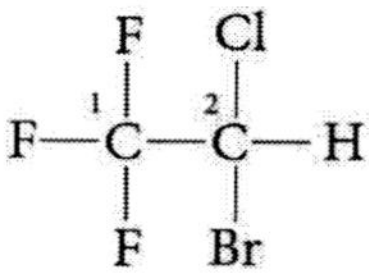

CF_3HClBr (um inalador anestésico)

• conformação

As estruturas moleculares dos hidrocarbonetos são tridimensionais com ligações definidas por forças intermoleculares. Quando a molécula carbônica recebe energia, não muda de configuração, mas muda de disposição no espaço, executando um giro ou rotação em torno de uma de suas ligações, que recebe o nome de conformação. O estudo desse efeito é chamado de análise conformacional e foi desenvolvido por Haworth,Walter Norman (1883-1950), químico inglês, e Newman, Melvin Spencer (1908-1993),químico norte-americano. Na fig.21.1(a,b,c), indicamos três conformações, dentre as possíveis, da molécula do alcano, ao absorver energia.

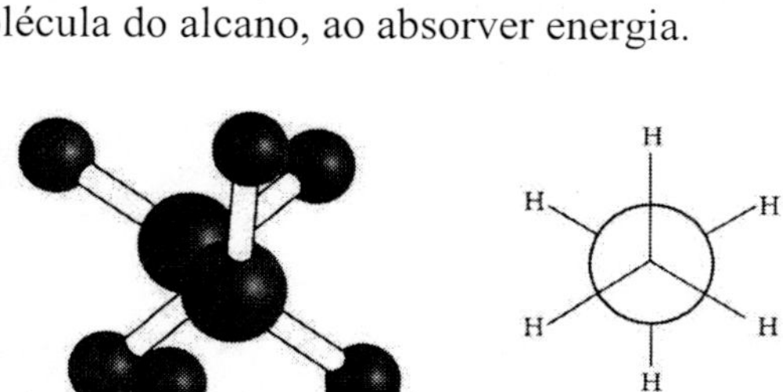

Fig. 21.1(a)

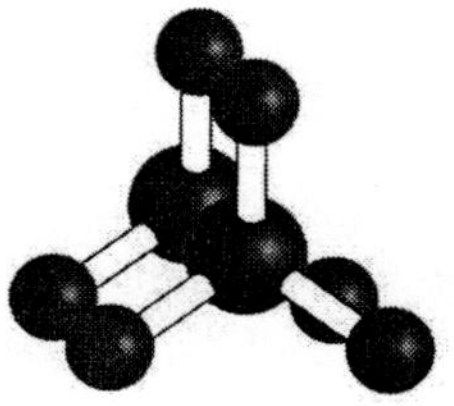

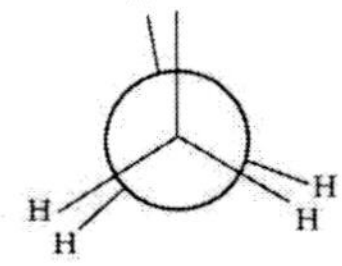

Fig. 21.1(b)

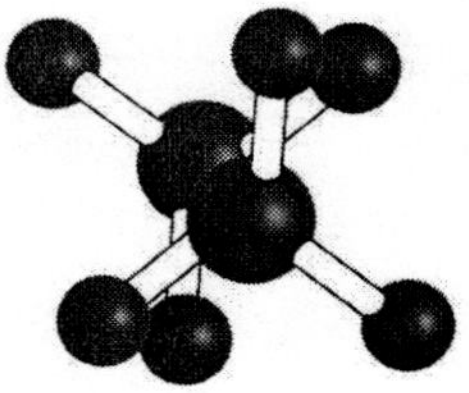

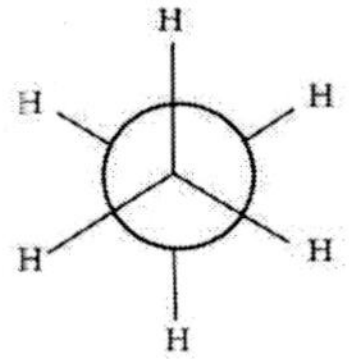

Fig. 21.1(c)

(2) Alcenos, de cadeia aberta e insaturada com uma única ligação dupla, de fórmula geral,

$$C_nH_{2n}$$

São também chamados de hidrocarbonetos etilênicos ou oleofinas. Pelas regras de nomenclatura, temos: eteno (ou etileno), propeno (ou propileno), buteno (ou butileno), penteno, etc.; e, respectivamente são representados pelas suas fórmulas: molecular, estrutural e estrutural condensada:

eteno: C_2H_4

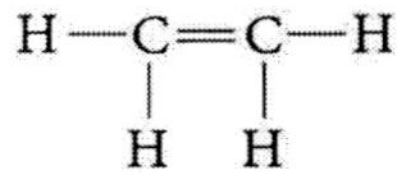

$CH_2{=}CH_2$

Os alcenos, a partir do propeno, há necessidade numerar a cadeia para localizar a ligação dupla, com o numeral que a precede. No caso:

propeno: C_3H_6

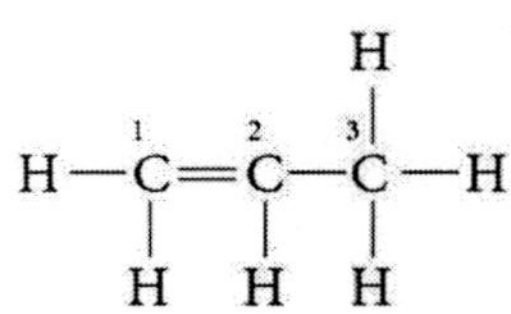

$CH_2{=}CHCH_3$

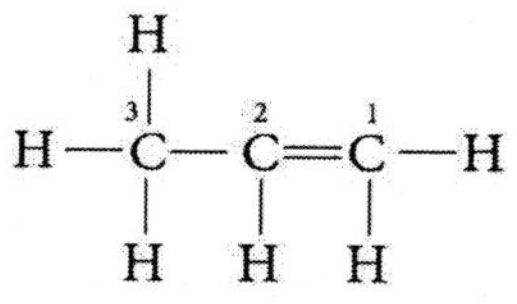

1 - propeno

$CH_3\,CH{=}CH_2$

buteno: C_4H_8

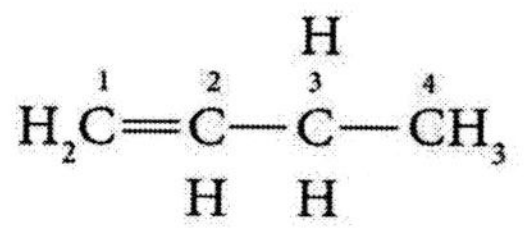

1– buteno

$CH_2{=}CH\ CH_2\ CH_3$

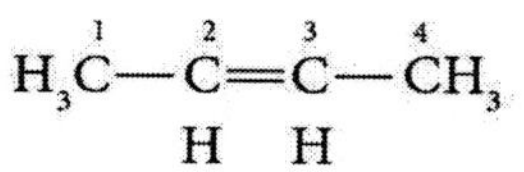

2– buteno

$CH_3CH{=}CH\ CH_3$

A partir do propeno, os alcenos são também representados de forma simplifica por segmentos-ângulos (e um traço duplo), em cujos extremos e vértices subentendem átomos de C que se liga aos átomos de H. Assim sendo, temos,

propeno:

buteno:

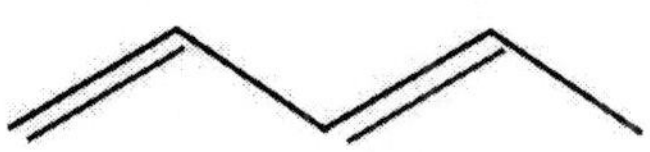

penteno:

etc

Nos alcenos, obviamente, ocorre tanto reação de substituição e isomeria.

Por exemplo, na reação do eteno com o bromo:

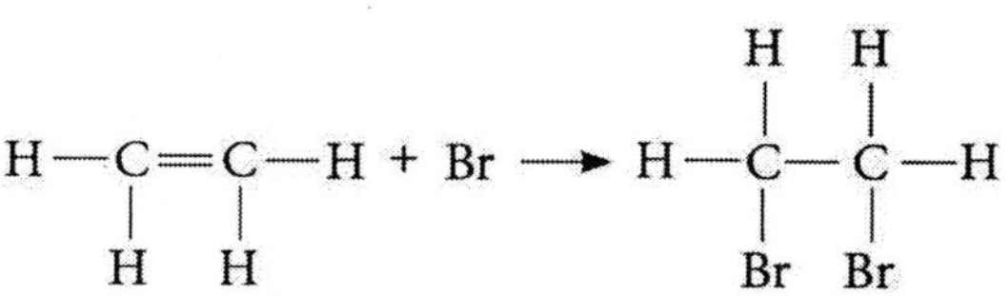

Produz-se o dibrometo de etileno ou 1,2 – dibromoetano.

(3) Alcadienos, de cadeia aberta e insaturada com duas ligações duplas, de fórmula geral,

C_nH_{2n-2}

São também chamados de hidrocarbonetos dienos ou diolefinas. Pelas regras de nomenclatura, temos: propadieno, butadieno, pentadieno, etc.; e, respectivamente são representados pelas suas fórmulas: molecular, estrutural e estrutural condensada:

propadieno: C_3H_4

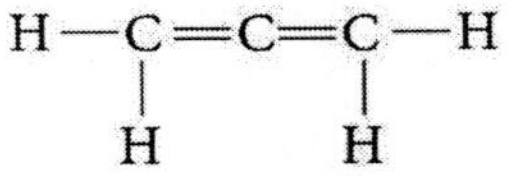

$CH_2{=}CCH_2$

butadieno: C_4H_6

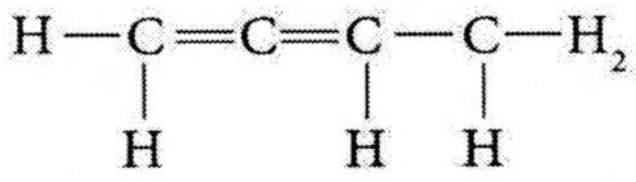

$CH_2{=}C{=}CHCH_3$

Do butadieno em diante, há necessidade de numerar a cadeia para as localizações das ligações duplas, a contar da extremidade e antes da ligação djupla; no caso:

C_4H_6

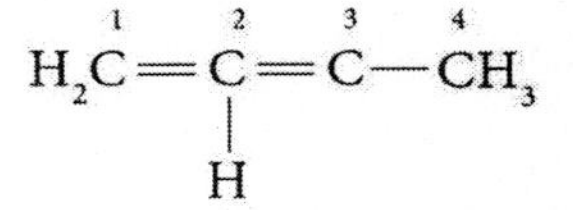

1,2– butadieno

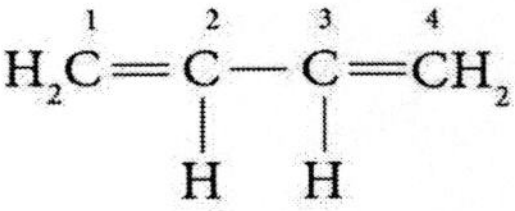

1,3– butadieno

(4) Alcinos, de cadeia aberta e insaturada com uma única ligação tripla, de fórmula geral,

$$C_nH_{2n-2}$$

São também chamados de hidrocarbonetos etínicos ou acetilênicos. Pelas regras de nomenclatura, temos o etino (acetileno), propino, butino, pentino, etc.; e, respectivamente são representados pelas suas fórmulas: molecular, estrutural e estrutural condensada:

etino: C_2H_2 $\quad$ $H{-}C \equiv C{-}H$ $\quad$ $CH \equiv CH$

propino: C_3H_4 $\quad$ $H{-}C \equiv C{-}C{-}H_3$ $\quad$ $CH \equiv CCH_3$

butino: C_4H_6 H—C ≡ C—C—C—H_3 $CH \equiv CCH_2CH_3$
H_2

pentino: C_5H_8 H—C ≡ C—C—C—C—H_3 $CH \equiv CCH_2CH_2CH_3$
H_2 H_2

A partir do propino, há necessidade de numerar a cadeia para identificar a ligação tripla, com numeral antes/depois dela, e a contar da extremidade da cadeia; no caso:

propino: C_3H_4 $\overset{1}{HC} \equiv \overset{2}{C}—\overset{3}{CH_3}$ $\overset{3}{H_3C}—\overset{2}{C} \equiv \overset{1}{CH}$
1– propino 1– propino

(5) Ciclanos, de cadeia fechada e saturada, de fórmula geral,

C_nH_{2n}

São também chamados de hidrocarbonetos cicloalcanos ou cicloparafinas, com configurações espaciais, cujos ângulos internos são menores que 109,5°, isto implica em na fácil ruptura do anel, que faz deles reativos.

Usa-se a palavra ciclo, para nomeá-los: ciclopropano, ciblobutano, ciclopentano, etc.; e, respectivamente são representados pelas suas fórmulas: molecular, estrutural e estrutural condensada e geométrica:

ciclopropano: C_3H_6 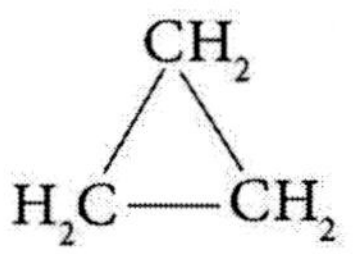 $CH_2CH_2CH_2$ 

ciclobutano: C_4H_8 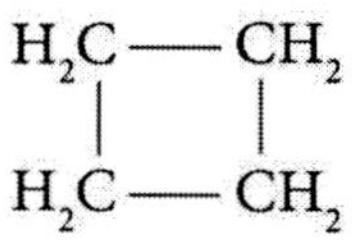 $CH_2CH_2CH_2$ CH_2 

O ciclopropano é um gás incolor, de aroma adocicado, usado como anestésico. Contudo, se misturado com oxigênio, torna-se explosivo.

O cicloexano, C_6H_{12} , é um solvente obtido de reação do benzeno com hidrogênio a alta pressão. É inflamável e nocivo ao ambiente; irrita ao olhos e pode causar opacidade da córnea. Sua conformação mais estável é a conformação cadeira, mostrada no modelo "esqueleto" da fig.21.2(a) e no modelo de bastões, fig.21.2(b).

Os cicloalcanos possuem duas isometrias: isomeria cis, quando os substituintes estão do mesmo lado do anel; e isomeria trans, quando os substituintes estão em lados opostos.
Exemplos:

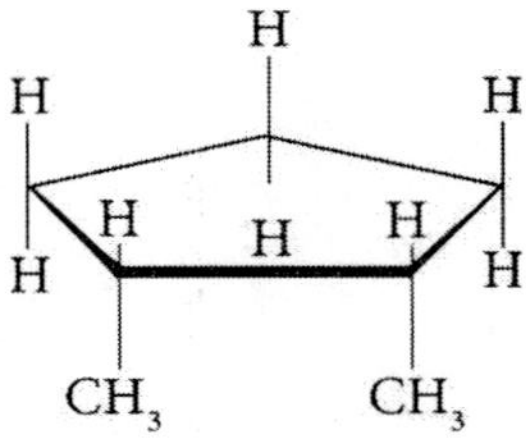

cis–1,2 – dimetilcliclopentano

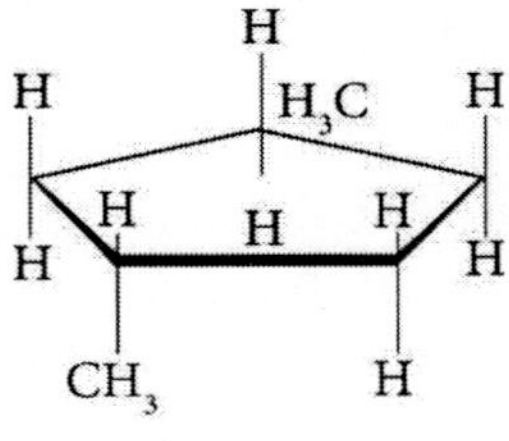

trans–1,2 – dimetilcliclopentano

6) Ciclenos, de cadeia fechada e insaturada, com uma única ligação dupla, de fórmula geral,

$$C_nH_{2n-2}$$

São também chamados de hidrocarbonetos cicloalcenos, cicloalquenos, ou ciclolefinas. Usa-se a palavra ciclo, para nomeá-los: ciclopropeno, ciclobuteno, ciclopenteno, etc.; a seguir representados, respectivamente, pelas suas fórmulas: molecular, estrutural, estrutural condensada e geométrica:

ciclopropeno: C_3H_4

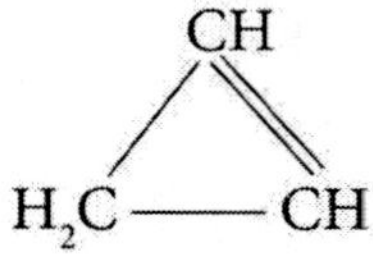

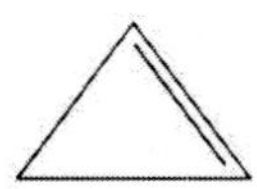

ciblobuteno: C_4H_6;

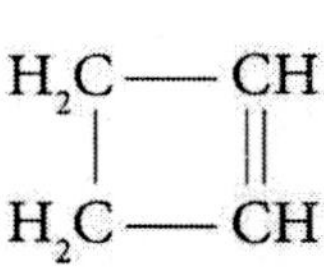

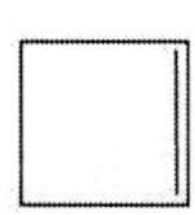

ciclopenteno: C_5H_8

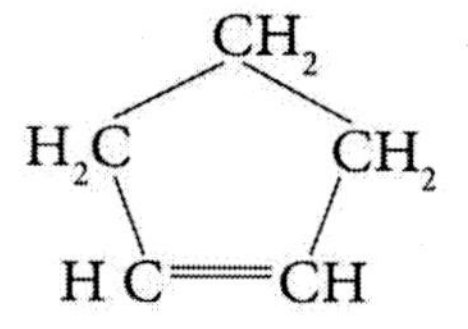

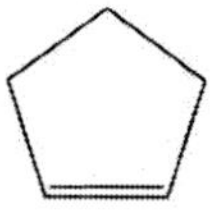

7) Aromáticos, de cadeia fechada e insaturada, com ligações simples e duplas alternadas formando o anel benzênico. São também chamados de arenos; não têm fórmula geral e são nomeados com nomes próprios com a terminação eno; e são representados pelas fórmulas molecular, estrutural (anel benzênico) e geométrica:

benzeno:
C_6H_6

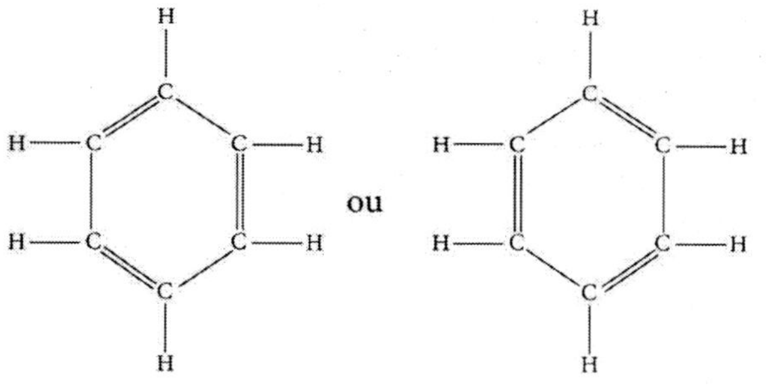

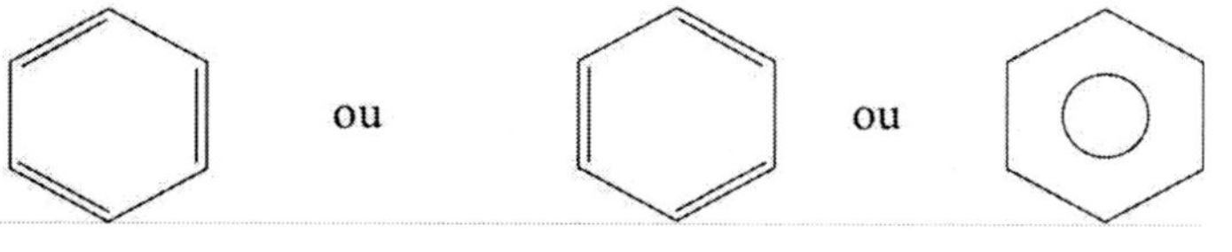

O benzeno é uma molécula apolar e insolúvel em água, de propriedades organolépticas: líquido incolor, de aroma agradável e doce, mas inflamável, cujos vapores são tóxicos e cancerígenos.

O benzeno (de benzine) nome dado pelo químico alemão, Mitscherlinch, Eilhardt (1794-1863), em 1833, ao ácido benzoico extraído da destilação do benjoim. Como já aludimos, o benzeno foi descoberto por Faraday em 1825, e a sua fórmula estrutural foi concebida por Kekulé, em 1872.

Os anéis benzênicos associados ou "fundidos" são chamados de hidrocarbonetos aromáticos polinucleares.
Exemplos:

Naftaleno 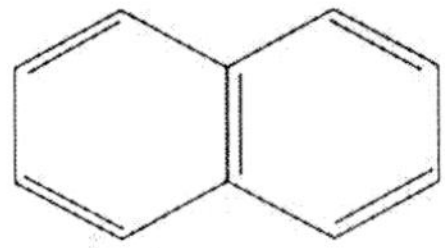 Benzopireno 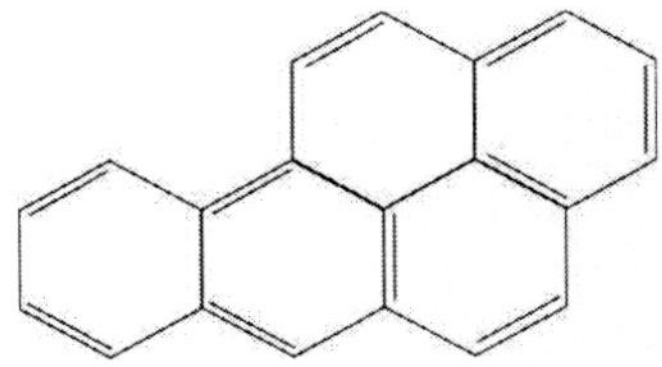

O benzopireno é encontrado na combustão incompleta do tabaco, hulha e óleos; ele está presente na fumaça do cigarro (que causa o câncer dos pulmões), na fuligem de carnes queimadas, em peixes defumados e no ar poluído, sendo apontado como fator cancerígeno das vias aéreas, laringe, bexiga e pâncreas.

- Substituição Aromática

Denomina-se de substituição aromática, o fenômeno químico no qual se substitui um átomo de hidrogênio do anel benzênico por outro átomo ou um ou mais radicais, chamados de substituintes.

Para nomeá-los, a IUPAC preconiza as seguintes regras:

1) um substituinte no anel benzênico: nome do constituinte + benzeno.
Exemplo:

etilbenzeno 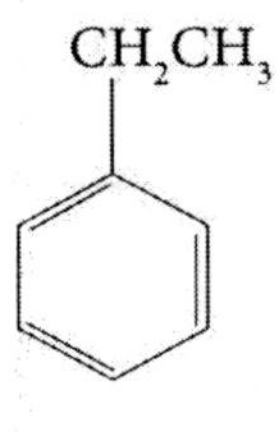

Contudo conservam-se os nomes antigos de uso já consagrados, como os seguintes:

tolueno 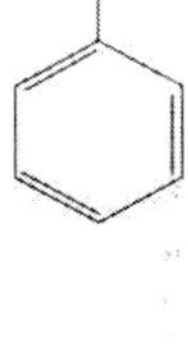

fenol 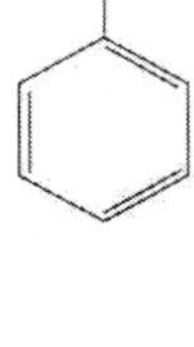

anilina 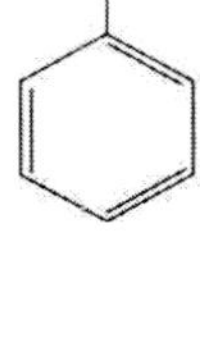

ácido benzoico 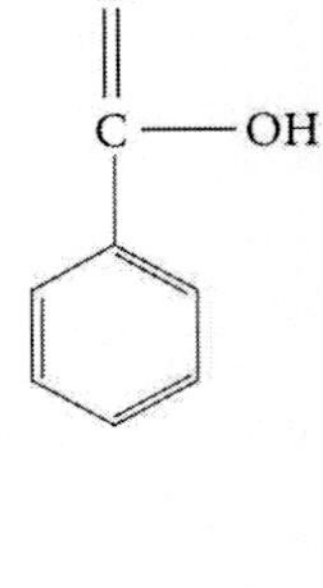

2) dois substituintes iguais no anel benzênico dão origem a três isômeros nomeados pelas posições: (1, 2) ou orto, o (direto); (1,3) ou meta, m (após); e (1,4) ou para, p (além); e o nome xileno. E para dois constituintes diferentes, a regra é a mesma, designa-se o composto com os nomes dos 2 substituintes + benzeno; ou nome de 2º substituinte associado ao do 1º constituinte.
Exemplos:
(i) com dois substituintes iguais:

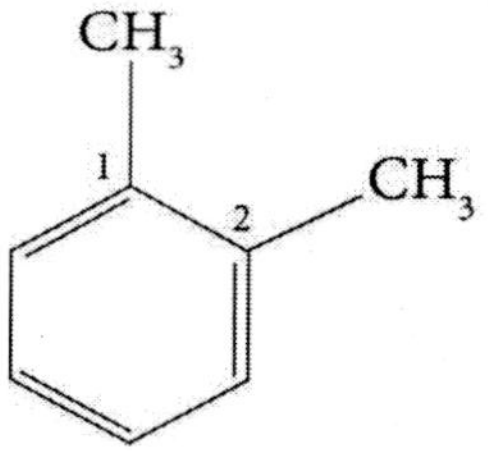
1,2-dimetilbenzeno ou o-xileno

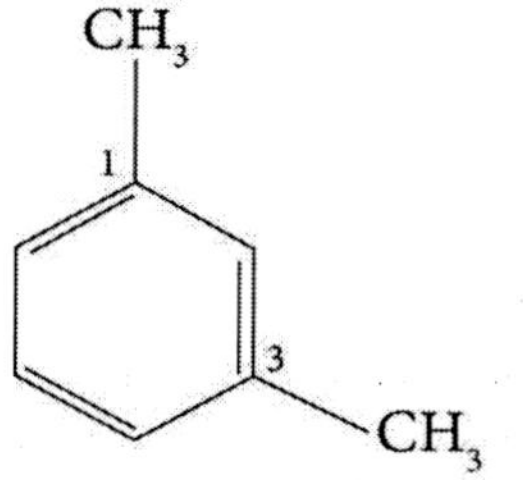
1,3-dimetilbenzeno ou m-xileno

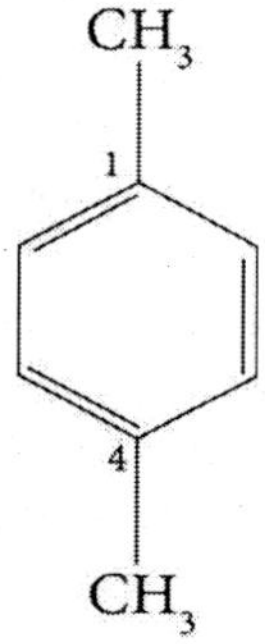
1,4-dimetilbenzeno ou p-xileno

(ii) com dois substituintes diferentes:

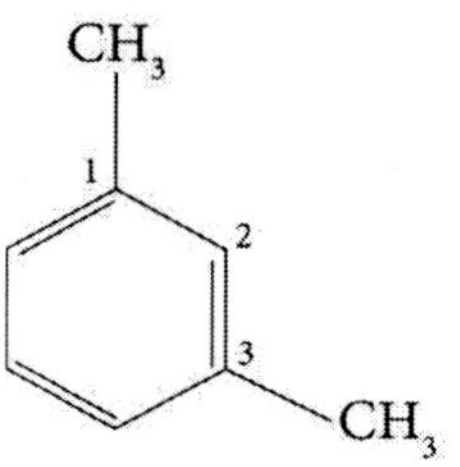
1,3 dimetilbenzeno m–xileno

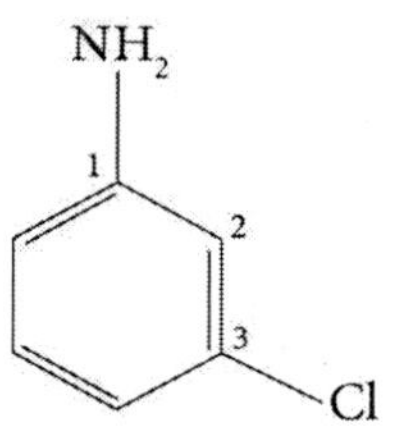
3-cloroanilina m-cloroanilina

3) três ou mais constituintes: posições numéricas + nomes dos constituintes associados.

Exemplo:

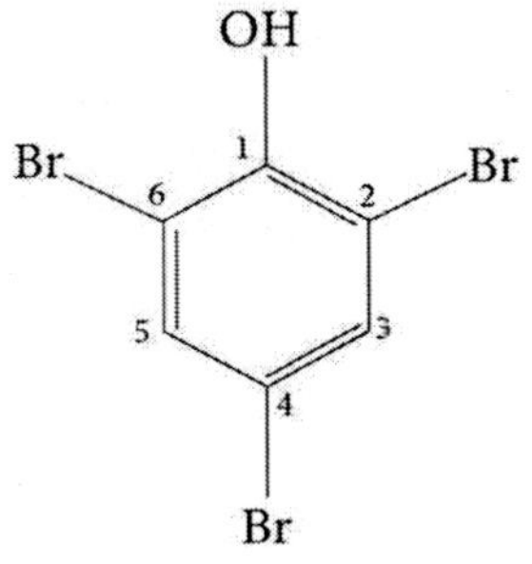

2,4,6 – tribromofenol

• Halogenação

O anel benzênico pode formar compostos aromáticos com halogênio (F, Cl, Br, I) na presença de um catalisador, formando o chamado de hidrocarboneto halogenado.

O benzeno não reagem espontaneamente com o cloro nem o bromo; nas na presença do catalisador, $FeCl_3$, forma-se o clorobenzeno, assim como o bromobenzeno, a seguir dados:

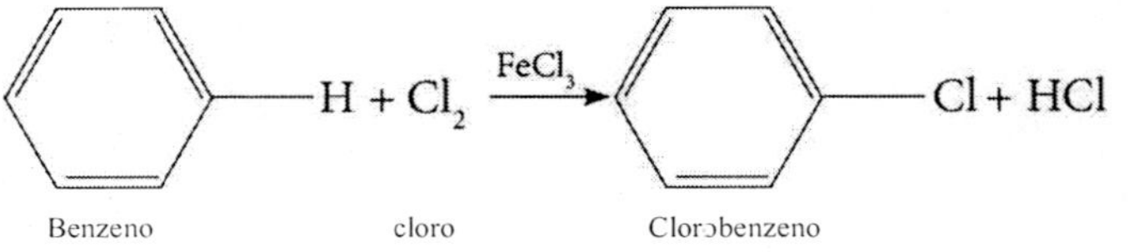

21.4. Compostos Orgânicos Oxigenados

Compostos orgânicos oxigenados são aqueles que se ligam a uma ou mais hidroxila, –OH, por substituição de um ou mais H por –OH , que caracteriza o grupo funcional hidroxila.

[1] Outros radicais monovalentes

(i) radical alquenila: é o obtido com a retirada de um átomo de hidrogênio da estrutura do alceno. Nomeia-se a terminação IL ou ILA. Exemplos: do eteno, $CH_2{=}\,CH_2$, deriva-se o etnil ou vinil, $CH_2{=}\,CH$; do propeno, $CH_2{=}\,CHCH_3$, tem-se o propenil ou alil, $CH_2{=}\,CHCH_2$;

.

(i) radical arila: é o obtido com a retirada de um átomo de H do anel benzênico; anota-se por Ar. Exemplos: Do benzeno, C_6H_6 , com a retirada de um átomo de H, tem-se, C_6H_5— , fenil , representado na figura,

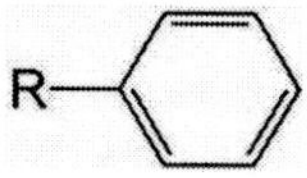

Nomeia-se radical anila por 1,2 orto, 1,3 meta, 1,4 para + nome da ramificação.

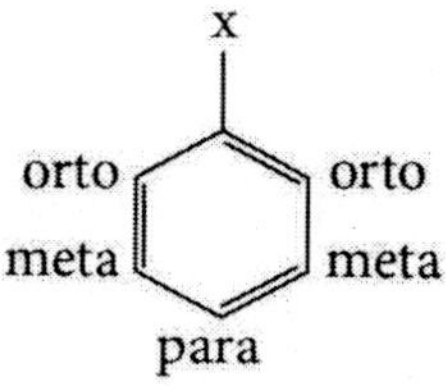

(ii) Radical Benzil: falta de um átomo de H no composto ramificado. Exemplo:

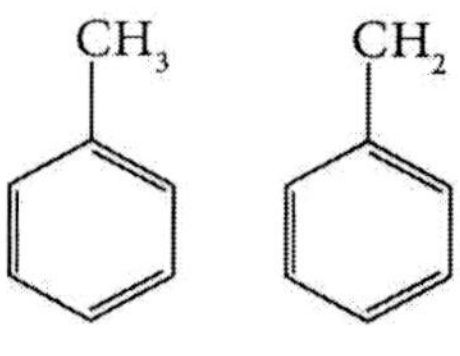

Tolueno Benzil

[2] Funções Orgânicas Oxigenadas

Compõem os sete principais grupos funcionais, a seguir titulados:

1) Álcool; 2) Éter; 3) Cetona; 4) Ácido Carboxílico; 5) Aldeído; 6) Ester ; 7) Anidrido;

Exemplos:
No metano, CH_4 , com a retirada de um átomo de H, tem-se o radical, CH_3— , metila .

No benzeno, C_6H_6, com a retirada de um átomo de H, tem-se, C_6H_5— , fenil , representado na figura,

Nome do hidrocarboneto mais a terminação IL ou ILA. No exemplo acima, o radical do metano: metil ou metila:

[3] Grupos Funcionais

São sete principais grupos funcionais, a seguir titulados:

1) Álcool; 2) Éter; 3) Cetona; 4) Ácido Carboxílico; 5) Aldeído; 6) Ester ; 7) Anidrido;

1) Álcool é todo composto orgânico que apresenta uma hidroxila, –OH , como grupo funcional, ligado a um radical .

Fórmula geral: ROH , onde R é o radical, e –OH é o grupo funcional.

Exemplo: Álcool etílico ou etanol, $CH_3\ CH_2OH$, de fórmula molecular e linha-ângulo

$CH_3\ CH_2$ —OH e 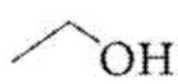

O etanol é um líquido incolor, de cheiro característico; é miscível com água. É consumido em bebidas fermentadas (vinhos, cervejas, whiskeys, etc); usado como solventes, em perfumes e tintas; e como combustível, substitui a gasolina. O etanol é obtido a partir da sacarose (cana de açúcar, suco de frutas, beterraba) ou de substâncias amiláceas (milho, arroz, trigo e batata), como nas reações químicas:

$$C_{12}H_{22}O_{11} + H_2O \xrightarrow[\text{invertase}]{\text{levedo}} C_6H_{12}O_6 + C_6H_{12}O_6 \xrightarrow[\text{zimase}]{\text{levedo}} 2CH_3\ CH_2\text{—}OH + 2CO_2 \uparrow$$

Atribui-se ao etanol o teor alcoólico 200, de modo que a indicação de teor alcoólico 70, informa que 35% dele está diluído em água. A ingestão de bebida alcoólica pode dar a falsa sensação de bem-estar; mas por ser tóxica, causa distúrbios de comportamento (afeta a coordenação motora, a fala, confusão) e depressão física e mental. Um copo de bebida alcoólica com teor alcoólico de 80–100, 1 h após a ingestão, produz uma concentração alcoólica no sangue de 0,1%.

• Nomenclatura dos Alcoóis: Pela IUPAC, substitui-se a terminação O (do número de carbonos) por OL ; pela não oficial: álcool mais o nome do hidrocarboneto, menos ANO, mais a terminação ÍLICO.

Exemplos:

CH_3—OH, metanol, pela IUPAC; e álcool metílico, pela não oficial.

O metanol, que já foi chamado de álcool de madeira, é venenoso; mesmo em pequenas doses pode causar cegueira e morte.

• Classificação dos Alcoóis

Conforme o grupo hidroxila, –OH, ligue-se ao carbono primário, secundário, terciário, o álcool recebe a mesma denominação.

Exemplos:

álcool primário

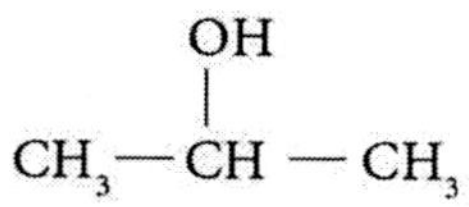

álcool secundário

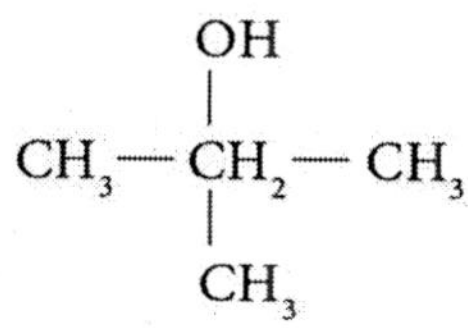

álcool terciário

Conforme o número de –OH : monoálcool ou monol (1OH), diálcool ou diol (2OH) e triácool ou triol (3OH).

Exemplos

CH_3 —CH_2 —OH

nomoálcool)

1-metanomonol

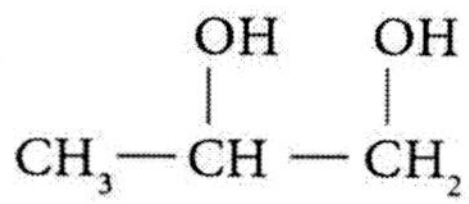

diálcool

1,2- propanodiol

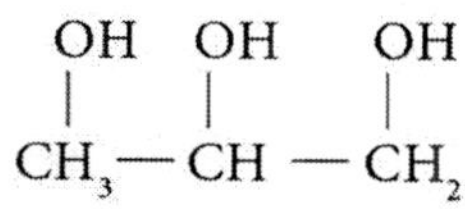

triálcool

1,2,3-propanotriol (glicerina)

O 1,2,3-propanotriol conhecido como glicerina ou glicerol é um líquido incolor, viscoso, não tóxico, muito usado como agente amaciante em loções para a pele, supositórios para prisão de ventre, além de fazer parte das gorduras do corpo humano.

Os alcoóis têm ponto de ebulição mais elevado do que os alcanos, alcenos e alcinos.

Exemplos:

CH_3OH , metanol: 65 ºC ;
$CH_3\ CH_2OH$, etanol: 78 ºC ;
$CH_3\ CH_2\ CH_2OH$, 1-propanol: 97 ºC ;
$CH_3\ CH_2\ CH_2OH$, 1-butanol: 117 ºC ;

Os alcoóis são ácidos fracos e têm acidez próxima da água. Os alcoóis podem sofrer desidratação (eliminação de uma molécula de água), por aquecimento, usando um ácido forte como catalisador.

Exemplo: O etanol, CH_3CH_2OH , por desidratação, produz o etileno, conforme a reação:

$$CH_3\ CH_2OH \xrightarrow[\text{calor}]{\text{H2SO4}} CH_2{=}CH_2 + H_2\,O$$

•Fenol: quando se substitui no anel benzeno um hidrogênio por uma hidroxila, –OH, obtém-se o fenol, $C_6H_5\,OH$, também, chamado de hnidroxi-benzeno

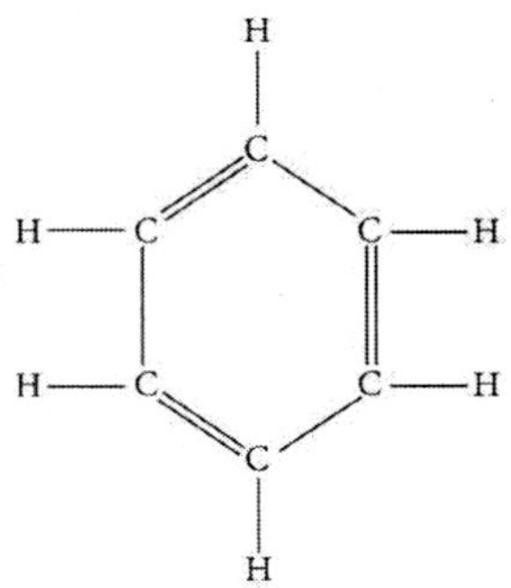

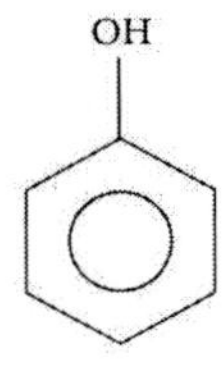

O fenol é corrosivo; e em contato com a pele ou tecido, causa queimaduras. O fenol é usado como germicida para desinfetar instrumentos cirúrgicos. Ele tem pKa ~ 10.

•Enol: é o composto orgânico cuja hidroxila, –OH, está ligada diretamente ao carbono com ligação dupla. Segue a mesmo nomeação do álcool insaturado.

Exemplo: $H_2C{=}C{-}OH$, etnol

•Nitroglicerina e dinamite:
Em 1847, Ascanio Sobrero (1812-1888), químico italiano, descobriu que a glicerina, reage com o ácido nítrico, HNO_3 , na presença do ácido sulfúrico, produzindo um líquido amarelo-claro, com propriedade explosiva, que chamou de nitroglicerina, como na reação química:

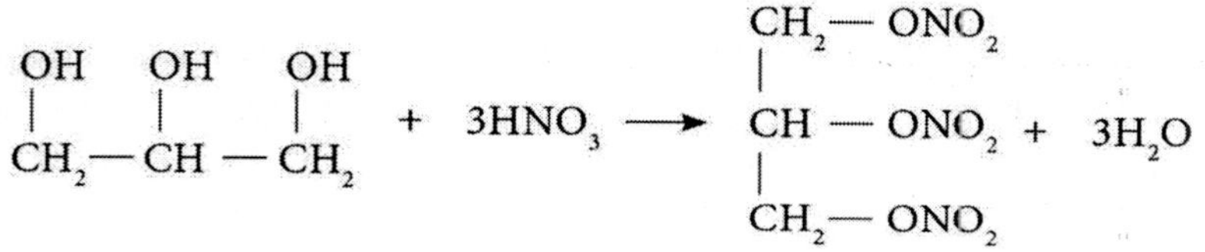

Trinitrato de 1,2,3-propanotriol (nitroglicerina)

A nitroglicerina era facilmente explosiva ao ser manuseada. Esse inconveniente foi resolvido 20 anos depois por Alfredo Nobel (1833-1896), químico sueco, ao misturar a nitroglicerina com um tipo de argila chamada de diatomácea (dióxido de silício em pó) que absorvendo-a, forma um produto sólido, que só explode com o uso de um detonador. Nobel chamou o seu invento de dinamite.

2) Éter é todo composto orgânico que apresenta um átomo de oxigênio como grupo funcional ligado a dois radicais derivados de hidrocarbonetos.

Fórmula geral: ROR', onde R e R' são os radicais, e –O– é o grupo funcional.

Exemplo: $CH_3—O—CH_3$

• Nomenclatura dos Éteres: pela nomenclatura IUPAC: OXI pósposto ao nome do radical R, mais o nome do radical R' . Contudo, usa-se de preferência a nomenclatura não oficial: a palavra éter seguida dos nomes dos dois radicais com a terminação ICO.

No exemplo acima dado: pela IUPAC: metóxi-metano; não oficial: éter dimetílico ou dimetil-éter;.

O éter é um líquido incolor, volátil, de cheiro característico, de vapor inflamável. Ponto de ebulição: 34,6 ºC; ponto de fusão: –116 ºC.

O éter foi muito usado como anestésico local, principalmente na odontologia, por ser endotérmico (resfria o local) e relaxa a musculatura; mas tem o inconveniente de baixar ligeiramente a pressão arterial e irritar o muco respiratório, ao ser inalado.

Em 1844, o dentista norte-americano, Horace Wells (1815-1848), usou o óxido nitroso, N_2O, conhecido como o "gás do riso" como anestésico odontológico. Contudo abandono a prática após dois acidentes: num, o efeito do gás do riso passou muito rápido e o paciente sentiu muita dor; e noutra, o paciente faleceu, durante o procedimento.

Outros exemplos:
$CH_3CH_2—O—CH_2CH_3$, éter dietílico ou éter etílico ou apenas de éter.

$CH_3CH_2—O—CH_2CH_3$ éter dietílico (éter sulfúrico) ou etoxietano

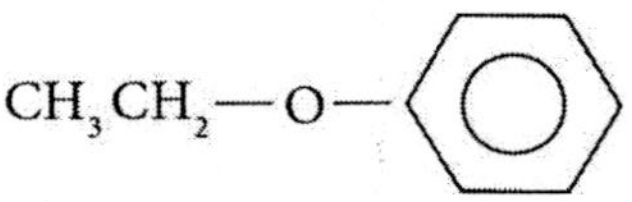
, éter etilbenzeno ou etoxibenzeno

- Éteres cíclicos: são de dois tipos (não aromáticos):

(i) epóxidos, quando o oxigênio está ligado a dois carbonos contíguo:

C_2H_4O

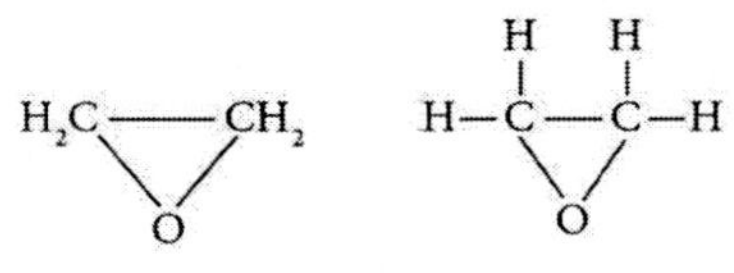

Epóxi-etano

(ii) furanos, quando o oxigênio está ligado a dois carbonos não contíguos:

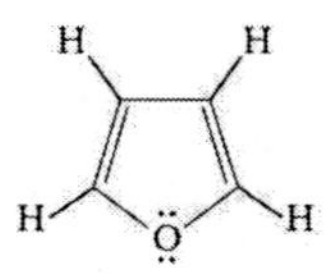

furano

não tem nomenclatura oficial

3) Cetona é todo composto orgânico que tem o grupo carbonila,  (oxigênio em ligação dupla com o carbono) ligado a dois radicais hidrocarboneto.

Fórmula geral, RC=OR'. Exemplo: $CH_3-\overset{\overset{O}{\|}}{C}CH_3$ 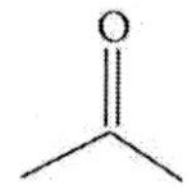 (linha-ângulo)

• Nomenclatura das Cetonas: Pela IUPAC, nomes dos radicais mais a terminação ONA; nomenclatura não oficial: nº de carbono mais a palavra CETONA.

No exemplo dado acima, temos: pela IUPAC, propanona; pela não oficial, dimetilcetona ou apenas acetona.

A acetona é um líquido incolor, de cheiro característico, miscível em água e muito usada como removedor de esmalte, portanto um solvente (de tintas e vernizes), utilizado na preparação de sedas artificiais, celuloide, pólvora sem fumaça; na produção de corantes e produtos medicinais, como clorofórmio, bromofórmio e iodofórmio.

A acetona é encontrada no sangue humano em pequena quantidade (2mg/dl); quantidade maior indica degradação anormal de gordura; manifesta-se no hálito, como "hálito de acetona".

Outro exemplo:

$CH_3\overset{\overset{O}{\|}}{C}CH_2CH_3$, butanona ou metil-etil- cetona.

4) Ácido Carboxílico é todo composto orgânico que apresenta o grupo carboxila, —CO—OH ou —COOH , ligado a um radical hidrocarboneto.

Fórmula geral, R—COOH. Exemplo: $CH_3\overset{\overset{O}{\|}}{C}—OH$

• Nomenclatura dos Ácidos Carboxílicos: IUPAC: a palavra ácido mais o nome do radical com a terminação OICO ; não oficial: nome consagrado mais ICO.
No exemplo dado acima: ácido etanoico (ácido acético).

Outro exemplo: $H\overset{\overset{O}{\|}}{C}—OH$, ácido metanóico (ácido fórmico)

O ácido fórmico é um líquido incolor, de odor irritante encontrado em formigas vermelhas (daí o nome) e abelhas que o injeta no tecido no ato da picada, causando dor. Inicialmente foi extraído de formigas vermelhas, através da destilação com vapor de água. Também é encontrado na urtiga e no pinheiro. Ponto de ebulição: 100,8 ºC e solidifica-se a 8,6 ºC. Usado na indústria como fixador de corantes em tecidos. É germicida e usado no tratamento de reumatismo.

O ácido fórmico reage com uma base forte formando um sal mais água, como na reação:

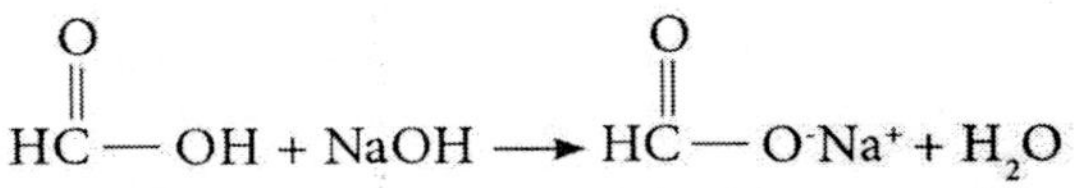

Acido | base | sal orgânico | água

ácido fórmico | (hidróxido de sódio) | formiato de sódio

ácido metanóico | metanoato de sódio

Com o anel benzênico, temos:

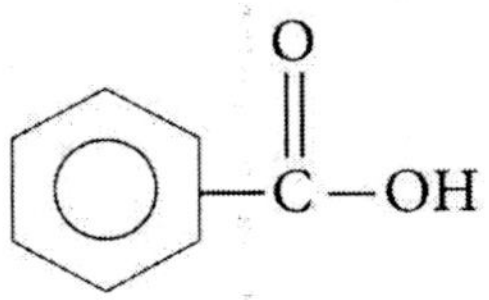

ácido benzoico

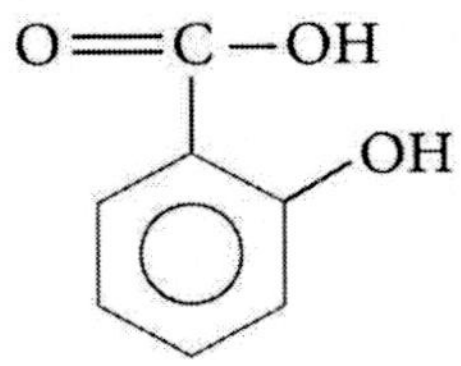

ácido salicílico

O ácido benzoico é diurético e antisséptico.

5) Aldeído é todo composto orgânico que tem o grupo funcional, —CH=O (oxigênio em dupla ligação com o carbono) ligado a um radical.

Fórmula geral, R—CH=O. Exemplo:

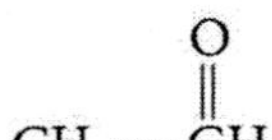

- Nomenclatura dos Aldeídos: Pela IUPAC, nome do radical mais a terminação AL; nomenclatura não oficial: para o nº de carbono 1, 2, 3 e 4, tomar os prefixos respectivos: form, acet, propion, butir, justaposto a palavra ALDEÍDO.

No exemplo dado acima, temos: pela IUPAC, etanal; pela não oficial, acetaldeído.

$$\overset{\overset{\displaystyle O}{\|}}{HCH}$$

, metanal ou formaldeído ou apenas formaol.

O formaldeído é um gás incolor, germicida, de vapores irritantes, quando inalado

Outros exemplos:

CH_2COH , etanal (aldeído acético)

$CH_2{=}CH\ COH$, propenal

Com o anel bezênico, tem-se o benzenoaldeído,

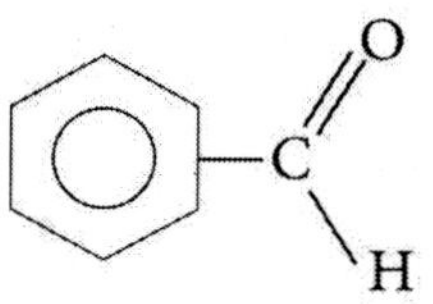

O aldeído é sintetizado pela oxidação de um álcool primário, como na reação com etanol, tendo o Cu como catalisador:

$$CH_3CH_2OH \xrightarrow[300\,°C]{Cu} \underset{\text{etanal}}{CH_3\overset{\overset{\displaystyle O}{\|}}{C}H} + H_2$$

Reciprocamente, o aldeído como redutor, pode formar álcool, como na reação do etanol com hidrogênio, tendo a platina como agente catalisador:

$$CH_3\overset{\overset{\displaystyle O}{\|}}{C}H + H_2 \xrightarrow{Pt} \underset{\text{etanol}}{CH_3CH_2OH}$$

O aldeído derivado do ácido carboxílico é nomeado pelo nome do ácido do qual deriva. Exemplos:

$$HCOOH \longrightarrow H\overset{\overset{\large O}{\|}}{C}H \qquad CH_3COOH \longrightarrow CH_3\overset{\overset{\large O}{\|}}{C}H$$

ácido fórmico → aldeído fórmico (formol) ácido acético → aldeído acético (acetaldeído)

6) Éster é o composto orgânico derivado do ácido carboxílico, que perde o hidrogênio do grupo funcional, —C=OO— .

Fórmula geral, RCOOR'. Exemplo: CH_3—COO—CH_3

• Nomenclatura dos Ésteres: IUPAC: nome do radical hidrocarboneto R ligado ao oxigênio com a terminação ATO , "de", nome do radical R'; não oficial: acetato "de", nome do radical R'.

No exemplo dado acima: etanoato de metila ou acetato de metila

O éster é obtido da reação de um ácido carboxílico com um ácido metílico tendo como catalisador um ácido forte, como na reação, chamada de reação de esterificação:

$$\underset{\text{ácido acético}}{CH_3COOH} + \underset{\text{álcool metílico}}{CH_3OH} \xrightarrow{H2SO4} \underset{\text{acetato de metila}}{CH_3COOCH_3} + \underset{\text{água}}{H_2O}$$

A esterificação do ácido salicílico com o ácido acético, forma o ácido acetilsalicílico, conhecido como aspirina, que é analgésico, antipirético e anti-inflamatório. Na antiguidade a casca do salgueiro (que contém tais substâncias) já era usada por Hipócrates (460-370)aC para aliviar dores.

Fórmula:

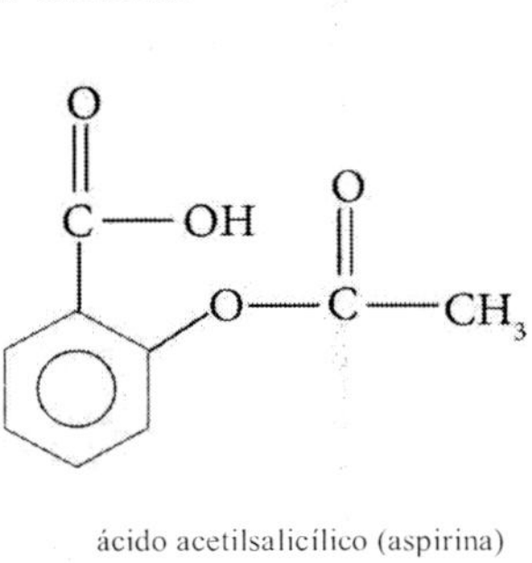

ácido acetilsalicílico (aspirina)

Os ésteres são encontrados nas frutas, flores, madeira; ceras de carnaúba e ceras de abelha; e também no fosfatídeo do ovo. Por isso eles são usados como aromatizantes nas indústrias alimentícias e cosmética.

7) Anidrido é o composto orgânico derivado da desidratação intermolecular de um ácido carboxílico, por desidratação, tendo como grupo funcional —CO—O—CO— (oxigênio com ligação dupla com o carbono).

Fórmula geral, RCO—O—COR' ou

Exemplo:

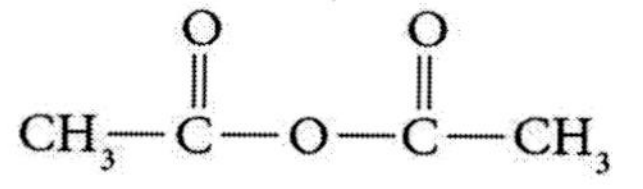

• Nomenclatura dos Anidridos: IUPAC: anidrido mais o nome do ácido do qual deriva; não oficial: anidrido nome usual do ácido.

No exemplo dado acima: anidrido etanoico ou anidrido acético.

A desidratação de duas moléculas de ácido produz o anidrido, como na reação:

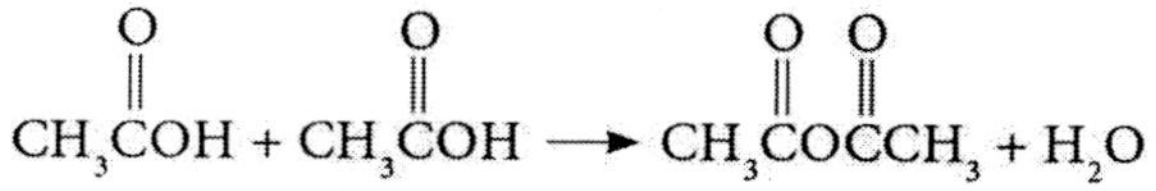

2x ácido etanoico — anidrido metanoico

21.5. Compostos Orgânicos Nitrogenados

Compostos orgânicos nitrogenados são aqueles que apresentam um ou mais nitrogênio na sua estrutura. É caracterizado pelo grupo funcional nitrogênio. Os principais compostos orgânicos nitrogenados são: 1) Amina; 2) Amida; 3) Nitrila.

1) Aminas são compostos orgânicos derivados da amônia, NH_3, pela substituição de 1, 2 ou 3 hidrogênios, por igual número de radicais alquilas ou arilas.

Fórmulas gerais: R—NH_2, amina primária; R—NH—R', amina secundária e R—N—R', amina terciária.
$$\begin{array}{l} R-\underset{\displaystyle R''}{\underset{|}{N}}-R' \end{array}$$

Exemplos de formações de aminas:

$$CH_3NH_3 \xrightarrow[R]{-H} CH_3—NH_2$$: amina primária

$$CH_3NH_3CH_3 \xrightarrow[2R]{-2H} CH_3—NH—CH_3$$: amina secundária

$$\overset{\displaystyle CH_3}{\overset{|}{CH_3}}NH_3CH_3 \xrightarrow[3H]{-3H} CH_3 - \overset{\displaystyle CH_3}{\overset{|}{N}} - CH_3$$: amina terciária

• Nomenclatura das Aminas: IUPAC: nome do radical hidrocarboneto mais a palavra amina; não oficial: nome do radical mais amina ou nomes consagrados pelo uso. Quando os radicais são iguais usar os prefixos di e tri.

Nos exemplos dados acima, temos respectivamente: metanamina ou metilamina, dimetanoamina ou dimetilamina, e trimetanoamina ou trimetilamina.

Exemplos:

$CH_3CH_2NH_2$, etilamina; em segmento-ângulo:

$CH_3CH_2CH_3CH_2NH_2$, butilamina; em segmento-ângulo:

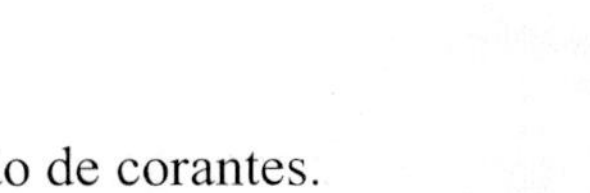

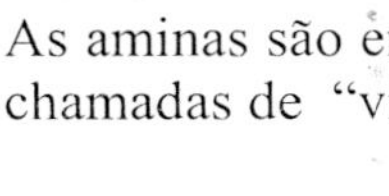

fenilamina (anilina)

A anilina é usada como matéria prima para fabricação de corantes.
As aminas são encontradas no organismo dos seres vivos. As aminas já foram chamadas de "vital amina" que deu nomes as vitamina.

A serotonina é uma manoamina, presente nos neurônios, nas plaquetas do sangue, paredes dos intestinos, que tem a função de controlar os hormônios que regulam o sono, o apetite e o desejo sexual, proporcionando o bem estar do indivíduo. Por essas razões ela é chamada a molécula da felicidade. A sua escassez no organismo causa depressão, insônia, ansiedade; o uso de drogas como a ectasy produz o excesso dela, com estado de euforia, que logo depois causa depleção, debilidades físicas e orgânicas.

Fórmula:

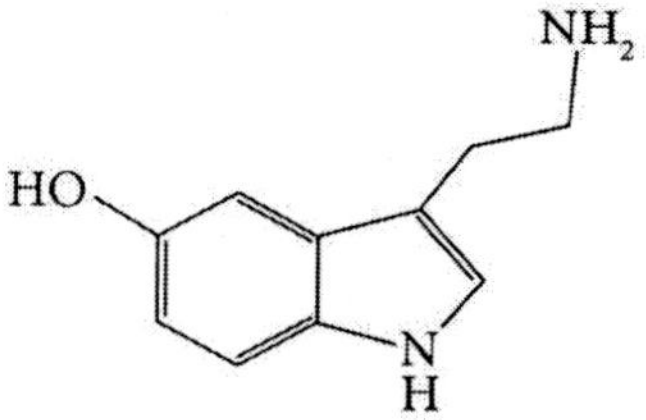

5-hidroxitriptamina (serotonina)

Nota: A serotonina foi descoberta em 1935 pelo químico e farmacêutico italiano Vittorio Erspaner (1909-1999), que a batizou de enteramina. Só em 1948 é que ela foi isolada por Murice M. Rapport, Arda Green e Irvine Page da Clínica Cleveland, EUA, que lhe deu o nome definitivo de serotonina.

As fontes naturais da serotonina são: banana, abacaxi, tomate, chocolate amargo e vinhos.

A serotonina é formada na putrefação de peixes, quando é chamada de putrescina, e na decomposição de cadáveres, como o nome de cadaverina, de fórmulas químicas respectivas:

NH_2 (1º C) e NH_2 (4º C): $CH_2—CH_2—CH_2—CH_2$

NH_2 (1º C) e NH_2 (4º C): $CH_2—CH_2—CH_2—CH_2—CH_2$

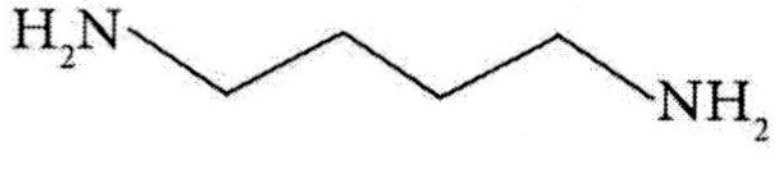

putrescina

cadaverina

Aminas heterocíclicas são aquelas que apresentam um ou mais átomo de nitrogênio no anel.

Exemplos:

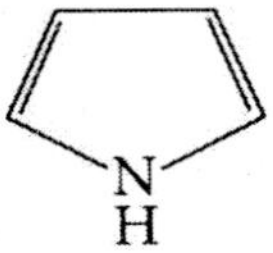

pirrol

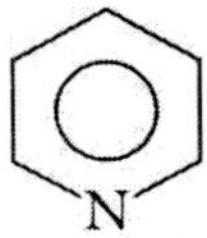

piridina

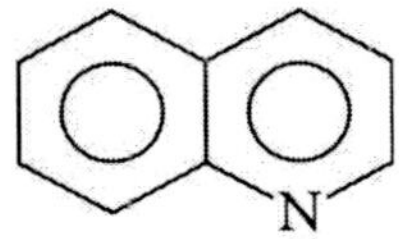

quinolina

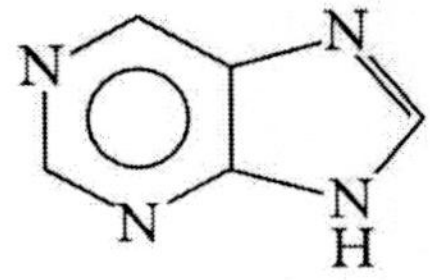

purina

2) Aminas são compostos orgânicos derivados da amônia, NH_3 , pela substituição de 1, 2 ou 3 hidrogênios, por igual número de radicais acila (R—C=O).

Fórmulas gerais: $R—\overset{O}{\overset{\|}{C}}—NH_2$, $R—\overset{O}{\overset{|}{C}}—NH—\overset{O}{\overset{\|}{C}}—R'$, $R—\overset{O}{\overset{\|}{C}}—\underset{R'''C=O}{\underset{|}{N}}—\overset{O}{\overset{\|}{C}}—R'$

amida primária — amida secundária — amida terciária

Formação de amidas: as amidas são formadas da reação de ácidos carboxílicos com amônia e desidratação, como no exemplo seguinte:

$$CH_3—\overset{O}{\overset{\|}{C}}—OH + NH_3 \longrightarrow CH_3—\overset{O}{\overset{\|}{C}}—NH_2 + H_2O$$

ácido acético — amônia — etanamida — água

- Nomenclatura das Amidas: IUPAC: nome do radical hidrocarboneto seguido de amida; não oficial: prefixo do ácido mais amida.

Exemplos:

$$CH_3—\overset{O}{\overset{\|}{C}}—NH_2$$

etanamida (acetanamida)

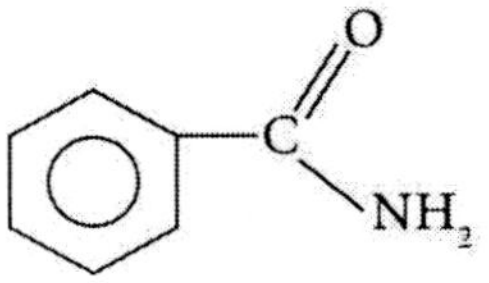

benzamida (benzenocarboxiamida)

- Ureia, de fórmula química, $NH_2—CO—NH_2$, é portanto uma amida. A ureia é um sólido cristalino, incolor, solúvel na água, álcool e benzeno, com p.e. de 132,7 ºC. A ureia está presente no metabolismo humano (e de mamíferos) como um produto final proteico; forma-se no fígado, é filtrada pelos rins, e eliminada pela urina (e pelo suor).

A ureia foi descoberta em 1773, por Ruelle, Hilaire (1718–1779), químico francês e sintetizada em laboratório por Wö hler em 1828, como mencionamos no início. A ureia é usada na indústria na manufatura de plásticos, como estabilizadora de explosivos de nitrocelulose, e como fertilizante que tem teor de guano.

O ácido úrico é um derivado da ureia, excretado junto com ela, pelas fezes. No sangue humano, sua concentração é de 3,5 a 7,2 mg/dl; além dessa faixa, manifestam-se doenças como a gota e cálculos renais.

3) Nitrilas são compostos orgânicos derivados do ácido cianídrico, HCN, pela substituição do hidrogênio por um radical hidrocarboneto, tendo como grupo funcional, —C≡N.

Fórmula geral: R—C ≡ N ou Ar—C ≡ N

Exemplos:

$CH_3—C \equiv N$ $CH_3—CH_2—CN$

• Nomenclatura das Nitrilas: IUPAC: nome do hidrocarboneto seguido de nitrila; não oficial: cianeto seguido do nome do radical (sem o grupo funcional).

Nos exemplos acima, temos: CH_3CN, etanonitrila ou cianeto de metila; CH_3CH_2CN , propanonitrila ou cianeto de etila.

Com anel benzênico, temos:

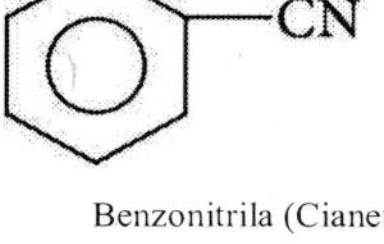

Benzonitrila (Cianeto de fenila)

As nitrilas são tóxicas e estão presentes nas sementes de amêndoas, cerejas, uvas, maçãs, pêssegos, ameixas e também na mandioca, em pequenas quantidades sob a designação de amigdalina $CH_{20}H_{27}NO_{11}$, que é um composto de 1 molécula de benzoaldeido e 1 molécula de ácido cianídrico ou vitamina B17.

Isonitrila tem o grupo funcional, —N≡C , tendo como isômeros as nitrilas. IUPAC: nome do radical com a terminação IL mais carbilamina; não oficial: isocianeto de – nome do radical com a terminação ILA.

Exemplos:

CH_3—N≡C , metilcarbilamina (isocianeto de metila)

Com anel benzeno:

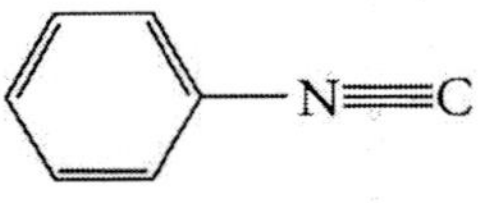

fenilcarbilamina (isocianeto de fenila)

As isonitrilas, por serem mais estáveis que as nitrilas, por aquecimento elas se convertem nitrilas.

Por exemplo: CH_3— CH_2—N≡C $\xrightarrow{\Delta}$ CH_3— CH_2—C≡N ,

É oportuno acrescentar aqui os Alcaloides.

4) Alcaloides: são aminas cíclicas que possuem átomos de nitrogênio nos anéis heterocíclicos. Os alcaloides são encontrados nas plantas (raízes, folhas, córtex, frutos, etc.), que lhes conferem sabor amargo. .

Vejamos os alcalóides mais conhecidos:

1) cafeína ou trimetilxantina, do grupo xantina, .de fórmula molecular: $C_6H_{10}N_4O_2$, presente no café, é estimulante, mas pode causar dependência.

2) nicotina ou pirrolidina, derivado da piridina, presente na folha de tabaco e no fumo do cigarro, de fórmula molecular: $C_{10}H_{14}N_2$. A nicotina, junto com as demais substâncias do cigarro, provoca câncer nos pulmões.
3) cocaína ou benzoilmetilecgonina, é extraída do arbusto erithroxylumcoca, de fórmula química: $C_{17}H_{21}NO_4$. É uma droga estimulante, no início, mas logo

causa dependência, cujos efeitos são altamente perniciosos à saúde física e psíquica do usuário.

4) morfina é extraída da flor da papoula. Seu nome deriva de morfeu (deus grego do sono), de fórmula molecular: $C_{17}H_{19}NO_3$, e nome complicado IUPAC: (3α, 6α)-7,8-didehydro- 4,5 epoxy-17 methylmorphinan-3,6 diol. A morfina tem poder analgésico e como tal é usada para aliviar dores e induzir o sono.

Fórmulas estruturais:

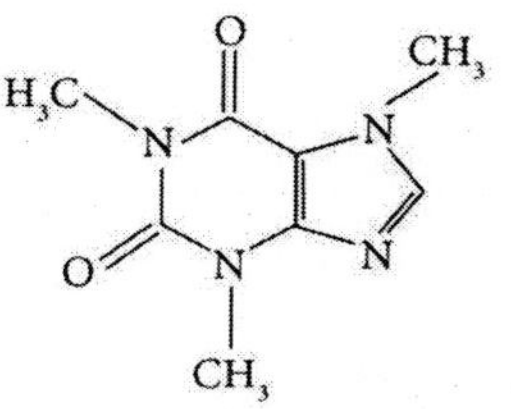

cafeína

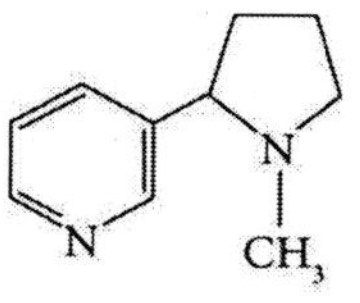

nicotina

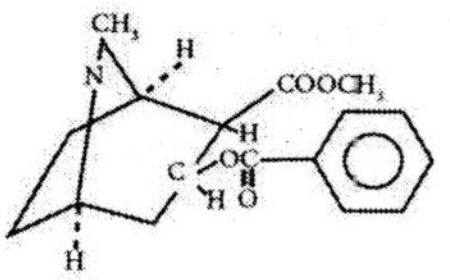

cocaína

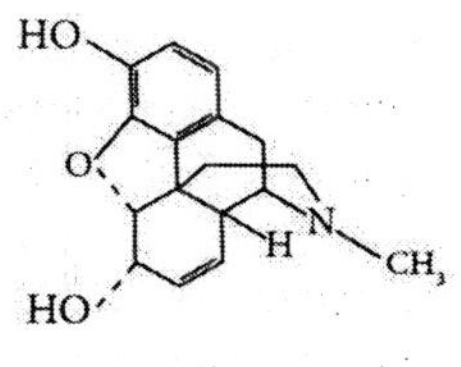

morfina

21.6. Polímeros

Os compostos orgânicos até agora estudados são moléculas relativamente pequenas. Quando moléculas orgânicas são associadas, formam uma molécula grande ou macromolécula, cada unidade molecular que se repete é chamada de monômero e a macromolécula resultante é denominada de polímero (do grego, poly, muitos, e meros, partes) orgânico. Os monômeros podem ser iguais ou diferentes, e o processo químico que os unem é chamado de polimerização.

[1] Nomenclatura: IUPAC: poli mais nome do monômero.

Exemplo: etileno, $CH_2 = CH_2$, forma-se o polietileno.

[2] Representação: com o subscrito "n" (número inteiro, positivo, grande), indica-se número de moléculas monoméricas (ordem de milhões, bilhões, trilhões), e, após a polimerização, coloca-se o monômero entre parêntese com o índice "n".
No exemplo do etileno que forma o polietileno, temos:

$$n\,(CH_2 = CH_2) \xrightarrow[\text{polimerização}]{p,\ \Delta} [-CH_2 - CH_2-]_n$$

Note-se que durante a reação de polimerização as ligações duplas são quebradas e dão lugar a ligações simples.

Com o polietileno de baixa densidade (LDPE), manufatura-se filmes de modelagem por "sopro", usados como embalagens e sacos de lixo.

Com o polietileno de alta densidade (HDPE), fabrica-se uma variedade de objetos plásticos de uso doméstico e industrial.

Os polímeros orgânicos são de dois tipos: naturais e artificiais:
(i) polímeros naturais:estão presentes nos organismos vegetais, na celulose e animais, nas biomoléculas (carboidratos, lipídios e proteínas) e a borracha natural ou látex.
(ii) polímeros artificiais ou sintéticos: em geral derivados do petróleo, são produzidos quimicamente em laboratório ou industrialmente, a exemplo do polietileno, teflon, náilon, borracha sintética, policloreto de vinila, conhecido como PVC.

Quanto ao modo de preparação, os polímeros sintéticos são formados por adição, condensação e rearranjo.

[3] Polímeros de adição: moléculas monoméricas iguais se somam numa sequencia repetitiva. Como no exemplo acima visto: etileno → polietileno. O polietileno é um plástico flexível ou rígido, com o qual se manufatura inúmeros objetos.

Outro exemplo: com o cloroeteno ou cloreto de vinila,, $CH_2 = CHCl$, forma-se o policloreto de vinila (PVC),

$$n\,(CH_2{=}CHCl) \longrightarrow [-CH_2 - CHCl-]_n$$

Nos centros de saúde usam materiais plásticos descartáveis, como luvas seringas, etc..

[4] Polímeros de condensação: formados por moléculas monoméricas diferentes, durante a reação de polimerização, com eliminação de moléculas de água ou outra substância simples, como HCl, NH_3.

Exemplo: a glicose, $C_6H_{12}O_6$, por reação de polimerização, forma amido e água:

$$n(C_6H_{12}O_6) \longrightarrow (—C_6H_{10}O_5—)_n + nH_2O$$

glicose amido água

•Polímeros de rearranjo: formados por moléculas monoméricas diferentes, durante a reação de polimerização, com eliminação de molécula de água ou outra substância simples (HCl, NH_3).

Exemplo: com di-isocianato de parafelieno e o etilenoglicol, forma-se o poliuretano, na reação de polimerização:

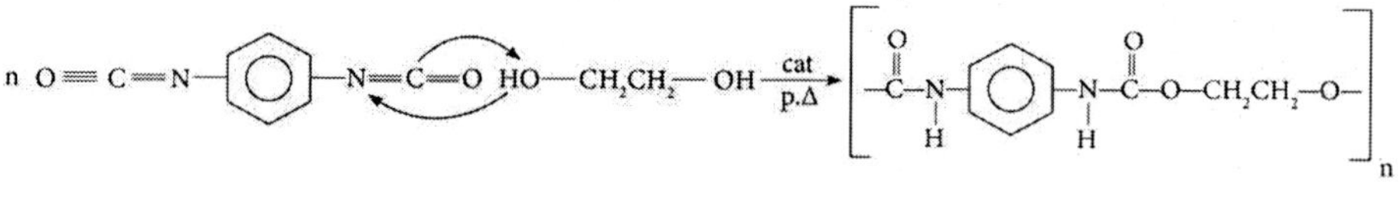

di-isocianato de parafelieno etilenoglicol poliuretano

22 – UM POUCO DE BIOQUÍMICA

Bioquímica é a química da vida. Em 1872 Hoppie-Seyler, Ernest Felix Immanuel (1825-1895), físico e bioquímico alemão, desenvolveu a química fisiológica que irá se converter na bioquímica, a partir de 1882. Mas só no início do século XX é que o termo se consagrou, abrangendo o estudo das estruturas moleculares dos seres vivos e de suas funções metabólicas. Com os avanços na genética (do grego, gero, gerar, nascer) que estuda as estruturas dos genes dos seres vivos, a bioquímica se entrelaçou com ela e desenvolve um campo de estudo novo, que recebeu o nome de biologia molecular, que é o estudo da biologia a nível molecular, ou seja: uma especialização da bioquímica aplicada à genética.

Como vimos acima, os polímeros naturais constituem as moléculas da vida ou biomoléculas que compreendem três classes fundamentais: carboidratos, lipídios e proteínas.

22.1. Carboidratos

São compostos moleculares de carbono, hidrogênio e oxigênio; também chamados de glicídios ou açucares. Por sofrerem hidrólise, foram denominados originalmente, de hidratos de carbono. Contudo, os carboidratos podem também conter nitrogênio, fósforo ou enxofre, na sua composição.

Com exceção do mel de abelha, todos os carboidratos são de origem vegetal, produzidos pela fotossíntese (fase clara) e armazenados como energia. Os carboidratos representam 75% do corpo vegetal. A celulose é o principal carboidrato do vegetal que forma a sua estrutura e paredes; ela está presente nas cascas e polpas das frutas. Como veremos mais adiante, os carboidratos participam das estruturas do DNA e do RNA dos seres vivos.

Os carboidratos são fontes de energia dos seres vivos e como tais eles estão presentes na nossa dieta alimenta: (i) legumes (feijão, soja, ervilha, etc); (ii) verduras (acelga, alface, espinafre, milho verde, etc.); (iii) cereais e grãos (arroz, trigo, aveia, linhaça, gergelim, etc.); (iv) raízes e tubérculos (batata, cenoura, inhame, aipim, beterraba, etc.); e (v) frutas (banana, manga, maçã, laranja, uva, etc.).

[1] Classificação dos carboidratos: monossacarídeos e polissacarídeos. Os monossacarídeos, enquanto unidades são monômeros, que repetidos formam os polissacarídeos, polímeros naturais. E entre estes se incluem os oligossacarídeos.

(1) Monossacarídeos: um sacarídeo (do latim, saccharum, doce, açucar), que tem fórmula molecular geral: $C_nH_{2n}O_n$, e também, $C_n(H_2O)_n$.

Denota-se o monossacarídeo com o sufixo OSE; e o número de carbonos por tri, tetr, pent, hex, etc. Assim sendo, tem-se: triose, tetrose, pentose, hexose, etc.

Os monossacarídeos do grupo aldeído (—CH=O) são chamados de aldoses, para os quais se usa o prefixo "aldo"; e os do grupo carbonila ou cetona (—C=O), por cetoses, nominados com o prefixo "ceto".

• No grupo aldose, temos: glicose ou aldohexose; e ribose ou aldopentose.

Glicose (do grego, glykyos, doce), também chamada de dextrose ou aldo-hexose; a IUPAC chama-a de D-glucose, de fórmula molecular: $C_6H_{12}O_6$, e fórmula estrutural, que pode ser acíclica ou cíclica:

• Fórmula estrutural acíclica: a molécula da glicose pode existir na forma de cadeia aberta: D-glicose e L-glicose (D, dextrogiro/direita, L, levógiro/esquerda, enantiômeros, da isomeria ótica), que são representadas nas fórmulas ou projeções de Fischer, Emil (1852-1919), químico alemão:

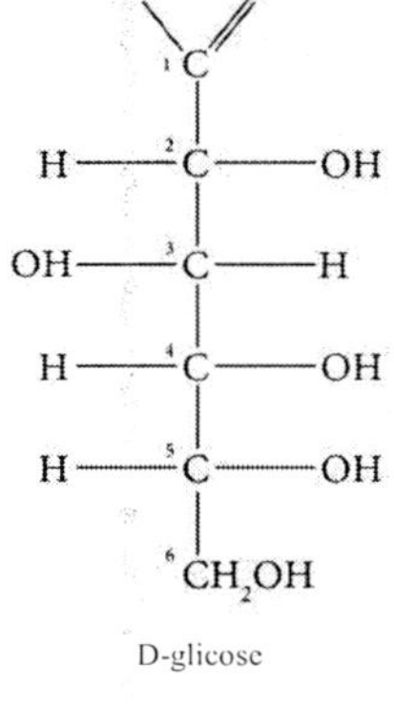

D-glicose

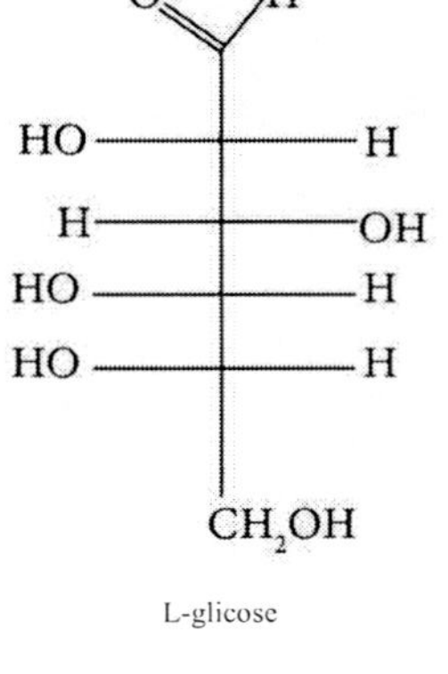

L-glicose

Nas fórmulas acima, a cadeia carbônica é representada no traço vertical, com o grupo aldeído, no topo, C-1 (carbono 1) e no extremo oposto, o grupo CH_2OH; nas ligações horizontais, são assinalados os átomos de hidrogênio e hidroxila; conforme a OH esteja à direita ou à esquerda do C-5, a cadeia é nomeada de D-glicose ou L-glicose, conforme as projeções de Fischer.

•Fórmula estrutural cíclica: a molécula da glicose toma a forma de anel, por reação intermolecular, de rearranjo hemiacetal , que liga o carbono anômero, C-1, com o grupo CH_2OH, formando o sexto átomo de carbono, e tem-se: α-glicose e β-glicose:

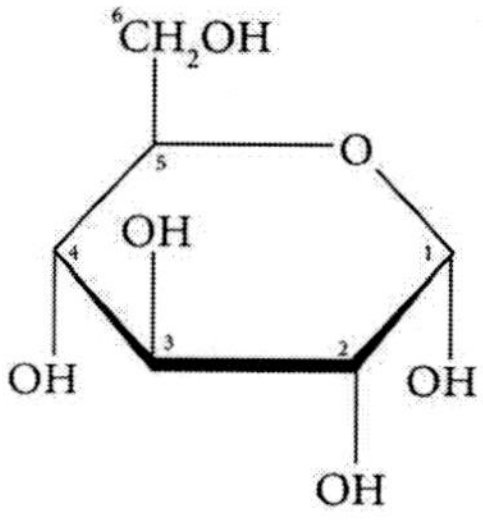

α-glicose

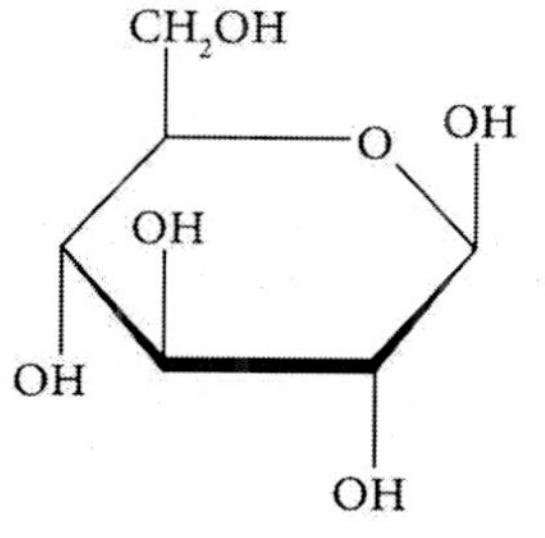

β-glicose

Estas representações em anel da glicose são aplicadas aos monossacarídeos e são devidas a Haworth, Walter Norman (1883-1950), bioquímico inglês.

A glicose é a fonte de energia base; e no corpo humano, ela é regulada pelo pâncreas, nas ilhotas alfa e beta. Quando o nível de glicose está alto, tem-se a hiperglicemia, quando o pâncreas reage liberando insulina para eliminação do excesso de glicose; quando o nível de glicose está baixo, tem-se a hipoglicemia, e o pâncreas libera o hormônio glucagon, que se transforma em glicogênio, no fígado. Ambos os extremos são distúrbios que causam doenças inflamatórias. A taxa normal de glicose no sangue é de 75 a 100 mg/dl. A insulina será estuda no tópico proteínas.

A diabetes melito (de mellitus) é uma doença inflamatória "crônica" que se indica pelo tipo 1 e 2.

Na diabetes tipo 1, as células beta do pâncreas não produz a insulina suficiente para retirar o açúcar no sangue e convertê-lo em energia para o corpo. Os portadores deste tipo 1 necessitam de injeção diária de insulina para baixar a glicose no sangue.

Na diabetes tipo 2, o organismo também produz insulina insuficiente para o controle do açúcar no sangue. Os portadores de diabetes tipo 2 não precisam de injeção diária de insulina, mas não podem ingerir açúcar.

Ribose ou D-ribose, açúcar pentacarbônico, de fórmula molecular, $C_5H_{10}O_5$, também assume a forma estrutural acíclica ou cíclica.

- Fórmula estrutural acíclica: projeção de Fischer:

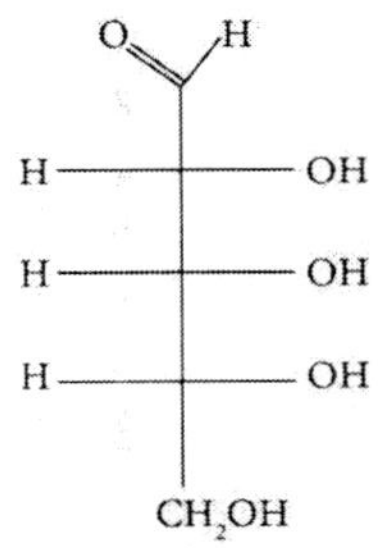

D-ribose

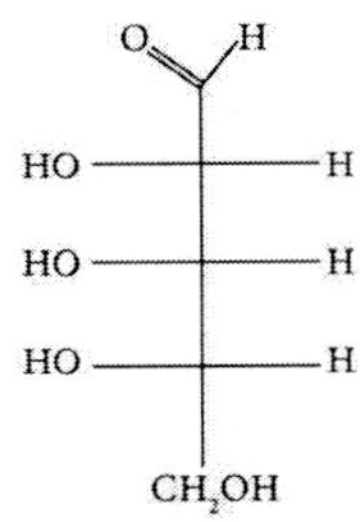

L-ribose

- Fórmula estrutural cíclica: projeção de Haworth:

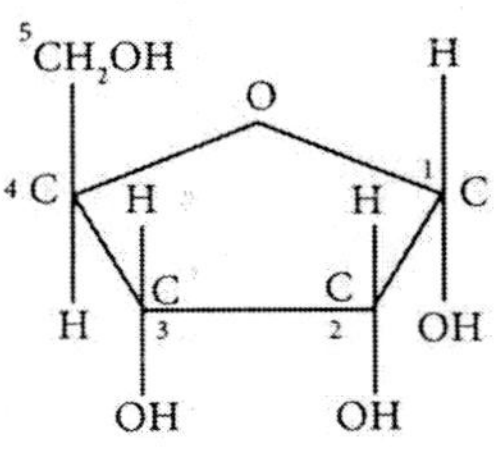

D-ribose

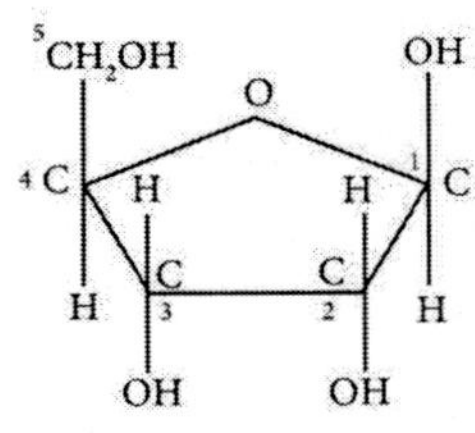

L-ribose

A ribose foi descoberta em 1905 por Levene, Phoebus Aaron (1869-1940) bioquímico russo naturalizado norte-americano, quando estudava a molécula do ácido nucleico. A ribose faz parte da estrutura do ácido ribonucleico, RNA e de outros nucleosídeos relacionados com o metabolismo do ATP (trifosfato de adenosina), GTP (trifosfato de guanosina) e NADH (nicotinamida adenina dinucleotídeo). Em 1929, Levene provou que a desoxirribose, que contém um átomo de oxigênio a menos no C-2, $C_5H_{10}O_4$, faz parte da estrutura do ácido desoxirribonucleico, DNA, daí a sua importância bioquímica. Representações estruturais da desoxirribose:

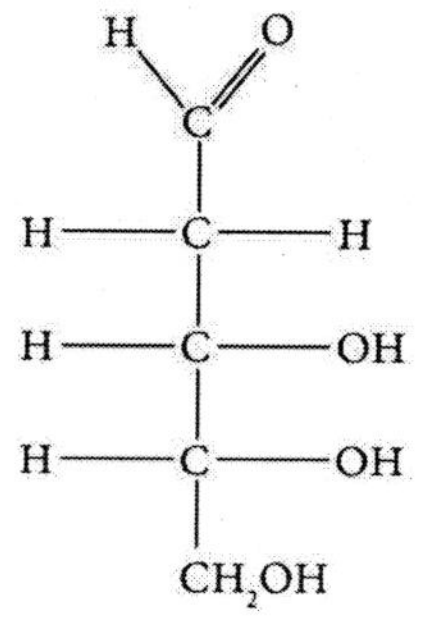

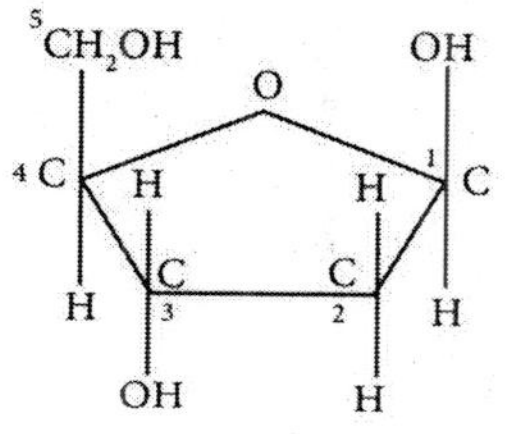

• No grupo cetose, temos: ribulose, que é uma cetopentose; e frutose que é uma cetohexose e isômero da glicose.

Ribulose também chamada de arabinulose , de fórmula molecular: $C_6H_{12}O_6$, com dois enantiômeros, na representação de Fischer:

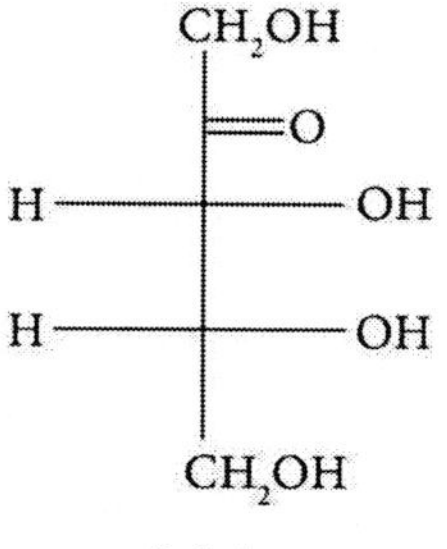

D-ribulose

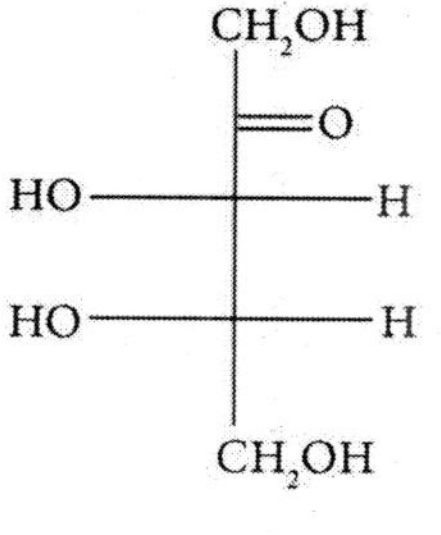

L-ribulose

Frutose ou levulose, conhecida como açúcar das frutas, de fórmula molecular: $C_6H_{12}O_6$. A frutose não sofre hidrólise. Na representação de Fischer, com enantiômeros D, L; na representação de Haworth, o C-2 é o carbono anômero:

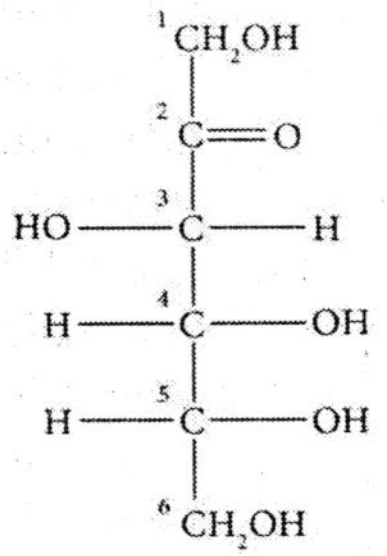

D-frutose

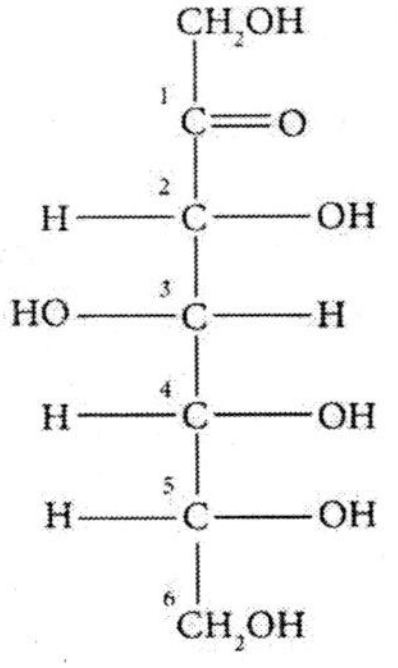

L-frutose

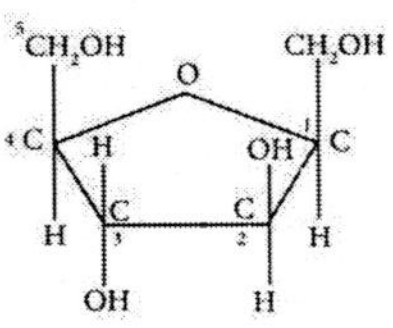

α-D-frutose

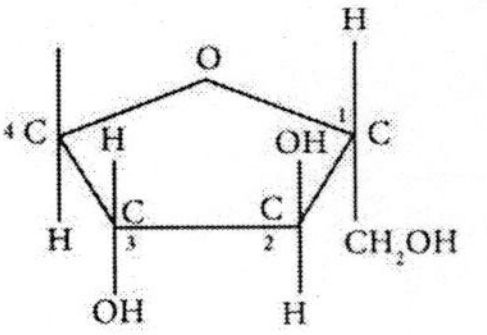

β-D-frutose

A Frutose é o açúcar mais doce que existe. É encontrada no mel, frutas e cereais. Na química do vinha, a frutose, por ação da levedura, transforma os açucares em álcool etílico e gás carbono.

No organismo humano, a frutose é metabolizada no fígado, onde é convertida em frutose-1-fosfato, que é transformada em piruvato, e depois em citratos , dando como produtos finais, ácidos graxos livres (AGL), lipoproteínas de baixa densidade (VLDL; LDL é o colesterol ruim) e triglicerídeos, que causam aumento de gordura no sangue. O esperma humano é rico em frutose. Contudo, comer frutas não faz mal porque elas contêm o antídoto: as fibras.

Tipos Sanguíneos: Landsteiner, Karl (1868-1943), médico austríaco, naturalizado norte-americano, imunologista e pai da hematologia. Em 1900-1, verificou que o sangue humano, apesar de ter a mesma composição celular (hemácias, leucócitos e plaquetas), nas membranas das hemácias estão presentes proteínas, chamadas de antígenos, que aglutinam as células vermelhas, fato que lhe permitiu classificar o sangue humano em três grupos ou tipos, que denominou-os de A, B e C, este, depois chamado de 0 (zero), compondo o sistema AB0. Em 1940, Landsteiner descobriu, ademais, que o fator antígeno, pode estar presente ou não nas membranas das hemácia, que ele chamou de fator Rh,: se ele está presente, é Rh+ (positivo), e o indivíduo não tem anticorpos contra o Rh; e se não está presente, é Rh^- (negativo), e ambos são responsáveis pelas incompatibilidades dos tipos sanguíneos, e o sistema ficou ampliado como: o fator Rh+, para os grupos: B+, AB+, 0+; e o fator Rh^- para os grupos: A^- , B^- , AB^- , 0^- .

E ficou comprovou que o indivíduo que possui o sangue tipo A ou B, só pode receber transfusão de sangue do mesmo tipo que o seu (isogrupo); que o portador do sangue tipo 0 pode doar sangue para A e B, e para si mesmo, ou seja, é um doador universal. Em 1902, os médicos alemães Decastello, Alfredo Von (1872-1960) e Sturli, Adriano (1873-1964), colaboradores de Landsteiner descobriram o quarto tipo de sangue que chamou de tipo AB, completando assim o chamado sistema de AB0; e que o indivíduo que tem o sangue tipo AB é um receptor universal.

O estudo da frequência AB0, nas etinias, permitiu classificação mundial dos indivíduos: brancos, 44% são 0, 43 % são A, 9 % são B e 4 % são AB; negros: 49 % são AB, 27 % são A,20 % são B e 4 % são AB; asiáticos, 43 % são 0, 27 %, são A, 25 %, são B e 5 % são AB.

A bioquímica veio elucidar porque cada tipo sangue apresenta um antígeno e um anticorpo. Como já aludimos, as células vermelhas do sangue são revestidas de açúcares que atuam como antígenos e ao mesmo tempo, produz anticorpos de antígenos invasores.

Sangue tipo A: células vermelhas são revestidas de N-acetil-D-galactosamina que é o antígeno e tem anticorpos contra o tipo B; no sangue tipo B: células vermelhas são revestidas de D-galactose, que é o antígeno e tem anticorpos contra A, daí a incompatibilidade entre os tipos A e B. Sangue tipo 0: células vermelhas são revestidas de N-acetil-D-glicosamina que não é antígeno A ou B, mas tem anticorpos contra A e B. Sangue tipo AB possuem ambos os antígenos A e B, e nenhum anticorpo.

(2) Oligossacarídeos (do grego, oligo, pouco):
Os oligossacarídeos mais importantes são chamados de dissacarídeos que são constituídos de dois monossacarídeos ligados entre si por um átomo de oxigênio.

Como o corpo humano não assimila o dissacarídeo, é necessário quebra-lo para transformá-lo em duas moléculas de monossacarídeos. Essa transformação é realizada pela água no organismo, por isso chamada de hidrólise – que transforma carboidratos complexos em simples. São eles: (i) maltose, (ii) lactose, (iii) sacarose..

(i) Maltose: constituída de duas unidades da glicose, D-glicopiranose, ligadas por um átono de oxigênio, com o carbono 1, da 1ª glicose, e o carbono 4, da

2ª glicose. Nome: α-D-glicopiranose-D-glucose, fórmula molecular, $C_{12}H_{22}O_{11}$, com projeção de Haworth:

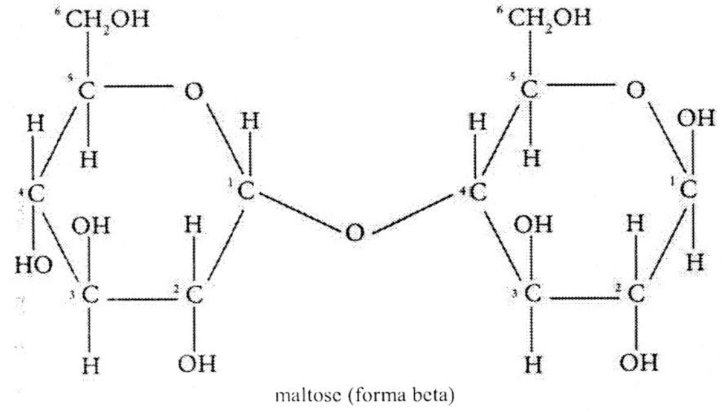

maltose (forma beta)

O átomo de oxigênio funciona como uma ponte de ligação, usualmente chamada de ponte oxídica. A maltose é o açúcar do malte, da cevada e dos cereais, e é obtida da hidrólise do amido.

(ii) Lactose: constituída de uma unidade de galactose, C-1, e uma unidade de glicose, C-4, ligadas pela ponte oxídica. Nome: β-D-galactopiranosil-1,4-D-glucose; fórmula molecular, $C_{12}H_{22}O_{11}$, e projeção de Haworth:

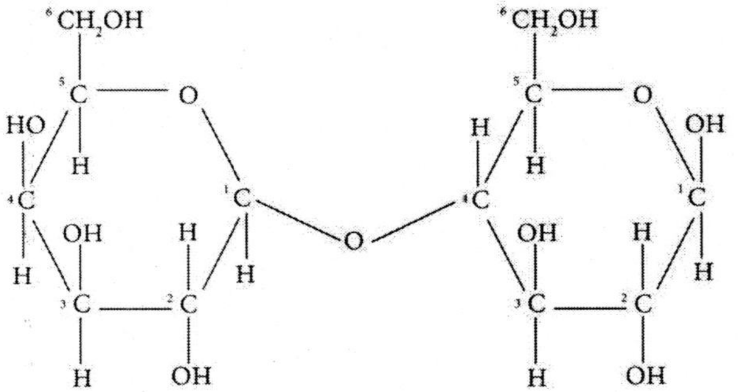

Lactose (forma beta)

A lactose é o açúcar do leite e derivados. O leite materno contém duas vezes mais lactose do que o leite de vaca. Uma vez ingerida, a lactose é metabolizada pela enzima lactase, presente nas crianças, e um pouco reduzida em adultos, razão porque algumas pessoas tem intolerância à lactose. A lactase quebra a molécula da lactose, liberando a molécula da glicose, que é absorvida pelo intestino delgado.

(iii) Sacarose: constituída de uma unidade de glicose, C-1, e uma unidade de frutose, C-2, ligadas pela ponte oxídica. Nome: α-D-glucopiranosideo, β-D-frutofuranosil; fórmula molecular, $(C_6H_{11}O_5)$ O $(C_6H_{11}O_5)$, ou apenas, $C_{12}H_{22}O_{11}$, e projeção de Haworth:

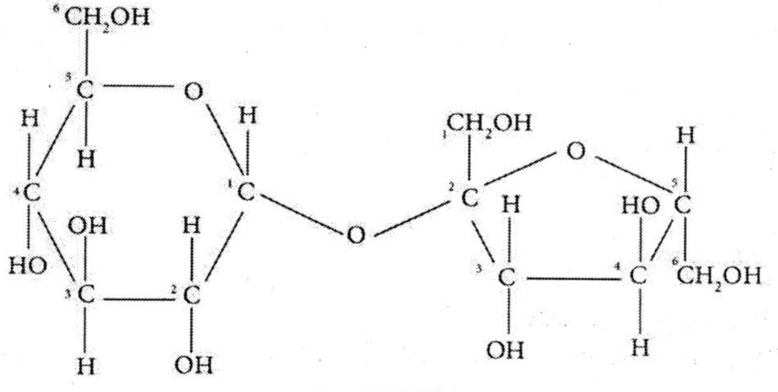

sacarose

A sacarose é o açúcar da cana-de-açúcar e da beterraba. É o açúcar de mesa, obtido da cristalização do caldo de cana-de-açúcar. O açúcar cristal contém 99,3% de sacarose; o açúcar refinado, 98,5% de sacarose; e o açúcar mascavo, 90% de sacarose.

• Adoçantes artificiais: são produzidos quimicamente em laboratórios, usados como adoçantes, e para adoçar refrigerantes e produtos industrializados. Todos eles são suspeitos serem agentes cancerígenos e de produzirem efeitos colaterais, como obesidade, cárie, depressão, irritabilidade, taquicardia, perda de audição, dores articulares, degeneração cerebral, etc.. Os principais adoçantes artificiais, são:

(i) Sacarina: de fórmula molecular, $C_7H_5O_3NS{\bullet}2H_2$ O, nome: ácido sulfanoilbenzeno. É 300 vezes mais doce que o açúcar comum, tem zero caloria; e como ela não é metabolizada, é eliminado pelo organismo. A sacarina é um derivado do petróleo (tolueno + ácido sulfônico), descoberto em 1879, por Rensen, Ira (1846-1927), químico americano, e Fahlberg, Constantine (1850-1910), químico russo, naturalizado norte-americano.

(ii) Ciclamato: de fórmula molecular, $NaC_6H_{12}SNO_3$; nome: ciclohexilsulfanato de sódio. É 40 vezes mais doce que o açúcar comum; tem zero calorias, estável a alta e baixa temperaturas. Descoberto em 1937, por Sveda, Michael (1912-1999), químico americano.

(iii) Aspartame: de fórmula molecular, $C_{14}H_{18}N_2O_5$; nome: L-α-aspartil-L-fenilalanine. É 200 vezes mais doce que a sacarose, zero caloria, instável a temperatura acima de 100 °C. Foi descoberto em 1965 pela empresa D.Searle & Company.

(3) Polissacarídeos (do grego, poli, muito):

Os polissacarídeos são constituídos de muitos monossacarídeos, sendo os mais importantes: (i) amido, (ii) glicogênio, (iii) celulose.

(i)Amido: é o polissacarídeo constituído de dois polímeros da glicose: amilose (~20%), de cadeia não ramificada, com 300 a 4.000 resíduos de D-glicose, ligados por pontes glicosídicas, α-1,4, e amilopectina (~80%), de cadeia ramificada, com 1.400 a 10.000 unidades de D-glicose, ligadas por ponte glicosídicas, α-1,4, e α-1,6. A interligação entre amilose e amilopectina se dá do C-1, de uma unidade, com o C-4, da unidade seguinte. Fórmula molecular: $(C_6H_{12}O_6)n$. Representação de Haworth:

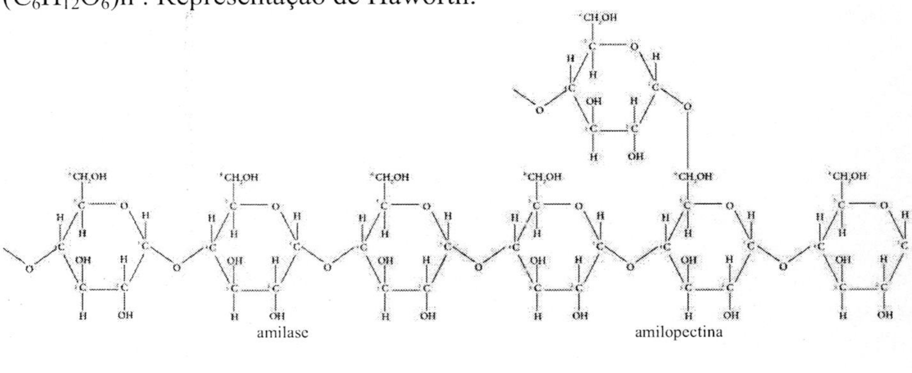

amilase amilopectina

O amido é formado nos cloroplastos (com clorofila) dos vegetais e leucoplastos (sem pigmentos), sob a forma de pequenos grânulos redondos, e ovais nas raízes, que armazenam energia nas plantas. Quando ingerido, o amido é metabolizado pelas enzimas da saliva e pelo suco pancreático, que o decompõe, por hidrolese, em carboidratos menores.

O amido é encontrado no trigo, batata, mandioca, arroz, ervilha, milho, feijão e farinha; sendo extraído das sementes, caules e raízes, desses nutrientes.

(ii) Glicogênio: é um polissacarídeo ramificado com cerca de 1 milhão de unidades de glicose e maltose, interligadas por pontes glicosídicas: α-1,4, e α-1,6, onde o C-1, de uma unidade uni-se com o C-4, da seguinte. Fórmula molecular: $(C_6H_{12}O_6)n$. Projeção de Haworth:

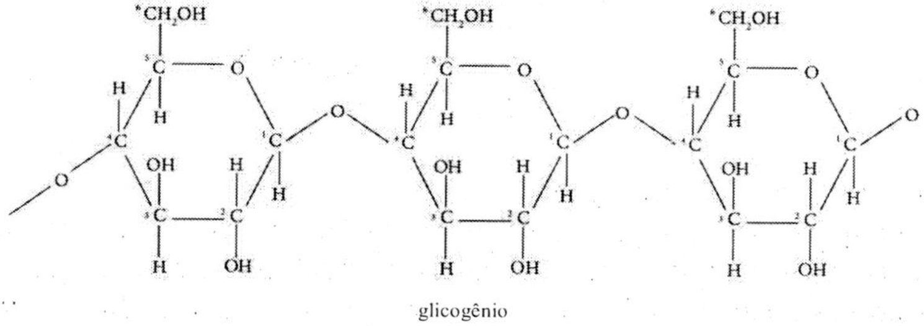

glicogênio

O glicogênio é reserva energético tanto nas células vegetais como nos animais. Nos animais ele se encontra nos músculos (glicogênio muscular) e no fígado (glicogênio hepático). O glicogênio sofre hidrólise da α-milase, no suco pancreático e na saliva, onde quebra a ligação glicosídica, produzindo glicose e maltose; na hidrólise β-milase, rompe-se a ligação glicosídica, em sucessivas unidades de maltose.

(iii) Celulose: é o polissacarídeo constituído de longa cadeia não ramificada de umidades de β-glicose, justaposta, interligadas pelo C-1 e C-4, ou seja, pela ponte β-1,4-glicocosídica. Fórmula molecular: $(C_6H_{10}O_5)n$, $n \geq 7.000$. Projeção de Haworth:

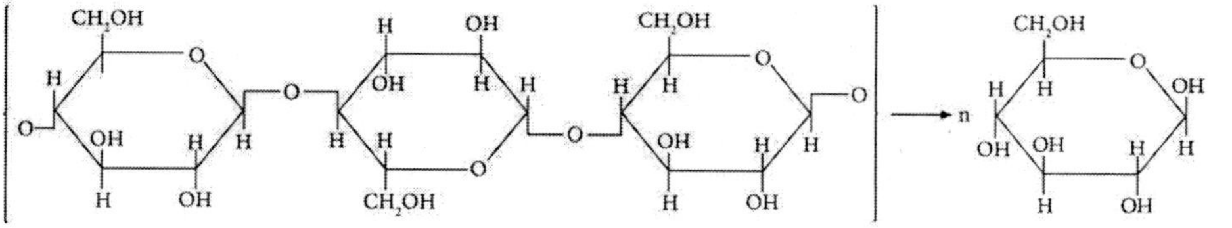

celulose n- glicose

A celulose **tem** uma estrutura fibrosa resistente, linear, que é insolúvel na água, com a qual forma as paredes dos vegetais. A madeira tem 50% de celulose; e o algodão 99,8% de celulose. A celulose não é digerível pelo organismo humano, porque este não possui as enzimas apropriadas para quebrar as ligações β-glicosídicas; contudo a celulose é digerível pelos animais ruminantes (boi/vaca, cavalo, carneiro) que possuem as enzimas digestivas capazes de decompô-la.

Nas indústrias têxtil e química, a celulose do algodão e da madeira proporciona a fabricação de inúmeros produtos: papel, papelão, celuloide, celofane, raiom ou seda artificial, explosivos, etanol, etc.

22.2. Lipídios

Lipídios (do grego, lipo, gordura) são compostos moleculares de carbono, hidrogênio, oxigênio, que podem ter nitrogênio, fósforo ou enxofre, com a característica básica de serem insolúveis na água, mas solúveis em solventes orgânicos (éter, álcool, benzina, acetona, clorofórmio, etc.).

Os lipídios são incolores, apolares, de densidade menor do que a da água e decompõem-se por aquecimento. E, por hidrólise, produzem (i) ácidos graxos e (ii) glicerol, que é uma função álcool.

(i) Ácidos graxos são cadeias de hidrocarbono terminadas com o grupo carbonila, —COOH—, de fórmula molecular, geral: H_3C—$(H_2C)n$—H_2C— ··· —H_2C—COOH, com n = par. Os ácidos graxos são sintetizados no metabolismo celular, a partir do acetilcoenzima-A, abrevia-se, acetil-CoA.

(ii) Glicerol (do grego, glyco, doce), nome IUPAC: propano 1,2,3-Triol, e nome comercial, glicerina. Fórmula molecular: $C_3H_8O_3$ e fórmula estrutural:

CH_2—OH
|
CH—OH
|
CH_2—OH

glicerol

Os lipídios desempenham funções importantes no corpo humano: como gorduras, são reservas de energia (1 g de gordura produz 9 Kcal); participam das células como membranas que confinam as soluções aquosas das células; fazem a comunicação hormonal entre as partes do corpo humano.

[1] Classificações dos lipídios:
(1) Quanto à ligação carbono-carbono (i) saturados, com ligações simples; (ii) insaturados, que podem ser monoinsaturados, com uma ligação dupla, C=C ; e poli-insaturados, com duas ou mais ligações duplas.

Do ponto de vista alimentar, temos:
(i) lipídios saturados: carnes gordas, banha, derivados do leite (manteiga, queijos, creme de leite, etc.), óleo de coco, cacau, etc.. Gorduras, produzidas por animais: são glicerídeos de ácidos graxos saturados; e todos são sólidos à temperatura ambiente.

Fórmula molecular geral dos ácidos graxos saturados: C_nH_{2n+1}—COOH .

(ii) lipídios monoinsaturados: azeite de oliva, azeite de canola, abacate, açaí, frutas oleoginosas (castanha, amendoim, nozes, etc.). Os óleos produzidos de vegetais são glicerídeos de ácidos graxos, e líquidos à temperatura ambiente

(iii) poliinsaturados: peixes marinhos (bacalhau, salmão, sardinha, etc.), óleos vegetais (de soja, milho, girassol, linhaça, açafrão, gergelim, etc.) e os ácidos linoleico (ω-6) e linolênico (ω-3) que são responsáveis pela plasticidade das membranas.

Fórmula molecular geral dos ácidos graxos insaturados:
C_nH_{2n-1}—COOH ou C_nH_{2n-3}—COOH ou C_nH_{2n-3}—COOH .

(2) Quanto à composição química: lipídios simples, compostos de C, H e O: (i) glicerídeos; (ii) ceras; e lipídios complexos, formados de C, H, O e N e/ou P ou S: (iii) fosfolipídios; (iv) esteroides.

(i) Glicerídeos: são constituídos de ácidos graxos e glicerol, este, uma função álcool. O glicerídeo mais importante, que faz parte dos óleos e gorduras, é chamado de triacilglicerol ou triglicerídeo que é um éster formado de três ácidos graxos: palmítico ou palmitato, esteárico ou estearato e o glicerol ou glicerina, que é um álcool.

Ácido palmítico: IUPAC: ácido hexadecanóico; é saturado, de fórmula molecular: $CH_3(CH_2)_{14}$—COOH ou $C_{15}H_{31}$—COOH ou $C_{16}H_{32}O_2$; e estrutural:

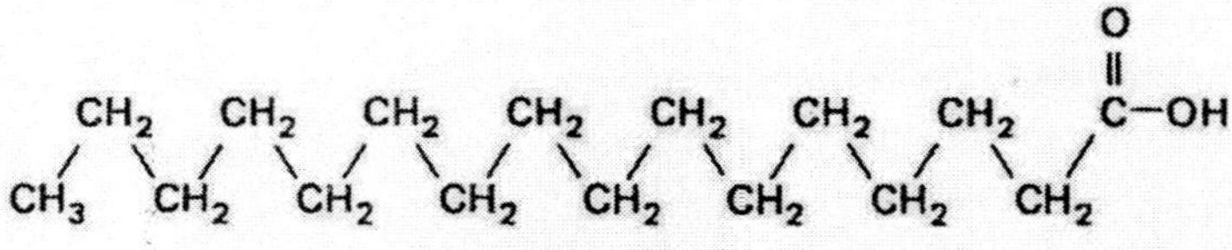

ácido palmítico

Ácido esteárico: IUPAC: ácido octodecanóico; é saturado, de fórmula molecular: $CH_3(CH_2)_{16}$—COOH ou $C_{17}H_{35}$—COOH ou $C_{18}H_{36}O_2$.
e estrutural:

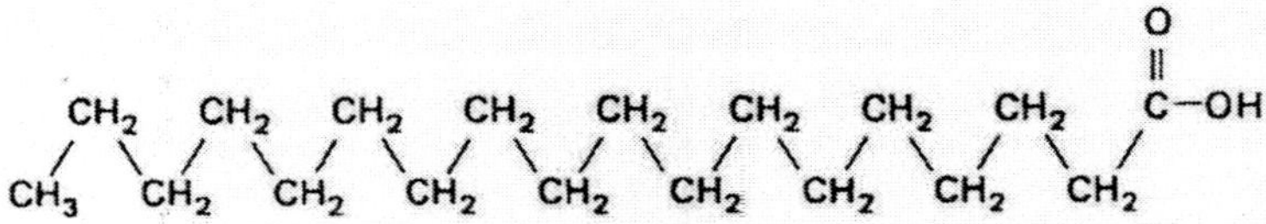

ácido esteárico

Ácido oleico: IUPAC: ácido (9Z)-9-octadecanóico; é insaturado, tem ômega-9, de fórmula molecular: $CH_3(CH_2)_7$ —CH=CH—$(CH_2)_7$—COOH ou $C_{17}H_{33}$—COOH ou $C_{18}H_{34}O_2$, com uma ligação dupla; e estrutural:

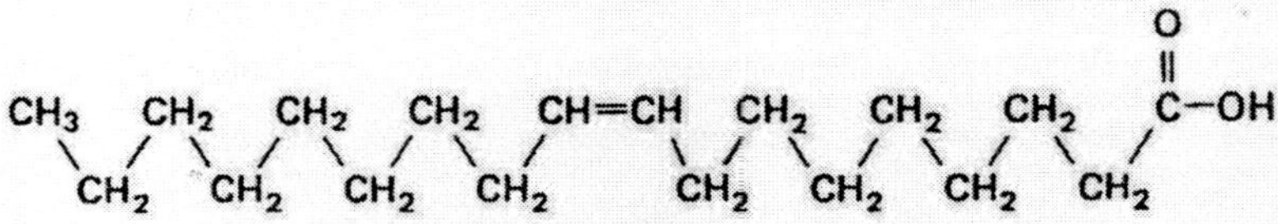

ácido oléico

Os triglicerídeos são as gorduras que provêm de alimentação de fonte animal (carnes, banha de porco, manteiga, etc.) e de fonte vegetal (óleos, obtidos de sementes e frutos). A composição da gordura depende da dieta animal ou do cultivo do vegetal. O triglicerídeo é insolúvel na água e tem densidade menor do que ela; não tem cor, cheiro ou sabor; é escorregadio aos dedos e deixam manchas transparentes em papel.

A gordura ingerida na alimentação produz cerca de 9 Kcal por grama, que fica no organismo como reserva de energia. O excesso de gordura fica armazenado nas células gordurosas chamadas de adipócitos que formam depósitos gordurosos nos tecidos adiposos, sob a pele, no abdome e em volta de órgãos. A quantidade normal de gordura no corpo humano é de 20% do peso, no homem, e 27% do peso, na mulher.

Fórmula molecular do triglicerídeo, C_3H_5—3COOH—R , e fórmula estrutural:

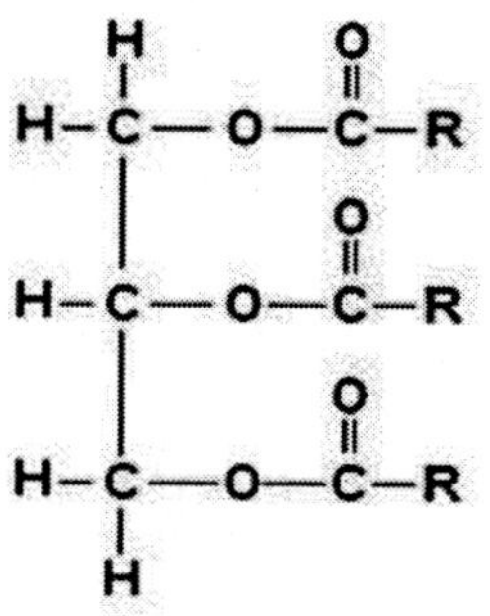

Esterificação do triglicerídeo:

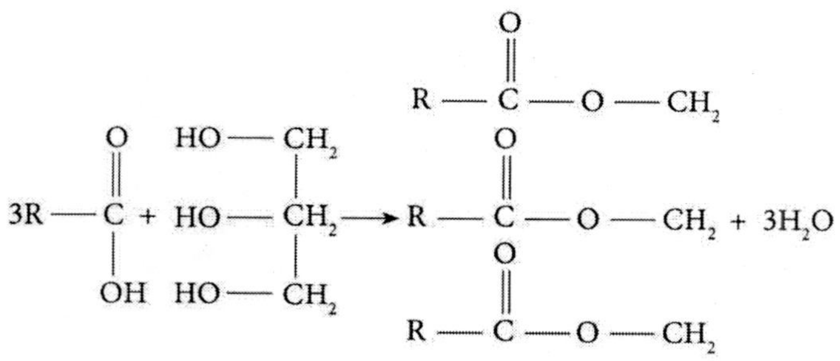

ácido graxo glicerol triglicerídeo água

Hidrólise do triglicerídeo: é o processo inverso da esterificação (quebra do triglicerídeo pela água usada como catalisador). O triglicerídeo formado do ácido oleico é chamado de trioleína. Vejamos a hidrólise dela.

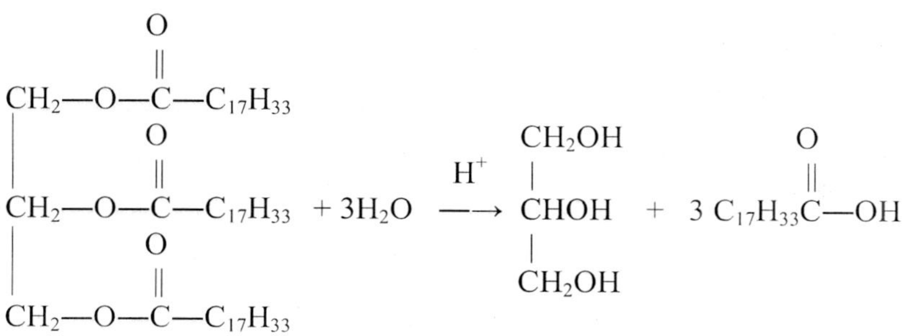

trioleína água glicerol ácido oleico

Saponificação do triglicerídeo: é reação química dele com uma base forte, formando glicerol e sais dos ácidos graxos. Vejamos um exemplo com o trioleína e o hidróxido de potássio, KOH:

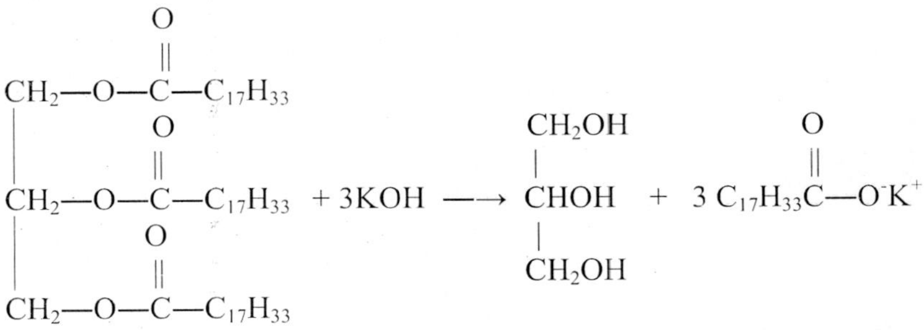

trioleína hid.de potássio glicerol oleato de potássio

(ii) Ceras: são lipídios simples de ésteres de ácidos graxos e alcoóis, de cadeia longa. São ceras naturais: cerume (cera de ouvido), cera de abelhas (da colmeia), lanolina (lã de carneiro), etc.. As gorduras de pele de animais secretam ceras que dão proteção à pele, pelos e lã; e as ceras de penas e plumas de aves, dão-lhes impermeabilidade à água. Nos vegetais, a cera de carnaúba (folhas de palma), recobrem as folhas para diminuir a velocidade de evaporação de água. As ceras artificiais ou industriais são: vernizes, graxas, ceras para assoalho, cosméticos, depilatonris, velas sabões, etc.

A cera de abelha é constituída de ácido palmítico e álcool miricíclo, de fórmula molecular, geral, $CH_3—(CH_2)_n—COOH—(CH_2)_m—CH_2$, $n \geq 16$ a 26 e $m \geq 29$ a 31.

Por exemplo, o éster palmitato de miricila, componente da cera de abelha, é formado de ácido palmítico e álcool miricílico:

$$CH_3(CH_2)_{14}COOH + CH_3\ (CH_2)_{28}CH_2OH \longrightarrow CH_3(CH_2)_{14}COOCH_2(CH_2)_{28}CH_3 + H_2O$$

ácido palmítico álcool miricílico palmitato de miricila água

(iii) Fosfolipídios: são lipídios complexos que contêm ácido fosfórico (PO_4^{3-}), glicerol e ácidos graxos. Os fosfolipídios são de dois tipos: (i) esfingolipídios, que contêm aminoálcool; e (ii) glicerofosfolipídeos, que contêm glicerol e fósforo. Na molécula do fosfolipídio, o grupo fosfórico é polar e hidrofílica, enquanto o grupo graxo é apolar e hidrofóbico, como na fórmula estrutural, onde R é o radical nitrogenado, e R_1 e R_2 , radicais carbônicos:

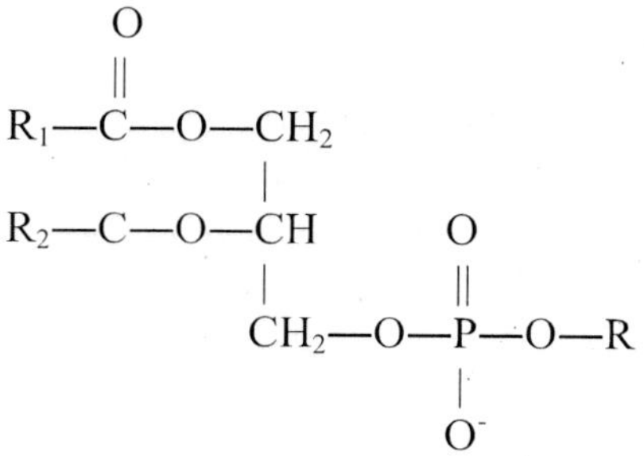

cauda apolar cabeça polar

O aminoálcool dos esfingolipídios é chamado de esfingosina, de fórmula estrutural:

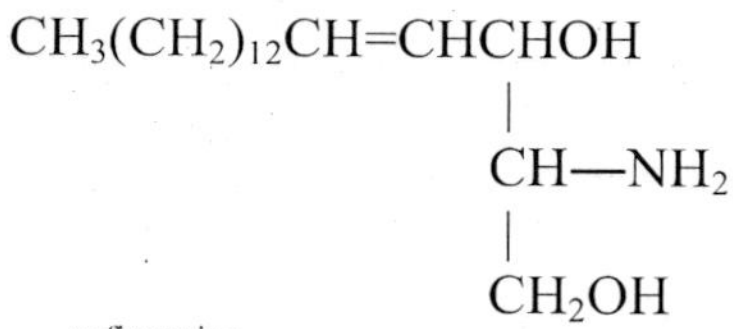

esfingosina

Ácido graxo reage com a amina para formar uma amida, chamada ceramida:

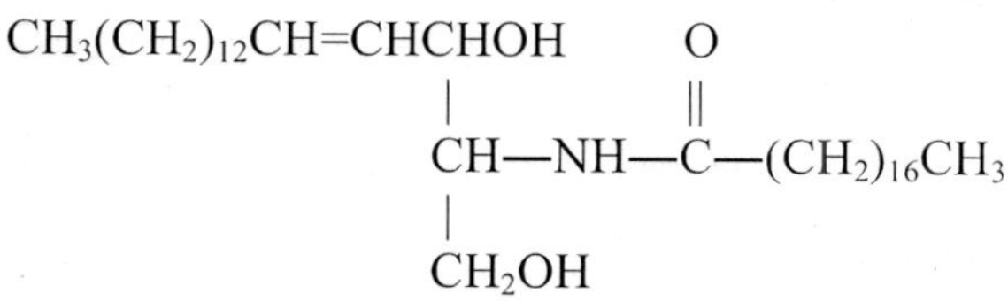

ceramida

Os esfingolipídios que contêm fósforo são chamados de esfingomielinas, porque entra na constituição da bainha de mielina, camada protetora das células nervosas. Fórmula estrutural:

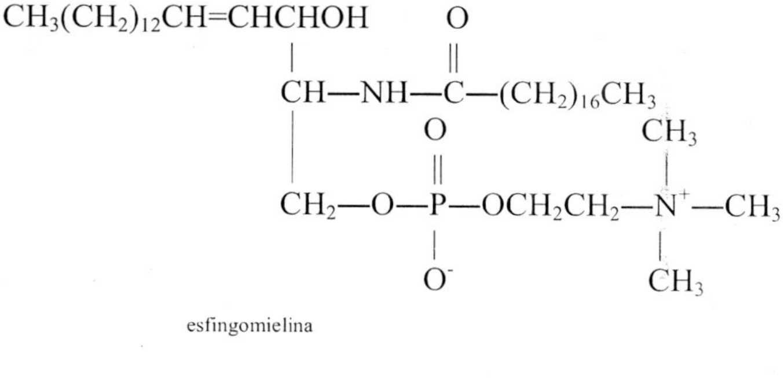

esfingomielina

Os esfingolipídios que contêm açúcar são chamados de glicoesfingolipídios ou glicolipídio, dos quais os cerebrosídeos são os mais importantes porque encontrado nas células cerebrais. Os cerebrosídeos cde estrutura monohexosas ceramidas, sãol de dois tipos: galactocerabrosídeos e glicocerebrosídeos. A molécula do galactocerabrosídeos é composta de galactose, esfingosina e ácido graxo, como na fórmula estrutural:

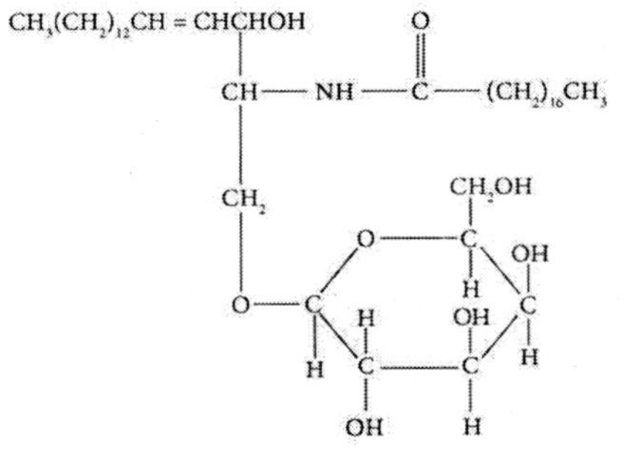

galactocerabrosídeos

(iv) Membrana celular: A membrana da célula animal compõe-se de 80% de fosfolipídios, colesterol e glicolipídios; os 20% restantes, de proteínas. As moléculas dos fosfolipídios junto a fração de colesterol formam a membrana celular externa, numa bicamada de 6 a 9 nm de espessura, chamadas de cabeças polares, que são hidrofílicas, mas permeáveis a proteínas e glicose, que passam através delas por difusão, realizando um ajuste interno das condições externas (volume e pressão), contudo impermeáveis a íons. Cada cabeça polar liga-se a duas caudas, voltadas para dentro da membrana, que são formadas de ácidos graxos apolar, por isso, hidrofóbicos. Na fig.22.1, temos uma representação de corte da membrana celular mostrando esses aspectos.

Lipídios →

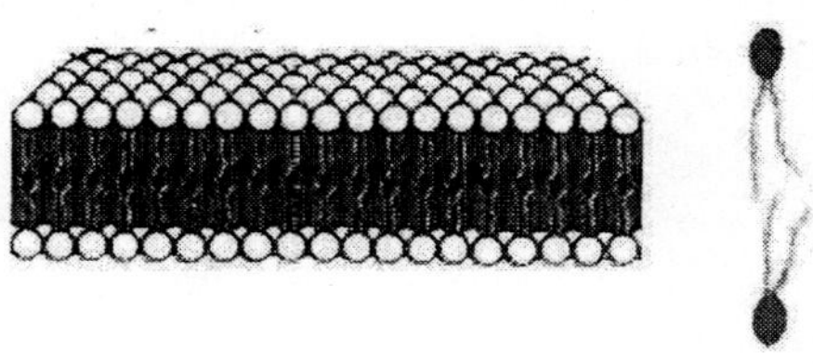

(v) Esteroides são lipídios sem ácidos graxos, solúveis em gordura. A molécula do esteroide é chamada de ciclopentanoperidrofenantreno e é constituída de 17 átomos de carbono em três anéis hexagonais, saturados, fundidos, designados por A, B, C, ligado com um anel ciclopentano, D, como na estrutura:

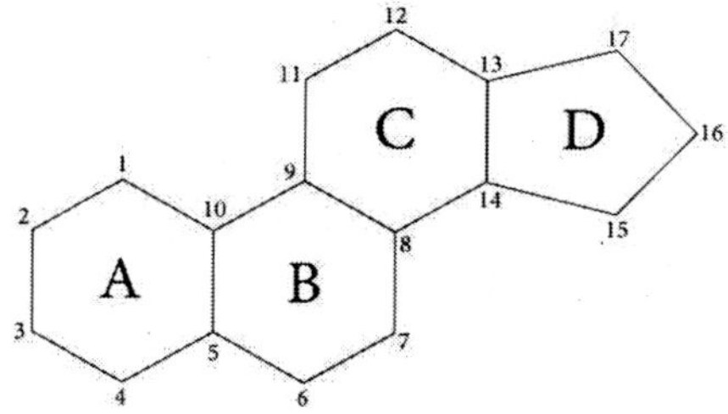

esteroide

Os esteroides estão presentes no organismo humano como colesterol, e este como (i) hormônios reguladores de secreções e de fluidos corporais, como cortisol e aldosterona (ambos produzidos no córtex das glândulas adrenal) e como (ii) hormônios sexuais: testosterona, estrógeno, progesterona e vitamina D.

•Colesterol é o esteroide mais simples que contém álcool, de fórmula molecular, $C_{27}H_{46}O$, e estrutural:

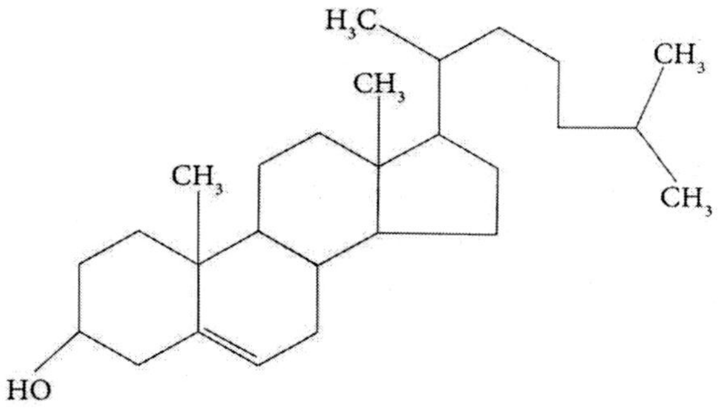

Colesterol

O colesterol é também o componente químico essencial do corpo humano. O colesterol está presente nas membranas plasmáticas das células, dando-lhes flexibilidade, impedindo-as de se tornaram rígidas ou de formarem estrutura cristalina; ele faz a regeneração dos tecidos e dos ossos, promove a síntese dos hormônios sexuais (testosterona, progesterona, estrógeno) e da vitamina D, de que necessitamos. 75% do colesterol no corpo humano é sintetizados no fígado e é chamado de endógeno; os 25% restante, vêm da dieta alimentar e é dito exógeno. O colesterol livre é a gordura que circula no sangue junto com os triglicerídeos e os fosfoglicerídeos ou fosfolipídios. Por conseguinte, o colesterol que é prejudicial ao organismo é esse colesterol excedente. Quimicamente isolado, o colesterol é um sólido cristalino, branco e inodoro. Os vegetais não têm colesterol mais um análogo chamado de fitosterol

O colesterol é insolúvel no sangue, ou seja, é hidrofóbico; e para ser transportado pelo plasma sanguíneo ele se associa a proteínas chamadas de apoproteinas, formando as lipoproteínas. As proteínas se ligam ao colesterol em concentrações distintas (de 10% a 50%), resultando em três tipos, principais, de densidades de lipoproteínas, denominadas de quilomícrons:

- lipoproteínas de baixa densidade, LDL-C (low density lipoprotein, C de colesterol), com 50% de colesterol, 25% de proteínas e 25% de fosfolipídios e triglicerídeos [acrescenta-se ao LDL, uma pequena parcela de IDL – intermediate low density lipoprotein];

- lipoproteína de muito baixa densidade, VLDL-C (very low density lipoprotein), com de 40% de colesterol, 10% de proteínas e 50% de triglicerídeos;

- lipoproteína de alta densidade, HDL-C (high density lipoproteins), com 20% de colesterol, 50% de proteínas, e 30% de triglicerídeos. Para simplificar a linguagem diz-se apenas, colesterol LDL, VLDL e HDL.

O alimento gorduroso ingerido é absorvido pelos intestinos e sintetizado no fígado, resultando no colesterol LDL e VLDL, que são levados aos tecidos, através da corrente sanguínea. O excesso destes dois, leva ao estado de hipercolesterolemia, por isso ambos são considerados colesterol ruim.

O colesterol LDL que circula no plasma sanguíneo tem valor de referência ideal de 100mg/dl a 129 mg/dl. Quando ultrapassa esse intervalo, o excesso tende a se agregar às paredes das artérias formando placas lipídicas, chamadas de ateromas, que causam a obstrução e inflamação das artérias, a aterosclerose, doença que pode evoluir para a arteriosclerose que é o endurecimento de placas lipídicas, que causa o infarto do miocárdio, razão porque o LDL é considerado colesterol ruim.

O colesterol VLDL tem a função de transportar os triglicerídeos sintetizados no fígado, através da circulação sanguínea. Valor de referência ideal do colesterol VLDL, no sangue é de 30 mg/dl.

O colesterol HDL desencadeia uma ação recíproca: capta o excesso de colesterol ruim no sangue e leva-o de volta ao fígado onde é eliminado através dos intestinos, por isso ele é considerado o colesterol bom. O valor de referência ideal de colesterol HDL no sangue, é de 60 mg/dl.

O colesterol total [CT] é o somatório das frações [LDL], [HDL] e triglicerídeos [TG] dividido por 5. A fração [LDL] é calculada pela fórmula de Friedewald:

[LDL] = [CT] – [HDL] – [TG/5], com valor de referência ideal, < 200 mg/dl.

(vi) Hormônios reguladores:

- Cortisol tem a função de metaboliza a glicose no fígado, quebrando as gorduras e proteínas e controla a pressão arterial. Cortisol alto no sangue indica o aumento de massa muscular ou aumento de peso; o cortisol baixo, causa o cansaço físico, fraqueza, stress, depressão. De fórmula molecular, $C_{21}H_{30}O_5$, e estrutural:

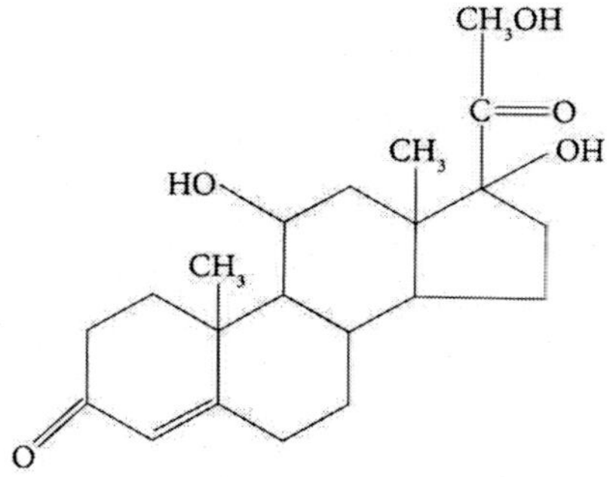

Cortisol

- Aldosterona tem a função de regular a concentração de íons de sódio, potássio, cloro e bicarbonato, no sangue, fazendo o balanço eletrolítico desses íons, para serem excretados prelos rins e urina. De fórmula molecular, $C_{21}H_{28}O_5$, e estrutural:

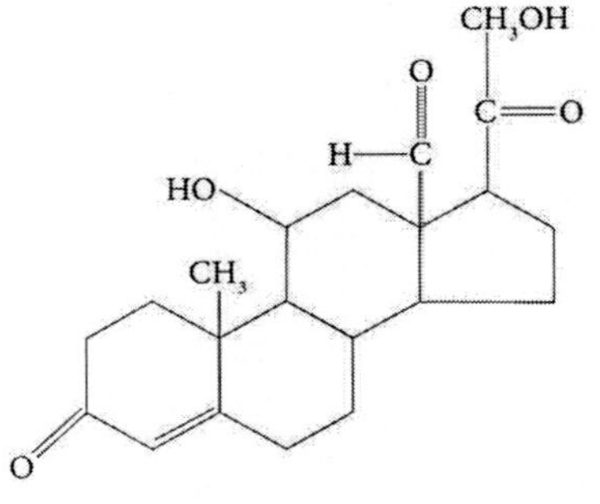

Aldosterona

(vii) Hormônios sexuais: hormônios produzidos pelas glândulas de secreção interna do sistema endócrino (pineal, hipófise, tireoide, paratireoides, timo, suprarrenais, pâncreas, gônadas, testículos e ovários) e distribuídos ao corpo pelo sistema sanguíneo. O sistema nervoso informa as condições externas e o sistema endócrino faz a distribuição reguladora, interna, dos hormônios no corpo.

Os hormônios sexuais são assim especificados:
(i) testosterona é um esteroide de 19 carbonos, $C_{19}H_{28}O_2$, produzida pelos testículos a partir do colesterol, hormônio masculino, que dá as características masculinas (pelos no corpo, voz grossa, musculatura, etc.);
(ii) a progesterona é um esteroide de 21 carbonos, $C_{21}H_{30}O_2$, com a função de preparar o útero para a menstruação e a gestação, e como tal está presente nos ovários, na placenta e nas adrenais ou suprarrenais. É o hormônio feminino que determina as características femininas (aumento das glândulas mamárias, aumento dos quadris, etc.);
(iii) estrógeno ou estrogênio é outro esteroide de 18 carbonos, $C_{18}H_{24}O_3$, produzido pelos ovários, como estradiol, $C_{18}H_{24}O_2$, derivado da testosterona, como estrona, $C_{18}H_{22}O_2$, derivado da progesterona, e como estriol, $C_{18}H_{24}O_3$. Fórmulas estruturais:

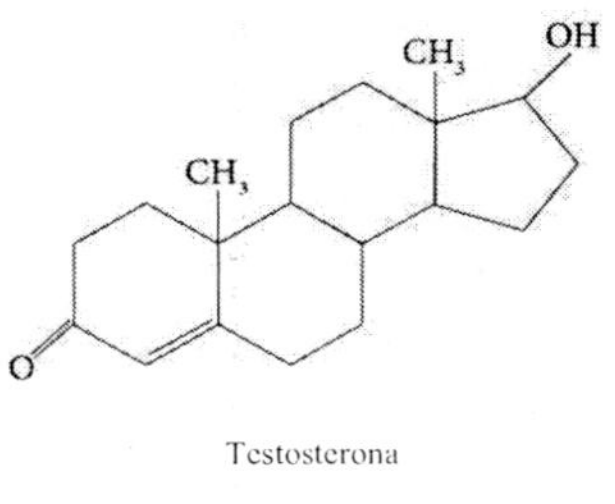

Testosterona

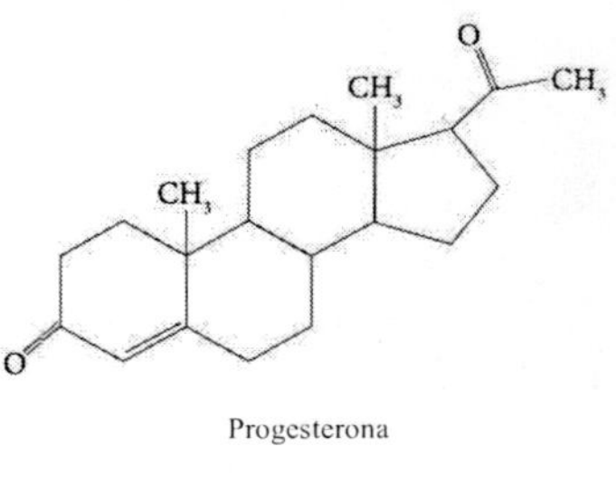

Progesterona

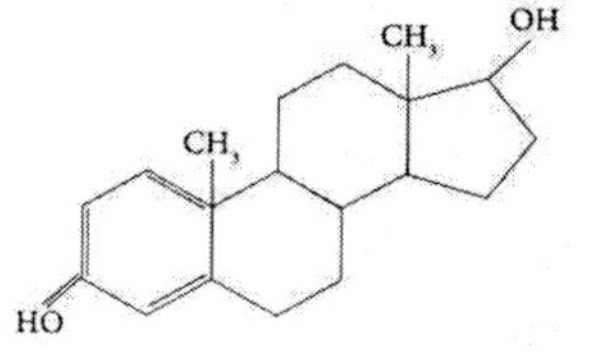

Estradiol

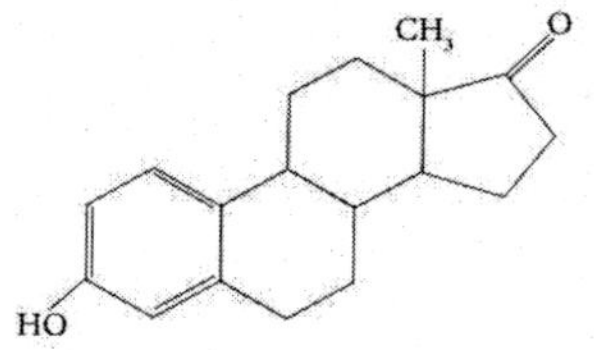

Estrona

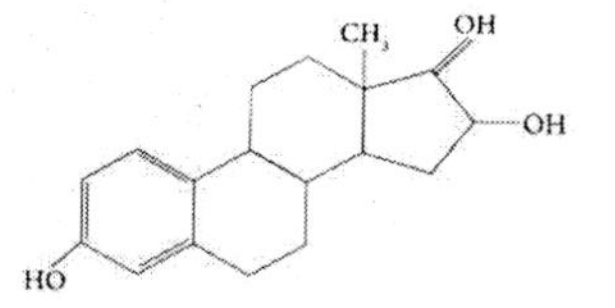

Estriol

(iv) Vitamina D: é um hormônio esteroide (batizado de vitamina D, por engano) essencial ao corpo humano, e não é produzido pelo mesmo. 80 a 90% da vitamina D, no corpo humano, é sintetizada no organismo pela exposição da pele aos raios solares (uma espécie de fotossíntese), ou mais especificamente, pela radiação ultravioleta B (UVB) (recomenda-se banho de sol diária de 15 a 20 minutos). A vitamina D protege cerca de 270 genes, células do sistema cardiovascular, células dos tecidos ósseos e regula a secreção hormonal, evitando o aparecimento de muitas doenças crônicas, como a diabetes e vários tipos de câncer (do cólon, da próstata, etc.). Num processo de biossíntese, a vitamina D retira o cálcio nos intestinos e leva-o aos tecidos ósseos. A sua deficiência no organismo causa o raquitismo, na criança, e o osteomalácia, no adulto.

Na dieta alimentar a vitamina D é encontrado nos peixes gordos, ovos e leite. Ela também pode ser produzida em laboratório.

A vitamina D, de fórmula molecular, $C_{18}H_{32}O_2$, existe sob duas formas, assim nomeadas: vitamina D_2 ou ergocalciferol ou calciferol, com quatro ligações duplas, e vitamina D_3 ou colecalciferol, com três ligações duplas. Ambas são sintetizadas pela exposição solar dos raios UVB sobre o colesterol da epiderme, onde o 7-hidrocolesterol cutâneo converte-se em pré-vitaminas D_2 e D_3 , que são levadas ao fígado onde sofre a 1ª hidroxilação, formando 25-hidroxivitamina. D [25(OH)D], e a 2ª hidroxilação nos rins, 1,25-hidroxivitamina, D [1,25$(OH)_2$D], onde completa-se a produção de ambas, com a abertura do anel B, conforme as fórmulas estruturais respectivas:

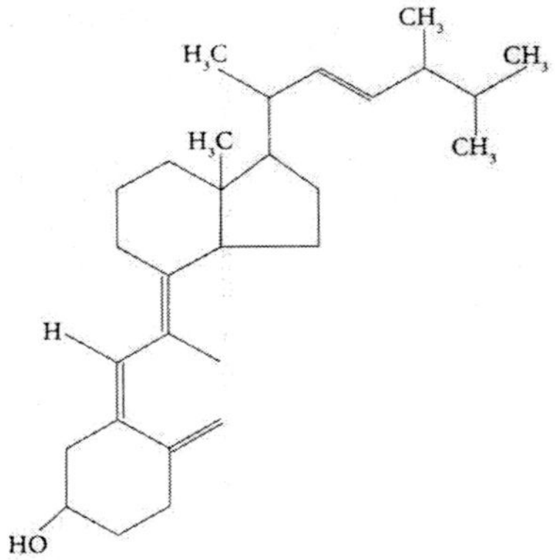

ergocalciferol, D2

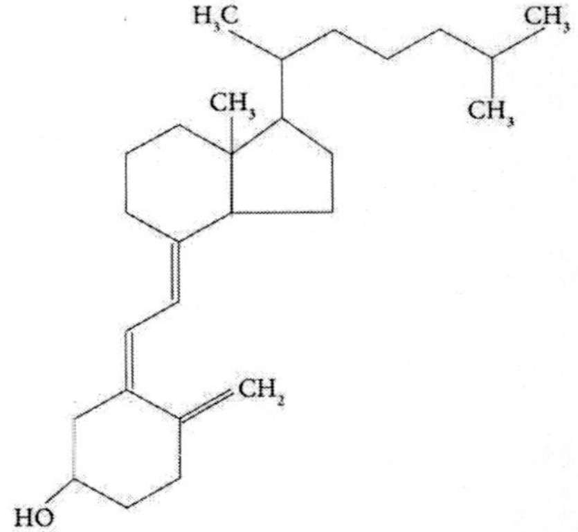

colecalciferol, D3

(v) Ácidos graxos essenciais: necessários ao crescimento, não são sintetizados pelo organismo, e obtidos de dieta alimentar. São eles: (i) ácido linoleico, (ii) ácido linolênico e (iii) ácido araquidônico, que tem múltiplas funções biológicas reguladoras no sistema endócrino, cardiovascular e sistema nervoso central. São todos insaturados.

Ácido linoleico, de fórmula molecular, $C_{18}H_{32}O_2$, e estrutural:

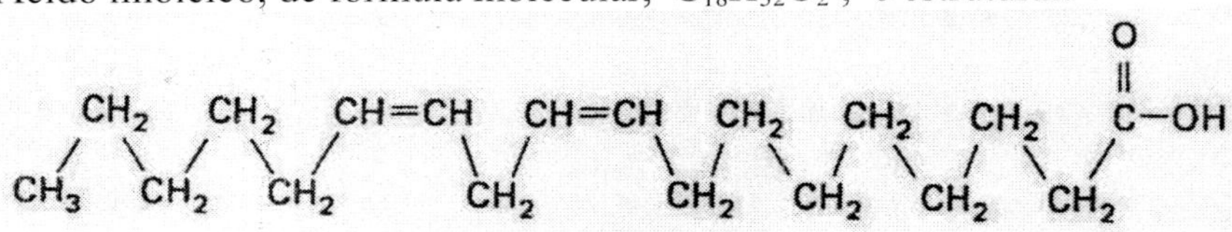

ácido linoléico

Ácido linolênico, de fórmula molecular, $C_{18}H_{30}O_2$, e estrutural:

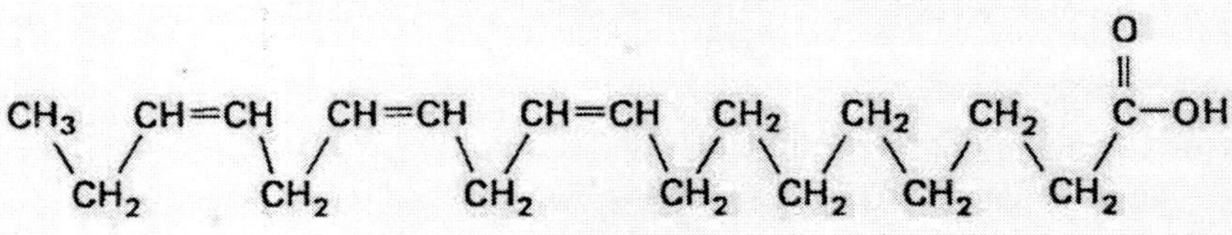

ácido linolênico

Ácido araquidônico, de fórmula molecular, $C_{20}H_{32}O_2$, e estrutural:

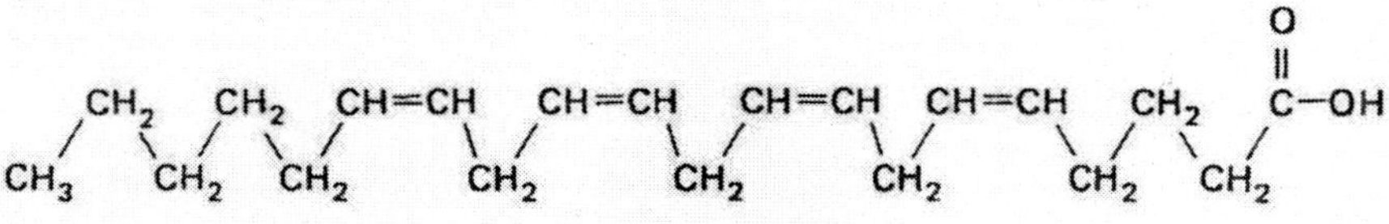

ácido araquidônico

(vi) Sabões e Detergentes:

Sabões são sais de sódio ou potássio de ácidos graxos (ou carboxílicos) de cadeia longa (12 a 18 C) apolar , com uma extremidade polar. A cadeia polar é solúvel nas gorduras e a extremidade apolar é solúvel na água, características estas que permitem que as moléculas de sabão interajam com as gorduras e sujeiras gordurosas, proporcionando a remoção delas, das superfícies de objetos. Os ácidos graxos usuais são: esteárico, palmítico e olérico.

Por exemplo, o ácido esteárico, $CH_3(CH_2)_{16}COOH$, reage com hidróxido de sódio, NaOH , produzindo sabão e água, como na reação:

$$CH_2(CH_2)_{16}\overset{\overset{\displaystyle O}{||}}{C}—OH + NaOH \longrightarrow \underset{\text{estearato de sódio (sabão)}}{CH_2(CH_2)_{16}\overset{\overset{\displaystyle O}{||}}{C}O^- Na^+} + \underset{\text{água}}{H_2O}$$

A cadeia de hidrocarboneto é hidrofóbica, ne extremidade apolar, $—CH_2$, que atrai a espécie graxa, enquanto a molécula, $CO^- Na^+$, polar e hidrófila, interage com a água, formando pequenos glóbulos, chamados micelas, que liberam a sujeira graxa, porque a tensão superficial da água é quebrada, e tem-se: semelhante dissolvendo semelhante.

Sabão, do latim, sabum, sebo, que bem indica a matéria prima de que é fabricado: gordura e álcali, misturado com soda caustica, numa cuba. Os sabões podem ser sólidos, em pó e líquidos, estes de sais de potássio. O sabonete é o sabão macio ao qual se adiciona fragrância e corante. O 1º sabonete foi fabricado em 1878, por James Gamble (1803-1891), químico norte-americano e pelo seu sócio Harley Procter (1846-1920), que lhe deu o nome comercial de Ivory.

O sabão quando usado com água dura (que contém cátions de cálcio, Ca^{2+} e magnésio, Mg^{2+}) forma sal de cálcio ou de magnésio de ácido graxos livres, formando precipitados que têm pouco poder de limpeza, razão porque foram desenvolvidos os detergentes.

Detergente (do latim, detergere, limpar) é constituído de cadeia hidrocarbônica longa, apolar, com uma extremidade polar. Os detergentes são mais eficientes que os sabões, por serem mais tensoativos, isto é, a molécula polar do detergente reduz a tensão superficial da água ou líquidos, formando solução coloidal emulsificante e espumante que dissolvem mais facilmente a sujeira gordurosa.

Os detergentes sintéticos são sais de ácidos sulfônicos, SO_3H, de cadeias longas, com extremidade polar aniônica, a exemplo do dodecil benzenossulfonato de sódio, de fórmula estrutural:

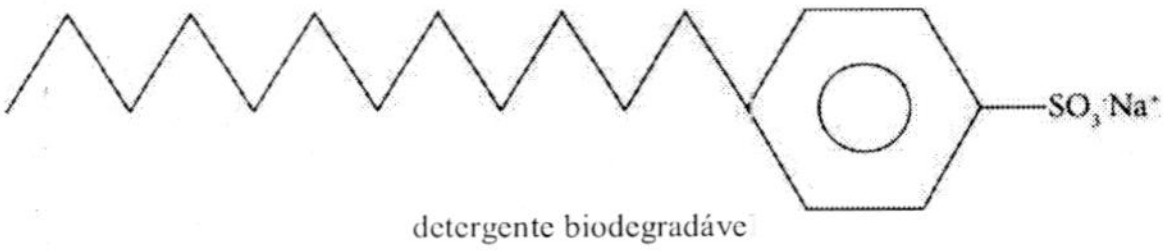

detergente biodegradáve

Os detergentes a base de alquibenzeno-sulfonato de sódio, são biodegradáveis, ou seja, são degradados por microrganismos.

Os detergentes não-biodegradáveis são formados de alquibenzeno-sulfonato de sódio com cadeias ramificada do grupo metil., como na estrutura:

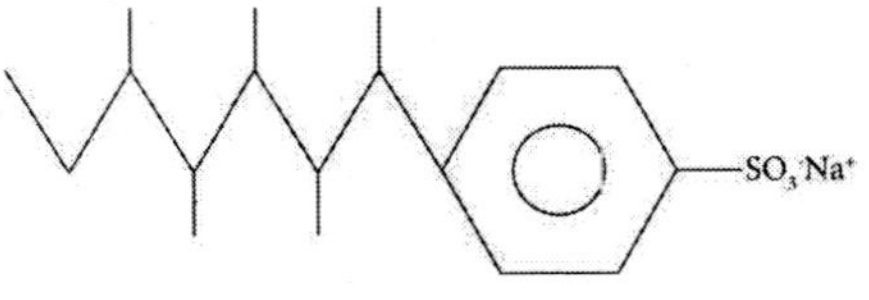

detergente não biodegradável

Os detergentes não biodegradáveis, por não sofrerem decomposições, são levados pelos esgotos e poluem águas de rios e lagos, formando camadas de espumas que impedem a oxigenação delas. Como se sabe, as aves possuem oleosidade nas suas penas; e o contato delas com esses resíduos poluentes dissolvem a oleosidade das penas das aves, impedindo-as de flutuem na água, levando-as ao afogamento. O problema se agrava quando o detergente contém fosfato além de poluir as águas estimulam o crescimento de algas que consomem o oxigênio do ambiente aquático causando a mortandade de peixes, transformando-o em pântano.

22.3. Proteínas

Proteínas (do grego, próton, primeiro; proteios, de primeira importância) são cadeias de α-aminoácidos ou polímeros de unidades monoméricas de α-aminoácidos. Esta definição nos leva a definição de aminoácidos, a seguir dada.

[1] Aminoácidos

São cadeias hidrocarbônicas formadas com o grupo amina, $-NH_2$, o grupo carboxílico, $-COOH$, e uma cadeia lateral, R. Usa-se abreviar α-aminoácido por α-aa ou apenas aa. Fórmula molecular, $NH_2CH\text{-}R\text{-}COOH$, e estrutural:

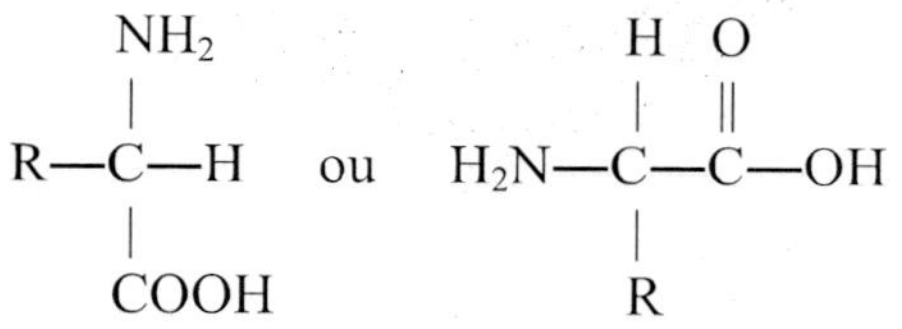

onde o carbono que liga os dois grupos e o radical é chamado de carbono α. Como os dois grupos citados que compõem o aminoácido são fixos, é o radical que determina o tipo de proteína formada.

Chama-se ligação peptídica a ligação entre dois aminoácidos pelo carbono α e o nitrogênio; e durante a reação de combinação deles há formação de molécula de água, que é liberada. Seja o exemplo:

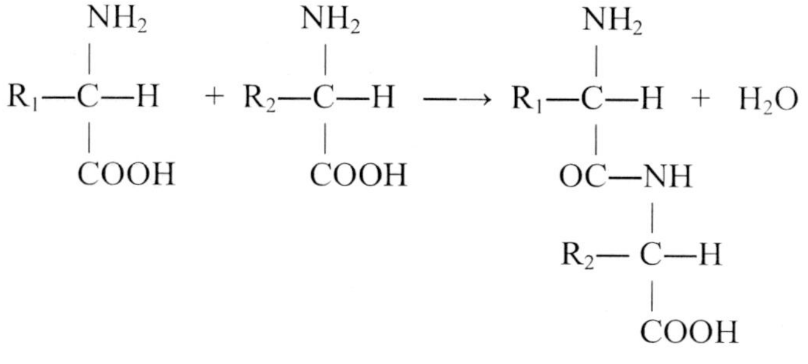

onde OC—NH ou —C—N— é a ligação peptídica e o composto, peptídeo (peptídio ou péptido). Ligando-se três aminoácidos têm-se duas ligações peptídicas e um dipeptídio; ligando-se quatro aminoácidos, tem-se um tripeptídio, e assim por diante, até 70 a 80 monômeros ou α–aa; daí por diante considera-se que o polímero formado é uma proteína.

São 20 os aa formadores das proteínas que o organismo humano necessita, dos quais apenas 10 não são sintetizados pelo mesmo, por isso chamados essenciais, e devem ser obtidos de dieta alimentar; os demais, não essenciais, o organismo humano sintetiza-os no fígado.

Os aminoácidos podem ser divididos em dois grupos:
(i) 15 aa de cadeia lateral simples: glicina (Gly), alamina (Ala), valina (Val, essencial). leucina (Leu, essencial), isoleucina (Ile, essencial), ácido aspártico (Asp), ácido glutânico (Glu), asparagina (Asn), glutamina (Gln), lisina (Lys, essencial), arginina (Arg, essencial), serina (Ser), treonina (Thr, essencial), cisteina (Cys), metionina (Met, essencial);

(ii) 5 aa de cadeia lateral aromática: fenilanina (Phe, essencial), tirosina (Tyr), histidina (His, essencial), triptofano (Trp, essencial) e prolina (Pro). Vejamos as fórmulas estruturais de cada um deles:

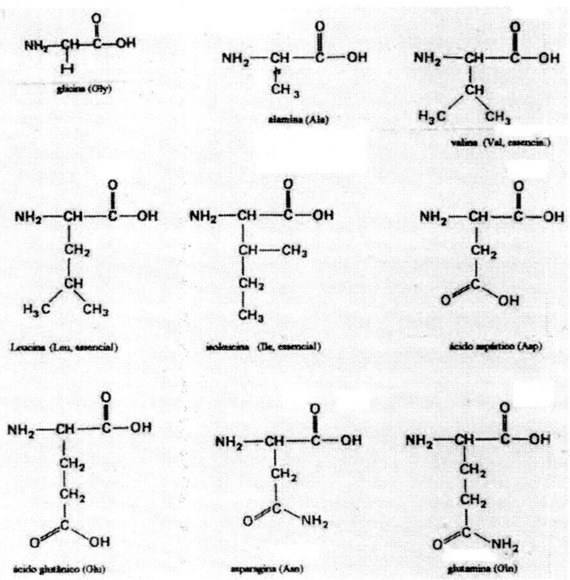

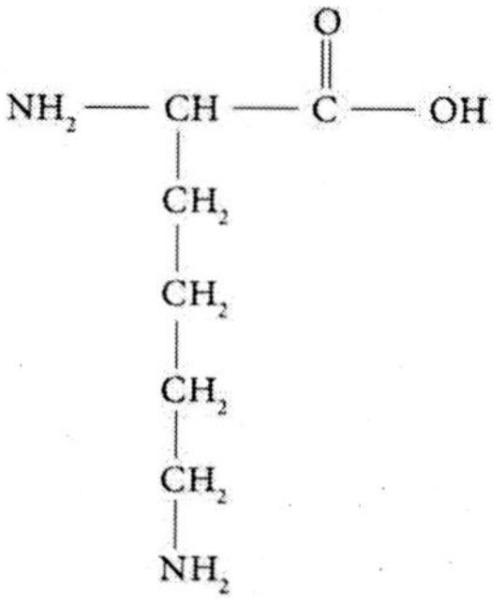

lisina(Lys, essencial)

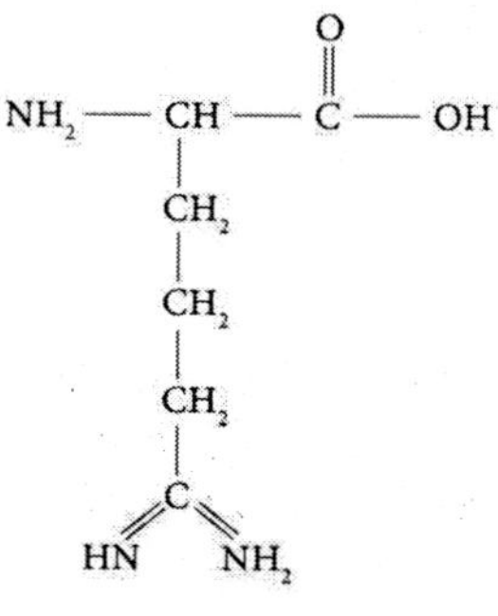

arginina (Arg)

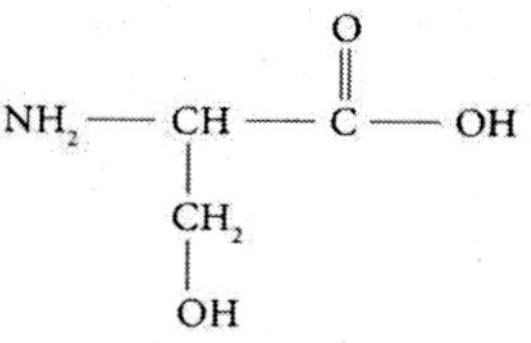

serina (Ser)

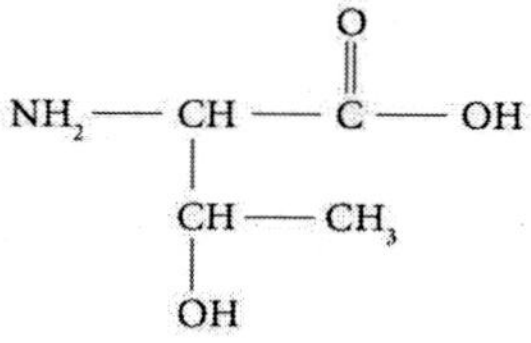

treonina(Thr, essencial)

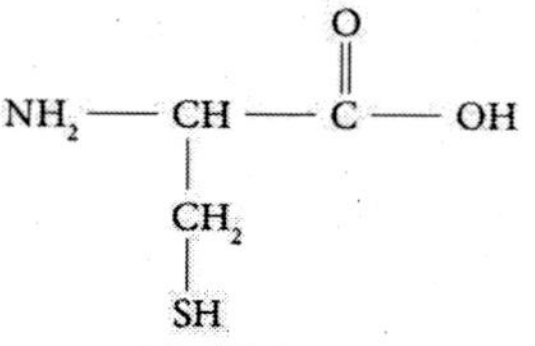

cisteina(Cys)

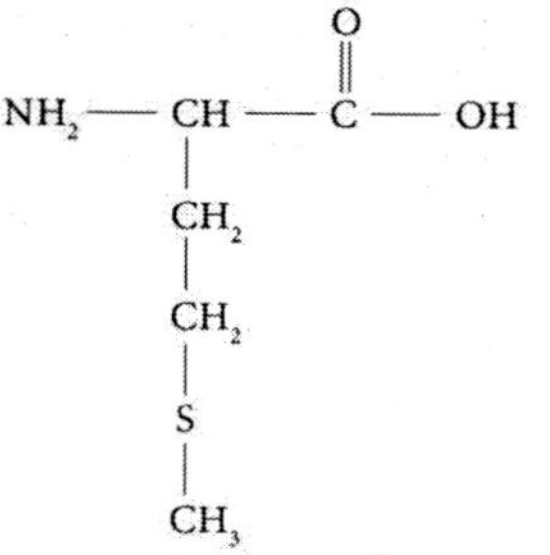

metionina(Met, essencial)

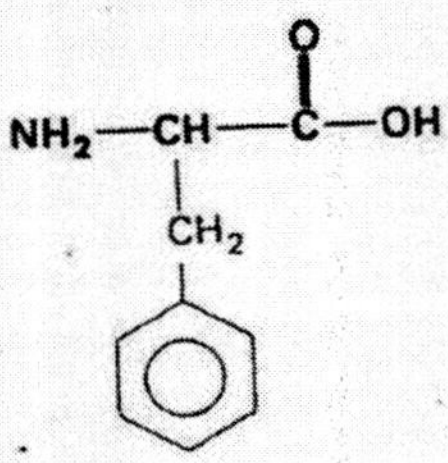

fenilalamina (PHe, essencial)

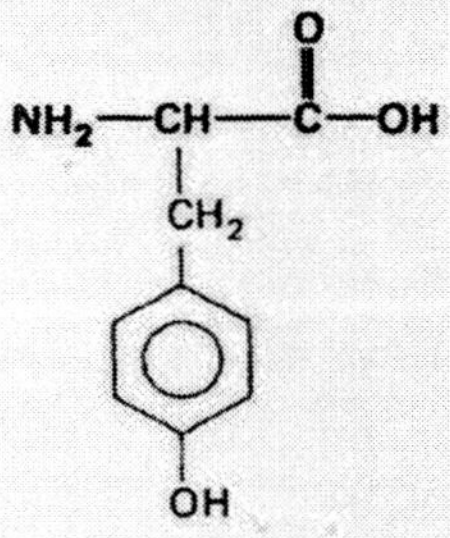

tirosina (Tyr)

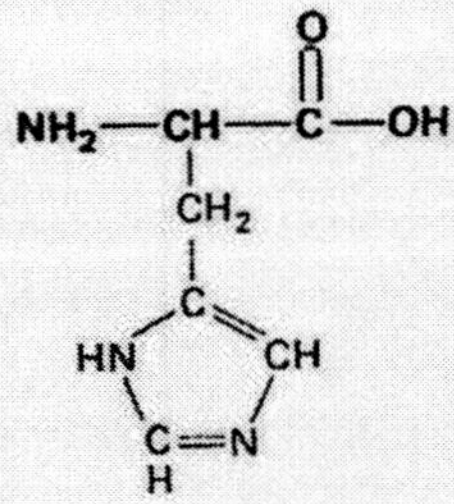

histidina (His, essencial)

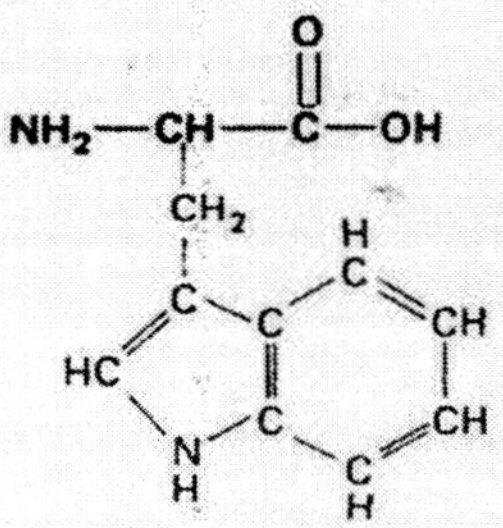

triptofano ((Trp, essencial)

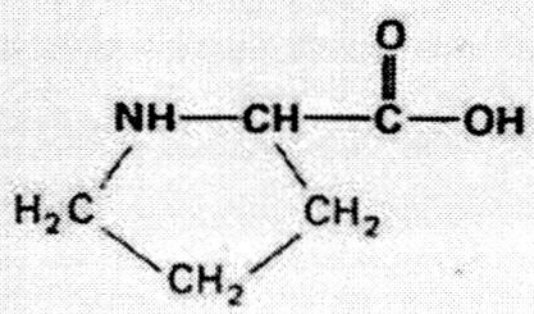

prolina (Pro)

A histidina é essencial para o crescimento da criança; a arginina, também, mas só passa a ser sintetizada pelo organismo, na fase adulta. Os aa dos tecidos do corpo humano são chamados de L-aminoácido; enquanto os D-aminoácidos em certas bactérias e antibióticos.

[2]Titulação dos aminoácidos

Os aa quando em solução aquosa formam grupos iônicos. Um aa em solução aquosa de base fraca, o grupo carboxílico COOH perde um próton e torna-se um íon ânion, COO^- , chamado de C-terminal; de forma análoga, um aa em solução de ácida fraco, o grupo amina, NH_2, ganha um próton e torna-se um íon catiônico, H_3N^+, dito N-terminal. Estes dois grupos iônicos, que formam dipolos elétricos (assim como outros compostos), são denominados de zwitteríons (zwitter, do alemão, hibrido, hermafrodita), de estrutura:

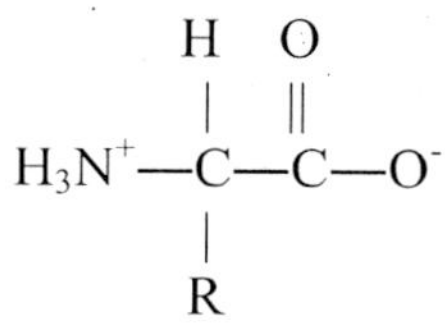

Por exemplo, a alamina, em solução alcalina, forma o íon aniônico:

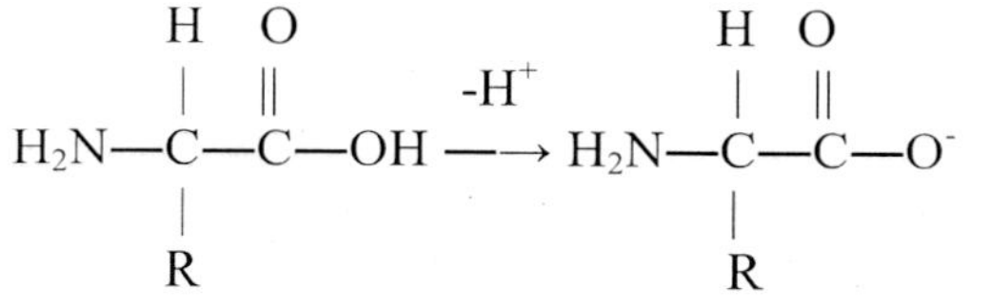

E em solução de ácido fraco, forma íon catiônico:

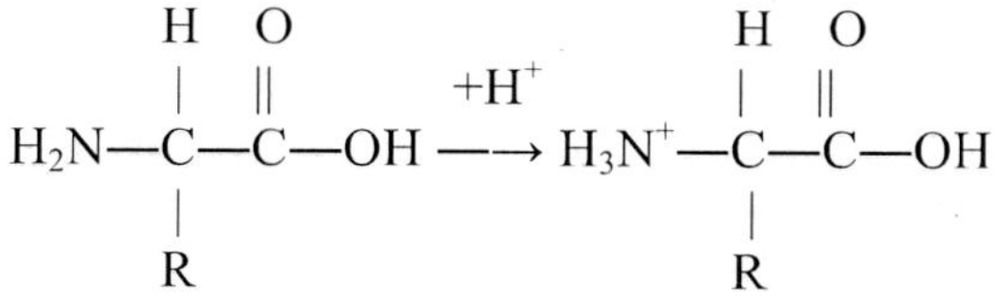

O movimento de migração de íon numa solução aquosa é chamado de eletroforese (cataforese, se o íon migra para o cátodo; e anaforese, se íon migra para o ânodo). O pH da solução determina a natureza polar do aminoácido. No ponto isoelétrico, o pH é anotado por pHi, que é o caso da solução neutra, onde o aminoácido não sofre eletroforese, e tem pHi de 5,5 a 6,0 (aminoácidos neutros); na solução ácida, ele tem pHi em torno de 3 (aminoácidos ácidos); e na solução alcalina, tem pHi de 9,0 a 10,0, aminoácidos alcalinos ou básicos.

Exemplos: alamina, pHi = 6,0; lisina, pHi = 9,7; ácido aspártico, pHi = 2,7.

•Polaridade de cadeia lateral: os aa possuem polaridade de acordo com a polaridade do radical.
(i) não-polar com carga neutra: aa do grupo R, hidrofóbico: Ala, Leu, Gly, Ile, Pro, Met, Phe, Trp e Val;

(ii) polar: aa do grupo R, hidrofílico, com subdivisão: (a) polar com carga positiva: Arg, His e Lys (aa básicos); (b) polar com carga negativa: Asp e Glu (aa ácidos); e (c) polar com carga neutra: Asn, Cys, Gln, Gly, Ser, Thr e Tyr.

Quando dois aminoácidos se agrupam formam um dipeptídeo em dada ordem, se a ordem deles é alterada, produz um dipeptídio diferente. Por exemplo: a alamina une-se a glicina para formar dipeptídeo Ala-Gly; e unindo-se a glicina com a alamina, forma-se o dipeptídeo Gly-Ala.

As combinações e sequências das ligações peptídicas dos aa são de extrema importância na formação da proteína e na função biológica que ela vai exercer. De modo que é a sequência dos aminoácidos que determina a função proteica de cada proteína no organismo humano, ou mais extensamente, no ser vivo.

Além das ligações químicas covalentes vistas, a ligação de dois resíduos de aa dá-se por efeito de forças estabilizadoras chamadas (i) pontes de hidrogênio, (ii) pontes de dissulfetos, (iii) pontes salinas e (iv) pontes hidrofóbicas. Todas são ligações fracas em relação à ligação covalente, mas produzem os efeitos estruturais das proteínas. Vejamos cada uma delas.

(i) Ligação (ou Ponte) de hidrogênio: neste contexto, é a ligação do oxigênio do grupo carboxílico com o átomo de hidrogênio, do grupo hidroxílico; a linha tracejada simboliza a ponte de hidrogênio:

```
\     δ+        δ-    /
N—H - - - O = C
/    ponte de H      \
```

(ii) Ligação (ou Ponte) de dissulfeto: é a ligação entre dois átomos do enxofre presentes em dois resíduos de aminoácidos: H—S - - - S—H . Esta ligação é cerca de 20 vezes mais fraca do que a ligação covalente, mas tem o efeito de dobrar as partes do aminoácido, produzindo estrutura espacial em dobra e/ou helicoidal.

(ii) Ponte salina: é a ligação iônica dentro da molécula do aminoácido ou entre cadeias laterais das mesmas, por exemplo, entre um aminoácido $-COO^-$ e um aminoácido básico, $—NH_3^+$. Como os aminoácidos são ligados por atrações eletrostáticas, essas ligações são fracas, contudo, no conjunto fibroso produz a resistência da fibra.

(vi) Interações (ou Pontes) hidrofóbicas: são ligações apolares que fazem a aglomeração das cadeias laterais dos aminoácidos, formando as dobras.

[3] Das Proteínas

O corpo humano contém mais de um milhão de tipos de proteínas. Vimos que elas são formadas de muitos blocos de α–aminoácidos, segundo uma programação ou codificação genética; e que cada aminoácido é diferenciado do outro pelo radical que contém. Segue-se, então, que as proteínas são macromoléculas biológicas de elevado peso molecular, que representa 50% do peso seco de cada célula.

Por exemplo, a molécula da hemoglobina é uma proteína globular, formada de quatro cadeias peptídicas, em sequência, designadas por α_1, α_2, β_1 e β_2, com 574 = (141x2 + 146x2) aminoácidos e peso molecular de 64 kDa (quilodalton).

[4] Classificação das proteínas

(i) Quanto a conformação:

Proteínas fibrosas – aquelas cujas cadeias peptídicas se dispõem em filamentos e são insolúveis em água. Exemplos: colágeno, queratina, elastina.

O colágeno é formado de extensa cadeia de três aa, Gly, Pro e Ala, que compõe a sua estrutura fibrosa, ilustrada nas figuras (na tripla hélice, cada fibra tem seção de 0,5 nm):

Proteínas globulares – aquelas cujas cadeias peptídicas se dispõem em esferoides; e são solúveis em água. Exemplos: hormônios, anticorpos, enzimas.

A proteína globular é ilustrada na figura:

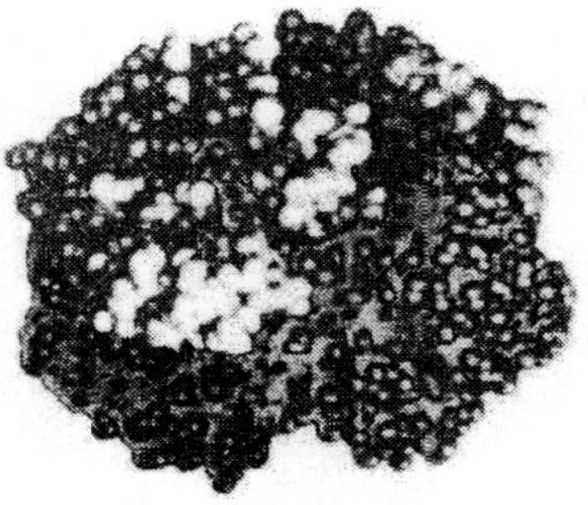

(ii) Quanto a estruturação dos aminoácidos:
Estrutura primária: é um filamento formado de um grande número de α—aa, de espécies diferentes, dispostos em sequência linear, com ligações peptídicas e pontes de dissulfeto.

A sequência dos α—aa, produz as propriedades da proteína, como já observamos, de modo que ela não pode ser alterada. Por exemplo, no resíduo normal de hemoglobina tem a sequência de α—aa:

Val—His—Leu—Thr—Pro—Glu—Glu—Lys—Ala—

Se esta sequencia for alterada, por exemplo, no lugar do 6º aa tiver Val , a hemoglobina diz-se falciforme, e provoca a doença chamada de anemia falciforme.

A estrutura primária é filamentar e assemelha-se a um colar de contas, onde o fio faz a ligação dos aminoácidos, como na figura:

Estrutura secundária: os filamentos se combinam formando arranjos helicoidais, e as cadeias dos α—aa são unidas por pontes de hidrogênio, que dão a estabilidade das dobras, como ilustram as figuras:

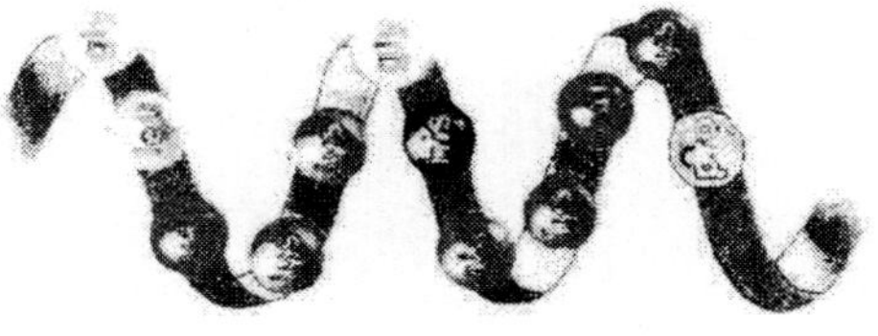

Estrutura terciária: as estruturas secundárias se combinam para dar a forma globular, onde as cadeias dos α—aa são unidas por pontes de hidrogênio e pontes de dissulfeto, que dão estabilidade ao enrolamento, assim como as ligações iônicas.

Na estrutura globular as cadeias dos aa são enroladas sobre si mesma, formando pregueamentos, como ilustram as figuras:

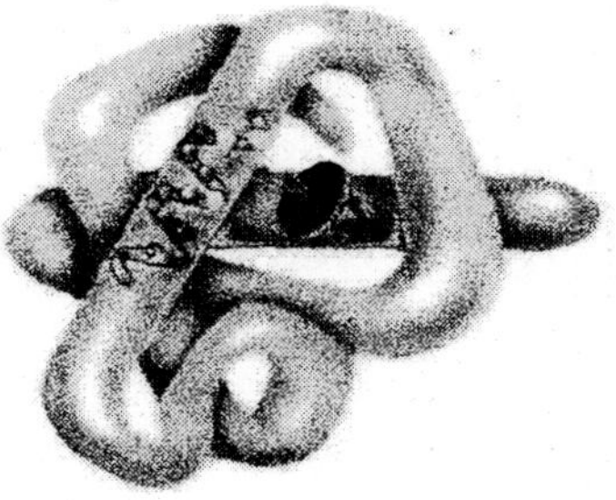

Estrutura quaternária: as estruturas terciárias são enoveladas resultando num arranjo espacial complexo, como mostra a figura:

(iii) Quanto ao tipo:
Simples – são as proteínas constituídas exclusivamente de α—aa, de modo que ao serem hidrolisadas, produzem apenas aminoácidos; são também chamadas de homoproteínas. Exemplos: proteínas fibrosas: colágeno, queratina, elastina; albumina (no plasma sanguíneo e na clara de ovo), globulina, nos anticorpos e o fibrinogênio.

Conjugadas – são as proteínas compostas α—aa e outras substâncias não proteicas, e quando hidrolisadas, produzem além de aminoácidos, outros compostos orgânicos e inorgânicos, chamados de grupo prostéticos. São também chamadas de heteroproteínas.

Exemplos: nucleoproteína (grupo prostético: ácido nucleico), fosfoproteínas (grupo prostético: ácido fosfórico), glicoproteína (radical prostético: glicídio), lipoproteína (radical prostético: lipídio) e cromoproteína ou metalproteína (grupo prostético: Fe e Mg).

A proteína é então um grande peptídeo. As proteínas gigantes, da ordem de 10^{-1} nm, são chamadas de proteoses (como a hemoglobina), as médias (produto de quebra daquela) são nomeadas de peptonas (como a albumina) e as pequenas, da ordem de 10^{-3} nm, são ditas polipetídeos, a exemplo de neurotransmissores.

[5] Funções das proteínas

As proteínas são os constituintes básicos de todos os seres vivos, dando-lhes a forma corpórea e o acabamento. Aqui, com interesse maior no corpo humano, elas exercem as funções:

(i) Função estrutural: colágeno é a proteína fibrosa presente nos tecidos conjuntivos, que formam as fibras musculares, cartilagens, tendões, pele e a parte orgânica dos ossos e dos dentes; a queratina, forma unhas e cabelos; estas são proteínas de alta resistência, junto com a elastina. A actina e a miosina produzem os movimentos celulares e musculares. A tubulina mantém a forma e o tamanho das células, e as paredes de túbulos.

(ii) Função de transporte: a hemoglobina, proteína globular, transporta o oxigênio dos pulmões para os órgãos e os tecidos do corpo através da corrente sanguínea; a soroalbumina transporta ácidos graxos dos tecidos adiposos para vários órgãos; a cinesina e a dineína são as proteínas motrizes que fazem os transportes entre células, como neurotransmissores durante a divisão celular dos cromossomas e da hidrólise do ATP.

(iii) Função reguladora: insulina é a proteína sintetizada no pâncreas que regula o nível glicêmico do corpo.

(iv) Função imunológica: hemoglobina, gamaglobulina e imunoglobulina são proteínas que agem como anticorpos combatendo micro-organismos ou proteínas tóxicas ao organismo, chamadas antígenos, que podem causar infecções e/ou doenças. Para cada antígeno que ataca o organismo, este gera um anticorpo específico para neutraliza-lo – é a resposta imune. Os anticorpos são proteínas complexas, em geral, com a forma de Y, devido a sua formação, como representa dos nas figuras:

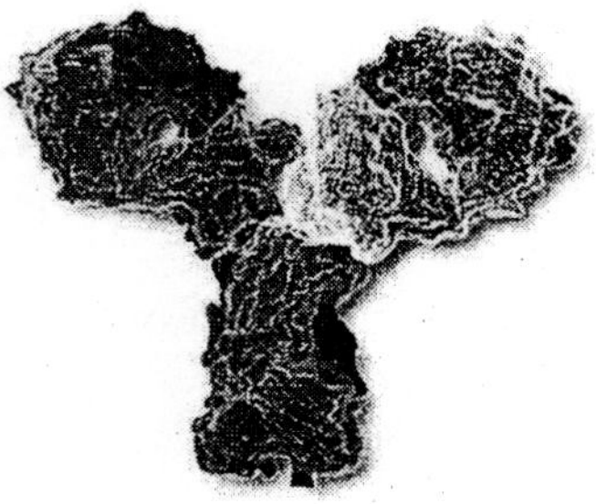

anticorpo

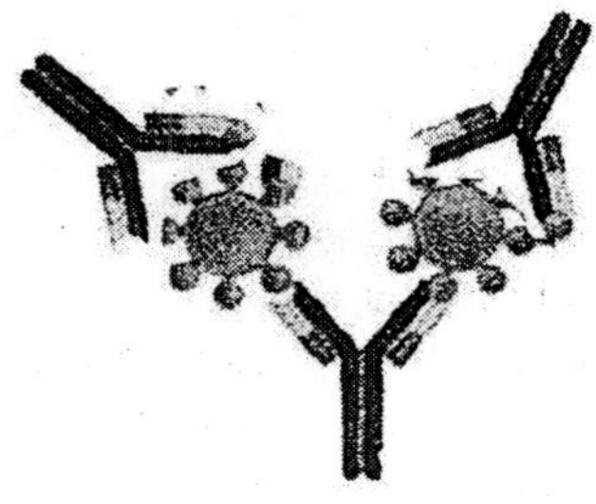

complexo anticorpo antígeno

Fibrinogênio é a proteína principal na coagulação do sangue.

(v) Função enzimática: como enzimas (item 22.4) as proteínas atuam como catalisadoras e reguladoras de reações metabólicas específicas, que incluem os processos de replicação e reparação de DNA.

(vi) Desnaturação de proteína: é a perda da forma natural, tridimensional, da proteína, por ação de agentes físicos e químicos (calor, luz, mudança de pH, solventes, etc.). No processo de desnaturação a proteína vai perdendo suas estruturas: quaternária, terciária e/ou secundária, mas não perde a sua estrutura primária, o que possibilita a reversibilidade do processo. Contudo a desnaturação pode ser irreversível, como no exemplo típico do ovo, que cosido ou frito. As figuras abaixo ilustram a desnaturação de uma proteína:

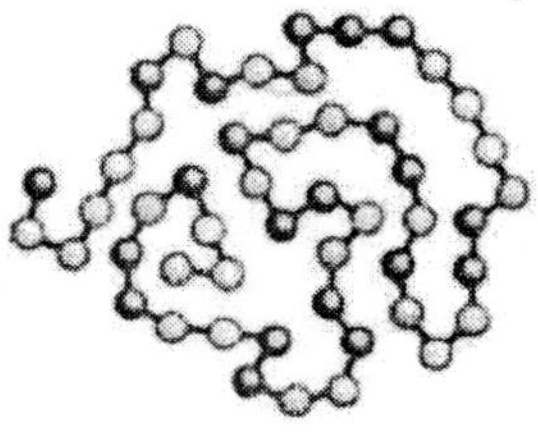

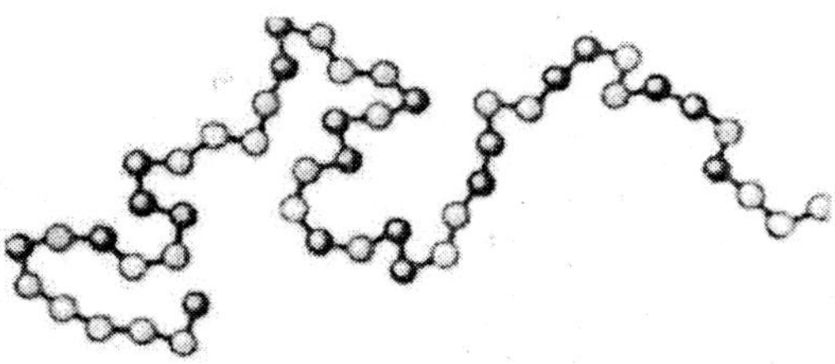

Na velhice, o enrugamento da pele e a flacidez da musculação são manifestações da desnaturação de proteínas do corpo humano.

[6] Hormônios proteicos

Como vimos, os hormônios são secretados pelas glândulas endócrinas e transportados na circulação sanguínea para tecidos específicos, com o fito de estimular a atividade fisiológica e bioquímica local. Daí porque eles são chamados de mensageiros químicos. O sistema nervoso central envia ao hipotálamo a lista das necessidades hormonais das diversas partes do corpo; e em resposta, hormônios hipotalâmicos (compostos peptídeos de 3 a 15 aa) são produzidos e enviados à glândula pituitária que, por sua parte, secreta outros hormônios proteicos e os distribuem nos alvos específicos, através do sistema endócrino, os quais vão estimular, inibir ou liberar a secreção de outros hormônios. Em geral os hormônios proteicos são sintetizados no retículo endoplasmático rugoso da célula, assim como as demais proteínas. A sequência de aa é determinada por um RNAm específico que faz a transcrição do gene do hormônio. Dentre eles, destacam-se:

- somatotropina, chamada de hormônio do crescimento, GH (Growth Hormone, do inglês), que é uma proteína de 191 aa, sintetizada pela hipófise anterior que estimula a produção e multiplicação de células especificas que vão formar tecidos e órgãos, e consequentemente, promovendo o crescimento corporal.

- Corticotropina ou adrenocorticotropina (ACTH) que é outra proteína constituída de 39 aa, produzida na hipófise, que estimula as glândulas suprarrenais, que promove o crescimento do córtex adrenal e libera os hormônios esteroides cortisol e aldosterona.

- Insulina é a proteína secretada pelo pâncreas, de 51 aa (21 aa na cadeia A e 30 aa, na cadeia B), formada por cadeias polipeptídicas ligadas por três pontes de dissulfeto, de peso molecular 5.808u ou dalton. A figura ilustra a estrutura da insulina:

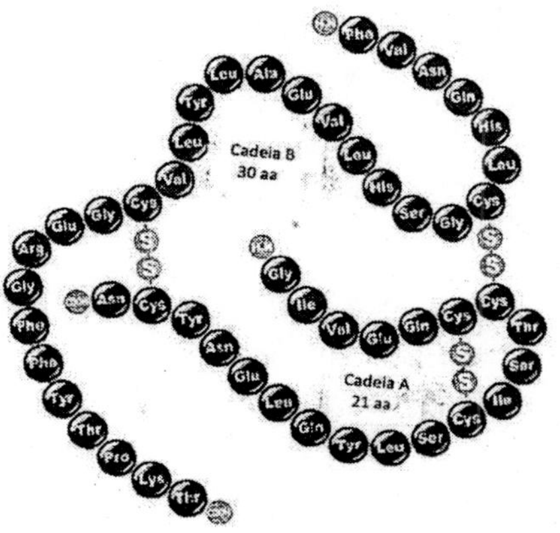

• Glucagon é o hormônio peptídeo de 29 aa também secretado pelo pâncreas com a função de restaurar a glicose no sangue, quando esta diminui (função contrária a da insulina).

Os animais também têm insulina, mas um pouco diferente da humana: a insulina bovina tem três resíduos e a insulina suína, um resíduo.

O pâncreas tem dupla função: endócrina (secreta hormônios nas células: alfa, beta, delta e F ou PP) e exócrina (secreta o suco pancreático). Nas ilhotas de Langerhans situam-se:
(i) as células beta (que compõem 60% a 80% das ilhotas) produz pro-insulina;
(ii) as células alfa, que produz o glucagon, o qual junto coma insulina regulam a glicose no sangue;
(iii) as células delta que produz a somatostatina, tem a função de equilibrar as secreções de ambos os hormônios. A somatostatina também regula o hormônio do crescimento (GH) e estimula o hormônio da tireoide (TSH); e as células F ou PP produz polipeptídeo pancreático. Mas apenas 2% do pâncreas compõe a parte endócrina.

O metabolismo dos nutrientes (carboidratos, lipídios e proteínas) passa obrigatoriamente pelo fígado, onde a glicose, $C_6H_{12}O_6$, é transformada em glicogênio hepático, $C_{24}H_{42}O_{21}$, e fica ai armazenado temporariamente. Quando o nível de glicose aumenta no sangue, as células beta são estimuladas a produzir pro insulina, enquanto a glicólise faz a quebra do glicogênio para a liberação da glicose, que é levada à circulação sanguínea, pela insulina. Portanto, a insulina tem a função de levar a glicose, através dos glóbulos vermelhos às células do cérebro, músculos e tecido adiposo, onde ela é convertida em energia.

Sob dieta rígida ou exercícios físicos intensos, abaixa-se o nível glicêmico, ocasião em que o glucagon, estimula a gliconeogênese, que converte precursores não-carboidratos, como o piruvato (ácido pirúvico, $C_3H_4O_3$), aa e glicerol, em glicose.

Se a concentração de glicose no sangue encontra-se em excesso, o organismo converte a glicose em triglicérides, que são armazenados na forma de gordura. Isto significa que consumir alimentos ricos em glicose, como doces, leva também a obesidade.

Na síntese do glicogênio, 25% dele fica no fígado e os 75% restante vai para a massa corporal muscular. A concentração média da glicemia no sangue é de 80 mg/dl, sendo normal a variação maior que 70 mg/dl e menor que 110 mg/dl. Além deste valor tem-se a diabetes mellitus, doença causada pela falta de glicose nas células que afeta os olhos, rins, nervos e coração.

Nota histórica 1:
Em 1889, os médicos alemães, Oskar Minkowski (1858-1931) e Josef Von Mehring (1848-2908), extraíram o pâncreas de um cão e este ficou diabético, comprovando que a falta da secreção de substância pancreático causa a diabetes. Só em 1915 é que esse hormônio pancreático foi chamado de insulina por Schater, Edward Albert Sharpey (1850-1924), fisiologista inglês. Desde então, tal fato motivou a pesquisa dessa proteína e do tratamento da diabetes.

Contudo a descoberta da insulina só foi reconhecida em 27 de julho de 1921, quando os médicos canadenses Frederick Grant Banting (1891-1914) e Charles Herbert Best (1899-1978), com o apoio laboratorial do fisiologista, John James Rickard Maccleod (1876-1935) e a colaboração do bioquímico, James Collip (1892-1965), que criou o método de extrair e purificar a insulina do pâncreas de bovinos e usá-la no tratamento de diabetes mellitus. Banting e Maccleod receberam o prêmio Nobel de medicina de 1923. Em 1924 Banting foi agraciado com o título de sir.

[7] Fontes Nutricionais das Proteínas

(i) Proteína animal, rica em gordura e colesterol: peixes, carnes, ovos, laticínios;

(ii) Proteína vegetal, pobre em gordura, rica em fibra e isenta de colesterol: legumes (feijão, soja, ervilha, lentilha, etc.), cereais (arroz, aveia, trigo, centeio, etc.), nozes e sementes (linhaça, gergelim, etc.), raízes e tubérculos (mandioca, inhame, batata, etc.) e frutas. Todos esses nutrientes contém lisina, treonina, triptofano e um pequeno teor de enxofre.

Como se podem ver as fontes das proteínas são as mesmas dos lipídios e/ou carboidratos, de modo que todas têm em comum os mesmos elementos químicos básicos na sua composição (C, H, O, N, e/ou P, S). O que diferencia um composto orgânico do outro é como tais elementos se agregam quimicamente, conforme vimos.

Nota histórica 2:
As proteínas foram estudadas pela primeira vez por Mulder, Geradus Joannes (1802-1880), químico holandês, que apresentou, com base experimental, a fórmula molecular dela: $C_{400}H_{620}\ N_{100}O_{120}P_1S_1$, publicada num artigo de 1835, cujo nome proteína foi sugerido por Berzelius. Hofmeister, Franz (1850-1922) e Fisher, Herman Emil (1852-1919), químicos alemães, que afirmaram que as proteínas eram formadas de cadeias peptídicas. Em 1949, Sanger, Frederick (1918-2013), bioquímico inglês, demonstrou conclusivamente que as proteínas são constituídas de cadeias de aminoácidos; em 1958, Sanger recebeu prêmio Nobel de química pela determinação da estrutura da molécula da insulina; e em 1980, recebe o 2º prêmio Nobel pelo estudo do DNA. Perutz, Max Ferdinand (1914-2002), bioquímico austríaco e Kendrew, John (1917-1997) químico inglês, estudaram a hemoglobina e a mioglobina, e em 1960 publicaram o resultado conjunto de suas pesquisas, onde dão as estruturas delas; por essas descobertas, dividiram o prêmio Nobel de Química de 1962.

[8] Proteínas e Minerais

O tecido ósseo é formado de tecido conjuntivo especial (composto de cerca de 60 % de minerais (fosfato e cálcio), 30% de proteínas - fibras de colágeno - que moldaram os ossos e dá-lhes a elasticidade e os 10 % restante de água. O hidrofosfato de cálcio, $Ca_{10}(PO_4)_6OH_2$, formam cristais de hidroxipatita, que é a substância que preenche o espaço da moldura óssea e confere-lhe dureza e rigidez óssea. O exterior do osso é revestido por uma membrana densa e lisa, chamada de periósteo (formado de células osteoblastos), . O osso regenera-se, quando fraturado, quebrado ou partido.

A hidroxiapatita é pouco solúvel, mas se dissolve em meio ácido produzindo íons fosfato, PO_4^{3-} , e hidróxido, OH^- , que reagem com íons hidrogênio, H^+ , do meio ácido.

A formação de ossos é feita pela deposição de sais minerais, cálcio e fósforo, nos tecidos ósseos, cujo processo é chamado de calcificação. O processo inverso é a descalcificação ou desmineralização que ocorre por várias causas: ingestão de açúcar, refrigerantes, dieta pobre de cálcio. A esses fatores, juntam-se a carência de vitamina D e o baixo nível de estrógeno no organismo.

1) Dentes: os dentes são também tecidos formados da calcificação de sais minerais, mas diferente dos ossos. O ser humano adulto possui 32 dentes (oito incisivos, quatro caninos, oito pré-molares e 12 molares). Os dentes são os tecidos mais duros do corpo humano. Quando partido ou com cárie não se regenera.

A estrutura do dente (de fora para dentro) é formada de:
(i) esmalte, camada externa da superfície do dente; contém 96% de hidroxiapatita.
(ii) dentina, camada que recobre a polpa e fica sob o esmalte;
(iii) polpa, tecido mole onde estão os nervos e os vasos sanguíneos;
(iv) cemento, tecido mineralizado que reveste a superfície da raiz do dente;
(v) periodonto, tecido que envolve o dente à sua fixação.
Estes elementos estruturais do dente estão indicados na figura:

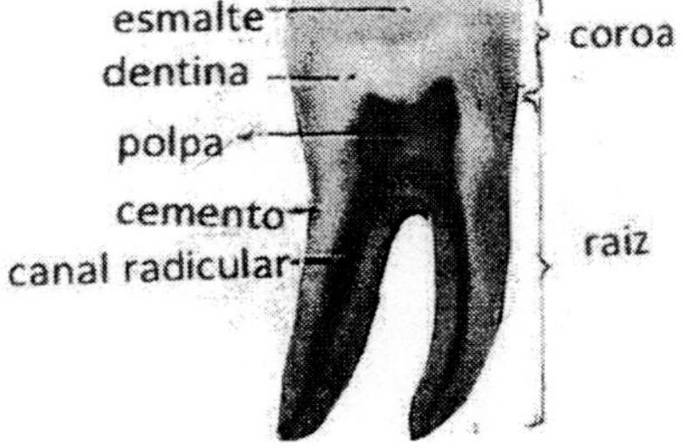

Sobre a cárie: bactérias bucal metabolizam os resíduos de açúcar na boca produzindo ácido lático que baixa o pH da saliva para 5,0. O ácido lático em contato com a superfície do dente vai provocando a dissolução da hidroxiapatita do esmalte do dente, deteriorando este e formando a cárie dentária.

2)Unha: é formada de queratina, uma proteína rígida que moldura a ponta do dedo. A queratina é uma proteína composta de 21 aa (aspargito, glicina, alanina, serina, cisteína, tirosina, Ac. aspártico, Ac. glutâmico, arginina, histinina, aspargina, gleitamina, prolina, fenilalanina, valina, triptolina, lisina, leucina, isoleucina, metionina, treonina). Na raiz da unha, células cutâneas especializadas se multiplicam sem parar, produzindo queratina que é armazenada dentro das próprias células. Estas células cheias de queratina ficam inativas, e diz-se que elas morrem, e a queratina é empurrada para fora da raiz como unha estruturada.

Estrutura da unha:

(i) raiz ou matriz ungueal: é a parte viva da unha que fica debaixo da pele, onde se forma o tecido da unha, como acima descrito.

(ii) leito ungueal: é o tecido conjuntivo que fixa a unha ao dedo, o qual tem vasos e terminações nervosas;

(iii) lúnula ou lâmina ungueal: é a seção branca, rígida e convexa do leito da unha. A lúnula cresce e é empurrada da raiz, continuamente;

(iv) cutícula ou eponíquio: é a dobra de pele que contorna a unha na parte colada;

(v) hiponíquio é a fixação da unha na pele do dedo.

Na figura indicam-se os elementos estruturais da unha:

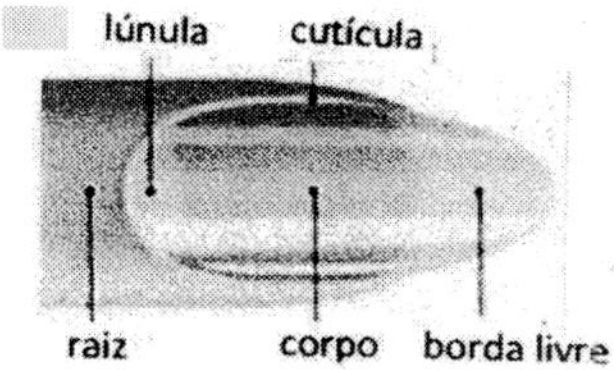

Os animais usam as unhas para agarrar, cavar, etc.. A parte livre da unha pode ser cortada, sem dor, porque nela não há vasos sanguíneos nem terminações nervosas.

No ser humano as unhas dos dedos das mãos crescem 2,5 a 3,0 mm por mês, e as unhas dos pés, 1,0 a 1,5 mm por mês. E curiosamente, as unhas dos homens crescem mais rápido do que as unhas das mulheres.

3) Cabelos: O fio de cabelo ou pelo nasce de dentro da pele. A parte chamada raiz é composta de papila e bulbo. A papila é regada por veias capilares que levam ao bulbo os nutrientes necessários que criam as moléculas biológicas, as quais se multiplicam para a formação do folículo capilar; o qual, a medida que cresce, é empurrado para fora pela ação de pequeno músculo eretor; neste estágio o folículo já tem melanina, que vai dar a cor do cabelo, e a queratina, que vai firmar a sua estrutura final. As glândulas sebáceas lubrificam o folículo à medida que ele saí para fora da pele, criando uma barreira de proteção, na superfície cutânea para impedir a entrada de agentes externos (sujeiras, bactérias, etc., junto com o suor). O cabelo tem um pH que varia de 4,2 a 5,8.

O fio de cabelo humano adulto é composto de 96% de proteínas, água, lipídios, e em ínfimas proporções, de cálcio, magnésio e zinco. Temos, em média, 150.000 cabelos na cabeça, que crescem cerca de 1,0 a 1,5 cm por mês. Em média, ocorre queda de 80 a 100 fios de cabelo por dia. Os cabelos, além de dar beleza externa ao rosto, protegem a cabeça da radiação solar e de agentes agressores externos.

Estrutura Externa do Cabelo: é constituída de três partes:
(i) cutícula, camada externa, protetora do fio do cabelo, composta de 5 a 12 camadas superpostas de α-queratina, elastina e lipídios.
(ii) córtex é a camada intermediária da fibra capilar que contém 90% de α-queratina, que forma a fibra de cabelo, elemento estrutural básico, denominado de macrofibrila; cada fibra de cabelo é composta de onze microfibrilas, cada uma desta, chamada de protofibrila, é composta de três hélices ou cadeias de α-queratina.
(iii) medula: é a parte central do fio do cabelo, cujo canal pode estar preenchido de queratina ou não (a razão deste último, não se sabe ainda). Contudo, sabe-se que no cabelo branco, o canal está cheio de queratina.
Na figura estão indicados os elementos da estrutura do fio de cabelo.

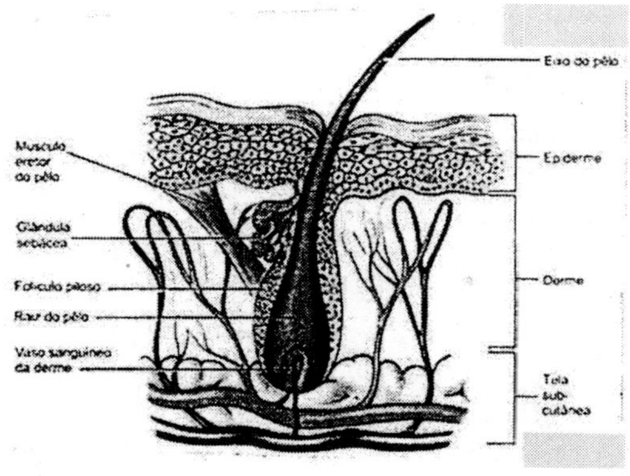

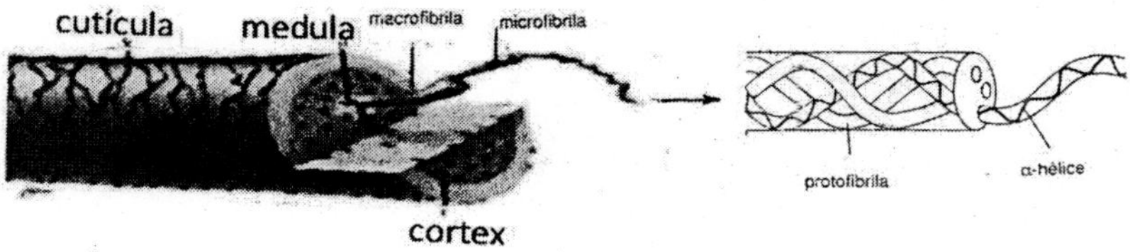

Ainda sobre o córtex: confere a haste a resistência, forma, cor, elasticidade, umidade e quantidade de fios, além de oferecer a estabilidade necessária que provém de suas ligações químicas (pontes de hidrogênio, dissulfeto e salina). Conforme a quantidade de enxofre contida no córtex, têm-se três tipos: ortho córtex, com menos de 3% de enxofre, pára-córtex, com 5% de enxofre, e meso-córtex, este tem apenas aa e cistina. A cisteína contida na queratina é que dá a forma do cabelo: pouca cisteína, cabelos lisos ondulados, muita cisteína, cabelos crespos.

Os cabelos lisos têm seção transversal redonda e haste cilíndrica; os cabelos ondulados, seção transversal oval; e os cabelos crespos tem forma espiralada desde a raiz. A cor do cabelo provém da melanina que pode ser de duas classes: eumelanina, que dá o cabelo castanho e preto; e feomelanina, que dá o cabelo ruivo e louro.

[9] Proteínas tóxicas

Apesar de este item fugir um pouco ao escopo habitual, vamos por em desta que existem algumas proteínas tóxicas. A principal proteína tóxica da nossa dieta alimentar é a lectina.

A lectina é uma proteína presente na casca de leguminosas (feijão, soja, ervilha, amendoim, etc.) que tem a função de repelir insetos e bactérias, por isso ela é uma inseticida natural. A lectina aglutina hemácias ligando-se a carboidratos. Estas duas funções faz dela uma proteína tóxica.

O feijão contém, além da lectina, filatos que inibem a absorção de minerais essenciais (Ca, Fe, Mg, Zn). Isto quer dizer que o feijão cru é venenoso, mas ele deixa de sê-lo, quando cosido. A prática culinária de deixar o feijão de molho de um dia para outro é saudável, já que nessa prática ele sofre fermentação natural que reduz a 90% os efeitos da lectina e dos filatos. O feijão e a soja são alimentos de difícil digestão. Os transgênicos das espécies são considerados antinutrientes e podem representar riscos à saúde, e como tais não devem ser consumidos.

22.4. Enzimas

São grupos de moléculas de proteínas, em geral globulares, com funções de catalisadores específicos nos processos metabólicos. São conhecidas mais de 80.000 enzimas.

Cada enzima catalisa um tipo único de reação bioquímica – o que significa que é a enzima de cada célula que determina o tipo de metabolismo que ela realiza. Sem a intervenção de enzimas as reações bioquímicas do organismo não se realizariam a contento. Por exemplo: a glicose no organismo humano é oxidada em segundos, mas fora dele, exposta as condições ambientais normais, leva meses para se oxidar.

Toda enzima é uma proteína com uma função catalisadora específica, mas, obviamente, nem toda proteína é uma enzima.
A molécula da enzima tem uma fenda ou cavidade peculiar com propriedades químicas específicas que acomoda a molécula reagente, chamada substrato.

[1] Substrato: é a molécula reagente que é transformada pela enzima, na reação de catálise. Esta ocorre quando o substrato se encaixa na fenda da enzima, ativando a reação bioquímica que finaliza um produto.

Deve-se a Fisher a ideia de se adotar a seguinte analogia: a enzima é a fechadura e o substrato, a chave. Quando se dá o encaixe do substrato (S) na fenda da enzima (E), forma-se um sítio ativo de enzima-substrato (ES), onde ocorre a catalisação e a formação do produto (P), e tem-se a sequência: E + S → ES → E + P , como ilustrado na figura:

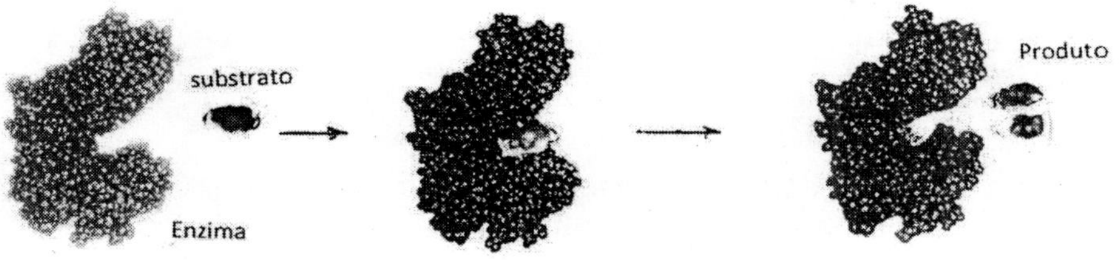

Só para relembrar: catalisador é toda substância que aumenta a velocidade da reação sem ser consumida por ela. Sendo a enzima um catalisador biológico.

Notas: O nome enzima (do alemão enzym) foi proposto em 1878, por Kühne, Wilhelm Friedrich (1837-1955), fisiologista alemão, descobridor da tripsina.

Em 1894, Fisher, Hermann Emil (1852-1919), químico alemão, demonstrou que as proteínas são formadas de aminoácido, e que as enzimas agem sobre as substâncias que elas catalisam – substratos – com elevada especificidade; que ambas apresentam formas geométricas complementares – o que levou Fisher a sugerir o modelo fechadura-chave na reação da catálise. Fisher estabeleceu as fórmulas moleculares da glicose e da frutose. Ele é considerado o pai da química orgânica.

Em 1926, Summer, James Betcheller (1852-1919), químico norte-americano, desenvolveu um método de cristalização de enzimas, que as purificam, obtendo com ele a cristalização da urease, façanha que lhe deu o Nobel de Química de 1946.

Em 1958, Kosland, Daniel (1920-2007), químico norte-americano, aprofundou o estudou o processo de catálise e verificou que as enzimas não fazem encaixes fixos dos substratos, mas ajustáveis, e que cada enzima recebe o substrato no seu sítio ativo (como os dedos da mão na luva) – o que o levou a sugerir uma modificação no modelo de Fisher, substituindo-o pelo modelo de enzima com ajuste induzido, como na figura:

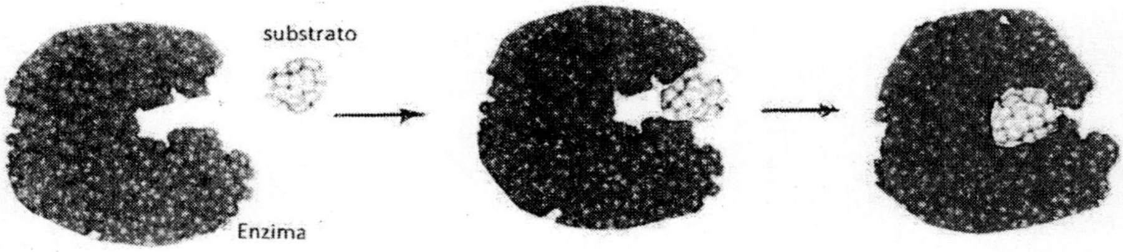

[2] Cofator: A enzima tem uma parte proteica chamada de apoenzima, e uma parte não proteica denominada de cofator enzimático. O cofator pode ser um íon metálico de Zn^{2+} e Mg^{2+}, ou um composto orgânico não proteico, como a vitamina B, que é chamada de coenzima. Sem o cofator, a apoenzima não pode catalisar a reação, e reciprocamente, sem esta não há ativação à catalisação. O processo se realiza, quando o complexo ES acopla o substrato junto com o cofator, passa a se chamar holoenzima, como na figura:

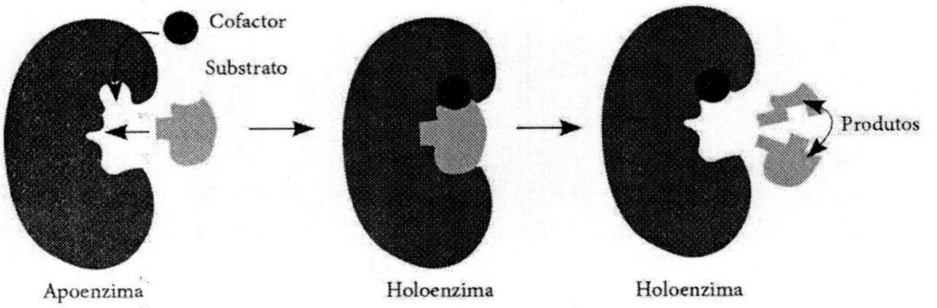

O processo oposto ao da ativação é chamado de inibição. Isto pode ocorrer por ação de certos compostos chamados inibidores, que são de dois tipos: inibidores competitivos, similares aos substratos, impedem o encaixe destes; e inibidores não competitivos, que se ligam a enzima, fora do sítio ativo, mudando a estrutura da enzima, que deixa de realizar a sua função. Oso dois tipos de inibidores são esquematizados a seguir:

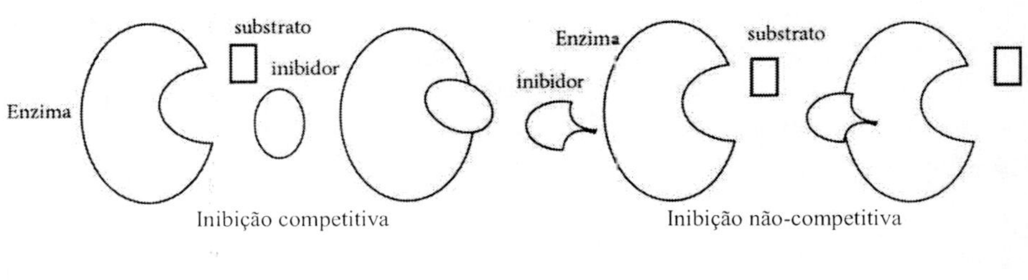

As ligações dos inibidores podem ser reversíveis ou não. Quando irreversível destrói parte da enzima.

Um exemplo da atuação do inibidor competitivo é o envenenamento por álcool metílico; dá-se a vítima álcool etílico (inibidor) que impede que o metanol forme produto tóxico. Sulfas agem como inibidores contra ação de certas bactérias impedindo-as de produzir toxidade no organismo.

Já sabemos que as células sintetizam substâncias reagentes através de reações bioquímicas de catalisação. Durante o processo de catalisação ocorre a redução da energia de ativação e o aumento da velocidade da reação química (da ordem do milissegundo), sem que haja alteração da composição química da enzima à formação do produto. No diagrama da figura 17.3(c), indica-se a curva de saturação da reação enzimática.

A velocidade da reação aumenta progressivamente com a concentração do substrato. E na concentração máxima, forma-se o complexo enzima-substrato (ES), que atinge a velocidade máxima, V_{max}, na formação do produto. A meia velocidade, $V_{max}/2$, a enzima cresce proporcionalmente, a uma constante K_M, chamada de constante de Michaelis-Menten, na figura:

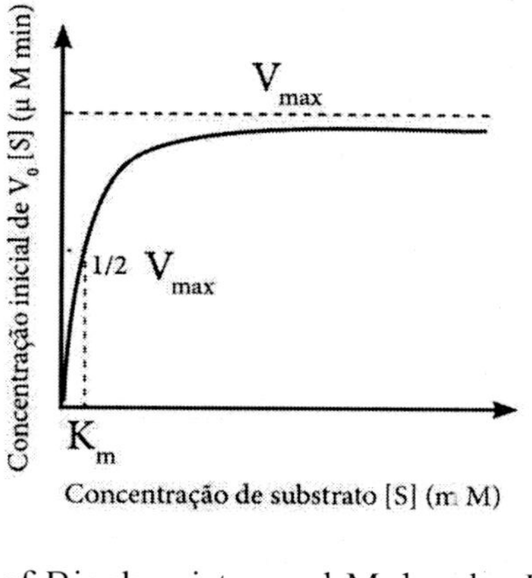

A International Union of Biochemistry and Molecular Biology (IUBMB), em 1964, definiu a unidade enzimática Katal, abrevia-se kat, 1 kat = 1 mol/s = µM/min.

A velocidade inicial, V_o , da concentração enzimática é dada pela equação de Michaelis-Menten:

$$V_o = \frac{V_{max} [S]}{K_M + [S]}$$

Onde [S] é a concentração do substrato; e para $V_o = ½ V_{max}$, $K_M = [S]$.

Nota: Bodenstein, Max Ernst August (1871-1949), médico e físico-químico alemão, 1901/2, publica uma equação da cinética enzimática, que o tornou o fundador da cinética química. Sua equação foi aperfeiçoada por Victor, Henri, (1872-1949), físico-químico e fisiologista franco-russo, mas ambas tiveram pouca importância porque não levavam em conta o pH do meio. Em 1913, Michaelis, Leonor (1875-1949), bioquímico alemão e Menten, Maude Leonor (1879-1960), médica e cientista canadense, estabeleceram definitivamente a equação da cinética enzimática, que passou a ser conhecida como equação de Henri-Michaelis-Menten.

[3] Nomenclatura: Cada enzima recebe o nome do substrato que ela catalisa com a terminação ASE. Por exemplo: se o substrato é um lipídio, a enzima é lípase; se lactose a enzima é lactase; se amido, a enzima é amilase pancreática, etc. Algumas enzimas conservam os seus nomes antigos, como pepsina, tripsina, quimotripsina, que são enzimas do sistema digestivo.

Contudo, a nomenclatura em vigor, proposta pela IUBMB é um tanto complexa, com seis classes de enzimas e subclasses, baseada na reação de catálise:

Transferase, catalisa transferência de grupos de átomos entre moléculas;.
Oxidase ou oxidorredutase: catalisa reação de oxidação ou redução;
Hidrolase: catalisam reações de hidrólise;
Liases, catalisam ligação ou remoção de átomos de grupos funcionais;
Isomerase: catalisa reação de isomerização;
Ligase: catalisa ligação ou remoção de átomos, para formar dupla ligação.

Por exemplo, a catálise pela creatina, na reação:

$$\text{ATP + creatina} \leftrightharpoons \text{ADP + fosfocreatina}$$

Na nomenclatura IUBMB, esta enzima tem o nome: creatininaquinase, com a notação: EC 2.7.3.2, onde EC é de Enzyme Comissiono; o 1° dígito, 2, classe transferase, o 2º dígito,7, subclasse fosfotransferase, o 3º dígito, 3, subclasse, grupo nitrogenado, e o 4º dígito, 2, creatina quimase.

A fermentação é causada por microrganismos vivos que contêm enzimas que faz a catálise.

Por exemplo, a zimase faz a catálise da glicose em álcool e dióxido de carbono, como na reação de fermentação:

$$\underset{\text{glicose}}{C_6H_{12}O_6} \longrightarrow \underset{\text{álcool}}{2C_2H_5OH} + \underset{\text{dióxido de carbono}}{2CO_2}$$

A enzima pode juntar proteínas, formando produtos, ou quebrá-las, formando porções menores chamadas de peptídeos (peptídios ou péptidos).

Vejamos dois exemplo típicos:
(i) enzima amilase atua sobre a glicose e a frutose (substratos) juntando-as e formando a sacarose.
(ii) enzima ptialina atua sobre o amido (substrato) transformado-o em maltose ou glicose.

Na formação do produto tem-se uma cinética enzimática que dá conta da velocidade de reação, que depende das condições do meio: elevação de temperatura, pH ácido, e da concentração do substrato.

Para melhor entender as enzimas vamos analisar ações delas no sistema digestivo que começa na boca, com a formação do bolo alimentar e prossegue no estômago com a transformação dele em quimo e finaliza no intestino delgado, como quilo, sob a ação do suco pancreático e da bile, pelo fígado, fornecendo o produto final da digestão das proteínas, carboidratos e lipídios, todos reduzidos a nível molecular para serem assimilado pelas células.

Boca: o alimento, depois de triturado pela mastigação, sofre a 1ª digestão bioquímica pela ação das enzimas:
(i) amilase, secretada pelas glândulas salivares forma o bolo alimentar degradando os carboidratos nele existentes, transformando-os em maltose, um açúcar simples;
(ii) lípase, de igual modo, faz a quebra das gorduras do bolo alimentar, cuja digestão será completada nos intestinos delgados.

Estômago: o bolo alimentar como quimo (massa semi-líquida, aciduidada) sofre a 2ª digestão bioquímica pela ação das enzimas do estomago:
(i) pepsina, secretada pelas glândulas das paredes do estomago, como suco gástrico, na forma inativa de pepsinogênio, o qual, com as contrações peristálticas, misturam-se com o ácido clorídrico do estomago, tornado-se ativa como pepsina, que degradam as proteínas do quimo em peptídeos;
(ii) lípase, dá continuidade ao processo digestivo dos lipídios do quimo.
(iii) tripsina, degrada as proteínas do quimo (que se completará nos intestinos delgados).

Intestino delgado: dá-se a 3ª digestão bioquímica, pela ação de enzimas pancreáticas, suco pancreático e bile do fígado, o quimo torna-se quilo (líquido leitoso, branco, composto de nutrientes, vitaminas e sais minerais):
(i) lipase pancreática, secretada pelos pâncreas exócrino, no duodeno, transforma lipídios em ácidos graxos e clicerol;
(ii) tripsina, produzida no pâncreas exócrino na forma inativa como tripsinogênio, que clivada no duodeno, transforma-se em tripsina, quebra proteínas do quilo em peptídeos;
(iii) quimotripsina, produzida no pâncreas exócrino na forma inativa como quimotripsinogênio, é ativada no duodeno, onde degrada proteínas em peptídeos.
(iv) enzimas pepsina, tripsina e quimotripsina, chamadas de proteases, quebram ligações peptídicas dos aa das proteínas. O processo é chamado de clivagem proteolítica, um mecanismo de ativação (ou inativação) de enzimas na digestão bioquímica e na coagulação do sangue.
(v) enzima lactase quebra a lactose, liberando produtos lácteos: galactose e glicose.
(vi) enzimas nucleases quebram ácidos nucleicos em nucleotídeos, liberando fosfatos, açucares e bases.

Intestino grosso: dá-se a 4ª e última digestão bioquímica pela ação bacteriana, remoção de H_2O, e produção dos dejetos.

Notas:.Em 1897, Büchner, Eduard (1860-1917), químico alemão, descobriu que o extrato de levedura livre de células podia causar fermentação alcoólica, quebrando assim a tradição vigente à sua época de que eram necessárias células vivas para produzir fermentação que se suponha iniciada por enzimas de células vivas de micro-organismos. Büchner obteve a zimase e inaugurou a bioquímica moderna, valendo-lhe o premio Nobel de química de 1907.

A fermentação era considerada um processo espontâneo no qual, bactérias ou fungos (chamados de fermentos) fornecem de suas células, as enzimas invertase e zimase. Essas enzimas degradam os açúcares em álcool e gás carbono. Com a fermentação, o suco de uva transforma-se em vinho, o leite azeda produzindo ácido lático e o ácido butanoico; de igual modo, o fermento faz crescer o pão.

[4] Proenzimas: são certas proteínas inativas no organismo que se tornam enzimas quando sofrem uma reação química que as põem em atividade. A tripsina pancreática está inativa no organismo; quando ela entra no trato digestivo, perde seis aa no N-terminal e torna-se ativa.

[5] Enzima alostérica: é a enzima que aceita moléculas que se liga a ela fora do sítio ativo, chamado de sítio regulatório, que regular a ação da enzima, inibindo-a ou estimulando-a, por isso chamado de reguladora. Essa ocorrência é chamada de alosterismo e a enzima, alostérica (alostérico, do grego, outra região).

Exemplos alostéricos químicos: as drogas que inibem a ação da AIDS; e o Viagra, droga que estimula o fluxo sanguíneo.

22.5. Vitaminas

Vitaminas são substâncias orgânicas não produzidas pelo organismo humano, mas necessárias a ele em pequenas quantidades. As vitaminas são micronutrientes que atuam como coenzimas no metabolismo do organismo. As vitaminas são designadas por letras maiúsculas do alfabeto latino; quando se usa a mesma letra, junta-se a ela um índice numérico. As vitaminas possuem estruturas de moleculares polares, e classificam-se em dois grupos: vitaminas hidrossolúveis e lipossolúveis.

(i) Vitaminas hidrossolúveis são as que se dissolvem em água, como a vitamina C e as vitaminas do complexo B (B_1, B_2, B_3, B_5, B_6, B_8, B_9 e B_{12}). Vejamo-las:

Vitamina C – ácido ascórbico – é um ácido antioxidante, cicatrizante, e de manutenção dos tecidos conjuntivos, ósseos e cartilagens. De fórmula estrutural:

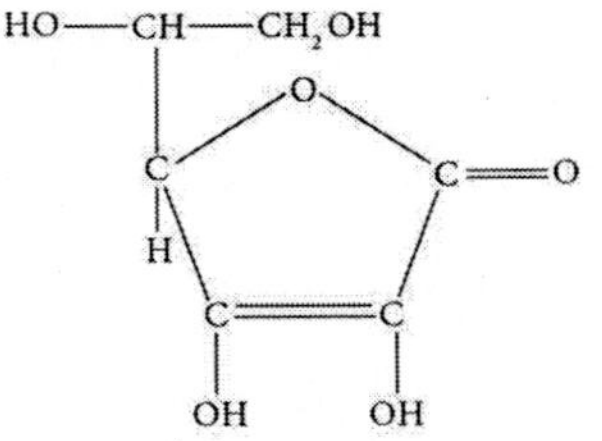

Ácido ascórbico

Fontes: frutas cítricas, amarelas e verdes, tomate, batatas inglesa e doce, repolho, brócolis. Carência: causa escorbuto (hemorragia nas gengivas, edema, dor nas juntas, anorexia, anemia, dentes moles, dificuldade de cicatrização); nada se sabe a respeito, abreviaremos: NSSR. Dose diária: 60 mg.

Vitamina B_1 – tiamina – a tua como coenzima que quebra carboidratos e removem CO_2, de fórmula estrutural:

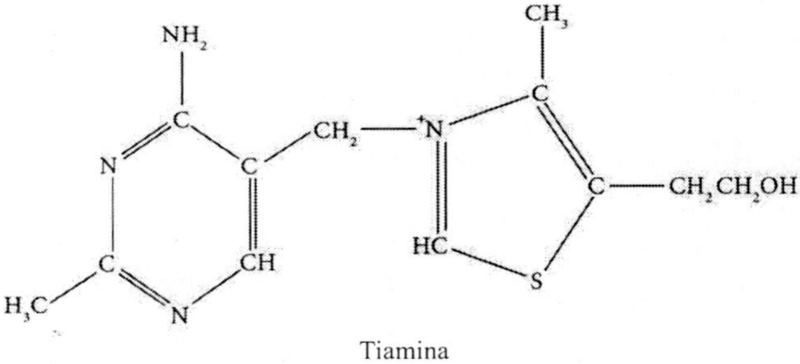

Tiamina

Fontes: cereais, grãos, sementes, leguminosas, fígado, carne de porco e de gado, ovos. Carência: causa beribéri; excesso: causa desequilíbrio do complexo vitamínico B. Dose diária: 1,4 mg.

Vitamina B_2 – riboflavina – a tua como coenzima flavina adenina dinucleotídio (FAD, no transporte de átomos de H e elétrons) e flavina mononucleotídio (FMN). De fórmula estrutural:

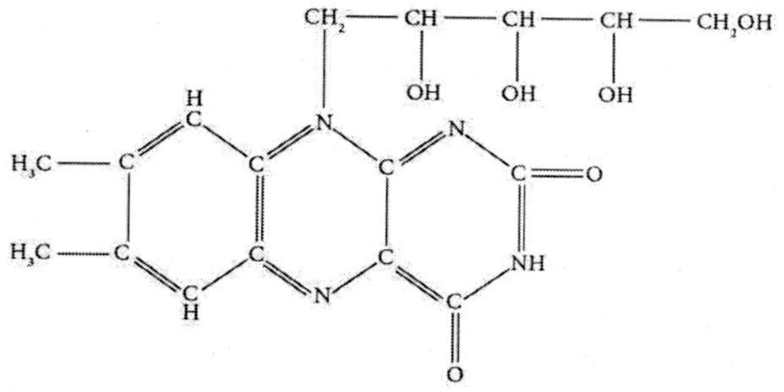

Riboflavina

Fontes: grãos, levedo, germe de trigo; fígado, peixes; leite, iogurte, ovos. Carência: queilose e glossite; excesso: causa desequilíbrio das outras vitaminas. Dose diária: 1,6 mg.

Vitamina B_3 – niacina (ácido nicotínico) – atua como coenzima nicotinamida adenina dinucleotídio (NAD^+) e o derivado fosfatado ($NADP^+$, transporte de H^- . De fórmula estrutural:

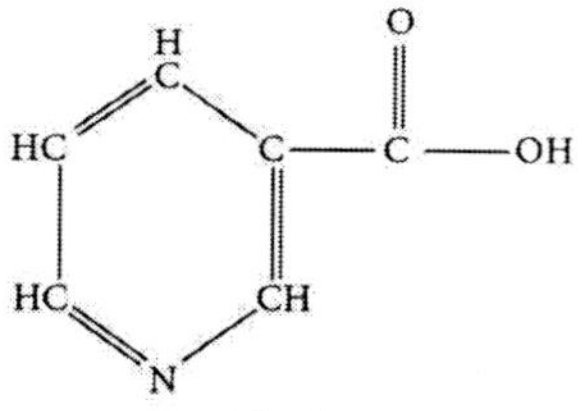

Niacina

Fontes: ervilhas, leguminosas, amendoim, feijão, arroz, fígado, carnes, peixes oleosos, framboesa, amora, ameixa, pêssego. Carência: causa pelagra (dermatite, diarreia, demência); excesso: NSSR. Dose diária: 18 mg.

Vitamina B_5 – ácido pantotênico – a tua como síntese da coenzima A (CoA), transforma as energias dos carboidratos, lipídios e proteínas em hormônios e ácidos graxos. De fórmula estrutural:

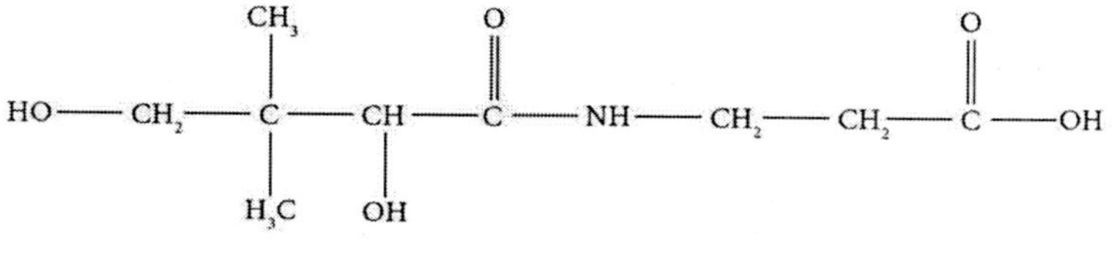

Ácido pantotênico

Fontes: cereais, amendoim, abacate, germe de trigo, gema de ovo, fígado, leite. Carência: anemia, doenças neurológicas; excesso: NSSR. Dose diária: 5 μg.

Vitamina B_6 – piridoxina – atua como produtora de mais duas coenzimas: piridoxal e piridoxamina – o que leva a ter três formas fórmulas estrutural:

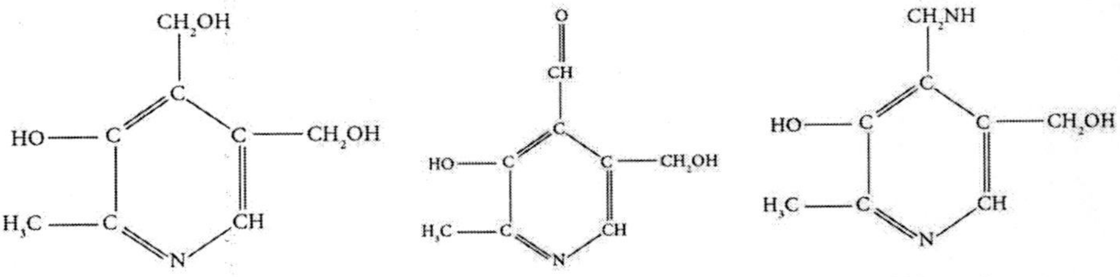

piridoxina piridoxal piridoxamina

Fontes: germe de trigo, nozes, batata, banana, abacate, vegetais, fígado, peixes. Carência: causa anemia, lesões na pele; excesso: ataxia (perda dos movimentos musculares voluntários) e neuropatia sensorial. Dose diária: 2,2 mg.

Vitamina B_8 ou H – biotina – a tua como coenzima que une ou transfere CO_2 para moléculas orgânicas (carboxilases e transcarboxilases). De fórmula estrutural:

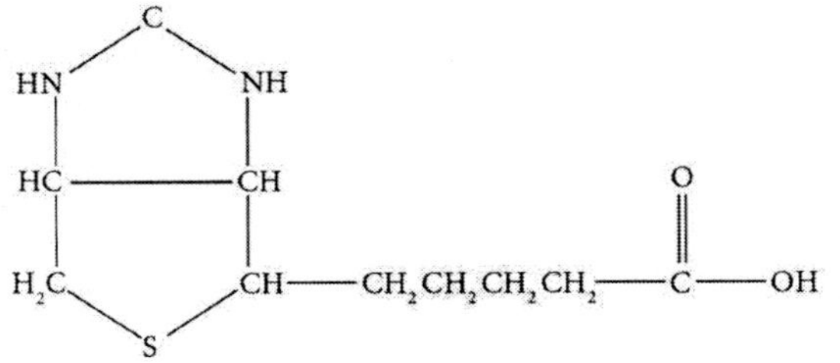

Biotina

Fontes: leguminosas, tomate, fígado, rim, coração. Carência: dermatite; excesso: NSSR Dose diária: 150 μg.

Vitamina B_9 – ácido fólico – forma as proteínas estruturais e a homoglobina; atua como coenzima no metabolismo dos carboidratos. Absorvida no intestino delgado sintetiza o folato. De fórmula estrutural:

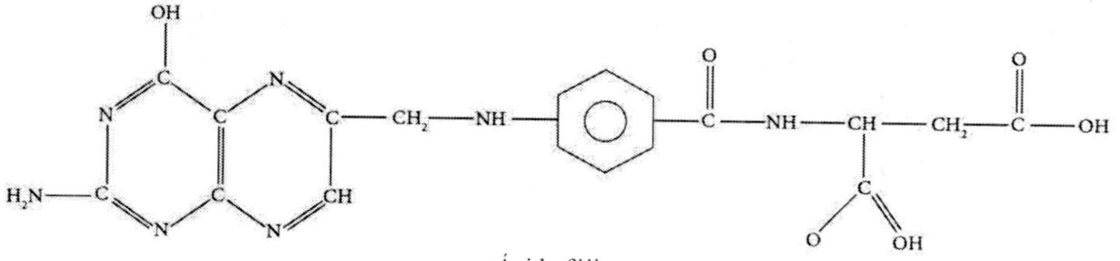

Ácido fólico

Fontes: grãos, leguminosas, cereais, nozes, amendoim, vegetais verdes, beterraba, abacate, fígado, ovos. Carência: anemia megaloblástica, lesões na mucosa; excesso: NSSR. Dose diária: 400 μg.

Vitamina B_{12} – cobalamina – coenzima da cobalamida; atua no metabolismo das proteínas do fígado; está presente na formação das células vermelhas do sangue; junto com a vitamina B_9 entram na construção do DNA e RNA. De fórmula estrutural:

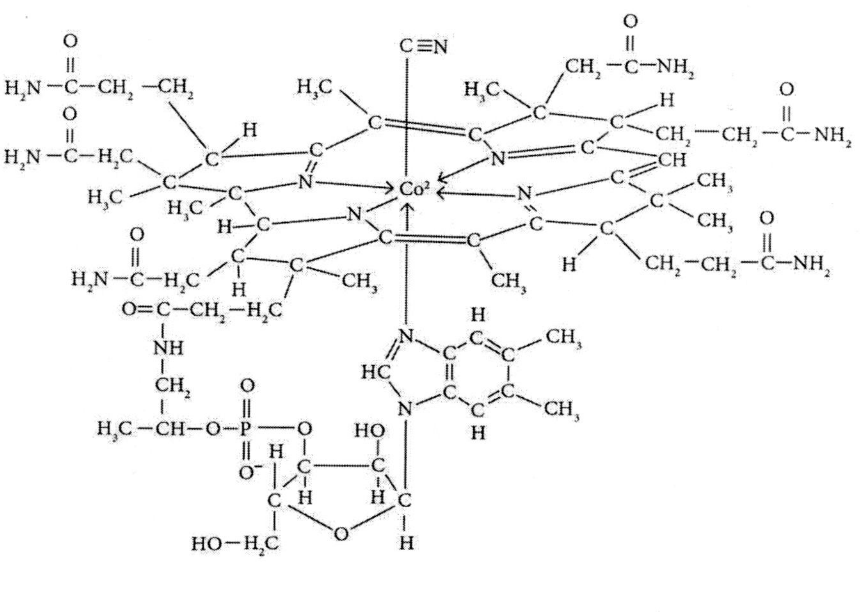

Fontes: leveduras, beterraba, fígado, carnes, ostras, leite, ovos, queijos. Carência: anemia perniciosa de megaloblástica, lesões na mucosa; excesso: NSSR. Dose diária: 3 µg.

(ii) Vitaminas lipossolúveis são as que são solúveis em lipídios, bile e suco pancreático, são elas as vitaminas A, D, E e K. Vejamo-las:

Vitamina A – retinal – tem função regeneradora dos tecidos em geral e da visão. De fórmula estrutural:

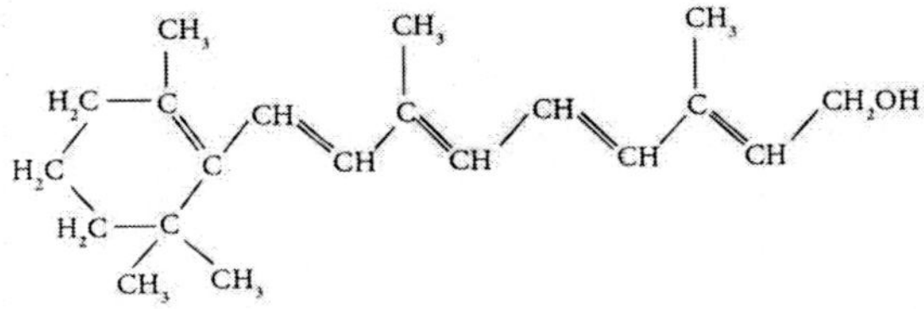

Vitamina A

Fontes: vegetais verdes, brócolis, espinafre, pimentão vermelho, cenoura, abobrinha, manga, melão, mamão, peixes oleosos, gema de ovos, manteiga, leite integral, queijos. Carência: queratinização das membranas que revestem mucosas, tubo digestivo, trato urinário e respiratório; epitélio do olho, pele, cabelos, etc.; excesso: perda de cabelos, icterícia, cegueira noturna, dores nas articulações, ossos frágeis. Dose diária: 1 mg.

Vitamina D – calciferol – é uma coenzima, pré-hormônio esterol, que faz a síntese de proteínas e transporta cálcio para ossos e dentes. É produzida pela exposição do corpo ao sol. De fórmula estrutural:

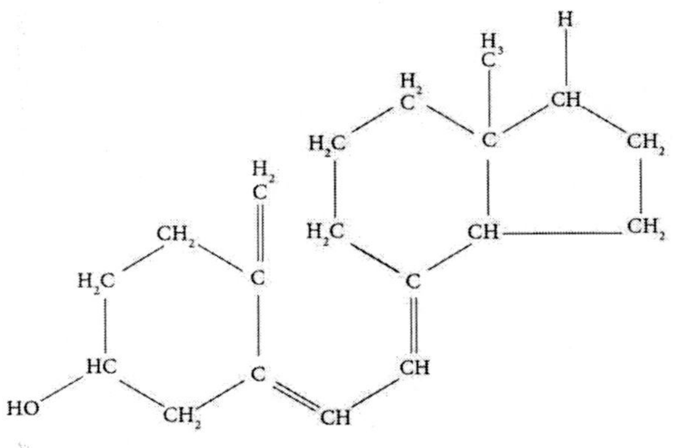

vitamina D

A vitamina D, apresenta-se sob a forma de ergocalciferol, D_2, e colecalciferol, D_3 , de modo que não há vitamina D_1 já que esta seria uma composição de ambas.

Fontes: além da exposição do corpo ao sol: peixes oleosos, ovos, leite e derivados; lêvedo de cerveja. Carência: raquitismc, esteomalácia; excesso: hipercalcemia, depósito de cálcio no tecido renal, Dose diária: 5 μg.

Vitamina E – tocoferol – tem ação antioxidante nos ácidos graxos e preserva as membranas celulares. De fórmula estrutural:

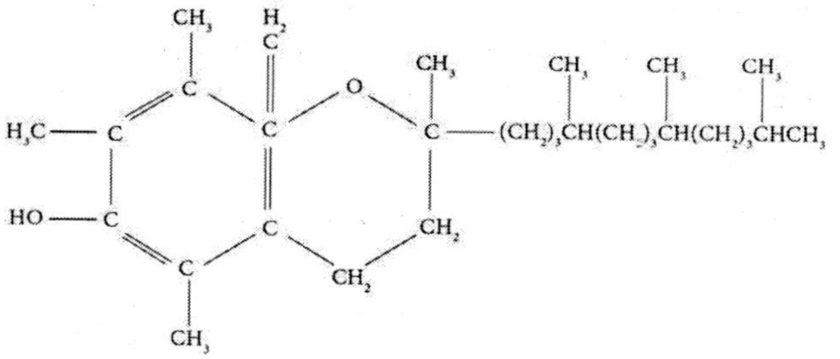

Vitamina E

Fontes: abacate, aveia, vegetais, frutas, óleos vegetais, nozes, amêndoas, avelã, gérmen de trigo. Carência: anemia hemolítica (hemo, sangue, lise, quebra), ruptura da membrana plasmática, liberando hemoglobina; excesso: NSSR Dose diária: 10 mg.

Vitamina K – filoquinona – tem função de coagular o sangue. A menaquinona é sintetizada na flora do intestino. De fórmula estrutural:

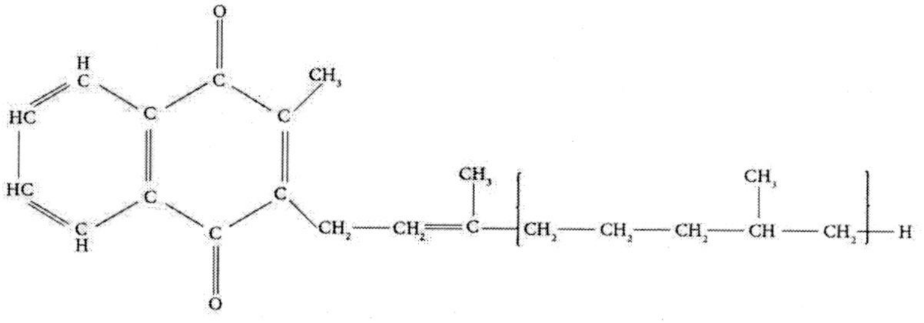

Vitamina K_1

Fontes: fígado, feijão, ervilha, cenoura, vegetais verdes, espinafre. Carência: tendência a hemorragias; excesso: dispneia (falta de ar) e hiperbilirrubinemia (excesso de bilirrubina no sangue de recém-nascido). Dose diária: 100 μg.

22.6. Sais Minerais

Sais minerais são substâncias inorgânicas/íons, que fazem parte dos tecidos duros do organismo, como ossos e dentes, representando 99% desses tecidos. Também são encontrados nos músculos, células sanguíneas e sistema nervoso; além de exercer função osmótica e atividade metabólica.

Os minerais são classificados em (i) macroelementos: cálcio, sódio, potássio, magnésio e fósforo; e (ii) microelementos ou oligoelementos: ferro, cobre, iodo, manganês, zinco, molibdênio, cromo, selênio e flúor.

(i) Macroelementos

Cálcio, Ca – é o elemento formador dos ossos e dentes, através do processo de calcificação e mineralização. Representa 2% do peso corporal, e é o elemento mais abundante no organismo humano.

Fontes: leite e derivados; feijão, gema de ovo, peixes, caviar. Carência: raquitismo, osteoporose; excesso: calcificação dos ossos e tecidos moles. Dose diária: 1.000 mg.

Sódio, Na – é o elemento regulador da pressão osmótica e dos líquidos corporais. Também equilíbra ácidos e bases, no organismo. Representa 1% do peso corporal.

Fontes: carnes, peixe, sal de cozinha, pão e cereais. Carência: fraqueza, letargia; excesso: hipertensão, cefaleia, eritema da pele. Dose diária: 1.000 mg.

Potássio, K – regula o líquido intracelular e faz a síntese de proteínas e dos ácidos nucleicos. A alta concentração de íons de K^+ e baixa concentração de íons de Na^+, na membrana da célula nervosa, produzem o potencial elétrico que realiza a propagação de impulsos nervosos, que fazem a contração muscular e a frequência cardíaca; O potássio representa 1% do peso corporal.

Fontes: bananas, damasco, tâmaras, figos, nozes, passas, carne, queijo, peixe defumado. Carência: cansaço, fadiga, hipotensão, vômitos; excesso: distúrbios cardíacos, fraqueza muscular. Dose diária: 2.000 mg.

Magnésio, Mg – junto com cálcio e potássio, entra na composição dos ossos, músculos, tecidos moles e líquidos extra e intracelulares.

Fontes: acelga, quiabo, gérmen de trigo, nozes, soja, cereais, damasco, água de coco, camarão, feijão, chocolate. Carência: perda de apetite, irritabilidade, hipocalcemia; excesso: distúrbios cardíacos, descalcificação óssea. Dose diária: 300 mg.

Fósforo, P – entra na formação dos ossos e dentes com o cálcio e o potássio e função no metabolismo das proteínas.

Fontes: lentilha, feijão, nozes, aveia, cacau, gema de ovo, miúdos de carne. Carência: osteomalácia, fraqueza nos ossos, acidose metabólica, taquicardia; excesso: hipertensão, ataque cardíaco. Dose diária: 1.000 mg.

(ii) Microelementos

Ferro, Fe – entra na formação da hemoglobina, transporte de oxigênio pela hemoglobina, oxidação celular (como Fe II ou Fe^{2+}) e em reações enzimáticas.

Fontes: feijão, grão de bico, gema de ovo, fígado, miúdos de carne, ostra. Carência: perda de glóbulos vermelhos, anemia, palidez, fadiga, fosforilação oxidativa; excesso: hipotensão, paladar metálico, náuseas. Dose diária: 15 mg.

Cobre, Cu – entra na formação do sangue e ossos, produção de melanina, e age como cofator de enzimas oxidativas.

Fontes: frutos do mar, sardinhas, fígado, cereais integrais. Carência: perda de pigmentação do cabelo, anemia, leucopenia (redução do número de leucócitos no sangue) e neutropenia; excesso: hemorragia gastrointestinal, anemia hemolítica, icterícia. Dose diária: 12 mg.

Iodo, I – na forma de iodeto, entra na produção do hormônio da glândula tireoide, do crescimento e da reprodução.

Fontes: frutos do mar, peixes, leite, verduras e frutas. Carência: bócio, deficiência no crescimento, reprodução e desenvolvimento sexual; excesso: colapso na atividade tireoidiana. Dose diária: 150 mg.

Manganês, Mn – é absorvido no intestino delgado e entra na formação dos ossos etoma parte nas reações enzimáticas.

Fontes: cereais integrais, nozes, castanhas, vegetais, chás. Carência: dermatite, perda de peso, baixo nível de colesterol, reta rda o crescimento de cabelos e unhas; excesso: acumula-se no fígado e no sistema nervoso central e pode levar ao mal de Parkinson. Dose diária: 0,3 mg.

Zinco, Zn – é cofator de várias enzimas, atua no crescimento e na formação dos tecidos, e na maturação sexual masculina.

Fontes: frutos do mar, carne de frango, feijão, nozes, milho, leite e derivados. Carência: lesões na pele, retardo na maturação sexual, distúrbio no fígado; excesso: anemia, distúrbio nos sistema nervoso central. Dose diária: 15 mg.

Molididênio, Mo – participa na síntese das proteínas e enzimas, no crescimento, metabolismo do DNA e na excreção do ácido úrico. É absorvido no estômago e no intestino delgado.

Fontes: fígado, rins, carnes, espinafre, feijão, cereais integrais. Carência: retarda o crescimento, anemia, náuseas; excesso: síndrome da gota. Dose diária: 25 mg.

Cromo, Cr – Age no metabolismo da glicose e dos lipídeos e está presente no nível sérico com 0,1 a 0,2 mg/ℓ.

Fontes: frutos do mar, carnes, cereais integrais, nozes e grãos. Carência: não disponibiliza glicose para as células, encefalopatia, neuropatia; excesso: dermatite idiopática. Dose diária: 0,2 mg.

Selênio, Se – Age com o oxidante no metabolismo dos lipídios; e previne o câncer. É absorvido no intestino e armazenado no fígado e rins.

Fontes: frutos do mar, carnes, cereais integrais, castanha do Pará, sementes de girassol nozes e grãos. Carência: dores musculares (mialgia), disfunção pancreática; excesso: dermatite, unhas frágeis, alteração no esmalte dos dentes, congestão vascular. Dose diária: 2 mg.

Flúor, F – tem sido indicado como elemento que combate cáries dentária, contudo, o seu uso para essafinalidade tem sido questionado porque o flúor é um elemento tóxico, pernicioso ao organismo humano. É de bom alvitre não tomar água fluoretada, mas alcalina; não usar pasta fluoretada, mas natural.

Fontes: água fluoretada e pasta de dentes. Carência: cárie dentária (como já dissemos, , de benefício suspeito); excesso: causa a destruição dos dentes.

Acrescentaremos aqui algumas observações sobre a água, líquido essencial da vida.

Água – o corpo humano adulto é constituído de 70% de água (na criança, 80% , no idoso abaixo de 60%, razão porque recomenda-se a ele, suprimento diário desse líquido precioso). Água ingerida é imediatamente absorvida pelo organismo.

A água regula a temperatura do corpo e o metabolismo celular. A água participa em todos os processos metabólicos: 50% como líquido intracelular (LIC), e 20% , como líquido extracelular (LEC).

O LIC está presente nas células e nos processos metabólicos delas; o LEC está presente no plasma sanguíneo, linfa e como líquido espinhal e nas secreções.

Perde-se água corporal pelo suor e diurese (perda sensível) e pela expiração (perda insensível). A Dose diária mínima para o adulto é de 1,5 ℓ/dia. Não se pode viver sem tomar água além de dois dias.

23 – UM POUCO DE BIOLOGIA MOLECULAR

O corpo humano é composto por cerca de 50 trilhões de células do tipo eucariótico, que são formadas por moléculas. As células do corpo humano são formadas de doze componentes básicos: 1) Núcleo (nucléolo, cromatina, membrana); e as oraganelas: 2) Retículo endoplasmático (liso e rugoso); 3) Complexo de Golgi; 4) Mitocôndrias; 5) Centrossomos (2 centríolos); 6) Ribossomos; 7) Lissosomos; 8) Peroxissomos; 9) Citoesqueleto (microfilamento, filamentos intermediários e microtúbulos); 10) Membrana plasmática; 11) Citoplasma; 12) Microvilosidades.

A composição da célula está ilustrada na figura:

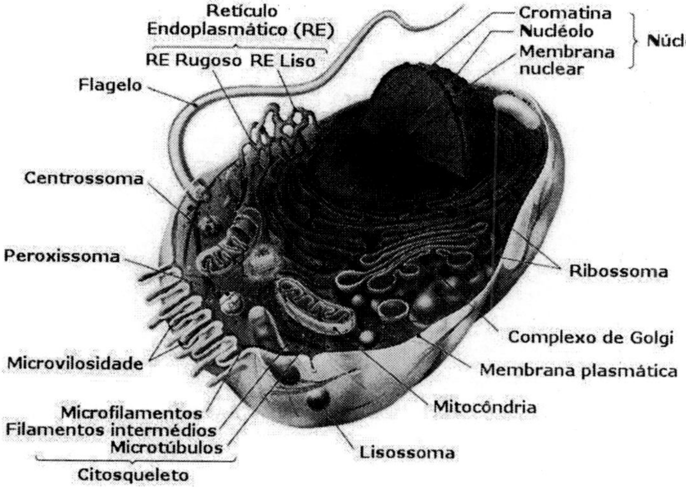

1) Núcleo, com diâmetro da ordem de 10 μm, é onde está o material genético que processa a reprodução celular; o núcleo é envolvido por dupla membrana nuclear, chamada carioteca, que contém muitos poros (a guisa de válvulas) que troca substâncias da intracélula com um fluido interno, denominado de nucleoplasma, preenchido de cromatina (filamentos de DNA e moléculas de

histonas/proteínas, que vão compor os cromossomos). Gene é um segmento de DNA.

No centro do núcleo encontra-se o nucléolo, que contém ácido nucleico na forma de RNA (Ácido RiboNucleico) ribossômico, derivado do DNA (Ácido DesoxirriboNoucleico). O nucléolo transforma-se em cromossomos, desaparecendo à medida que eles vão se espirilando (ou condensando); e volta a aparecer no final da divisão celular, com a desespirilação dos cromossomos.

A figura ilustra o cromossoma simples e o duplicado.

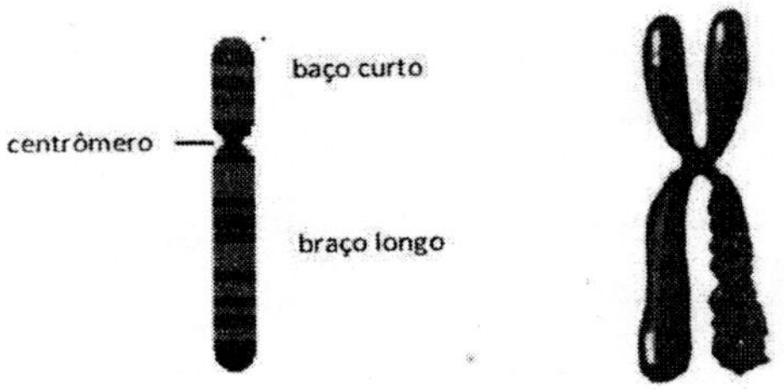

Cromossomos

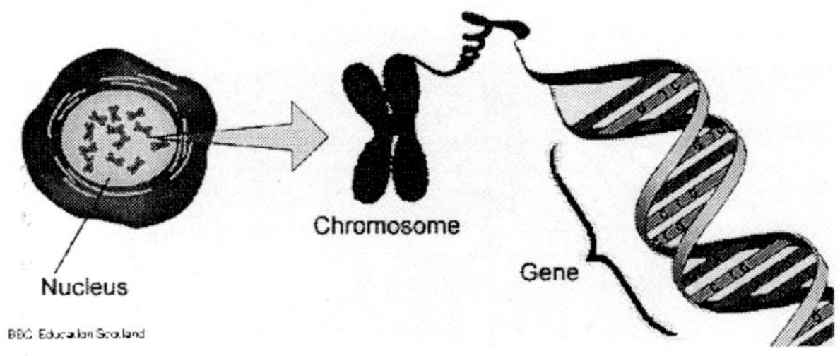

Os demais componentes da célula são chamados de organelas, espécies de minidepartamentos especializados, que fazem a célula trabalhar, são eles:

2) Retículo endoplasmático são organelas, a guise de canais, cobertos por membranas, onde se processam sínteses de proteínas e lipídios, ocorre a degradação de substâncias tóxicas, e faz o transporte interno das mesmas.

3) Complexo de Golgi é a organela que faz a síntese de proteínas e carboidratos armazenando-as para posterior uso.

4) Mitocôndrias são organelas membranosas na forma de bastão, responsáveis pela respiração celular, onde há queima de glicose e ácidos graxos e produção de energia, através do ATP (trifosfato de ademosina).

5) Centrossoma ou centríolos são organelas cilíndricas em microtúbulos, que participa da divisão celular e do desenvolvimento dos cromossomos.

6) Ribossomos são organelas que contém enzimas hidrolíticas, participam da digestão celular e faz a síntese de proteínas.

7) Lissosomas são organelas que digerem os micronutrientes que entram na célula e faz a limpeza delas, eliminando as células velhas.

8) Peroxissoma são organelas membranosas que degradam micronutrientes e fazem a catálise do peróxido de hidrogênio ($2H_2O_2 \rightarrow 2H_2O + O_2$) e transferência de átomos de hidrogênio de substratos, para o oxigênio.

9) Citoesqueleto (microfilamento, filamentos intermediários e microtúbulos) são organelas que dão sustentação a estrutura da célula.

10) Membrana plasmática delimita a célula e faz a permeabilidade seletiva, controlando o que entra e o que sai da célula.

11) Citoplasma envolto pela membrana plasmática, preenchida de citosol – parte fluída – composta de 80% de água e micronutriente, que preenche a estrutura celular (exceto o núcleo) e da parte não fluída, constituída de canais membranosos, bolsas e grânulos endoplasmáticos.

12) Microvilosidades são projeções citoplasmáticas na superfície da célula, a guisa de dedos (microvilos), compostas de filamentos de actina, que produz movimentos da célula.

Células somáticas ou diploides: cada célula contém 46 filamentos ou 23 pares de cromossomos. Cada filamento tem a forma de bastão, com dois braços, ligados num gargalo ou constrição, chamado de centrômero, e medem 1.400 nm x 30 nm. Estas células se dividem num processo chamado de mitose.
Células haploides ou de reprodução: 44 cromossomos são autossomos e 2 são heterossomos ou cromossomos sexuais (XX ou XY; Y é exclusivo do sexo masculino e é menor do que o cromossomo X). Espermatozoides e óvulos são gametas: o masculino tem 23 cromossomos ou 22X e o feminino, 23 ou 22Y,

que se unem para formar o zigoto, num processo de divisão celular, chamado de meiose.

23.1. Estrutura do RNA e do DNA

Como já aludimos, no núcleo das células eucarióticas, os cromossomos são formados de ácido desoxirribonucleico (DNA), detentores das informações hereditárias, e de ácido ribonucleico (RNA), presente em qualquer parte da célula; e que tais ácidos nucleicos formam grandes cadeias de monômeros, chamados de nucleotídeos.

O nucleotídeo é formado de (i) ribose ou desoxirribose (açucares), (ii) fosfato e (iii) de uma base nitrogenada (abaixo definidas). Ribose ou desoxirribose é chamada de pentose – um monossacarídeo de cinco carbonos. A ribose entra na estrutura do RNA e desoxirribose, na estrutura do DNA. Seguem-se as suas fórmulas estruturais:

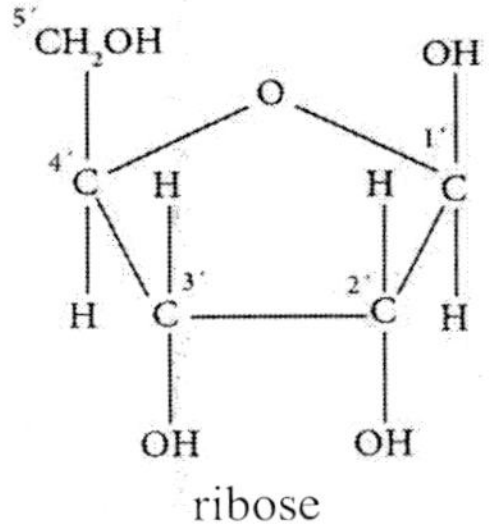

ribose

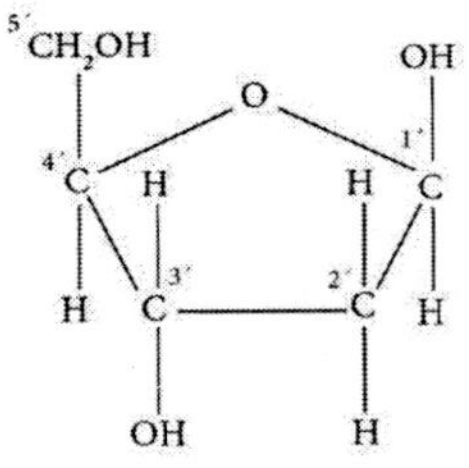

desoxirribose

Quando se exclui do nucleotídeo o grupo fosfato ele passa a ser chamado de nucleosídeo. Vejamos as suas fórmulas estruturais:

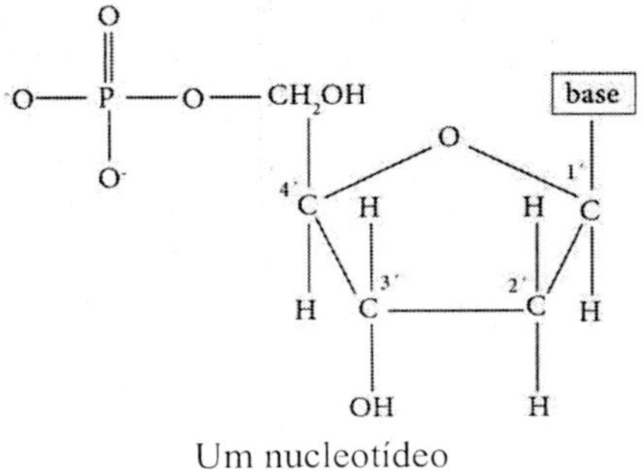

Um nucleotídeo

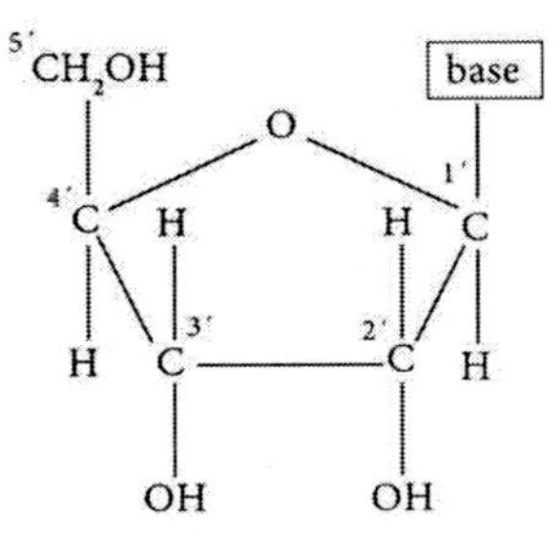

Um nucleosídeo

As bases nitrogenadas, nomeadas de adenina (A), citosina (C), guanina (G), timina (T) e Uracila (U), são aminas aromáticas heterocíclicas, agrupadas em purina e pirimidina: (i) purina é uma molécula composta de dois anéis nitrogenados, de fórmula química $C_5H_4N_4$; e (ii) pirimidina é uma molécula de um único anel duplamente nitrogenado, de fórmula química $C_4H_4N_2$.

O DNA é constituído de nucleotídeos que formam a dupla hélice, cuja estrutura externa ou cadeia principal, é composta de duas fitas de desoxiribose (açúcar) e fosfato, cada uma com estes dois componentes, em cadeias alternadas; e internamente, pelas quatro bases nitrogenadas: adenina (A), citosina (C), guanina (G) e timina (T), que contém os códigos genéticos do ser humano, assim como de todo ser vivo. As fitas se posicionam em sentidos opostos ou antiparalelos; enquanto as bases são pareadas e ligam-se, entre si, através de pontes de hidrogênio.

Adenina e guanina são purinas, enquanto a citosina e timina (esta exclusiva do DNA) são pirimidinas, junto como a uracila (U) (exclusiva do RNA). Seguem-se as suas fórmulas estruturais:

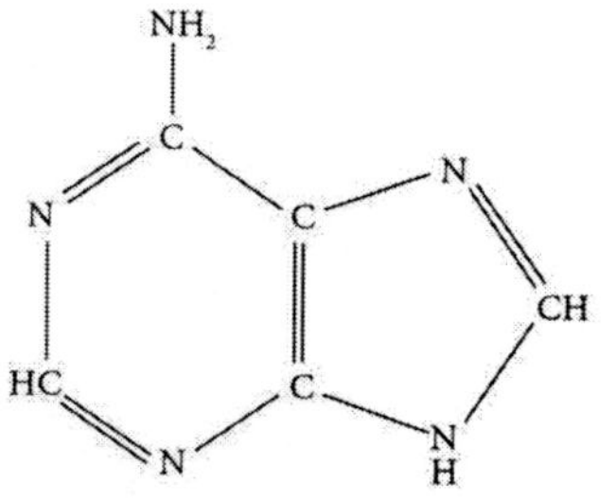

Adenina (A)

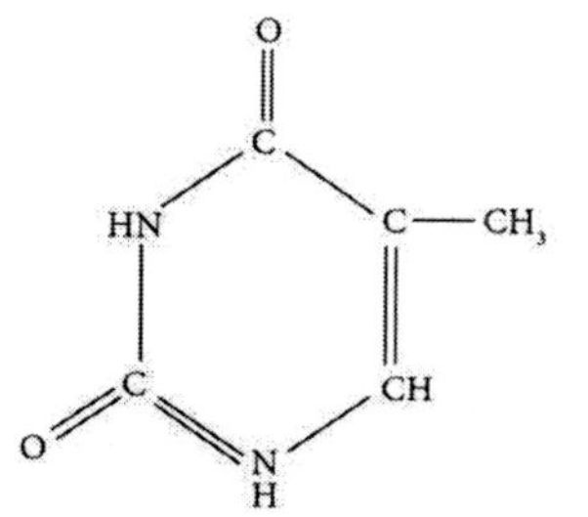

Timina(T)

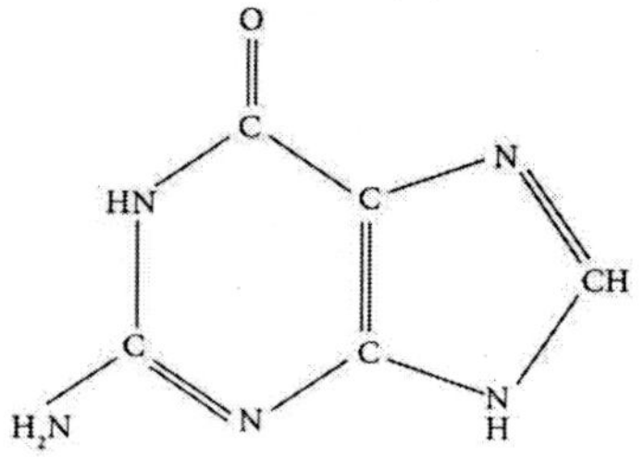

Guanina(G)

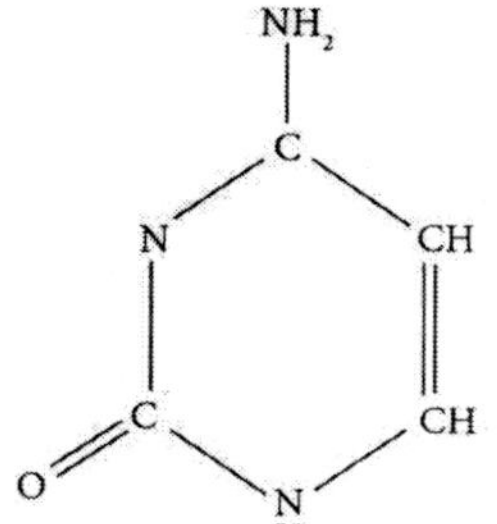

Citosina(C)

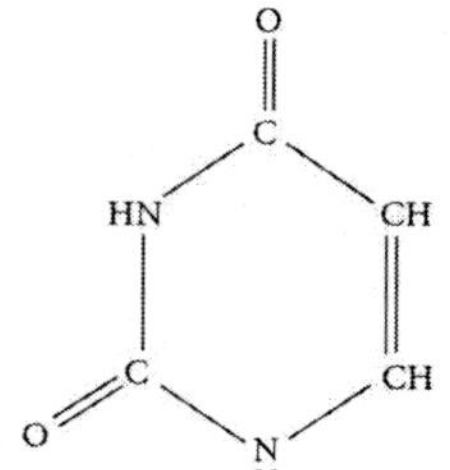

Uracila(U)

A representação do DNA como dupla hélice, que se tornou conhecida mundialmente, foi divulgada em 7 de março de 1953, pelos bioquímicos, Crick, Francis Harry Compton (06/04/1928 – 28/07/2004), inglês, e Watson, James Dewey (11/04/1928 –), norte –americano. Crick e Watson receberam o prêmio Nobel de medicina e fisiologia de 1962, junto com Wilkins, Maurice Hugh Frederick (15/12/1916 – 05/10/2004), físico neozelandês-britânico, que colaborou com a parte de difração de raios X no exame ótico da estrutura da molécula do DNA, obtendo os dados: 2 nm largura da hélice; 3,4 nm de uma volta completa da hélice.

A dupla hélice pode ser vislumbrada como uma escada contorcida ou em caracol, onde os degraus são as bases nitrogenadas e os corrimões são os complexos açúcar-fosfato.

As bases pareadas são unidas por pontes de hidrogênio: A-T se liga por dupla ponte de hidrogênio; e G-C, por tripla ponte de hidrogênio.

Em 1949/1953, Chargaff, Edwin (11/08/1904 – 20/07/2002), bioquímico austríaco-norte americano, formulou a regra que estabelece a proporção das bases que se combinam (em mols): $[A] \approx [T]$ e $[G] \approx [C]$; e também significa que uma purina se combina com uma pirimidina, formando cadeias complementares: a adeninas se combina com timina, A-T ou T-A, e a citosina, combina-se com a guanina, C-G, ou G-C. Estas duas proposições passou a ser chamada de regra de Chargaff.

Por exemplo, o esperma do homem tem a seguinte proporção molar: $[A] = 30,7$; $[T] = 31,2$; $[G] = 19,3$; e $[C] = 18,8$. Ademais, a base púrica total é igual a base pirimídica total, ou seja: $(A + G) = (T + C)$. No caso: $30,7 + 19,3 = 50,00$; e $31,2 + 18,8 = 50,00$; e as razões: $[A]/[T] \approx 0,98$ e $[G]/[C] \approx 1,03$.

As moléculas de DNA são atraídas por moléculas de proteínas especiais, chamadas de histonas, onde se enrolam com estas, formando aglomerações chamadas de nucleossomas; estes, por sua parte, são enrolados em forma de solenoides (seis por volta), formando fibras de cromatina.

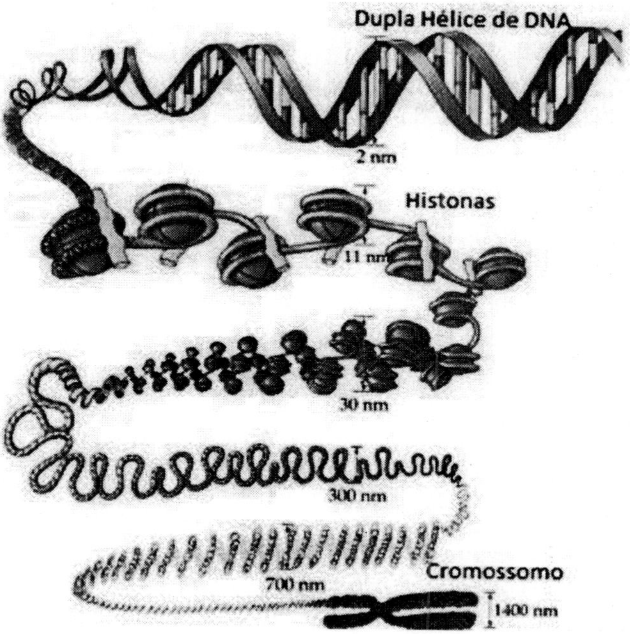

O RNA é constituído de nucleotídeo composto de ribose (açucar) e das quatro bases nitrogenadas: uracila (U), adenina (A), guanina (G) e citosina (C).

Como aludimos acima, uma base associada a uma ribose forma um nucleosídio que é designado com o nome da base: adenosina, guanosina, citidina, timidina e uridina.

Por exemplo: a guanina associada a β-D-ribose é um nucleosídio de nome guanosina.

Tipos de RNA:
(i) RNA mensageiro, anota-se por mRNA, intermedia a transcrição do código genético do DNA do núcleo para o citoplasma, onde proteínas são sintetizadas, após a qual ele some. O código genético do mRNA é escrito em cada três nucleotídeos, chamados de códon; por exemplo, no mRNA, de sequência, AUG GGC CAA, cada grupo de três bases é um códon de um aa, e é lido de 5’ para 3’.

(ii) RNA funcional, designa-s por, fRNA, tem duas subfunções:

(i) tRNA, de transferência de informações para elaboração de proteínas específicas, composto de cerca de 75 a 85 nucleotídeos por cadeia; de igual modo, no tRNA, cada grupo de três bases é chamado de anticódon. Isto significa que o mRNA e o tRNA são antiparalelos e as bases respectivas são complementares.
(ii) rRNA, ribossomal, que se combina com proteínas para formar os ribossomos.

23.2. Replicação do DNA

O DNA reproduz a si mesmo e fornece a informação para a elaboração de RNA e de proteínas do organismo.

O gene é um segmento de DNA que contém código genético e estão numa sequência de bases pareadas. Por exemplo: AT, GC, CG, TA, ... ; uma molécula de DNA pode conter mais de um milhão de bases pareadas/sequenciadas, assim como cada gene, pode conter mais de 1.000 nucleotídeos portadores de códigos necessários para produzir moléculas de proteínas especializadas.

Cada gene contém um intervalo não codificado chamado de íntrons (de interverning sequences), contido no mRNA, e uma parte codificada, denominada de éxons (de expressed sequences), transcritos no gene. Os ribossomos fazem a eliminação dos íntrons do mRNA, pelo processo batizado de splincing (emenda), que unem os éxons e posse a produzir as proteínas específicas. Veja o esquema abaixo:

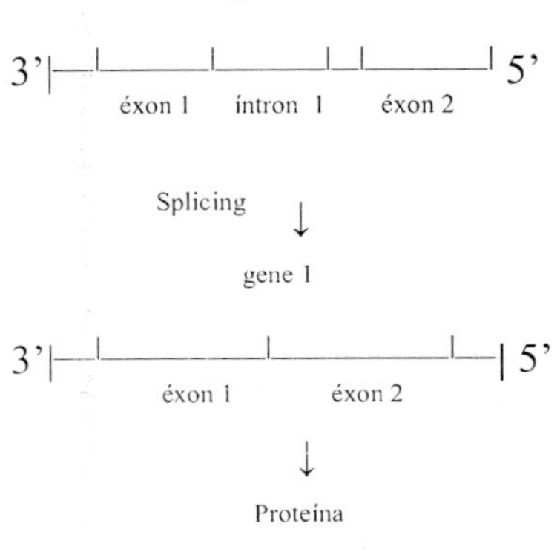

Como é sabido as células do corpo humano estão em constante renovação, razão porque as moléculas de DNA são constantemente replicadas ou copiadas.

Na replicação do DNA considera-se que o DNA tenha uma origem da replicação, cujo ponto é chamado de forquilha de replicação, onde as duas fitas são sintetizadas em duas cadeias, uma chamada de cadeia contínua ou leading, no sentido de 3' para 5' e a outra, cadeia descontínua ou lagging, no sentido de 5' para 3', produzindo as cópias filhas, DNA, com ilustrado na figura a seguir:

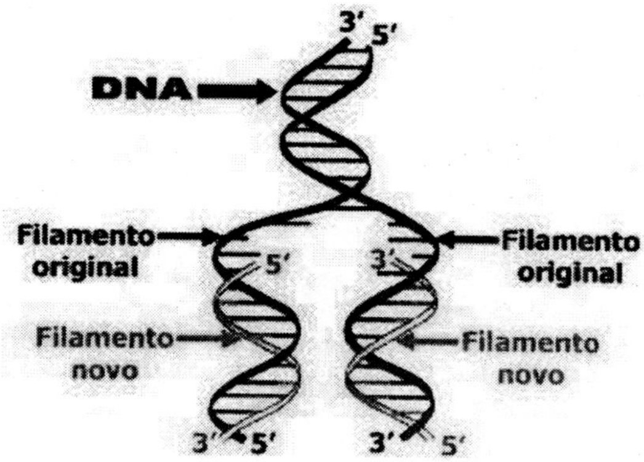

23.3. Metabolismo Celular

A energia que usamos para nossa atividade física, intelectual e mental provém do metabolismo celular, que por sua parte, é obtida da dieta alimentar e acontece no interior da célula ou mais precisamente nas mitocôndrias quando elas processam o catabolismo no ciclo ademosina trifosfato (ou trifosfato de ademosina, ATP) $\leftrightharpoons$ ademosina difosfato (ou difosfato de ademosina, ADP), liberando energia para as células. Ademosina é o composto de ribose + adenina.

Na respiração celular ocorre o ciclo catabólico, a ATP é hidrolisada, libera 7,3 kcal/mol, gera o íon fosfato, PO_4^{3-}, chamado de fosfato inorgânico, anota-se por P_i , e produz a ADP, transferindo-lhe 7,3 kcal/mol, que ela usa para realizar trabalho celular. A conversão é dada na reação abaixo:

$$ATP + H_2O \leftrightharpoons P_i + ADP + \text{energia}$$

Ou explicitando a reação na forma estrutural:

```
   O    O    O                                    O
   ||   ||   ||                                   ||
⁻O–P—O—P—O—P—O—|ademosina| + H2O ⇆ ⁻O—P—OH +
   |    |    |                                    |
   O⁻   O⁻   O⁻                                   O⁻

   O    O
   ||   ||
⁻O–P—O—P—O—|ademosina|  +  7,3 kcal/mol
   |    |
   O⁻   O⁻
```

Ou também:

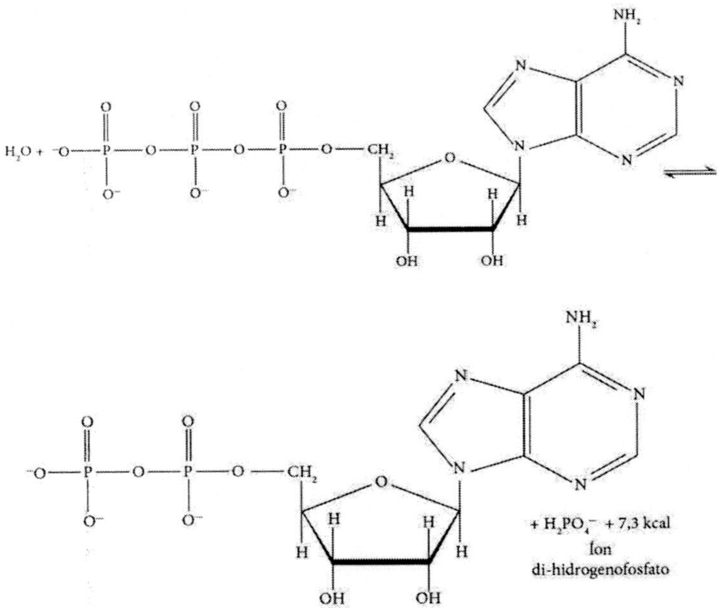

A energia da oxidação catabólica é armazenada na ATP por um curto lapso de tempo – cerca de um minuto. ADP é reversível e toda vez que a célula precisa realizar trabalho reagrupa-se a Pi , convertendo-se em ATP, liberando energia para a célula. Isto significa que o processo de conversão ADT ↔ ATP é contínuo e intermitente, compondo-se e decompondo-se.

No citoplasma abundam monofosfato de ademosina (ademosina monofosfato, AMP) que compõe o nucleotídeo.

De um modo geral, a conversão ATP ↔ ADP ocorre em todo processo catabólico (de carboidratos, lipídios e proteínas).

APÊNDICE

[A] ISOMERIA

Isômeros são compostos orgânicos com a mesma fórmula molecular, mas com fórmulas estruturais diferentes.

Por exemplo, o butano e o metilpropano têm a mesma fórmula molecular, C_4H_{10}, contudo, fórmulas estruturais distintas.

A isomeria pode ser (I) planar; (II) espacial; e (III) Ótica

(I) Na isomeria plana, os isômeros são identificados pelas suas fórmulas estruturais planas, que se desdobra em (i) isomeria de cadeia; e (ii) isomeria de posição:

Exemplo de isomeria plana de cadeia: C_4H_{10} butano e metilpropano:

butano

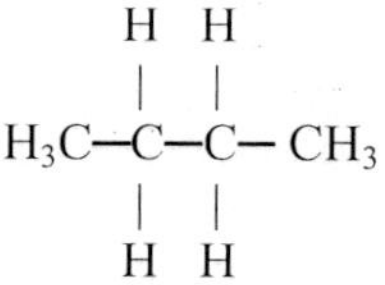

metilpropano

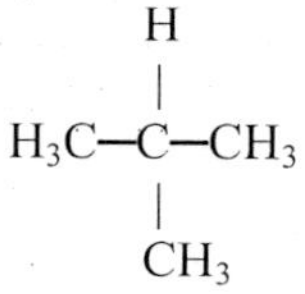

Exemplo de isomeria plana de posição:

1 buteno

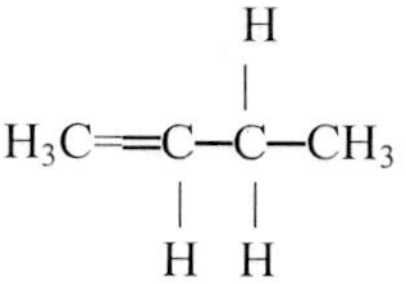

2 buteno

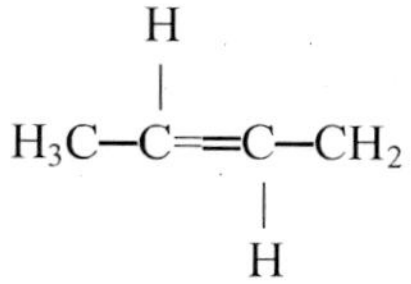

(II) Isomeria espacial: pode ser (i) isomeria espacial cis (do mesmo lado); e (ii) isomeria espacial trans (de lados opostos).

Exemplo de isomeria espacial cis com o 1,2 diclorceteno, de fórmula molecular $C_2H_2Cl_2$:

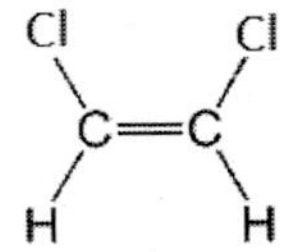

cis-1,2-dicloroeteno

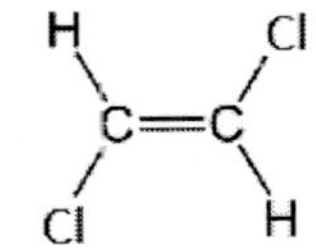

trans-1,2-dicloroeteno

(III) Na isomeria ótica, os ligantes do carbono mudam de posição sob a incidência de luz polarizada.

Exemplo do ácido láctico, de fórmula molecular, $C_3H_4O_3$, que desvia luz polarizada para a direita (dextrogiro) ou para a esquerda (levogiro), revelando que tem duas estruturas espaciais, como na figura:

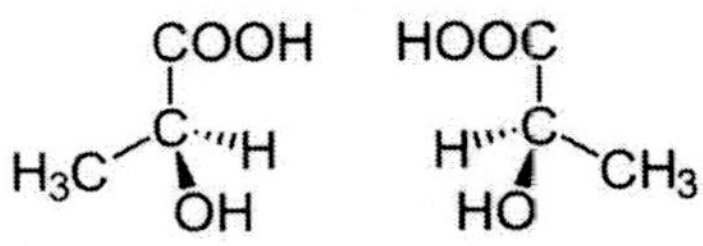

[B] TABELAS

Tabela 1.2

Gás	Massa Molar (g/mol)
Ar	28,98
Dióxido de Carbono	44,01
Hélio	4,0
Hidrogênio	2,02
Nitrogênio	28,013
Oxigênio	32,00
Vapor d'água	18,02
Cobre	63,54

Tabela 3

Partícula	Carga Elétrica (C)	Massa (kg)
Elétron	–1,602 177 33	9,109 389 7x10^{-31}
Próton	+1,602 177 33	1,672 623 1x10^{-27}
Nêutron	0	1,674 928 6x10^{-27}

Tabela 5.1

Elemento/ Eletronegatividade

H 2,2	Li 1.0	Be 1,5	B 2,0	C 2,5	N 3,0	O 3,5	F 4,0	
Na 0,9	mg 1,2	Al 1,4	Si 1,8	P 2,1	S 2,5	Cl 3,0		
K 0,8	Ca 1,0	Sc 1,3	Ti 1,5	V 1,6	Cr 1,6	Mn 1,5	Fe 1,8	
Co 1,8	Ni 1,8	C 1,9	Zn 1,6	Ga 1,6	Ge 1,8	As 2,0	Se 2,4	Br 2,8
Rb 0,8	Sr 1,0	Y 1,2	Zr 1,4	Nb 1,6	Mo 1,8	Tc 1,9	Ru 2,2	Rh 2,2

Pd	2,2	Ag	1,9	In	1,7	Sn	1,8	Sb	1,8	Te	2,1	I	2,5				
Cs	0,7	Ba	0,9	La	1,1	Hf	1,3	Ta	1,5	W	1,7	Re	1,9	Os	2,2	Ir	2,2
Pt	2,2	Au	2,4	Hg	1,9	Tl	1,8	Pb	1,8	Bi	1,9	Po	2,0	At	2,2		

Tabela 5.4A

Monovalente		Bivalente		Trivalente		Tatravalente	
H^+	hidrogênio	Ba^{2+}	bário	Al^{3+}	alumínio	Mn^{4+}	manganês IV
Li^+	lítio	Ca^{2+}	cálcio	Mn^{2+}	manganês II ou manganoso	Pb^{4+}	chumbo IV ou plúbico
Au^+	auro I ou Auroso	Cr^{2+}	cromo II ou cromoso				
Na^+	sódio	Cu^{2+}	cobre II ou cúprico				
K^+	potássio						
Cu^+	cobre I ou cuproso	Fe^{2+}	ferro II ou ferroso				
Hg_2^{2+}	mércurio I ou mercuroso	Hg^2	mercúrio II mercúrico				

Tabela 5.4B

Monovalente		Bivalente		Trivalente		Tatravalente	
F^-	floreto	O^{2-}	óxido	PO^{3-}	fosfato	$P_2O_7^{4-}$	pirofosfato
Cl^-	cloreto	O_2^{2-}	peróxido	BO_3^{3-}	borato	$P_2O_6^{4-}$	hipofosfato
Br^-	brometo	S^{2-}	sulfeto	AsO_3^{3-}	arsenito	SiO_4^{4-}	silicato
I^-	iodeto	SO_3^{2-}	sulfito	AsO_4^{3-}	arseniato		
ClO^-	hipoclorito	SO_4^{2-}	sulfato				
ClO_2^-	clorito	$S_2O_6^{2-}$	hiposulfato				
ClO_4^-	perclorato	$S_2O_7^{2-}$	pirosulfato				
NO_2^-	nitrito	CO_3^{2-}	carbonato				
NO_3^-	nitrato	$C_2O_4^{2-}$	oxalato				
HCO_3^-	hidrogeno carbonato ou bicarbonato						

Tabela 7.1

Substância	Densidade Absoluta em g/cm³
Sólidos*:	
Aço	7,8
Alumínio	2,7
Areia (seca)	1,6
Cobre	8,5
Concreto	2,2
Chumbo	11,3
Diamante	3,5
Ferro	7,7

Substância	Densidade Absoluta em g/cm³
Sólidos*:	
Gelo (0°C)	0,92
Granito	2,7
Latão	2,7
Madeira	0,6 a 0,9
Mármore	2,6
Ouro	19,3
Platina	21,4
Prata	10,5
Quartzo	2,7
Vidro	2,4 a 2,6
Zinco	7,1.

Substância	Densidade Absoluta em g/cm^3
Líquidos*	
Água Pura	0,998
Água Pura (4°C)	1,000
Água do Mar	1,025
Álcool Etílico	0,917
Éter Etílico	0,72
Gasolina	0,72
Glicerina	1,16
Mercúrio	13,55
Mercúrio (0°C)	13,595
Óleo Lubrificante	0,88
Óleo SAE	0,92.
Querosene	0,82
Sangue (37°C)	1,05

Substância	Densidade Absoluta em g/cm^3
Gasoso (CNTP):	
Ar (0°C)	1,29 x 10^{-3}
Ar	1,21 x
Argônio	1,78 x
Butano	2,59 x
Cloro	3,21 x
Dióxido de Carbono	1,98 x
Hélio	0,18 x
Hidrogênio	0,09 x
Metano	0,72 x
Monóxido de Carbono	1,25 x
Nitrogênio	1,25 x.
Oxigênio	1,43 x
Vapor d'água (100°C)	0,596 x

[* não especificado: 20°C, 1 atm]

Tabela 7.2

Θ °C	p_V (atm)	V_g (ℓ)
0	0,00626	3.700
10	0,0121	1.910
20	0,0230	1.004
30	0,0418	590
40	0,0728	350
60	0,196	138
80	0,466	61
100	1,00	30
150	4,69	7,04
200	15,3	2,28
300	84,8	0,39

Tabela 8

Composição da Atmosfera		% de volume
Nitrogênio	N_2	78,084
Oxigênio	O_2	20,947
Argonio	Ar	0,934
Dióxido de Carbono	CO_2	0,032
Neónio	Ne	0,001 82
Hélio	He	0,000 524
Metano	CH_4	0,000 18
Criptônio	Kr	0,000 114
Dióxido de Enxofre	SO_2	0,000 1
Hidrogênio	H_2	0,000 05
Monóxido de Nitrogênio	N_2O	0,000 027
Xenônio	Xe	0,000 008 7

Os 8 últimos gases somam 0,0028237%, e são chamados de gases residuais.

Tabela 9

Soluto	K_H (em mmHg)
He	$10{,}90\times10^7$
H_2	$5{,}20\times10^7$
N_2	$5{,}75\times10^7$
O_2	$2{,}95\times10^7$
CO_2	$1{,}24\times10^6$
H_2S	$1{,}12\times10^5$

Tabela 11 (a 25ºC)

Nome do Ácido	Fórmula Molecular	K_a (mol/ℓ)
Ácido iódico	HIO_3	$1{,}7\times10^{-1}$
Ácido cloroso	$HClO_2$	$1{,}1\times10^{-2}$
Ácido Sulfúrico	H_2SO_4	$1{,}02\times10^{-2}$
Ácido fosfórico	H_2PO_4	$7{,}5\times10^{-3}$
Ácido fluorídrico	HF	$3{,}5\times10^{-4}$
Ácido fórmico	HCOOH	$1{,}8\times10^{-4}$
Ácido acético	CH_3COOH	$1{,}8\times10^{-5}$
Ácido benzoico	C_6H_5COOH	$6{,}28\times10^{-5}$
Ácido carbônico	H_2CO_3 HCO_3	$4{,}4\times10^{-7}$ $4{,}7\times10^{-11}$
Ácido bórico	H_3BO_3	$7{,}3\times10^{-10}$
Ácido cianídrico	HCN	$4{,}9\times10^{-11}$

Tabela 12

Nome/solução	Fórmula	pH
Ácido clorídrico	HClO	1,1
Ácido fosfórico	H_2PO_4	1,5
Ácido cítrico	HF	2,2
Ácido acético	CH_3COOH	2,9
Ácido carbônico	H_2CO_3 HCO_3	3,8
<u>Fluidos corporais</u>		
Suco gástrico		1,6 – 1,8
Suor		4,0 – 6,8
Urina		4,6 – 8,0
Bile		5,6 – 8,0
Saliva		5,8 – 7,1
Suco intestinal		6,3 – 8,0
Lágrima		7,0 – 7,4
Fezes		7,0 – 7,5
Sêmem		7,2 – 8,0
Suco pancreático		7,5 – 8,8

Bebidas		
Sumo de limão		2,2 – 2,4
Refrigerante/Coca Cola		2,5
Sumo de maçã		3,5
Uva		4,5
Cerveja		4,0 – 5,0
Café		5,0
Chá		5,5
Leite		6,3 – 6,6
Água pura		7,0
Vinho		7,3
Água do mar		8,0
Produto de uso		
Pasta dental		9,0 – 9,5
Sabonete		9,0 – 10,0
Água sanitária		12,5

Tabela 13

Nome	Fórmula	K_{ps} (mol/ℓ)^n 25°C
Cloreto de chumbo II	$PbCl_2$	$1,2x10^{-5}$
Sulfato de chumbo	$PbSO_4$	$1,6x10^{-8}$
Carbonato de bário	$BrCO_3$	$5,0x10^{-9}$
Cromato de bário	$BaCrO_4$	$2,1x10^{-10}$
Sulfato de bário	$BaSO_4$	$1,1x10^{-10}$
Carbonato de magnésio	$mgCO_3$	$1,Ox10^{-5}$
Oxalato de magnésio	mgC_2O_4	$9,0x10^{-5}$
Hidróxido de cálcio	Ca(OH)	$4,7x10^{-6}$
Hidróxido de magnésio	$mgOH)_2$	$1,2x10^{-11}$
Carbonato de cálcio	$CaCO_3$	$4,9x10^{-9}$
Oxalato de estrôncio	SrC_2O_4	$1,6x10^{-7}$
Sulfato de Estrôncio	$SrSO_4$	$3,8x10^{-7}$
Iodato de prata	$AgIO_3$	$3,1x10^{-8}$
Sulfato de prata	Ag_2S	$6,0x10^{-30}$
Cloreto de prata	AgCl	$1,2x10^{-10}$
Brometo de prata	AgBr	$4,0x10^{-13}$
Carbonado de prata	Ag_2CO_3	$8,2x10^{-12}$
Cromato de prata	Ag_3CrO_4	$1,1x10^{-12}$
Sulfeto de manganês	MnS	$4,0x10^{-15}$
Sulfeto de mercúrio	Hg_2SO_4	$7,9x10^{-7}$
Cloreto de mercúrio	AgCl	$1,8x10^{-10}$
Cloreto de mercúrio I	Hg_2Cl_2	$1,4x10^{-18}$
Sulfeto de zinco	ZnS	$1,0x10^{-21}$

Tabela 18

Estado oxidado	Estado reduzido	Pot. de redução (V)
$Li + e^-$	Li	–3,04
$K^+ + e^-$	K	–2,92
$Ba^{2+} + 2e^-$	Ba	–2,90
$Sr^{2+} + 2e^-$	Sr	–2,89
$Ca^{2+} + 2e^-$	Ca	–2,87
$Na^+ + e^-$	Na	–2,71
$mg^{2+} + 2e^-$	mg	–2,37
$Al^{3+} + 3e^-$	Al	–1,66
$Mn^{2+} + 2e^-$	Mn	–1,18
$2H_2O + 2e^-$	$H_2 + 2(OH)^-$	–0,83
$Zn^{2+} + 2e^-$	Zn	–0,76
$Cr^{3+} + 3e^-$	Cr	–0,74
$S^{2+} + 2e^-$	S^{2-}	–0,48
$Fe^{2+} + 2e^-$	Fe	–0,44
$Co^{2+} + 2e^-$	Co	–0,28
$Ni^{2+} + 3e^-$	Ni	–0,23
$Pb^{2+} + 2e^-$	Pb	–0,13
$2H^+ + 2e^-$	H_2	–0,00
$Cu^{2+} + e^-$	Cu^+	+0,15
$Cu^{2+} + 2e^-$	Cu	+0,34
$H_2O + ½O_2 + 2e^-$	$2(OH)^-$	+0,40
$Cu^+ + e^-$	Cu^+	+0,52
$I_2 + 2e^-$	$2I^-$	+0,54
$Fe^{3+} + e^-$	Fe^{3+}	+0,77
$Ag^+ + e^-$	Ag	+,0,80
$Hg^{2+} + 2e^-$	Hg	+0,85
$Br_2 + 2e^-$	$2Br^-$	+1,09
$2H^+ + ½O_2 + 2e^-$	H_2O	+1,23
$Cl_2 + 2e^-$	$2Cl^-$	+,1,36
$F_2 + 2e^-$	$2F^-$	+2,87

[C] CONFIGURAÇÕES ELETRÔNICAS DOS ELEMENTOS QUÍMICOS SUBCAMADA

CAMADA	K n = 1	L n = 2	M n = 3	N n = 4	O n = 5	P n = 6	Q n = 7
SUBCAMADA	ℓ =0 s	ℓ = 0, 1 s, p	ℓ = 0, 1,2 s, p, d	ℓ = 0, 1,2,3 s, p, d, f	ℓ = 0, 1,2,3 s, p, d. f	ℓ = 0, 1,2 s, p, d	ℓ = 0 s
1 H	1s						
2 He	$1s^2$						
3 Li	$1s^2$	2s					
4 Be	"	$2s^2$					
5 B	$1s^2$	$2s^2\ 2p$					
6 C	"	" $2p^2$					
7 N	"	" $2p^3$					
8 O	"	" $2p^4$					
9 F	"	" $2p^5$					

10 Ne	“	“ $2p^6$					
11 Na	$1s^2$	$2s^2\ 2p^6$	$3s$				
12mg	“	“ “	$3s^2$				
13 Al	$1s^2$	$2s^2\ 2p^6$	$3s^2\ 3p$				
14 Si	“	“ “	“ $3p^2$				
15 P	“	“ “	“ $3p^3$				
16 S	“	“ “	“ $3p^4$				
17 Cl	“	“ “	“ $3p^5$				
18 Ar	“	“ “	“ $3p^6$				
19 K	$1s^2$	$2s^2\ 2p^6$	$3s^2\ 3p^6$	$4s$			
20 Ca	“	“ “	“ “	$4s^2$			
21 Sc	“	“ “	“ “ $3d$	$4s^2$			
22 Ti	“	“ “	“ “ $3d^2$	$4s^2$			
23 V	“	“ “	“ “ $3d^3$	$4s^2$			
24 Cr	“	“ “	“ “ $3d^5$	$4s^2$			
25 Mn	“	“ “	“ “ $3d^5$	$4s^2$			
26 Fe	“	“ “	“ “ $3d^6$	$4s^2$			
27 Co	“	“ “	“ “ $3d^7$	$4s^2$			
28 Ni	“	“ “	“ “ $3d^8$	$4s^2$			
29 Cu	“	“ “	“ “ $3d^{10}$	$4s^2$			
30 Zn	“	“ “	“ “ $3d^{10}$	$4s^2$			
31 Ga	$1s^2$	$2s^2\ 2p^6$	$3s^2\ 3p^6\ d^{10}$	$4s^2\ 4p$			
32 Ge	“	“ “	“ “ “	“ $4p^2$			
33 As	“	“ “	“ “ “	“ $4p^3$			
34 Se	“	“ “	“ “ “	“ $4p^4$			
35 Br	“	“ “	“ “ “	“ $4p^5$			
36 Kr	“	“ “	“ “ “	“ $4p^6$			
37 Rb	$1s^2$	$2s^2\ 2p^6$	$3s^2\ 3p^6\ d^{10}$	$4s^2\ 4p^6$	$5s$		
38 Sr	“	“ “	“ “ “	“ “	$5s^2$		

CAMADA	K n = 1	L n = 2	M n = 3	N n = 4	O n = 5	P n = 6	Q n = 7
SUBCAMADA	ℓ =0 s	ℓ = 0, 1 s, p	ℓ = 0, 1,2 s, p, d	ℓ = 0, 1,2,3 s, p, d, f	ℓ = 0, 1,2,3 s, p, d. f	ℓ = 0, 1,2 s, p, d	ℓ = 0
39 Y	$1s^2$	$2s^2\ 2p^6$	$3s^2\ 3p^6\ 3d^{10}$	$4s^2\ 4p^6\ 4d$	$5s^2$		
40 Zr	“	“ “	“ “ “	“ “ $4d^2$	$5s^2$		
41 Nb	“	“ “	“ “ “	“ “ $4d^4$	$5s$		
42 Mo	“	“ “	“ “ “	“ “ $4d^5$	$5s$		
43 Tc	“	“ “	“ “ “	“ “ $4d^5$	$5s^2$		
44 Ru	“	“ “	“ “ “	“ “ $4d^7$	$5s$		
45 Rh	“	“ “	“ “ “	“ “ $4d^8$	$5s$		
46 Pd	“	“ “	“ “ “	“ “ $4d^{10}$	-		
47 Ag	“	“ “	“ “ “	“ “ $4d^{10}$	$5s$		
48 Cd	“	“ “	“ “ “	“ “ $4d^{10}$	$5s^2$		
49 In	$1s^2$	$2s^2\ 2p^6$	$3s^2\ 3p^6\ 3d^{10}$	$4s^2\ 4p^6\ 4d^{10}$	$5s^2\ 5p$		
50 Sn	“	“ “	“ “ “	“ “ “	“ $5p^2$		
51 Sb	“	“ “	“ “ “	“ “ “	“ $5p^3$		
52 Te	“	“ “	“ “ “	“ “ “	“ $5p^4$		
53 I	“	“ “	“ “ “	“ “ “	“ $5p^5$		
54 Xe	“	“ “	“ “ “	“ “ “	“ $5p^6$		
55 Cs	$1s^2$	$2s^2\ 2p^6$	$3s^2\ 3p^6\ 3d^{10}$	$4s^2\ 4p^6\ 4d^{10}$	$5s^2\ 5p^6$	$6s$	
56 Ba	“	“ “	“ “ “	“ “ “	“ $5p^2$	$6s^2$	
57 La	$1s^2$	$2s^2\ 2p^6$	$3s^2\ 3p^6\ 3d^{10}$	$4s^2\ 4p^6\ 4d^{10}$	$5s^2\ 5p^6\ 5d$	$6s^2$	
58 Ce	“	“ “	“ “ “	“ “ “ $4f^1$	“ “ “	“	
59 Pr	“	“ “	“ “ “	“ “ “ $4f^2$	“ “ “	“	
60 Nd	“	“ “	“ “ “	“ “ “ $4f^3$	“ “ “	“	
61 Pm	“	“ “	“ “ “	“ “ “ $4f^4$	“ “ “	“	

62 Sm	"	" "	" " "	" " " $4f^5$	" " "	"	
63 Eu	"	" "	" " "	" " " $4f^6$	" " "	"	
64 Gd	"	" "	" " "	" " " $4f^7$	" " "	"	
65 Tb	"	" "	" " "	" " " $4f^8$	" " "	"	
66 Dy	"	" "	" " "	" " " $4f^9$	" " "	"	
67 Ho	"	" "	" " "	" " " $4f^{10}$	" " "	"	
68 Er	"	" "	" " "	" " " $4f^{11}$	" " "	"	
69 Tm	"	" "	" " "	" " " $4f^{13}$	" " "	"	
70 Yb	"	" "	" " "	" " " $4f^{14}$	" " "	"	
71 Lu	$1s^2$	$2s^2\ 2p^6$	$3s^2\ 3p^6\ 3d$	$4s^2\ 4p^6\ 4d^{10}\ 4f^{14}$	$5s^2\ 5p^6\ 5d$	$6s^2$	
72 Hf	"	" "	" " "	" " " "	" " $5d^2$	$6s^2$	
73 Ta	"	" "	" " "	" " " "	" " $5d^3$	$6s^2$	
74 W	"	" "	" " "	" " " "	" " $5d^4$	$6s^2$	
75 Re	"	" "	" " "	" " " "	" " $5d^5$	$6s^2$	
76 Os	"	" "	" " "	" " " "	" " $5d^6$	$6s^2$	
77 Ir	"	" "	" " "	" " " "	" " $5d^7$	$6s^2$	
78 Pt	"	" "	" " "	" " " "	" " $5d^9$	$6s^2$	
79 Au	"	" "	" " "	" " " "	" " $5d^{10}$	$6s^2$	
80 Hg	"	" "	" " "	" " " "	" " $5d^{10}$	$6s^2$	
81 Ti	$1s^2$	$2s^2\ 2p^6$	$3s^2\ 3p^6\ 3d^{10}$	$4s^2\ 4p^6\ 4d^{10}\ 4f^{14}$	$5s^2\ 5p^6\ d^{10}$	$6s^2\ 6p$	
82 Pb	"	" "	" " "	" " " "	" " "	" $6p^2$	
83 Bi	"	" "	" " "	" " " "	" " "	" $6p^3$	
84 Po	"	" "	" " "	" " " "	" " "	" $6p^4$	
85 At	"	" "	" " "	" " " "	" " "	" $6p^5$	
86 Rn	"	" "	" " "	" " " "	" " "	" $6p^6$	

CAMA DA	K n = 1	L n = 2	M n = 3	N n = 4	O n = 5	P n = 6	Q n = 7
SUBCA MADA	ℓ =0 s	ℓ = 0, 1 s, p	ℓ = 0, 1,2 s, p, d	ℓ = 0, 1,2,3 s, p, d, f	ℓ = 0, 1,2,3 s, p, d. f	ℓ = 0, 1,2 s, p, d s	ℓ = 0
87 Fr	$1s^2$	$2s^2\ 2p^6$	$3s^2\ 3p^6\ 3d^{10}$	$4s^2\ 4p^6\ 4d^{10}\ 4f^{14}$	$5s^2\ 5p^6\ d^{10}$	$6s^2\ 6p^6$	7s
88 Ra	"	" "	" " "	" " " "	" " "		$7s^2$
89 Ac	$1s^2$	$2s^2\ 2p^6$	$3s^2\ 3p^6\ 3d^{10}$	$4s^2\ 4p^6\ 4d^{10}\ 4f^{14}$	$5s^2\ 5p^6\ 5d^{10}$	$6s^2\ 6p^6\ 6d$	$7s^2$
90 Th	"	" "	" " "	" " " "	" " $5f^1$	" " 6d	"
91 Pa	"	" "	" " "	" " " "	" " $5f^2$	" " 6d	"
92 U	"	" "	" " "	" " " "	" " $5f^3$	" " 6d	"

[D] TABELA DOS ELEMENTOS QUÍMICOS E ISÓTOPOS

Z	Elemento	Símbolo (*)	A (*) se RA	Massa Atômica %	Abundância	Meia Vida (*) se Radio ativo	Massa Atômica Relativa
-1	Elétron	e^-	0	0,000 548			
0	Nêutron	n	1*	1,008 665		3 min	
1	Próton	p	1	1,007 277			
2	Alfa	α	4	4,001 506			
1	Hidrogênio	H	1	1,007 825	99,985		
	Deutério	D	2	2,014 102	0,015		1,0079
	Trítio	T	3*	3,016 049	0,0001	12,3 a	
2	Hélio	He	3	3,016 029	0,00014		4,0026
			4	4,002 602	99,9986		
			6*	6,018 886		0,81 s	
3	Lítrio	Li	6	6,015 126	7,52		6,942
			7	7,016 005	92,50		

			8*	8,022 486		0,84 s	
4	Berílio	Be	7*	7,016 928		53,2 d	
			9	9,012 174	100,00		9,0122
			10*	10,013 534		$1{,}5x10^6$ a	
5	Boro	B	10	10,012 936	18,9		
			11	11,009 305	81,9		10,82
			12*	12,014 352		0,02 s	
6	Carbono	C	10*	10,016 854			
			11*	11,011 433		20,5min	
			12	12,000 000	98,98		12,010 6
			13	13,003 354	1,11		
			14*	14,003242		5.600 a	
			15*	15,010 599			
7	Nitrogênio	N	12*	12,018 613		0,011 s	
			13*	13,005 739		10,0 min	
			14	14,003 074	99,64		
			15	15,000 108	0,365		
			16*	16,006 100		7,13 s	
			17*	17,008 450		4,17 s	
8	Oxigênio	O	14*	14,008 595		70,6 s	
			15*	15,003 065		2,03 min	
			16	16,994 915	99,76		15,999
			17	16,999 134	0,039		
			18	17,999 160	0,204		
			19*	18,003 577		26,9 s	
9	Flúor	F	17*	17,002 094		64,5s	
			18*	18,000 937		1,81 h	
			19	19,998 405	18,998		
			20*	19,999 982		11 s	
			21*	20,999 950		4,2 s	
Z	Elemento	Símbolo (*)	A (*) se RA	Massa Atômica %	Abundânci a	Meia Vida (*) se Radio ativo	Massa Atômica Relativa
10	Neônio	Ne	18*	18,005 710		1,67 s	
			19*	19,001 880		17,2 s	
			20	19,992 441	90,48		20,180
			21	20,993 849	0,26		
			22	21,991 383	9,25		
			23*	22,994 456		37,2 s	
11	Sódio	Na	21*	20,997 650		22,5 s	
			22*	21,994 434		2,61 a	
			23	22,98 9773	100		22,999
			24*	23,990 967		15 h	
12	Magnésio	mg	23*	2,994 124		11,3 s	
			24	23,985 045	78,60		
			25	24,985 840	10,11		24,305
			26	25,982 594	11,29		
			27*	26,984 34		9,5min	
13	Alumínio	Al	26*	25,986 982		$7{,}4x10^5$ a	
			27	25,981 538	100		26,98
			28*	26,981 910		2,24min	
			29	28,980530		6,7 min	

14	Silício	Si	28	27,976 927	92,3		
			29	28,976 495	4,68		28,09
			31*	30,975 362		2,62 h	
			32*	31,974 148		172 a	
15	Fósforo	P	30*	29,978 307		2,5 min	
			31	30,973 764	100		30,974
			32*	31,973 908		14,5 d	
			33*	32,971 725		25,3 d	
16	Enxofre	S	32	32,972 074	95,05		32,065
			33	32,967 865	0,74		
			34	33,967 867	4,22		
			35*	34,969 033		87 d	
			36	35,967 091	0,02		
17	Cloro	Cl	35	34,968 855	75,4		
			36*	35,983 312		$4x10^5$ a	35,456
			37	36,965 896	24,6		
			38*	37,968 002		37,3 min	
18	Argônio	Ar	36	35,967 548	0,337		
			37^{+}	36,966 772		35 d	
			38	37,962 725	0,063		39,943
			39*	38,964 314		269 a	
			40	39,962 384	99,60		
			41*	40,964 508		1,82 h	
			42*	41,063 049		33 a	
19	Potássio	K	39	38,963 714	92,944		
			40*	39,964 008	0,0162	$1,3x10^9$ a	39,099
			41	40,961 835	6,894		
			42	41,962 417		12,4 h	

Z	Elemento	Símbolo (*)	A (*) se RA	Massa Atômica %	Abundânci a	Meia Vida (*) se Radio ativo	Massa Atômica Relativa
20	Cálcio	Ca	40	39,962 589	96,97		
			41^{+}	40,962 279		$1,0x10^5$a	
			42	41,958 628	0,64		
			43	42,958 780	0,15		
			44	43,955 490	2,06		
			45*	44,956 189		160 d	
			46	45,953 687	0,003		
			48	47,952 519	0,185		
			49*	48,955 662		8,7 min	
21	Escândio	Sc	41*	40,952 534		0,6 s	
			45	44,955 919	100		
			46*	45,955 173		85 d	44,96
			48*	47,952 231		44 h	

22	Titânio	Ti	44*	43,952634	7,95		
			46	45,952 630	7,75		
			47	46,951 758	7,75		
			48	47,947 948	73,45		47,90
			49	48,947 867	5,34		
			50	49,944 789	5,34		
			51*	50,946 624		5,8 min	
23	Vanádio	V	48*	47,952 260		16,2 d	
			49^{+}	48,948 523		1,0 a	
			50*	49,947 165	0,24	$1{,}5x10^{17}a$	50,942
			51	50,943 978	99,76		
24	Cromo	Cr	48*	47,954 055		21,6 h	
			50	49,946 051	4,31		
			51^{+}	50,944 786		27 d	
			52	51,940 514	83,76		52101
			53	52,940 651	9,55		
			54	53,938 879	2,38		
25	Manganês	Mn	52	54,945 563		5,7 d	
			54*	53,940 360		300 d	54,938
			55	54,938 054	100		
26	Ferro	Fe	54	53,939 621	5,84		
			55^{+}	54,938 302		2,9 a	
			56	55,934 932	91,68		55,845
			57	56,935 394	2,17		
			58	57,933 278	0,31		
			59*	58,934 867		45 d	
			60*	59,934 078		$1{,}5x10^{5}a$	
27	Cobalto	Co	56*	55,939 870		77 d	
			59	58,933 198	100		58,94
			60*	59,933 806		5,27 a	
Z	Elemento	Símbolo (*)	A (*) se RA	Massa Atômica %	Abundânci a	Meia Vida (*) se Radio ativo	Massa Atômica Relativa
28	Níquel	Ni	58	57,933342	67,76		
			59*	58,934 344		$8x10^{4}$ a	
			60	59,930 789	26,16		58,71
			61	60,931 049	1,25		
			62	61,928 345	3,66		
			63*	62,929 670		100 a	
			64	63,927 959	1,16		
29	Cobre	Cu	61*	60,933 344		33,3 h	
			63	62,929 594	69,1		
			64*	63,929 761		12,8 h	63,54

Z	Elemento	Símbolo	A (*) se	Massa	Abundânci	Meia Vida	Massa
			65	64,927 786	30,9		
30	Zinco	Zn	64	63,929 145	48,89		
			65*	64,929 234		245 d	
			66	65,926 048	27,81		
			67	66,927 149	4,14	65,38	
			68	67,924 865	18,54		
			69*	68,926 653		52 min	
			70	69,925 348	0,62		
31	Gálio	Ga	66*	65,931 599		9,4 h	
			69	68,925 682	60,2		69,72
			71	70,924 840	39,8		
			72*	71,926 030		14,1 h	
32	Germânio	Ge	70	69,924 277	20,55		
			71^{+}	70,925 090		12 d	
			72	71,921 740	27,37		
			73	72,923 360	7,61	0,5s	72,60
			74	73,921 150	35,74		
			76	75,921 360	7,44		
33	Arsênio	As	74*	73,923 910		17 d	
			75	74,921 580	100	0,02s	74,91
			76*	75,922 417		26,7 h	
			77*	76,920 668		39,0 h	
34	Selênio	Se	74	73,922 450	0,87		
			75^{+}	74,922 510		127 d	
			76	75,919 229	9,02		
			77	76,919 934	7,58	17s	
			78	77,917 307	23,78		78,96
			79*	78,918 497		$6,4x10^{4}$ a	
			80	79,916 512	49,82		
			82*	81,916 660	9,19	$1,4x10^{20}$	
35	Bromo	Br	79	78,918 348	50,52		79,914
			81	80,916 344	49,48		
			82*	81,916 802		39,5 h	
36	Criptônio	Kr	78	77,920 368	0,35		
			80	79,916 388	2,27		
			81*	80,916 589		$2,1x10^{5}$ a	
			82	81,913 483	11,56		
			83	82,914 131	11,55	1,86h	
			84	83,911 504	56,90		83,80
			85*	84,912 430		10 a	
			86	85,910 617	17,30		

		(*)	RA	Atômica %	a	(*) se Radio ativo	Atômica Relativa
37	Rubídio	Rb	85	84,911 710	72,17		
			86*	85,911 160		18,6 d	85,48
			87*	86,909 180	27,85	$4{,}75x10^{10}$ a	
38	Estrôncio	Sr	84	83,913 376	0,56		
			86	85,909 260	9,86		
			87	86,908 890	7,02	2,8h	87,63
			88	87,905 610	82,56		
			89	88,907 010		54 d	
			90*	89,907 320		28 a	
39	Ítrio	Y	89	88,905 847	100	16 s	88,92
			90	89,906 740		64 h	
40	Zircônio	Zr	90	89,904 320	51,46		
			91	90,905 250	11,22		
			92	91,905 038	17,15		
			93*	92,906 473		$1{,}5x10^{6}$ a	
			94	93,906 140	17,40		
			95*	94,907 920		65 d	
			96	95,908 200	2,80		
41	Nióbio	Nb	91*	90,906 088		6,8 a	
			92*	91,907 191		$3{,}5x10^{7}$ a	
			93	92,906 376	100		
			94*	93,907 280		$2x10^{4}$ a	
42	Molibdênio	Mo	92	91,906 807	14,84		
			93*	92,906 811		$3x10^{4}$ a	
			94	93,905 085	9,25		
			95	94,905 841	15,92		
			96	95,904 678	16,68		
			97	96,906 020	9,55		
			98	97,905 407	24,13		95,94
			99	98,907 870		67 h	
			100	99,907 476	9,63		
43	Tecnécio	Tc	97^{+}	97,906 363		$2{,}6x10^{6}$ a	98,906
			98*	97,907 215		$4{,}2x10^{6}$ a	
			99*	98,906 245		$2{,}1x10^{6}$ a	
44	Rutênio	Ru	96	95,907 597	5,54		
			97^{+}	96,000 000		2,9 d	
			98	97,905 287	1,84		
			99	98,905 939	12,8		101,07
			100	99,904 219	12,6		
			101	100,905 558	17,1		
			102	101,904 348	31,6		
			103*	102,905 610		40 d	

Z	Elemento	Símbolo (*)	A (*) se RA	Massa Atômica %	Abundânci a	Meia Vida (*) se Radio ativo	Massa Atômica Relativa
			104	103,925 428	18,6		
45	Ródio	Rh	103	102,904 800	100		102,91
			105	104,905 250		3,6h	
46	Paládio	Pd	102	101,905 616	1,02		
			103	103,905 410		17 d	
			104	103,904 033	11,13		
			105	104,905 082	22,33		
			106	105,903 481	27,34		106,42
			107*	106,905 126		$6{,}5 \times 10^{6}$ a	
			108	107,905 893	26,46		
			110	109,905 158	11,72		
47	Prata	Ag	107	106,905 091	51,84		
			109	108,904 700	48,65	40s	107,77
			110*	109,906 050		24 s	
			111*	110,905 280		7,5 d	
48	Cádmio	Cd	106	105,905 950	1,22		
			108	107,904 183	0,88	2,3 min	
			109*	108,904 984		462 d	
			110	109,902 970	12,49		
			111	110,904 150	12,75	45 min	
			112	111,904 760	24,10		112,41
			113*	112,904 610	12,26	$9{,}3 \times 10^{15}$ a	
			114	113,903 359	28,73		
			115*	114,905 620	54 h		
			116	115,904 755	7,49		
49	Índio	In	113	112,904 060	4,23		
			114*	113,905 090		72 s	
			115*	114,903 876	95,77	6×10^{14} a	114,82
50	Estanho	Sn	112	111,904 822	0,97		
			113*	112,905 010		112 d	
			114	113,902 780	0,65		
			115	114,903 345	0,36		
			116	115,902 110	14,24		
			117*	116,903 060	7,68	14 d	
			118	117,901 605	24,22		
			119	118,903 390	8,58	275 d	
			120	119,902 197	32,62		
			121*	120,904 237		55 a	

			122	121,903 439	4,73		
			124	123,905 274	5,98		
51	Antimônio	Sb	121	120,903 820	57,36		
			122*	121,905 120		2,8 d	
			123	122,904 215	42,64		121,76
			124*	123,905 890		1,3 min	
			125*	124,905 251		2,7 a	
52	Telúrio	Te	120	119,904 040	0,09		
			122	121,903 052	2,59		
			123*	122,904 271	0,91	1,3x10^{13} a	
			124	123,902 827	4,79		
			125	124,904 429	7,12		127,61
			126	125,903 309	18,93		
			127*	126,915 092		9,3 h	
			128*	127,904 463	31,70	8,1x10^{24} a	
			129*	128,906 576		72 min	
			130*	129,906 228	33,87	1,24x10^{21} a	
			131*	130,908 576		25 min	
Z	Elemento	Símbolo (*)	A (*) se RA	Massa Atômica %	Abundânci a	Meia Vida (*) se Radio ativo	Massa Atômica Relativa
53	Iodo	I	127	126,904 474	100		126,90
			129*	128,904 984		1,6x10^{7} a	
			131	130,906128		8,05 d	
54	Xenônio	Xe	124	123,905 824	0,10		
			126	125,904 268	0,09		
			128	127,903 531	1,91		
			129	128,904 779	26,4		
			130	129,903 509	4,1		
			131	130,905 069	21,2		
			132	131,904 141	26,9		131,29
			134	133,905 394	10,4		
			136*	135,907 21	8,9	2,36x10^{21} a	
55	Césio	Cs	133	132,905 436	100		132,91
			134*	133,906 703		2,3 a	
			135*	134,905 891		2x10^{6} a	
			137*	135,907 078		30 a	
56	Bário	Ba	130	129,906 289	0,11		
			131^{+}	130,000 000		11,6 d	
			132	131,905 048	0,10		
			133*	132,905 990		10,5 a	
			134	133,904 492	2,42		
			135	134,905 671	6,59		

			136	135,904 559	7,85		
			137	136,905 816	11,23		
			138	137,905 23	71,70		137,33
57	Lantânio	La	137*	136,906 462		$6x10^{4}$ a	
			138*	137,907 105	0,09	$1,1x10^{11}$ a	
			139	138,906 346	99,91		138,91
			140*	139,909 930		40,2 h	
58	Cério	Ce	136	135,907 139	0,19		
			138	137,905 986	0,25		
			140	139,905 434	88,43		140,12
			142*	141,909 241	11,13	$5,1x10^{16}$ a	
59	Praseodímio	Pr	141	140,907 647	100		140,91
			142*	141,907 718		19,1 h	
			143*	142,909 80		13,8 d	
60	Neodímio	Nd	142	141,907 718	27,13		
			143	142,909 809	12,18		
			144*	143,910 082	23,80	$2,3x10^{15}$ a	144,24
			145	144,912 568	8,30		
			146	145,913 113	17,19		
			148	147,916 888	5,76		
			150*	149,920 887	5,64		
Z	Elemento	Símbolo (*)	A (*) se RA	Massa Atômica %	Abundânci a	Meia Vida (*) se Radio ativo	Massa Atômica Relativa
61	Promédio	Pm	143*	142,910 128		265 d	
			145^{+}	144,912 745		18 a	
			146*	145,914 698		5,5 a	
			147*	146,915 134		2,6 a	
62	Samário	Sm	144	143,911 996	3,16		
			146	145,913 043		$1x10^{8}$ a	
			147	146,914 894	(15,07)	$1,3x10^{11}$ a	
			148	147,914 819	11,27	$7x10^{15}$ a	
			149	148,917 180	13,84	$2,1x10^{15}$ a	
			150	149,917 273	7,47		
			151*	150,919 928		90 a	
			152	151,919 728	26,63		150,36
			153*	152,921 580		47 h	
			154	153,922 206	22,53		
62	Samário	Sm	144	143,911 996	3,16		
			146	145,913 043		$1x10^{8}$ a	
			147	146,914 894	(15,07)	$1,3x10^{11}$ a	

			148	147,914 819	11,27	$7x10^{15}$ a	
			149	148,917 180	13,84	$2,1x10^{15}$ a	
			150	149,917 273	7,47		
			151*	150,919 928		90 a	
			152	151,919 728	26,63		150,36
			153*	152,921 580		47 h	
			154	153,922 206	22,53		
63	Európio	Eu	151	150,919 846	47,77		
			152*	151,921 740		13,5 a	
			153	152,921 226	52,23		151,96
			154*	153,922 975		8,6 a	
			155*	154,922 888		4,7 a	
64	Gadolínio	Gd	148*	147,918 112		75 a	
			150*	149,918 657		$1,8x10^{6}$ a	
			152	151,919 787	0,20		
			154	153,920 862	2,15		
			155	154,922 618	14,73		
			156	155,922 119	20,47		
			157	156,923 957	15,68		
			158	157,924 099	24,87		157,25
			160	159,927 050	21,90		
65	Térbio	Tb	159	158,925 345	100		158,93
66	Disprósio	Dy	156	155,924 277	0,05		
			158	157,924 403	0,09		
			160	159,925 193	2,29		
			161	160,926 930	18,90		
			162	161,926 796	25,53		
			163	161,928 729	24,97		
			164	163,929 172	28,18		162,50
67	Hólmio	Ho	165	164,930 316	100		164,93
			166*	165,932 282		1.300 a	
68	Érbio	Er	162	162,928 775	0,14		
			164	163,929 189	1,56		
			166	165,930 292	33,41		167,26
			167	166,932 047	22,94		
			168	167,932 369	27,08		
			170	169,935 462	14,88		
69	Túlio	Tm	169	168,934 213	100		168,93
Z	Elemento	Símbolo (*)	A (*) se RA	Massa Atômica %	Abundânci a	Meia Vida (*) se Radio ativo	Massa Atômica Relativa

70	Itérbio	Yb	168	167,933 897	0,014		
			170	169,934 761	3,03		
			171	170,936 324	14,31		
			172	171,936 380	21,82		
			173	172,938 209	16,13		
			174	173,938 861	31,84		173,04
			176	175,942 564	12,73		
71	Lutécio	Lu	173*	172,938 930		1,37 a	
			175	174,940 772	97,40		174,97
			176	175,942 679	2,60	$3{,}8x10^{10}$ a	
72	Háfnio	Hf	174*	173,940 042	0,18	$2x10^{15}$ a	
			176	175,941 404	5,15		
			177	176,943 218	18,39		
			178	177,943 697	27,08		
			179	178,945 813	13,78		
			180	179,946 547	35,44		178,49
			181*	180,947 280		46 d	
73	Tântalo	Ta	180	179,947 524	0,012		
			181	180,947 993	99,988		180,95
			182*	181,948 330		115 d	
74	Tungstênio (Valfrânio)	W	180	179,946 702	0,1		
			182	181,948 202	26,5		
			183	182,950 221	14,4		
			184	183,950 929	30,6		183,84
			185*	184 950 500		74 d	
			186	185,954 358	28,4		
			187*	186, 956 390		24 h	
75	Rênio	Re	185	184,952 951	37,07		
			186*	185,954 080		91 h	
			187	186,955 746	62,93	$4{,}5x10^{10}$ a	186,21
76	Ósmio	Os	184	183,952 486	0.02		
			185^{+}	184,951 100		95 d	
			186	185,953 834		95 d	
			187	186,955 744	1,64		
			188	187,955 832	13,30		
			189	188,958 139	16,10		
			190	189,958 439	26,40		
			191*	190,960 230		16 d	
			192	191,961 468	41,0		190,23
			193*	192,963 550		31 h	

			194*	193,965 172		6 a	
77	Irídio	Ir	191	190,960 585	38,5		
			192*	191,962 030		74 d	
			193	192,962 916	61,5		192,22
			194*	193,964 830		19 h	
78	Platina	Pt	190^{a}	189,959 926		$1x10^{12}$ a	
			192	191,961 027	0,78		
			194	193,962 655	32,8		

Z	Elemento	Símbolo (*)	A (*) se RA	Massa Atômica %	Abundânci a	Meia Vida (*) se Radio ativo	Massa Atômica Relativa
	Platina (cont.)		195	194,964 765	33,7		195,08
			196	195,964 926	25,4		
			197	196,967 357		19 h	
			198	197,967 867	7,23		
79	Ouro	Au	197	196,966 543	100		196,97
			198*	197,968 242		2,7 d	
			199	198,968 745		3,2 d	
80	Mercúrio	Hg	196	195,965 806	0,14		
			197^{+}	196,000 000		65 h	
			198	197,966 743	10,02		
			199	198,968 253	16,84		
			200	199,968 299	23,13		
			201	200,970 276	13,22		
			202	201,970 617	29,80		200,59
			203*	202,972 853		48 h	
			204	203,973 466	6,85		
81	Tálio	Ti	203	202,972 320	29,50		
			204*	203,973 839		3,8 a	
			205	204,974 400	70,50		204,38
			206*	205,976 084		4,2 min	
			207*	206,977403		4,2 min	
			208*	207,981 992		3,1 min	
			210*	209,990 057		1,3 min	
82	Chumbo	Pb	202	201,972 134		$5x10^{4}$ a	
			204	203,973 020	1,5	$1,4x10^{17}$ a	
			205*	204,974 457		$1,5x10^{7}$ a	
			206	205,974 440	23,6		
			208	207,976 627	52,3		207,20
			209*	208,981 094		3,3 h	
			210*	209,984 163		20 a	

			212*	211,991 872		10,6 h	
			214*	213,999 798		26,8 min	
83	Bismuto	Bi	207*	206,978 444		32,2 a	
			208*	207,979 717		3,7x10^5 a	
			209[a]	208,980 374	100		
			210[a]	209,984 096		5 d	
			211[a]	210,987 254		2,15 min	
			212*	211,991,259		60,5 min	
			213*	212,991,271		47 min	
			214*	213,998 692		19,7 min	
			215[a]	215,001 836		8 min	
84	Polônio	Po	209*	208,982 405		102 a	209,98
			210[a]	209,982 848		138 d	
			211[a]	210,986 627		25 s	
			212	211,988 842		0,3 μs	

Z	Elemento	Símbolo (*)	A (*) se RA	Massa Atômica %	Abundânci a	Meia Vida (*) se Radio ativo	Massa Atômica Relativa
	Polônio (cont.)		213[a]	212,992 837		4 μs	
			214[a]	213,995 192		160 μs	
			215[a]	214,999 418		1,8 ms	
			216[a]	216,001 889		0,16 s	
			218[a]	218,008 965		3,05 min	
85	Astato	At	210[a]	209,986 970		8,3 h	209,99
			211[a]	210,987 496		7,5 h	
			215[a]	214,998 638		0,1 ms	
			217[a]	217,004 647		19 ms	
			218[a]	218,008 685		1,6 s	
			219[a]	219,011 294		0,9 min	
86	Radônio	Rn	219[a]	219,009 523		3,19 s	
			220[a]	220,011 396		52 s	
			222[a]	222,017 530		3,82 d	222,02
87	Frâncio	Fr	221[a]	221,014 176		4,8 min	
			223[a]	223,019 733		22 min	223,02
88	Rádio	Ra	222[a]	222,015 365		38 s	
			223[a]	223,018 565		11,6 d	
			224[a]	224,020 216		3,64 d	
			225*	225,023 518		14,8 d	
			226[a]	226,025 360	(100)	1.620 a	226,03
			228*	228,031 228		6,7 a	
89	Actínio	Ac	227*	227,027 814		22 a	(227)

			228*	228,031 169		6,13 h	
90	Tório	Th	227[a]	227,027 768		18,2 a	
			228[a]	228,028 749		1,9 a	
			229[a]	229,031 629		7.300 a	
			230[a]	230,033 080		8.000 a	
			231*	231,036 350		25,6 h	
			232[a]	232,038 211	(100)	1,4x10^{10} a	232,04
			234*	234,043 570		24,1 d	
91	Proctatínio	Pa	231[a]	231,035 936		2,4x10^{4} a	
			233*	233,040 108		27,4 d	
			234*	234,043,370		1,18 min	
92	Urânio	U	232[a]	232,037 131		69 a	
			233[a]	233,939 630		1,6x10^{5} a	
			234[a]	239,040 946	(0,006)	2,5x10^{5} a	
			235[a]	235,043 924	(0,72)	7,1x10^{8} a	
			236[a]	236,045 562		2,4x10^{7} a	
			238[a]	238,050 760	(99,28)	4,5x10^{9} a	238,06
			239*	239,054 320		23,5 min	
			240*	240,056 560		14 h	
93	Netúnio	Np	235*	235,044 057		396 d	
			236*	236,046 560		1,2x10^{5} a	
			237*	237,048 168		2,1x10^{6} a	(237)
Z	Elemento	Símbolo (*)	A (*) se RA	Massa Atômica %	Abundânci a	Meia Vida (*) se Radio ativo	Massa Atômica Relativa
94	Plutônio	Pu	236[a]	236,046 033		2,87 a	
			238[a]	238,049 555		87,7 a	
			239[a]	239,052 157		2,4x10^{4} a	
			240[a]	240,053 808		6,6x10^{3} a	
			241[a]	241,056 846		24,4 a	
			242[a]	242,058 737		3,7x10^{6} a	
			244[a]	244,064 200		8,1x10^{7} a	(244)
95	Americío	Am	241[a]	241,056 689		470 a	
			243[a]	243,061 382		8.000 a	(243)
96	Cúrio	Cm	243[a]	243,016 377		35 a	
			245[a]	245,065 430		11.000 a	(247)
			246[a]	246,067 370		4.000 a	
97	Berquélio	Bk	245'	245,066 240		5 d	
			247[a]	247,070 180		7.000 a	(247)

98	Califórnio	Cf	246[a]	246,068 780		36 h	
			250[a]	250,076 550		10 a	(251)
99	Einstênio	Es	253[a]	253,084 780		20 d	
			254[a]	254,088110		320 d	(252)
100	Férmio	Fm	253[+]	253,000		3 d	(257)
			255[a]	255,000		20 h	
101	Mendelévio	Md	258	258,000			(258)
102	Nobélio	No	259	259,000			(259)
103	Laurêncio	Lr	260	260,000			(260)

* Radioativo(RA); [+] Captura K; [a] Emissão alfa

[E] CONSTANTES FÍSICAS FUNDAMENTAIS (SI)

CONSTANTE	SÍMBOLO	VALOR
Carga do Próton/Elétron	$\pm e$	$\pm$ 1,602 177 33x10^{-19} C
Massa de repouso do Elétron	m_e	9,109 389 7x10^{-31} Kg
Massa de repouso do Próton	m_p	1,672 623 1x10^{-27} Kg
Massa de repouso do Nêutron	m_n	1,674 928 6x10^{-27} Kg
Carga mássica do Elétron	$-e/m_e$	−1,758 819 62x10^{11} C/Kg
Massa Próton/massa Elétron	m_p/m_e	1,836 152 701 x 10^{3}
Raio Atômico de Bohr	a_o	5,291 772 49x10^{-11} m
Raio Clássico do Elétron	r_e	2,817 940 92x10^{-15} m
Onda de Compton p/elétron	λ_C	2,426 311x10^{-12} m
Permissividade do Vazio	ε_o	8,854 188x10^{-12} F/m
Permeabilidade do Vazio	μ_o	4πx10^{-7}(exato)H/m
Velocidade da Luz no Vazio	c	2,997 924 58x10^{8} m/s
Constante Eletrostática no Vazio	K_o	8,987 551 787x10^{9} Nm^2/C^2
Constante de Faraday	F	9,648 530 899x10^{4} C/mol
Constante de Planck	h	6,626 075 5x10^{-34} J.s
Constante de Planck/2π	$\hbar$	1,054 572 669x10^{-34} J.s
Constante de Rydberg	R_λ	1,097 373 153 4x10^{7} m^{-1}
Magneton de Bohr	μ_B	9,274 015x10^{-24} J/T
Constante de Avogadro	N_A	6,022 136 7x10^{23} /mol
Constante de Boltzmann	k	1,380 658x10^{-23} J/ K
Constante da Gravitação	G	6,672 59x10^{-11} Nm^2/Kg^2
Constante de Gases Ideais	R	8,314 51 J/K·mol
Volume Molar de Gás Ideal(CNTP)*	V_o	2,241 41x10^{-2} m^3/mol

*CNTP = Condições Normais de Temperatura (0°C = 273,15 K) e Pressão (1 atm = 101.325 Pa)

[F] ALFABETO GREGO

Alfa: Α, α	Iota: Ι, ι	Rô: Ρ, ρ
Beta: Β, β	Capa: Κ, κ	Sigma: Σ, σ
Gama: Γ, γ	Lâmbda: Λ, λ	Tau: Τ, τ
Delta: Δ, δ	Mu (mi): Μ, μ	Úpsilon: Υ, υ
Épsilon: Ε, ε	Nu (ni): Ν, ν	Phi (fi): Φ, ϕ ou φ
Zeta: Ζ, ζ	Csi (ksi): Ξ, ξ	Qui (ki): Χ, χ
Eta: Η, η	Ômicrom: Ο, ο	Psi: Ψ, ψ
Teta: Θ, θ	Pi: Π, π	Ômega: Ω ω

[G] PREFIXOS ÀS POTÊNCIAS DE 10

Prefixos	Símbolo	Potência
Iota	Y	10^{24}
Zeta	Z	10^{21}
Exa	E	10^{18}
Peta	P	10^{15}
Tera	T	10^{12}
Giga	G	10^{9}
Mega	M	10^{6}
Quilo	k	10^{3}
Hecto	h	10^{2}
Deca	da	10
Unidade de base	-	10^{0}
deci	d	10^{-1}
centi	c	10^{-2}
mili	m	10^{-3}
micro	μ	10^{-6}
nano	n	10^{-9}
pico	p	10^{-12}
femto	f	10^{-15}
atto	a	10^{-18}
zepto	z	10^{-21}
Iocto	y	10^{-24}

TABELA PERIÓDICA

Os valores com * referem-se ao isótopo mais estável

	8	
Número atômico	8	15,999 — Massa Atômica Relativa
Ponto de ebulição (°C)	-183	-2;1 — Nº de oxidação
Ponto de fusão (°C)	-218,8	O — Símbolo
Densidade (g/ml)	1,14	$1s^22s^22p^4$ — Estrutura eletrônica
	Oxigênio — Nome	

Elementos de transição (grupos 3 a 9)

	1	2	3	4	5	6	7	8	9
1	**1** 1,0079 +1 -252,7 -259,2 0,071 **H** $1s^1$ Hidrogênio								
2	**3** 5,941(2) +1 1330 108,5 0,53 **Li** $1s^22s^1$ Lítio	**4** 9,0122 +2 2770 1277 1,85 **Be** $1s^22s^2$ Berílio							
3	**11** 22,990 +1 892 97,8 0,97 **Na** $(Ne)3s^1$ Sódio	**12** 24,305 +2 1107 650 1,74 **Mg** $(Ne)3s^2$ Magnésio							
4	**19** 39,098 +1 760 63,7 0,86 **K** $(Ar)4s^1$ Potássio	**20** 40,078(4) +2 1440 838 1,55 **Ca** $(Ar)4s^2$ Cálcio	**21** 44,958 +3 2730 1539 3,0 **Sc** $(Ar)3d^14s^2$ Escândio	**22** 47,887 +2;3;4 3260 1688 4,51 **Ti** $(Ar)3d^24s^2$ Titânio	**23** 50,942 +2;3;4;5 3450 1900 6,1 **V** $(Ar)3d^34s^2$ Vanádio	**24** 51,938 +2;3;6 2665 1875 7,19 **Cr** $(Ar)3d^54s^1$ Crômio	**25** 54,936 +2;3;4;6;7 2150 1245 7,43 **Mn** $(Ar)3d^54s^2$ Manganês	**26** 54,845(2) +2;3 3000 1536 7,86 **Fe** $(Ar)3d^64s^2$ Ferro	**27** 54,933 +2;3 2900 1495 8,9 **Co** $(Ar)3d^74s^2$ Cobalto
5	**37** 85,468 +1 688 38,9 1,53 **Rb** $(Kr)5s^1$ Rubídio	**38** 87,62 +2 1380 768 2,6 **Sr** $(Kr)5s^2$ Estrôncio	**39** 88,906 +3 2927 1509 4,47 **Y** $(Kr)4d^15s^2$ Ítrio	**40** 91,224(2) +4 3580 1852 5,49 **Zr** $(Kr)4d^25s^2$ Zircônio	**41** 92,906 +3,5 3300 2415 8,4 **Nb** $(Kr)4d^45s^1$ Nióbio	**42** 95,94 +2;3;4;5;6 5560 2810 10,2 **Mo** $(Kr)4d^55s^1$ Molibdênio	**43** 98,906* +7 ... 2200 11,5 **Tc** $(Kr)4d^65s^1$ Tecnecao	**44** 101,07(2) +2;3;4;6;8 4900 2500 12,2 **Ru** $(Kr)4d^75s^1$ Rutênio	**45** 102,91 +2;3;4 4500 1965 12,42 **Rh** $(Kr)4d^85s^1$ Ródio
6	**55** 132,91 +1 690 28,7 1,90 **Cs** $(Xe)6s^1$ Césio	**56** 137,33 +2 1640 714 3,5 **Ba** $(Xe)6s^2$ Bário	**57/71** **La/Lu**	**72** 178,49(2) +4 5400 2222 13,1 **Hf** $(Xe)4f^{14}5d^26s^2$ Háfnio	**73** 180,95 +5 5425 2996 15,5 **Ta** $(Xe)4f^{14}5d^36s^2$ Tantálio	**74** 183,84 +2;3;4;5;6 5930 3410 19,3 **W** $(Xe)4f^{14}5d^46s^2$ Tungstânio	**75** 186,21 ±1+2;3;4;5;6;7 5900 3180 21,0 **Re** $(Xe)4f^{14}5d^56s^2$ Rênio	**76** 190,23(3) +2;3;4;6;8 5500 2700 22,60 **Os** $(Xe)4f^{14}5d^66s^2$ Ósmio	**77** 192,22 +2;3;4;6 5300 2454 22,5 **Ir** $(Xe)4f^{14}5d^76s^2$ Irídio
7	**87** 223,02 +1 ... (27) ... **Fr** $(Rn)7s^1$ Frâncio	**88** 226,03 +2 ... 700 5,0 **Ra** $(Rn)7s^2$ Rádio	**89/103** **Ac/Lr**	**104** 261* **Rf** Rutherfórdio	**105** 262* **Db** Dúbnio	**106** **Sg** Seabórgio	**107** **Bh** Bóhrio	**108** **Hs** Hássio	**109** **Mt** Meitnério

Série dos Lantanídios

57 138,91 +3 3470 920 6,17 **La** $(Xe)5d^16s^2$ Lantânio	**58** 140,12 +3,4 3468 795 6,67 **Ce** $(Xe)4f^15d^16s^2$ Cério	**59** 140,91 +3,4 3127 935 6,77 **Pr** $(Xe)4f^36s^2$ Praseodímio	**60** 144,24(3) +3 3027 1024 7,00 **Nd** $(Xe)4f^45d^06s^2$ Neodímio	**61** 146,92* +3 ... (1027) ... **Pm** $(Xe)4f^55d^06s^2$ Promécio	**62** 150,36(3) +2,3 1900 1072 7,54 **Sm** $(Xe)4f^65d^06s^2$ Samário

Série dos Actinídios

89 227,3* +3 ... 1050 ... **Ac** $(Rn)6d^17s^2$ Actínio	**90** 232,04* +4 3850 1750 11,7 **Th** $(Rn)6d^27s^2$ Tório	**91** 231,04* +4;5 ... (1230) 15,4 **Pa** $(Rn)5f^26d^17s^2$ Protactinic	**92** 238,03* +3;4;5;6 3818 1132 19,07 **U** $(Rn)5f^36d^17s^2$ Urânio	**93** 237,05* +3;4;5;6 ... 637 19,5 **Np** $(Rn)5f^46d^17s^2$ Netúnio	**94** 239,05* +3;4;5;6 3235 640 ... **Pu** $(Rn)5f^66d^07s^2$ Plutônio

10	11	12						17
			12	13	14	15	16	2 4,0026 0 -268,9 -269,7 0,126 **He** $1s^2$ Hélio
			5 10,811(5) +3 ... (2030) 2,34 **B** $1s^22s^22p^1$ Boro	6 12,011 ±2,4 4830 3727(g) 2,25 **C** $1s^22s^22p^2$ Carbono	7 14,007 ±2,4,3+4,5 -195,8 -2,10 0,81 **N** $1s^22s^22p^3$ Nitrogênio	8 15,999 -2;1 -183 -218 1,14 **O** $1s^22s^22p^4$ Oxigênio	9 18,998 -1 -188,2 -219,6 1,11 **F** $1s^22s^22p^5$ Flúor	10 20,180 0 -245 -248,5 1,20 **Ne** $1s^22s^22p^6$ Neônio
10	11	12	13 26,982 +3 2450 660 2,70 **Al** $(Ne)3s^23p^1$ Alumínio	14 28,086 +2,4 2680 1410 2,33 **Si** $(Ne)3s^23p^2$ Silício	15 30,974 ±3;+4;5 280(b) 44,2(b) 1,82(b) **P** $(Ne)3s^23p^3$ Fósforo	16 32,066(6) ±2;+4;6 444,6 119,0 2,07 **S** $(Ne)3s^23p^4$ Enxofre	17 35,453 ±1;+3;4;5;6;7 -34,7 -101,0 1,56 **Cl** $(Ne)3s^23p^5$ Cloro	18 39,948 0 -185,6 -189,4 1,40 **Ar** $(Ne)3s^23p^6$ Argônio
28 58,693 +2;3 2730 1453 8,9 **Ni** $(Ar)3d^84s^2$ Níquel	29 63,546(3) +1;2 2595 1083 8,96 **Cu** $(Ar)3d^{10}4s^1$ Cobre	30 65,39(2) +2 905 419,5 7,14 **Zn** $(Ar)3d^{10}4s^2$ Zinco	31 69,723 +3 2237 29,8 5,91 **Ga** $(Ar)3d^{10}4s^24p^1$ Gálio	32 72,61(2) +2,4 2830 937,4 5,32 **Ge** $(Ar)3d^{10}4s^24p^2$ Germânico	33 74,922 ±3;+5 613 817 5,72 **As** $(Ar)3d^{10}4s^24p^3$ Arsênio	34 78,96(3) -2;+4;6 685 217 4,79 **Se** $(Ar)3d^{10}4s^24p^4$ Selênio	35 79,904 ±1;+5 58 -7,2 3,12 **Br** $(Ar)3d^{10}4s^24p^5$ Bromo	36 83,80 0 -152 -157,3 2,6 **Kr** $(Ar)3d^{10}4s^24p^6$ Criptônio
46 106,42 +2;4 3980 1552 12,0 **Pd** $(Kr)4d^{10}5s^0$ Paládio	47 107,87 +1 2210 960,8 10,5 **Ag** $(Kr)4d^{10}5s^1$ Ouro	48 112,41 +2 765 320,9 8,65 **Cd** $(Kr)4d^{10}5s^2$ Cádmio	49 114,82 +3 2000 156,2 7,31 **In** $(Kr)4d^{10}5s^25p^1$ Índio	50 118,71 +2,4 2270 231,9 7,30 **Sn** $(Kr)4d^{10}5s^25p^2$ Estanho	51 121,76 ±3;+5 1380 630,5 6,62 **Sb** $(Kr)4d^{10}5s^25p^3$ Antimônio	52 127,60(3) -2;+4;6 989,8 449,5 6,64 **Te** $(Kr)4d^{10}5s^25p^4$ Telúrio	53 126,90 ±1;+4;5;7 183 113,7 4,94 **I** $(Kr)4d^{10}5s^25p^5$ Iodo	54 131,29(2) 0 -180,0 -111,9 3,06 **Xe** $(Kr)4d^{10}5s^25p^6$ Xenônio
78 195,08(3) +2;4 4530 1769 21,4 **Pt** $(Xe)4f^{14}5d^96s^1$ Platina	79 196,97 +1;3 2970 1063 19,3 **Au** $(Xe)4f^{14}5d^{10}6s^1$ Ouro	80 200,59(2) +1;2 357 -38,4 13,6 **Hg** $(Xe)4f^{14}5d^{10}6s^2$ Mercúrio	81 204,38 +1;3 1457 303 11,85 **Ti** $(Xe)4f^{14}5d^{10}6s^26p^1$ Tálio	82 207,2 +2;4 1725 327,4 11,4 **Pb** $(Xe)4f^{14}5d^{10}6s^26p^2$ Chumbo	83 208,98 +3;5 1560 271,3 9,8 **Bi** $(Xe)4f^{14}5d^{10}6s^26p^3$ Bismuito	84 209,98 +2;4 ... 254 (9,2) **Po** $(Xe)4f^{14}5d^{10}6s^26p^4$ Polônio	85 209,99 ±1;+3;5;7 ... (302) ... **At** $(Xe)4f^{14}5d^{10}6s^26p^5$ Astato	86 222,02* 0 (-61,8) (-71) ... **Rn** $(Xe)4f^{14}5d^{10}6s^26p^6$ Radônio
110 **Ds** darmstádio [281]	111 **Rg** roentgênio [281]	112 **Cn** copérnico [285]	113 **Nh** nihônio [286]	114 **Fl** fleróvio [289]	115 **Mc** moscóvio [288]	116 **Lv** livermório [293]	117 **Ts** tenessino [294]	118 **Og** oganessônio [294]

63 151,96 +2,3 1439 826 5,26 **Eu** $(Xe)4f^75d^06s^2$ Európio	64 157,25(3) +3 3000 1312 7,89 **Gd** $(Xe)4f^75d^16s^2$ Gadolínio	65 158,93 +3;4 2800 1356 8,27 **Tb** $(Xe)4f^95d^06s^2$ Térbio	66 162,50(3) +3 2800 1407 8,54 **Dy** $(Xe)4f^{10}5d^06s^2$ Disprósio	67 164,93 +3 2800 1451 8,80 **Ho** $(Xe)4f^{11}5d^06s^2$ Hólmio	68 167,26(3) +3 2900 1497 9,05 **Er** $(Xe)4f^{12}5d^06s^2$ Érbio	69 168,93 +2;3 1727 1545 9,33 **Tm** $(Xe)4f^{13}5d^06s^2$ Túlio	70 173,04(3) +2;3 1427 824 6,98 **Yb** $(Xe)4f^{14}5d^06s^2$ Itérbio	71 174,97 +3 3327 1652 9,84 **Lu** $(Xe)4f^{14}5d^16s^2$ Lutécio

95 241,06* +3;4;5;6 ... ... 11,7 **Am** $(Rn)5f^76d^07s^2$ Americio	96 244,06* +3;4 ... ... **Cm** $(Rn)5f^76d^17s^2$ Cúrio	97 249,08* +3;4 ... ... **Bk** $(Rn)5f^97s^2$ Berquélio	98 252,08* +3 ... ... **Cf** $(Rn)5f^{10}7s^2$ Califórnio	99 252,08* +3 ... ... **Es** $(Rn)5f^{11}6d^07s^2$ Einstênio	100 257,10* +3 ... ... **Fm** $(Rn)5f^{12}6d^07s^2$ Férmio	101 258,10* +3 ... ... **Md** $(Rn)5f^{13}6d^07s^2$ Mendelévio	102 259,10* +3 ... ... **No** $(Rn)5f^{14}6d^07s^2$ Nobélio	103 252,11* +3 ... ... **Li** $(Rn)5f^{14}6d^17s^2$ Laurêncio

Impressão e acabamento
Gráfica da Editora Ciência Moderna Ltda.
Tel: (21) 2201-6662